BASIC MASTER SERIES

ベーシックマスター

分子生物学 改訂2版

MOLECULAR BIOLOGY

東中川 徹・大山 隆・清水光弘 共編

Biologie moléculaire

Biologia molecolare

Molekularbiologie

علم الأحياء الجزيئيّ

Молекулярная биология

Biología molecular

MOLECULAR BIOLOGY

Ohmsha

編 著 者

東中川 徹（早稲田大学名誉教授）
大 山 隆（早稲田大学）
清 水 光 弘（明星大学）

執 筆 者（五十音順）

阿 部 貴 志（新潟大学）
池 村 淑 道（長浜バイオ大学）
小 川 徹（元名古屋大学）
金 井 昭 夫（慶應義塾大学）
菊 池 洋（早稲田大学）
日下部宜宏（九州大学）
佐 渡 敬（近畿大学）
杉 元 康 志（鹿児島大学）
田 上 英 明（名古屋市立大学大学院）
冨 樫 伸（明星大学）
刀 祢 重 信（東京電機大学）
永 田 恭 介（筑波大学）
原 田 昌 彦（東北大学）
松 井 隆 司（元福山大学）

改訂2版　はしがき

もうずいぶん前のことになるが，先輩から「大学教授心得帳」（“You and Your Students”の訳）なるものを戴いた．これはマサチューセッツ工科大学の教授達が，学生を教え導くには如何なる点に留意すべきかを自らまとめた小冊子である．1952年という数字が付いていたからかなり古いものである．「教える」という立場のあらゆる角度から記された数々の心得えは，しかし決して古くなく，むしろ興味深く，また反省させられることが多かった．その中に，授業に先立つ準備においては，「何を話すか」ではなく「何を省略するか」に留意することがむしろ大切であることが触れられていた．必要なことを差し置いて，講義がともするとトピックスや自分の得意な題目に流れがちなことを戒めたものと思われる．

教科書を計画する場合においても，同様の配慮はきわめて大切であると考える．初版においては，この観点から「わかりやすさ」に重点を置いた．今回の改訂にあたっては，より明確に「学生にとってわかりやすい」「教師にとって使いやすい」そして「初学者向け」の3点を基本方針とした．今回も執筆者の方々には，この基本方針の立場から，多くの提案をしたり，細かい注文をつけさせていただいた．

初版発行の時点においてすでにその端緒を見せていたノンコーディングRNAの研究は，ますますその重要度と広がりを見せている．Chapter 14「機能性RNA」はその勢いに応じて新たに設けたものである．Chapter 16「ゲノミクス」も時の経過を反映して全面的に書き換えていただいた．Chapter 15「エピジェネティクス」にもRNAによる制御についての加筆をお願いした．「組換え」については，Chapter 13「動くDNA」のBoxで全体を概観し，DNA修復，減数分裂での組換えについては各Chapterで解説した．他のChapterにおいても初版以降の発展を踏まえ，修正，加筆をいただいた．演習問題については，さらに充実を図りつつ3～5割程度の入れ替えを行った．

改訂にあたり，各執筆者の先生方には，ご多忙にもかかわらず上記の基本方針に基づく編者の意図を理解し，多くの提案や注文に快く対応していただいた．ここで改めて深い感謝の意を表したい．

2013年10月

編著者を代表して　東中川　徹

初版　はしがき

20 年ほど前までは，DNA クローニングとか塩基配列などとは縁のない生物学の研究室もたしかにあったように思う．しかし，今日では，分子生物学と関わりを持たない生物学の分野はない，と言ってよいほどあらゆる分野に分子生物学の知識や技術が入りこんでいる．それを反映してか「分子生物学」の講義が新たにカリキュラムに取り入れられたり，すでにそれがあるところでは選択から必修に変えられたりする大学も増えているようだ．同時に，分子生物学に関する知見は著しい増加の一途にあり，如何にしてそれを有効に新世代に伝えるかが大きな課題となっている．

思い返してみると，私が分子生物学と言う名の講義を始めてから 20 年ほどになる．その間，講義資料としていろいろなことを試みてきた．プリント配布，OHP，板書のみ，最近はパワーポイント，などなど．もちろん教科書を指定したこともある．不評だったが英語の教科書を使ったこともある．海外出張時には努めて現地の大学の先生方にどんな教科書を使っているかを尋ね，それを取り寄せたこともあった．しかし，口はばったいがどれも満足のいくものではなかった．そのような状況で，とにかく授業で使いやすい教科書，これから分子生物学を学び，担うべき若い人達にとって真に役立つ教科書が必要ではないかと，長年強く思っていた．

分子生物学は非常に幅広い内容を含んでいるので，上質の教科書をまとめるには一人では難しい．そこでまず大山隆先生と清水光弘先生に本書の目的を話したところおおいに共感いただき，共編者をお願いした．さらに執筆者として多くの先生方に協力を仰いだ．執筆者を選ぶ際に編者 3 名が強くこだわったのは次の点である．実際に分子生物学もしくはそれに類する講義を担当し，学生が何に興味を示し，どのような点が理解できないかを把握していること，また進歩の著しい分野なので，現役の研究者であり，基本的なことから現在のトピックスまでを把握していること．そのうえで，本書の企画意図を十分にご理解いただいた先生方に執筆をお願いした．

それでも，本書をより良くしたい一心で，各執筆者にはいろいろと細かい注文をつけさせていただいた．執筆者の先生方は，多忙を極める方々ばかりである．それにもかかわらず，編者の意図を的確に汲み取っていただき，それらを快く受け入れてくださったことに対して，ここであらためて深い感謝の意を表したい．

編集にあたり特に気をつけたことは,「分かりやすい記述」,「分かりやすい図」,「演習問題」である．「演習問題」は講義内容に別の角度から光を当てるという意味と，授業に学生が参加する機会を作る意味で重要と考えた．十分理解されていることがらでも，ちょっと異なる角度から問題にするとたちまち分からなくなるということは，学生時代の編者も経験したし，また，今の授業でもよく見られることである．なお，本書の内容は，なかなか濃厚である．そこで一息いれる意味を含めて，ところどころに「クロスワードパズル」を挿入した．これらは，従来の教科書にはない試みであり，今までとは異なる視点を提供することを意図している（場合によっては，定期試験に使えるかもしれない !?).

しかし，出来上がったものを目前にして，どれもとても十分に達成できたとは言い難い．ちょうど油絵を描いていて筆がいつまでも止まらないように，まだまだ直したい部分が随所にある．読んでいただいた方々からのご批判，ご叱責を取り入れて良いものに育てられれば幸いである．

2006 年 11 月

編者を代表して　東中川　徹

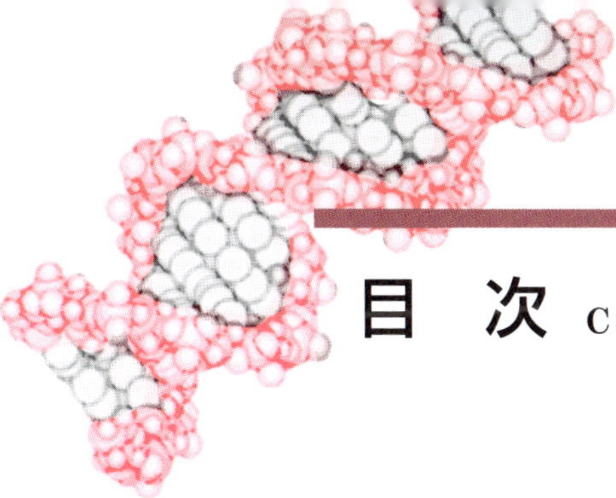

目　次 Contents

Chapter 5 ◇ DNA 複製

小川 徹・田上英明

Chapter 9 ◇ 翻訳後調節　　杉元康志・東中川　徹

Chapter 10 ◇ DNA の損傷，修復　　日下部宜宏

Chapter 11 ◇ ウイルスとファージ　永田恭介・東中川　徹

Chapter 12 ◇ 細胞周期と細胞分裂　刀祢重信

Chapter 13 ◇ 動く DNA　冨樫 伸・東中川 徹

Chapter 14 ◇ 機能性 RNA　金井昭夫

Chapter 15 ◇ エピジェネティクス　佐渡　敬

Chapter 16 ◇ ゲノミクス　池村淑道・阿部貴志

Tips

Box

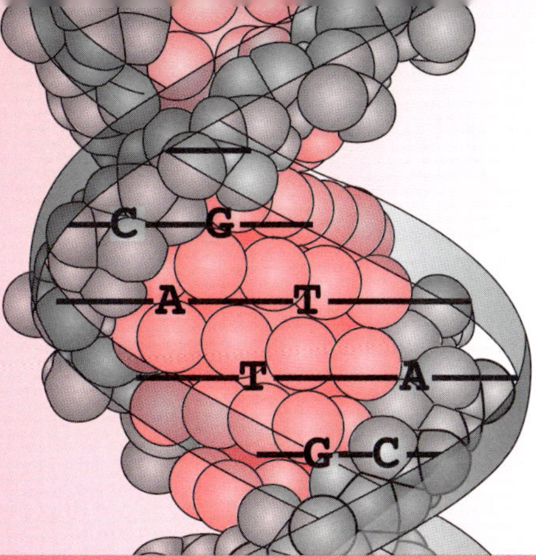
C G
A T
T A
G C

Introduction

Introduction

0.1 「分子生物学」という言葉の由来

「分子生物学」という言葉は，The Encyclopedia of Molecular Biology の J. C. Kendrew の記述によると，1938 年に W. Weaver による Rockefeller 財団への報告書の中で初めて用いられたとある．その報告書には，「Among the studies to which the Foundation is giving support is a series in a relatively new field, which may be called **molecular biology**・・・：(訳) 財団が補助している研究の中には分子生物学とよべるような比較的新しい分野がある.」という記述がみられる．遺伝物質の本体が DNA であることを実験的に示した O. T. Avery の論文が 1944 年に発表されたことを考えると，実に「分子生物学」という言葉はそれ以前に世の中に現れていたことになる. 今日の「分子生物学」が, DNA を中心に展開されていることを考えると, Weaver はどのようなサイエンスを頭に描いていたのだろうか. その後, 1956 年にはイギリスのケンブリッジ大学にこの言葉を冠した研究所 “The Medical Research Council Laboratory of Molecular Biology” が設立され，1959 年には 学術論文誌「Journal of Molecular Biology」が発刊され，1963 年には国際的研究組織である “The European Molecular Biology Organization” が設立された.

0.2 分子生物学はどういう学問か

分子生物学を定義しようという試みは，この言葉が登場して以来多くの人々によってなされてきた．そして，学問の発展に伴い定義そのものも変遷してきた. E.Chargaff は「(分子生物学は) 免許不要の生化学である・・・」と書いている. この定義は皮肉的効果を狙ったものともみれるが，同時に，初期の分子生物学を開拓したのはほとんどといってよいほど化学や物理学の分野でひとかどの仕事をした人々であったことが想起される．Kendrew は前述の Encyclopedia のなかで当時における最も満足すべきかつ簡潔な定義は，J. Monod による「分子生物学の新しさは生物の本質は生物のもつ巨大分子の性質により理解され得る点にある.」であろうと記している.

1974年の組換えDNA技術の開発に続く遺伝子科学全盛時代の今日において「分子生物学」を定義するならば，それは情報の概念を生物学の中心にすえた学問分野ということができよう．言い換えれば，今日の分子生物学はDNA（およびRNA）における塩基対形成を明確な基本原理とした情報識別に基づく生物学の分野といえよう．この考え方は未来に向かっての広がりを意味する．DNA（RNA）と他の生体巨大分子（タンパク質，糖など）との間の，あるいは核酸以外の生体巨大分子間の情報識別の原理が明らかにされれば，今日における分子生物学の「核酸版」に加えて，分子生物学の「核酸 - タンパク質版」,「タンパク質 - 糖版」などの新しいバージョンが生まれることが期待される．実際，今日の時点においてそのような新しい分子生物学の息吹きを感じさせる実験結果が報告され始めている.

0.3 遺伝物質はDNAである

前節で述べたように，今日における分子生物学はDNA（RNA）の持つ遺伝情報の発現をめぐって展開されている．実は遺伝物質の本体が明らかにされたのは，20世紀前半から中期にかけてのDNAをめぐるふたつの画期的実験によってであった．分子生物学を学ぶスタートにあたって，DNAがどのような過程でひのき舞台に登場するに至ったのか，それをめぐる歴史の数ページを眺めてみよう.

0.3.1 1928年以前

20世紀の初頭までに遺伝物質が染色体にあることはほぼ確かとされていた．問題は染色体のどの成分が遺伝物質かということであった．やがて，染色体がDNAとタンパク質からなることが分かると，遺伝物質はDNAか，タンパク質か，ということに絞られた．折から開発されたDNAに特異的なFeulgen染色による結果は，DNAこそ遺伝物質であることを示唆していた．しかし，テトラヌクレオチド説[*1]に代表される当時のDNAに対する知識は到底DNAを遺伝物質とするには不十分であった．一方，DNAに比べてより複雑な構成を持つタンパク質こそ遺伝物質としてふさわしい，という根強い主張が横行していた.

*1　テトラヌクレオチド説：1909年，P. A. Leveneにより提唱された説．DNAはアデニン，グアニン，シトシン，チミンを含む4つのヌクレオチドから成る単位が鎖状につながっている，というものである．この説によれば，DNAは単純な分子であり遺伝子としての多様性など考えられなかった.

0.3.2 肺炎双球菌での実験

● Griffith の実験

肺炎双球菌にはＳ型とＲ型があり，細胞表面にある多糖類（莢膜）を持つＳ型はマウスを死に至らしめるが，その多糖類（莢膜）を持たないＲ型にはそのような病原性はない（**図 0.1**）．また，熱処理したＳ型菌は病原性を失う．1928 年，F. Grffith は，肺炎に対するワクチンを作る研究の過程で不思議な現象を見出した．Ｒ型の生菌と熱処理したＳ型の死菌を同時にマウスに注射するとマウスは死に，かつ死んだマウスの血中からＳ型の生菌が回収された．Griffith はこの現象から，Ｓ型菌由来の未知物質によってＲ型菌がＳ型菌に転換した，と考え，この現象を「形質転換（**Transformation**）」と名付けた．

● 1928 年～ 1944 年

Griffith の実験結果は，3 つの研究グループにより確認された．この頃，ウイルスでも同様の形質転換が観察された（G. P. Berry と H. M. Dedrick, 1936）．重要なことは，Dawson と R. H. P. Sia（1931）や J. L. Alloway（1933）により，形質転換が *in vitro*（試験管内）で再現されたことである．Alloway は，熱で殺したＳ型菌からの粗抽出物により *in vitro* でＲ型→Ｓ型の転換を示した．この結果は，「形

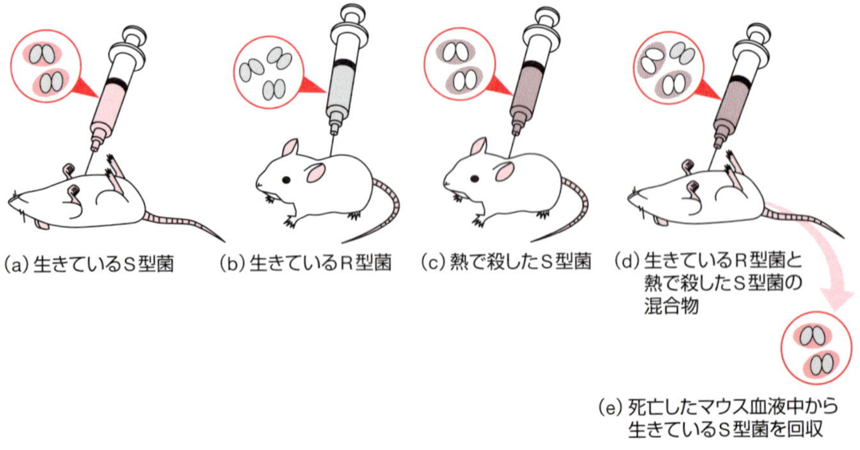
(a) 生きているS型菌
(b) 生きているR型菌
(c) 熱で殺したS型菌
(d) 生きているR型菌と熱で殺したS型菌の混合物
(e) 死亡したマウス血液中から生きているS型菌を回収

図 0.1　Griffith による形質転換の実験

質転換物質」の精製への道を拓いた．1935年，Averyの研究グループは，この形質転換物質（Transforming Principle）の本体の解明に向かう．そして，1944年の画期的発見につながる．

● Averyらの実験

Averyらは熱処理したS型菌の抽出物を出発材料とし，R型菌の培養系を精製のアッセイ系として，形質転換物質の精製に挑戦した．タンパク質の除去，多糖類の除去，エタノール沈殿などの操作を経て精製分画を得た．これをR型菌に加えると，形質転換を起こしたS型菌が現れた．この分画の本体は何であろうか．ビューレット反応やミロン反応は陰性（タンパク質ではない），ジフェニルアミン反応陽性（DNAの可能性），オルシノール反応微陽性（RNAではない．DNAも微陽性を示す），脂肪についての分析はないがエタノール沈殿，クロロフォルム処理で形質転換の活性は落ちなかった．タンパク質分解酵素，リボヌクレアーゼでは活性の低下は見られない．重要なことはDNA脱重合酵素[*2]処理で活性の低下が見られたことであった．その他，血清学的分析，260nmに吸収極大を示すことなどから，Averyらは，精製分画中の「形質転換物質」はDNAである，と結論した．

だが当時の風潮を反映してか，Averyらの論文は慎重を期したもので，「DNAは遺伝物質である.」と主張しておらず，DNAが形質転換物質であると言うにとど

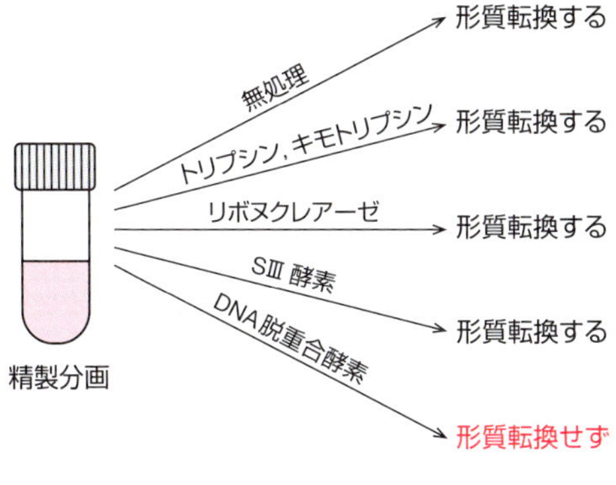

形質転換する
無処理
形質転換する
トリプシン，キモトリプシン
リボヌクレアーゼ
形質転換する
SⅢ 酵素
形質転換する
DNA脱重合酵素
形質転換せず
精製分画

図 0.2　形質転換物質は DNA である

＊2　DNA脱重合酵素：当時，精製されたDNA分解酵素（DNase）は得られなかったので，肺炎双球菌自己分解物，非感作イヌおよびウサギ血清などを用いた．

めている．しかし，Avery が弟の Roy に宛てた手紙によると，精製した「形質転換物質」が肺炎双球菌の遺伝的形質を決定するもの（遺伝子）であることを確信していたことが明らかである．

0.3.3 バクテリオファージでの実験

● 1944 年～ 1952 年

Avery らの論文は，今日でこそ画期的とされているが当時は十分評価されたとはいえない．むしろ，強い反論の的にさえなった．Avery らは，精製した DNase で形質転換物質を処理した結果などを含む論文を発表したが状勢はあまり変わらなかった．そのあたりの事情については章末の文献 4，5 に詳述されている．その一つは，当時の「遺伝子はタンパク質である」という根強い風潮のなかで，精製した形質転換物質の中の真の有効成分は微量に存在するタンパク質であろう，という反論である．また，DNA についての当時の理解では，テトラヌクレチド説に代表されるようにとても遺伝情報を担う，などという複雑な機能を果たすとは毛頭考えられなかった．一方，Avery らの業績を正当に評価した人々もいた．Chargaff は Avery らの論文をきっかけに研究テーマを核酸に方向転換し，A-T, G-C 塩基対の発見にいたる．この発見は後の J. D. Watson と F. H. C. Crick の二重らせんモデル構築の決定的要素となった．Watson 自身彼らの DNA 研究のきっかけが Avery らの論文であることを「Double Helix」のなかで述べている．しかし，全体としてはコンセンサスはなく，新しい発見が遭遇する生みの苦しみのなかで，「遺伝物質は DNA である」ことを大方が認めるにはさらに決定的な証拠を必要としていた．1930 年代中ごろから M. Delbrük らを中心とする物理学者グループが生物学研究の流れに台頭してくる．彼らは，もっとも単純な生命体として核酸とタンパク質のみから出来ているファージ（→ Chapter 11）を研究対象に選び，いわゆる「ファージグループ」と称された．折から，T. F. Anderson は，電子顕微鏡によりファージはテール部分で菌の表面結合している写真を発表した．また，この結合は弱く，ファージは結合している短い時間内にファージの成分を菌体内に注入し，新しい子孫ファージは注入された成分をもとに形成されることが明らかになった．このことは，細菌に注入された物質がファージの増殖を指示する遺伝情報を運んでいることを示唆している．はたして，注入されるのは，核酸であろうかタンパク質であろうか．

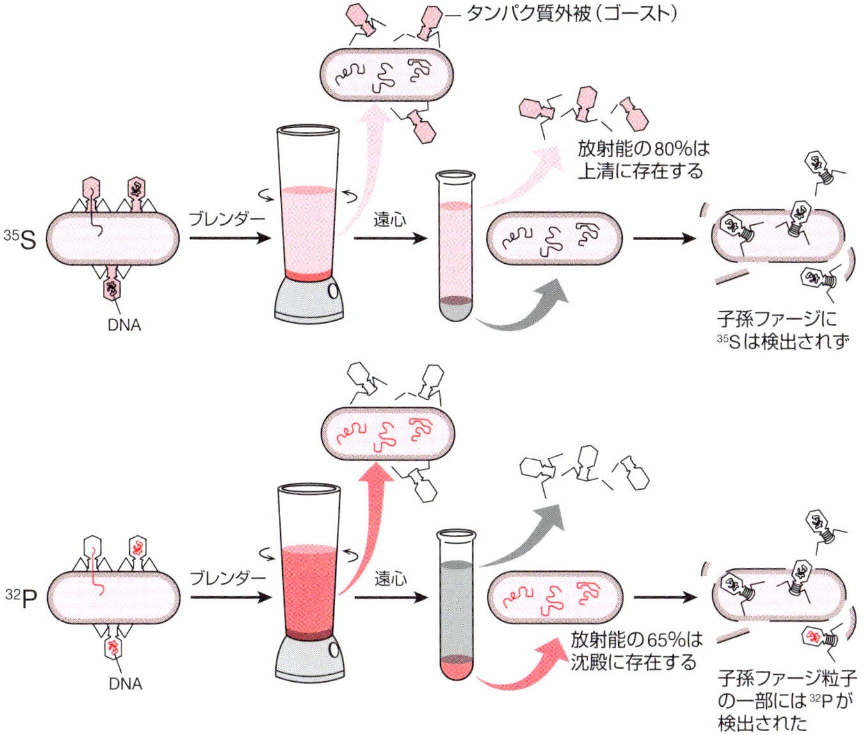
タンパク質外被（ゴースト）
放射能の80%は
上清に存在する
35S
ブレンダー
遠心
DNA
子孫ファージに
35Sは検出されず
32P
ブレンダー
遠心
放射能の65%は
沈殿に存在する
DNA
子孫ファージ粒子
の一部には32Pが
検出された

図 0.3　Hershey-Chase の実験

Hershey は，「ファージが大腸菌に吸着し，遺伝物質と思われるものを菌体内の注入したあと，ファージの殻を除くためにいろいろな方法を試みた．結局，家庭で毎日のように使っているミキサーが最適であった.」と，後日あるインタビューで述懐している．

● Hershey と Chase の実験

1952 年，A. Hersey と M. Chase は大腸菌に感染し，DNA とタンパク質のみで構成されている T2 ファージを取り上げた．タンパク質はメチオニンやシステインの存在のため硫黄（S）を含むがリン（P）は含まない．一方，DNA はリン（P）を含むが硫黄（S）は含まない．そこでこの二つを区別するためちょうどその頃生物実験に使われ始めた放射性アイソトープを用いて巧妙な実験を行った．つまり，タンパク質を ^{35}S でラベルし，DNA は ^{32}P でラベルした 2 種類のファージを用意した．このようにして彼らはファージ感染過程におけるタンパク質と DNA の行方を追跡したのである．まず，最初に ^{35}S または ^{32}P でラベルしたファージを大腸菌に吸着させ，ファージが遺伝物質を菌体内に注入し終わったころを見計らって，家庭用ミキサー（Waring blender）で攪拌し，遠心分離により細菌（沈澱）と中身のないファージ外被（上清）を分離した．ついで，上清と沈澱の放射能を測定した．その結果，^{32}P の大半（65％）は沈澱の細菌細胞に残っていたが，^{35}S の大部分（80％）は上清に回収された．この結果は，細菌細胞内に注入されるのは DNA であることを示唆している．次に，ファージに感染した放射性をもつ細菌を新しい培地で培養したところ，^{32}P は子孫ファージの一部に引き継がれたが ^{35}S は引き継がれなかった．彼らはこの一連の実験結果から細菌細胞に注入されたのはタンパク質ではなく DNA であり，DNA がファージ T2 の遺伝物質に違いない，と結論した．

Hershey と Chase の実験結果は，データそのものがはっきりしていない面を持つ（20％のタンパク質は沈澱に，35％の DNA は上清に見出された）にもかかわらず，Avery らの結果に比べればかなりすんなりと受け入れられた．その頃までには，ファージグループの研究により DNA が遺伝物資であるという気運が醸成されていたからである．翌年，1953 年には，Watson と Crick の二重らせんモデルの提唱を迎え，遺伝物質 = DNA の理解は一挙にコンセンサスとなった．

0.4 分子生物学小史

● 1953 年以前

1953 年の Watson と Crick による DNA の二重らせんモデルの発見を機として分子生物学は様相を一変する．初期における二つの学派のひとつ構造学派は生体巨大分子，とくにタンパク質の 3 次元構造やコンフォメーションに興味を持ち，その手法はもっぱら X 線結晶学であった．そして，やがてもう一つの情報学派が登場する．Delbrück や S. Luria を含むこの学派の人々は，主に生物の持つ情報とその複製に興味を持った．この二つの流れは，1944 年，Avery らにより遺伝物質が DNA であることが示されることと相俟って活発な交流を始める．頃を同じくして情報学派で育った Watson が構造学派の中心であったケンブリッジへやってくる．そこで物理学をバックとする Crick と共同して 1953 年の DNA の二重らせんモデルの提唱に至る．

● 1953 年から遺伝子組換え技術の開発まで

1953 年，Watson と Crick は DNA の二重らせんモデルを Nature 誌に 1 ページ

(印刷上2ページにわたっているが論文の長さは1ページ相当）の論文として発表した．20世紀最大の発見のひとつを報告した論文である．彼らはこのモデルにより DNA の基本的立体構造を明らかにし，その複製様式を予言した．Watson のいう「ヒトはなぜヒトなのか」「カエルはなぜカエルなのか」という遺伝の基本に答えを与えたのであった．複製様式はその後5年を経て，1958年に実験的に証明された．Watson は「我々は DNA が如何にその情報を駆使して生体を作るかは明らかにしていないし，これからの問題である.」と今日の **Epigenetics** の意義を指摘しているのは興味深い.

1961年には M. W. Nirenberg と S. Ochoa による熾烈な競争を経て，遺伝暗号解読の端緒が開かれた．1965年には R. W. Holley により核酸塩基配列決定の第1号として酵母アラニン tRNA の全一次構造が決定された.

●遺伝子組換え技術以降

1972年，S. Cohen と H. Boyer はホノルルでの学会における劇的な出会いを機として共同研究をスタートし，1973年から1974年にかけて三つの画期的論文を発表した．そのひとつが真核生物の遺伝子，つまり，アフリカツメガエルのリボソーム RNA 遺伝子を，バクテリアプラスミドにつなぎ増やすことに成功したことを報じるものであった．この実験は，引き続き開発された F. Sanger（1975）および A. M. Maxam と W. Gilbert（1977）による DNA 塩基配列決定法とともにその後の遺伝子のクローニングと解析のラッシュを招来する画期的なものであった．それまで，遺伝解析が困難とされていた多くの真核生物にも遺伝子解析のメスが入れられるようになった．さらに，機能未知の遺伝子からさかのぼってその機能を探る**逆転生物学**が生まれた．このような潮流は“ヒトを意識した生物学としての生命科学”という概念を生み出すに至る.

1989年の M. R. Capecchi らによる ES 細胞を介したマウスにおける**遺伝子ターゲティング**は高等生物の遺伝子機能の解明に道を開いた.

そして，種々の生物の DNA の全一次構造を決定するゲノムプロジェクトにより，すでにヒトを含めた多くの生物について完了報告がなされた．生命の設計図が覆いを取り除かれて眼前に提示されている.

1997年，I. Wilmut らによるクローン羊ドリーの報告は，それまで成体の体細胞由来のクローン生物の作製は不可能とされていた常識を真っ向からくつがえした．DNA の動態への神秘の扉がまたひとつ開かれたわけである．そして，この流れは2006年のS. YamanakaによるiPS細胞へとつながる.

次に来るものは何であろうか？　1942年，C. H. WaddingtonはEpigenesis（後成説）とGeneticsを結び合わせてEpigeneticsという言葉を提唱した．遺伝物質がDNAであることが明らかでない時代のことである．今日の言葉でいえばEpigeneticsは，生物の複雑な体制が徐々に作られていくのを遺伝子がどのようにコントロールしているかを追究することを意味している．Epi-は「upon」とか「beyond」という意味をそえる接頭辞である．まさにEpigeneticsは今世紀の遺伝子研究を標榜する言葉といえよう．70年余の年月を経てWaddingtonの提唱がいよいよ大々的に展開される．

演習問題

Q.1　講義で先生が「遺伝物質がDNAであることは，Averyらの肺炎双球菌での実験，そして，HersheyとChaseによるバクテリオファージを用いた実験により実証された.」と述べたところ，一人の学生が「そのような細菌やバクテリオファージでの実験からわれわれのからだの遺伝もDNAによる，というのは過剰解釈だと思う．ヒトの遺伝物質もDNAであるという証拠はあるのですか？」と質問した．さて，どう答えたらよいだろうか．

Q.2　HersheyとChaseの実験では，ラジオアイソトープの使用が功を奏した．もし，Averyらが同様にラジオアイソトープを使うことができたとしたらどのような実験が考えられるだろうか．

参考図書

1. J. C. Kendrew：The Encyclopedia of Molecular Biology, Blackwell Science Inc.（1998）
2. M. Morange（Translated by M. Cobb）：A History of Molecular Biology, Harvard（1998）
3. L. E. Kay：The Molecular Vision of Life, Caltech, The Rockefeller Foundation and the Rise of the New Biology, Lily E. Kay, Oxford University Press（1993）
4. M. McCarty：The Transforming Principle − Discovering that genes are made of DNA, W. W. Norton & Company（1985）
5. R. J. Dubos（田沼靖一訳）：遺伝子発見伝, 小学館（1998）
6. C. H. Waddington：The Epigenotype, Endeavour, 1, 18-20（1942）

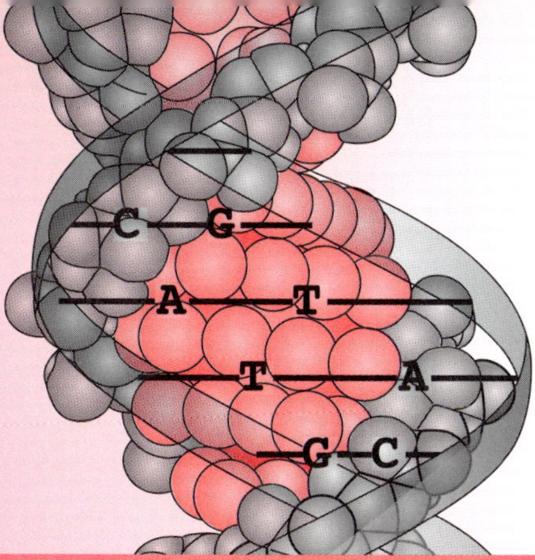
C G
A T
T A
G C

Chapter 1
核酸とタンパク質

Chapter 1

核酸とタンパク質

1.1 染色体とは，ゲノムとは

染色体（chromosome）は，**DNA**（→ 1.2，1.3 節）が幾重にも折り畳まれてコンパクトな構造をとったもので，動植物細胞が有糸分裂する際に現れる．その名は塩基性色素で染色されることに由来するが，現在では本来の意味から外れて，ウイルスのDNA，原核生物の核様体，葉緑体やミトコンドリアのDNAなどを指す言葉としても広く用いられている．染色体の主体は，DNAと塩基性タンパク質のヒストン（→ 2.2.2 項）であり，これに各種の非ヒストンタンパク質や**RNA**が加わってできている．ヒトの分裂期の体細胞では，父親と母親のそれぞれに由来する23本ずつ（23対・46本）の染色体を観察することができる．女性の場合，どの対をみても同形の染色体から成るが，男性の場合，1対だけは互いに形が異なっている（**図 1.1**）．この1対は性染色体（sex chromosome）と呼ばれ，サイズの大きい方を**X**染色体，小さい方を**Y**染色体と呼ぶ．女性の対応する性染色体は，X染色体のみからなる．性染色体以外の染色体は常染色体（autosome）と呼ばれる．

ゲノム[*1]（genome）は，各生物の生命活動と遺伝のもととなる必要最小限の全遺伝情報を意味する概念的な言葉で，具体的には，配偶子に含まれる全DNAを指す（→ Chapter 2）．したがって，二倍体生物の生殖細胞には，ひとつのゲノムしか含まれないが，体細胞には二つ分のゲノムが含まれている．ウイルス，原核生物，および葉緑体やミトコンドリアの場合，“彼ら”の持つDNAがすなわちゲノムである．ゲノムを構成するDNAの長さを塩基対（base pair：bp）で表したものをゲノムサイズという．ちなみにヒトのゲノムサイズは約30億bpである（→ Chapter 2）．

＊1　ゲノム：ゲノムという言葉は，遺伝子（gene）が染色体（chromosome）に乗っているという意味でつくられたという説と，gene に -ome（全体・総体を意味する）という接尾辞を付けてつくられたという説があり，意見が分かれている．

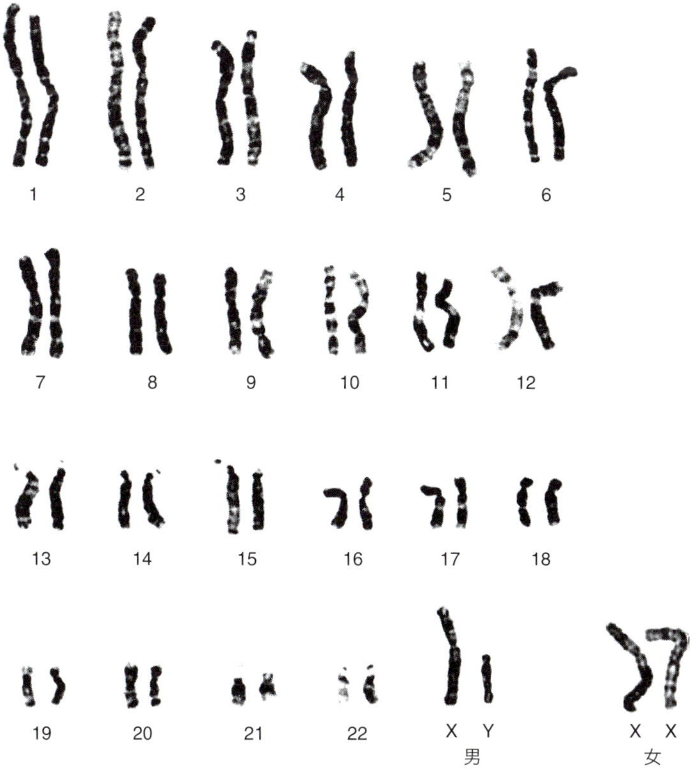
1
2
3
4
5
6
7
8
9
10
11
12
13
14
15
16
17
18
19
20
21
22
X Y
男
X X
女

図 1.1 ヒト染色体

［北海道大学創成科学共同研究機構，動物染色体研究室提供］

1.2 遺伝子と DNA

遺伝形質を規定する因子を遺伝子（gene）という．具体的には，染色体 DNA の塩基配列（塩基配列については 1.3 節を参照）の中でタンパク質のアミノ酸配列の情報をもつ一定の領域，ならびにリボソーム **RNA**（ribosomal RNA：rRNA）や転移 **RNA**（transfer RNA：tRNA，運搬 RNA とも呼ばれる）の塩基配列の情報をもつ一定の領域を指す．遺伝子は 100 塩基程度の小さいものから百万塩基を超える大きなものまであり，サイズはさまざまである．ヒトゲノムプロジェクトにより，ヒトには 2 万～2 万 5 千の遺伝子があることがわかってきた（→ Chapter 2）．

DNAはデオキシリボ核酸（deoxyribonucleic acid）の略称である．なお，核酸という名は核に多く存在する酸性物質という意味でつけられた．DNAは染色体の主要な構成成分であり，遺伝子の化学的実体である．DNAは，1869年，F. Miescherにより，白血球の核においてはじめて同定された．核酸には，もう一種類，**RNA**（リボ核酸，ribonucleic acid）がある．

1.3 DNAおよびRNAの構造

1.3.1 基本骨格

DNAはデオキシリボヌクレオチド（deoxyribonucleotide）を基本単位としたポリヌクレオチド［ポリ（poly）は“多くの”を意味する連結詞］であり，RNAはリボヌクレオチド（ribonucleotide）を基本単位としたポリヌクレオチドである．そしてどちらのヌクレオチドも，塩基と五炭糖とリン酸により構成されるが，デオキシリボヌクレオチドでは五炭糖として，デオキシリボース（deoxyribose）が使われるのに対し，リボヌクレオチドではリボース（ribose）が使われる（**図1.2**）．五炭糖には文字通り五つの炭素原子が含まれ，1′から5′までの番号がつけられている．リボースとデオキシリボースの違いは，2′位における水酸基の有無（de-は“不足”や“欠失”の意味をもつ接頭辞）だけである．DNAとRNAの間には塩基の違いもある．DNAでは，アデニン（adenine：略号A），チミン（thymine：T），グアニン（guanine：G），シトシン（cytosine：C）の4種類が用いられ，RNAでは，アデニン，ウラシル（uracil：U），グアニン，シトシンの4種類が用いられる．つまり，RNAではチミンの代わりにウラシルが用いられる点がDNAとは異なるが，チミンとウラシルは構造的にはよく似ている（図1.2）．アデニンとグアニンはプリン（purine）塩基と呼ばれ，チミン，シトシン，ウラシルはピリミジン（pyrimidine）塩基と呼ばれる．塩基は糖の1′の炭素に結合し（N-グリコシド結合），リン酸は5′または3′の炭素に結合する．ヌクレオチドからリン酸を除いた（つまり糖に塩基だけが結合した）化合物をヌクレオシド（nucleoside：厳密にはデオキシリボヌクレオシドまたはリボヌクレオシド）と呼ぶ．ヌクレオチドとヌクレオシドの名称を**表1.1**にまとめた．

DNAもRNAもたくさんのヌクレオシドがリン酸によってつながれた構造をとっている．二つのヌクレオシドをリン酸で結ぶ結合はリン酸ジエステル結

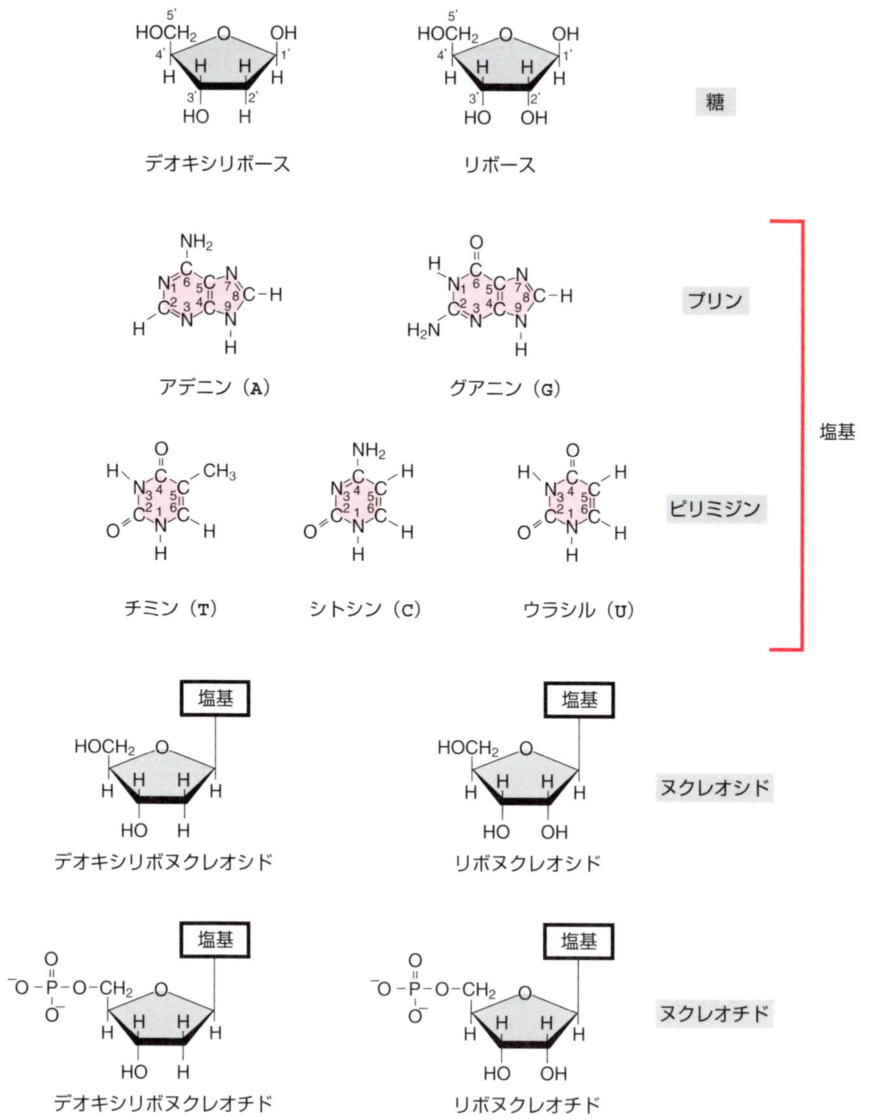

糖
デオキシリボース
リボース
アデニン（A）
グアニン（G）
プリン
塩基
チミン（T）
シトシン（C）
ウラシル（U）
ピリミジン
塩基
デオキシリボヌクレオシド
リボヌクレオシド
ヌクレオシド
デオキシリボヌクレオチド
リボヌクレオチド
ヌクレオチド

図 1.2　核酸を構成する糖，塩基，ヌクレオシド，ヌクレオチドの構造

合（phosphodiester bond）と呼ばれる（**図 1.3**）．糖とリン酸からなる基本骨格（backbone）を核酸の体にたとえるなら，塩基の並び（塩基配列）は顔に相当し，塩基配列により核酸の“個性”が現れるようになる．塩基配列は塩基の略号を用い

表 1.1 ヌクレオシドとヌクレオチドの名称

塩基 (略号)	アデニン (A)	グアニン (G)	シトシン (C)	ウラシル (U)	チミン (T)
リボヌクレオシド 1)	アデノシン	グアノシン	シチジン	ウリジン	リボチミジン
リボヌクレオチド 1) 一リン酸 2) (別名，略号)	アデニル酸 (アデノシン一リン酸，AMP)	グアニル酸 (グアノシン一リン酸，GMP)	シチジル酸 (シチジン一リン酸，CMP)	ウリジル酸 (ウリジン一リン酸，UMP)	リボチミジル酸 (リボチミジン一リン酸，TMP)
二リン酸 3) (略号)	アデノシン二リン酸 (ADP)	グアノシン二リン酸 (GDP)	シチジン二リン酸 (CDP)	ウリジン二リン酸 (UDP)	リボチミジン二リン酸 (TDP)
三リン酸 3) (略号)	アデノシン三リン酸 (ATP)	グアノシン三リン酸 (GTP)	シチジン三リン酸 (CTP)	ウリジン三リン酸 (UTP)	リボチミジン三リン酸 (TTP)

1) 糖がデオキシリボースの場合は，名称の前に "デオキシ" または "d" をつける．
例：デオキシアデノシン一リン酸 (dAMP)．ただし，塩基がチミンで糖がデオキシリボースの場合は，チミジン，チミジル酸 (dTMP)，チミジン一リン酸 (dTMP) などと呼ぶ．

2) リン酸が 5' 位に結合している場合は，たとえば 5'-アデニル酸，アデノシン 5'-リン酸などと呼ぶ．3' 位に結合している場合も同様．

3) 5' 位に結合している．厳密には，アデノシン 5'-二リン酸，アデノシン 5'-三リン酸などと呼ぶ．

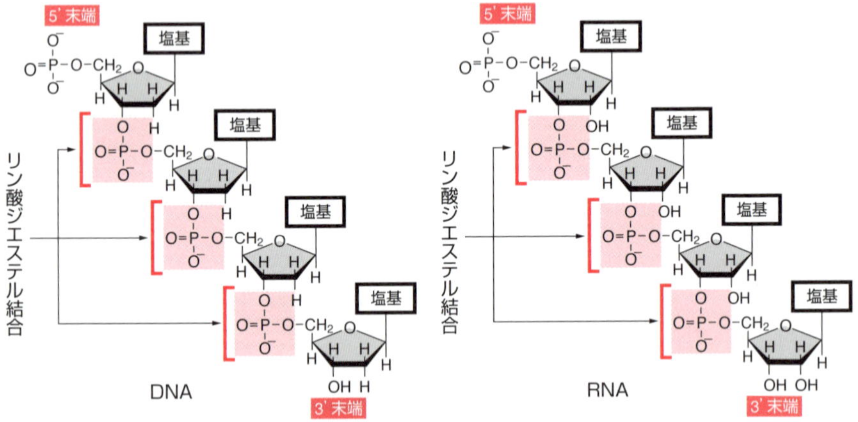
5' 末端
塩基
リン酸ジエステル結合
DNA
3' 末端
5' 末端
塩基
リン酸ジエステル結合
RNA
3' 末端

図 1.3 DNA および RNA の構造

塩基は DNA では A，G，C，T，RNA では A，G，C，U である．
DNA および RNA の極性に注目．

て，AGCTTC……GGA のように表す．核酸分子の一方の末端は糖の 5' 炭素の側であり，他方の末端は 3' 炭素の側である（図 1.3）．前者を **5' 末端**，後者を **3' 末端**と呼ぶ．末端にはリン酸や三リン酸，またはキャップと略称される構造（→ Chapter 7）

が結合している場合もあれば，水酸基のままの場合もある．核酸分子の構造や性質を理解する上で末端の概念は重要であり，5'と3'を用いて核酸分子の向き（極性）と塩基配列を，5'-AGCTTC……GGA-3'のように表す．すでに示した例のように5'と3'が省略されている場合には，左側の端が5'末端を意味し，右側の端が3'末端を意味する．

1.3.2 DNA 二重らせん

生体内のDNAは極性の異なる2本のポリヌクレオチド鎖からなっている．2本の鎖はJ. D. WatsonとF. H. C. Crickが1953年に二重らせんモデル（double helix model）として示した右巻きのらせん構造を形成している（**図1.4**）．なお，右巻きとは，らせんに沿って進むと時計回りになる巻き方のことで（左巻きは反時計回

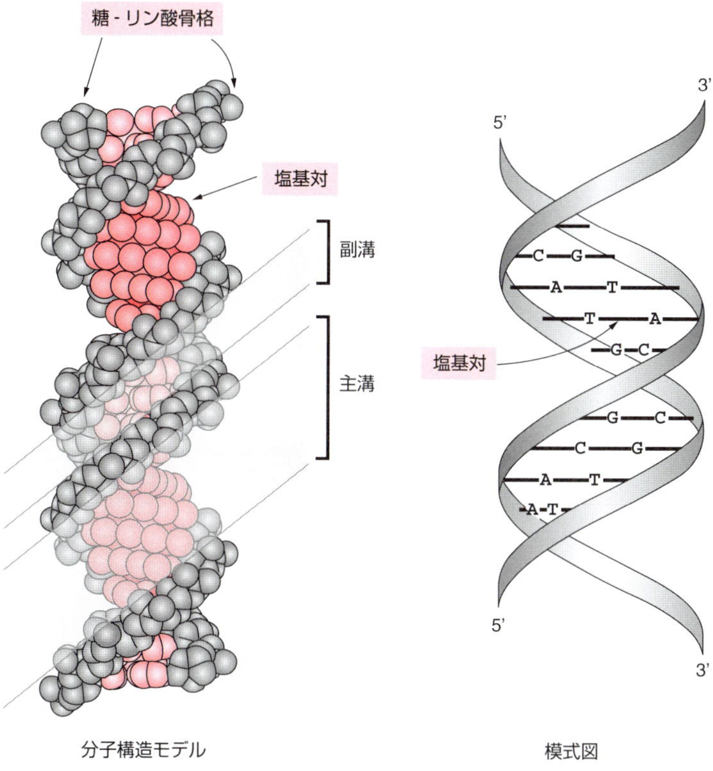

糖 - リン酸骨格
塩基対
副溝
主溝
分子構造モデル
3'
5'
C
G
A
T
T
A
G
C
塩基対
G
C
C
G
A
T
A-T
5'
3'
模式図

図 1.4　二重らせん DNA

り），後に述べる超らせんの場合も同様である．二重らせん構造は，塩基間の水素結合により形成される塩基対（塩基の対合）と塩基対平面の 3.4 Å 間隔での積み重なり（スタッキング：stacking）により安定化されている．塩基対は，一般に一方の鎖の A と他方の鎖の T，一方の鎖の G と他方の鎖の C の間で形成され，その他の組合せでは形成されない．このような関係を塩基の**相補性**（complementarity）という．A・T 間には二つの，G・C 間には三つの**水素結合**[*2]（hydrogen bond）が形成される（**図 1.5**）．スタッキングには**疎水的相互作用**[*3]（hydrophobic interaction）とファンデルワールス力[*4]が関係しており，塩基対がコインを積み重ねたように重なることで，二重らせん構造を安定化する．二重らせん構造の表面には，幅の異なる二つの溝があり，この構造のひとつの形態的な特徴となっている（図 1.4）．大きい方の溝は**主溝**（major groove），小さい方の溝は**副溝**（minor groove）と呼ばれる．

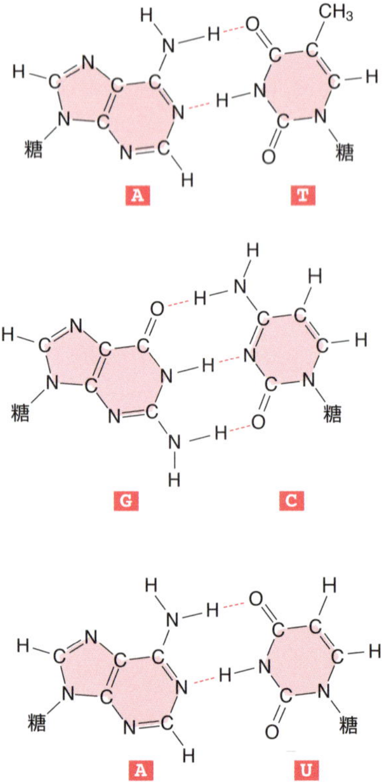

A
T
G
C
A
U
糖

図 1.5　塩基対

1.3.3 RNA の構造

図 1.2 および図 1.3 で示したように，RNA はリボースを糖成分とし，チミンの代わりにウラシルを用いる点が DNA とは異なる．リボースの 2′ の炭素原子には水酸基が結合している（図 1.2）．この水酸基の存在のために RNA はアルカリ水溶液中で不安定になる（アルカリ分解：**図 1.6**）．また，この水酸基はスプライシング機構にも関与する（→ Chapter 7）．そのほか，RNA には DNA に比べて多種類の**修飾ヌクレオシド**（modified nucleoside）が見られる（**図 1.7**）．これらの多くは，tRNA に見られ，構造の安定化やコドンの識別能の保持などに寄与している（→ Chapter 7，Chapter 8）．

RNA 鎖のヌクレオチド配列は**一次構造**（primary structure）と呼ばれる．メッセンジャー RNA は基本的に一本鎖構造をとるので，一次構造が議論の対象となる．では，そのほかの RNA についてはどうであろうか．以下の Chapter において記述される RNA 機能は RNA のもつ高次構造の多様性によって支えられているといってよい．RNA における塩基対は基本的に G・C と A・U（図 1.5）であるが，G・U 対が形成されることもある．RNA 鎖の内部で塩基対が形成されると，その領域は二本鎖構造になり，分子は二本鎖構造部分と一本鎖構造部分の両方をもつようになる．このような構造情報を二次元的に表現したものを**二次構造**（secondary structure）と呼ぶ．二次構造の基本ユニットは**ステム＆ループ**（stem & loop）構造であるが，ほかにも**図 1.8** に示すような構造ユニットがある．二本鎖構造が形成されると，RNA の場合も右巻きのらせん構造になる．このような，分子の立体構造のことを**三次構造**（tertiary structure）と呼ぶ．

RNA の三次構造は多様であり，RNA のタンパク質との，他の核酸との，あるいは低分子リガンドとの相互作用の構造的基盤をなしている．今世紀に入りノンコー

*2　水素結合：O-H，N-H，S-H などのように，水素原子より電気陰性度が大きい原子が水素原子と結合すると，その水素原子は若干プラスの電荷を帯びるようになる．一方，酸素，窒素や硫黄原子は，水素原子とは反対に少しだけマイナスの電荷を帯びるようになる．水素結合とは，上述のようにわずかにプラスの電荷を帯びた水素原子とわずかにマイナスの電荷を帯びた原子が静電的に引き合ってできる非共有結合である．DNA の二重らせん構造やタンパク質の三次構造の形成に寄与するなど生体内で重要な役割をもつ．水素結合は加熱処理で切断される程度の弱い結合である．

*3　疎水的相互作用（疎水結合）：水分子に対して親和性の弱い原子団（疎水基）が水溶液中で水との接触を減らすように互いに集まろうとする性質．

*4　ファンデルワールス力（van der Waals force）：不対電子（電子対をつくっていない電子）をもたない分子間にはたらく引力．

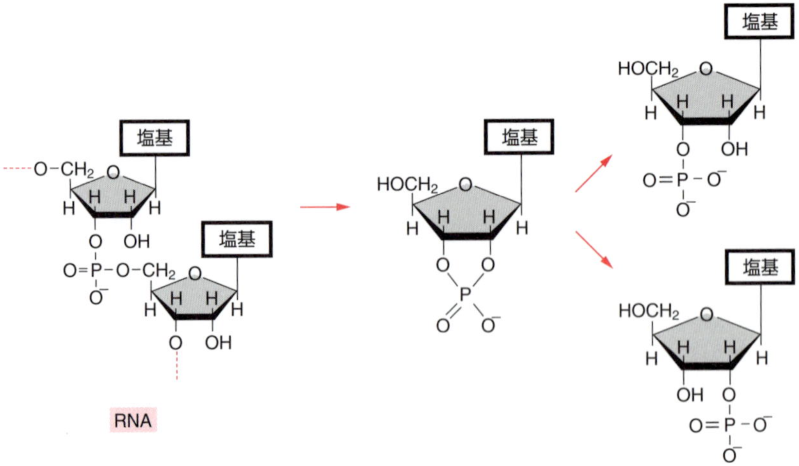
塩基
塩基
RNA
塩基
塩基
塩基

図 1.6　アルカリ中での **RNA** の分解

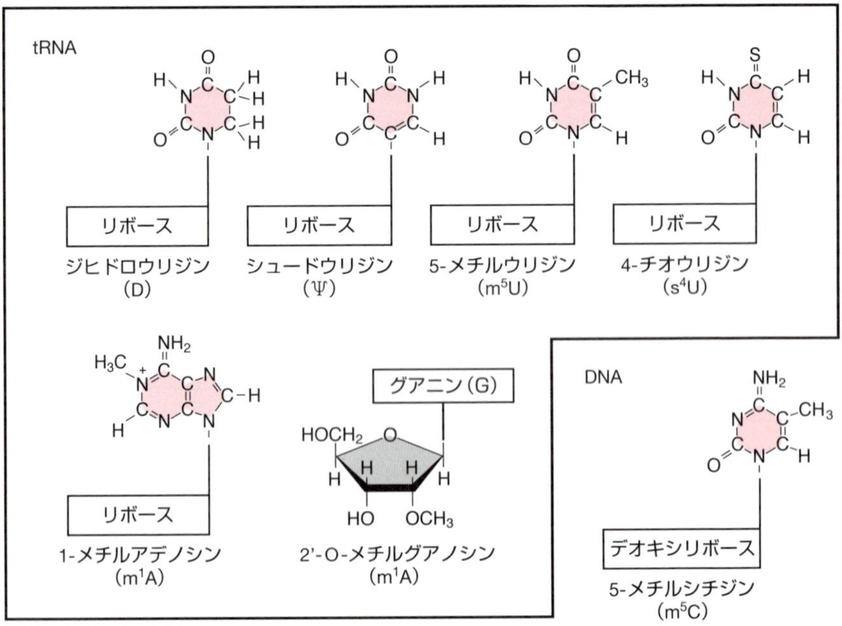
tRNA
リボース
ジヒドロウリジン
(D)
リボース
シュードウリジン
(Ψ)
リボース
5-メチルウリジン
(m5U)
リボース
4-チオウリジン
(s4U)
リボース
1-メチルアデノシン
(m1A)
グアニン (G)
2'-O-メチルグアノシン
(m1A)
DNA
デオキシリボース
5-メチルシチジン
(m5C)

図 1.7　修飾ヌクレオシドの例

カッコ内は略号．m^5C については Chapter15 参照．

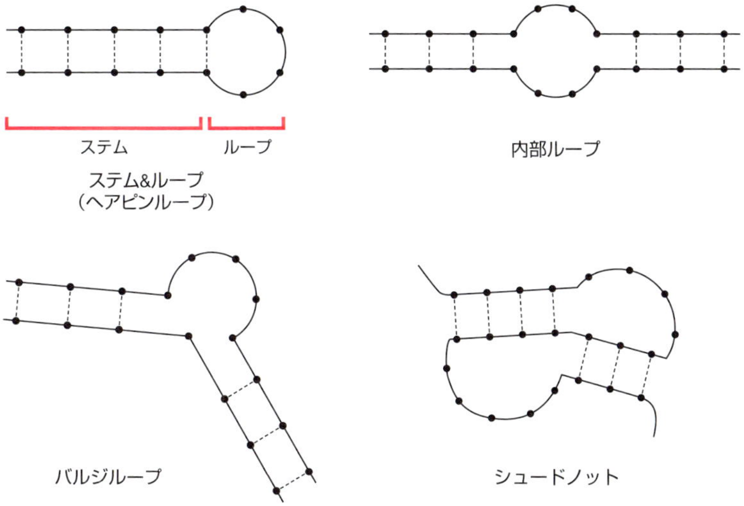
ステム
ループ
ステム&ループ
（ヘアピンループ）
内部ループ
バルジループ
シュードノット

図 1.8　RNA の二次構造

ディング（non-coding）RNA の研究が急速に活発化した（→ Chapter 14）．それに伴って RNA 機能の研究は驚異的スピードで広がりを見せている．

1.4 DNA および RNA の化学的，物理的，分光学的，熱的性質

1.4.1 化学的性質

核酸という名が示すように，DNA も RNA も酸性物質である．核酸の分子内には多数のリン酸基と塩基が存在するが，リン酸基の酸性の程度にくらべ，塩基の塩基性の程度は弱く，全体として核酸は酸性を示す．この性質により，核酸はヒストン（→ Chapter 2）をはじめとした塩基性タンパク質との親和性が高い．

核酸は中性付近では比較的安定であるが，溶液の酸性度または塩基性度が高くなるにつれて，不安定になる．たとえば DNA を含む溶液の酸性度を強めていくと，プロトンが塩基対の形成を邪魔するようになり，二本鎖 DNA はその構造を維持できなくなって一本鎖構造に分離するようになる．二本鎖構造が一本鎖構造に変化することを DNA の変性（denaturation）といい，この現象は pH4 付近で起こる．さらに酸性度を強くすると，プリン塩基と糖を結ぶグリコシド結合が切れてし

まい，プリンが除かれたDNAができる．ちなみに，このような核酸はアプリン酸（apurinic acid）と呼ばれる．一方，DNA溶液のpHを上げた場合には，グアニン残基やチミン残基からプロトンが解離することで変性が起こる（pH 11付近）．変性はRNAの二本鎖構造領域でも起こるが，RNAの場合，pHを高くするとモノヌクレオチドへ分解してしまう（図1.6）．なお，核酸の変性は核酸溶液を加熱した場合（→ 1.4.4項）や溶液に尿素やホルムアミドを高濃度で添加した場合にも起こる．

1.4.2 物理的性質

DNAの硬さ・柔らかさは物理的性質のひとつである．DNAの硬さ・柔らかさとは，“曲げやすさ（または曲がりやすさ）”とほぼ同義である．個々のDNAには塩基配列に依存した固有の柔軟性（flexibility）があり，これまでに，全トリヌクレオチドステップ（三つの連続した塩基対のことで32種類ある）の柔軟性や全テトラヌクレオチドステップ（四つの連続した塩基対のことで136種類ある）の柔軟性などが，実験的あるいは理論的に解析されている．その結果，たとえばAAT，AAA，AAACなどは相対的に硬い二本鎖をつくり，ATA，CATAなどは逆に柔らかい二本鎖をつくることがわかっている．

塩基組成はDNAの浮遊密度（buoyant density）にも影響を及ぼす．DNAのように大きな分子は，溶液中では溶媒による浮力により重量が軽くなる．DNAを含む塩化セシウムの高濃度溶液を高速で遠心すると，塩化セシウムの濃度に勾配ができるとともに，DNAは密度の等しい塩濃度の位置に集まる．この密度は浮遊密度（ρ）と呼ばれ，GC含量の一次関数として

$$\rho = 1.660 + 0.00098\,(\%\ \mathrm{GC})\ \mathrm{g/cm^3}$$

と表すことができる．つまりGC含量が高いほどDNAの浮遊密度は高くなる．塩化セシウムを用いた平衡密度勾配遠心法（equilibrium density-gradient centrifugation）はDNAの分離，精製，分析に広く使われている．なお，浮遊密度の概念は，巨大分子全般に適用できるものでDNAに特有のものではない．

1.4.3 分光学的性質

塩基の分子内には発達した共役系[*5]があり，これにより塩基は紫外線を吸収する．吸収の強さが最大になる波長（吸収極大）は塩基の種類によって異なり，pH 7の下での吸収極大は，アデニンが260.5 nm，グアニンが246 nm（276 nmに“肩”をもつ），シトシンが267 nm，チミンが264.5 nm，ウラシルが259.5 nmで

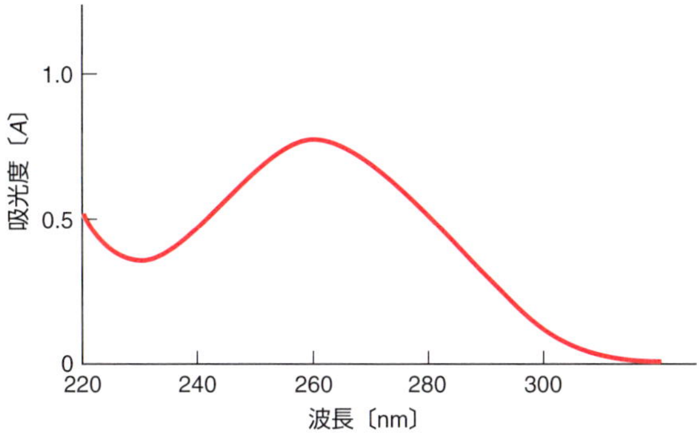
1.0
0.5
0
吸光度〔A〕
220
240
260
280
300
波長〔nm〕

図 1.9　DNA 溶液の紫外吸収スペクトル

ある．核酸中には通常 4 種の塩基がすべて存在するため各塩基による吸収が平均化され，結果として核酸は 260 nm 付近に吸収極大をもつ．DNA 溶液の紫外吸収スペクトル（UV スペクトル）の例を**図 1.9** に示す．吸光度*6（absorbance）を表す記号としては A が用いられる．多くの場合，核酸の定量は 260 nm での吸光度（A_{260}）を測定することで行われる．UV スペクトルを測定することで，核酸の量に関する情報だけでなく，標品の純度（→ Tips，次頁参照）や三次元構造の変化などに関する情報も得ることができる．吸光度は核酸中の塩基のスタッキングに敏感で，吸光度の大きさとスタッキングの程度の間には負の相関がある．つまり，二本鎖構造を変性させた場合や，ヌクレオチドに分解した場合の吸光度は，

二本鎖核酸＜一本鎖核酸＜ヌクレオチド

の順に大きくなる．核酸やタンパク質が不規則な構造をとることで吸光度が増加する現象は濃色効果（hyperchromism），逆に規則的な三次元構造をとることで吸光度が減る現象は淡色効果（hypochromism）と呼ばれる．

1.4.4　熱的性質

二重らせん DNA や二本鎖構造をとった RNA を含む水溶液の温度を徐々に上げていくと，ある狭い温度範囲で変性が急激に起こり，二重らせん構造は崩壊して一

*5　共役系：一般に，多重結合（二重結合と三重結合のこと）が二つないしそれ以上共役している系のことを共役系という．本文中では，単結合と二重結合が交互に存在している構造のことを指している．
*6　吸光度：OD（Optical Density，光学密度）ともいう．

Tips ▶ 核酸の定量法

核酸は分光光度計を用いて定量することができる．溶液の吸光度を A，溶質の濃度を c〔mol/l〕，光の吸収層の厚さ（光路長）を l〔cm〕とすると，三者の間には，

$$A = \varepsilon cl$$

という関係式が成り立つ．これは，ランベルト‐ベールの法則（Lambert-Beer law）* と呼ばれるもので，ε はモル吸光係数と呼ばれる，物質に固有の定数である．

核酸は波長 260 nm 付近の紫外線をもっとも良く吸収する（本文参照）．したがって，分光光度計で A_{260} の値を求め，ε と l を上記の式に与えれば，核酸水溶液のモル濃度を正確に決定することができる．しかし，核酸の濃度としては，日常的には重量濃度（μg/ml）を用いることが多い．以下に光路長 1 cm の下で 1.0 の吸光度（A_{260}）を与える核酸水溶液の重量濃度を示す．これらの値さえ記憶しておけば，対象試料の重量濃度は，比例計算で簡単に求めることができる．

二本鎖 DNA（dsDNA）	：50 μg/ml
一本鎖 DNA（ssDNA）	：37 μg/ml
RNA	：40 μg/ml
オリゴヌクレオチド	：約 33 μg/ml（塩基組成により多少変動する）

つまり，光路長 1 cm の下で試料の A_{260} を測定した後，それが dsDNA 水溶液であれば 50 を，ssDNA 水溶液であれば 37 を，RNA 水溶液であれば 40 を，オリゴヌクレオチド水溶液であれば 33 を掛ければ，その重量濃度が求められる．

核酸標品の純度検定：A_{260}/A_{280} の値を DNA サンプルの純度の指標とすることができる．タンパク質は 280 nm に吸収極大を持つため A_{280} が高い場合，タンパク質の混入が考えられる．DNA の場合，$A_{260}/A_{280} \geqq 1.8$，RNA の場合，$A_{260}/A_{280} \geqq 2.0$ であれば純度が高いと判断される．

＊ランベルトの法則「吸光度は，光が通過する層の厚さ（光路長）に比例する」と，ベールの法則「吸光度は，吸収する物質の濃度に比例する」を合わせたもので比色定量法の基礎となる法則．

本鎖構造になる．この過程は溶液の吸光度の測定により容易に観測することができる（**図 1.10**）．転移の中点は**融解温度**（melting temperature）と呼ばれ，T_m で示される．T_m は，G/C 含量が高いほど，また溶液の塩濃度が高いほど高くなる．なお，熱変性は**図 1.11** に示す過程を経て進行する．

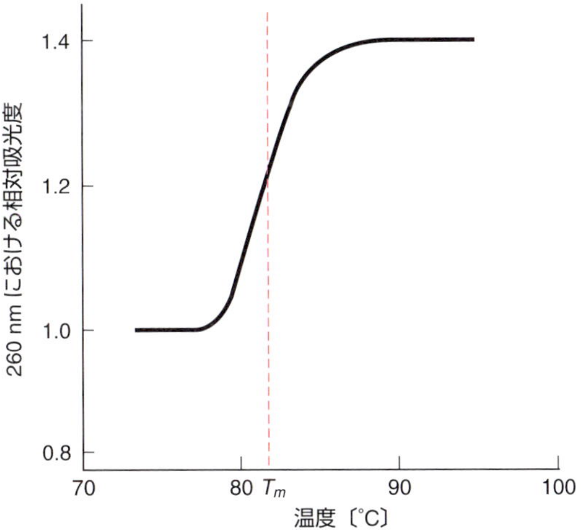

260 nm における相対吸光度
1.4
1.2
1.0
0.8
70
80 T_m
90
100
温度〔°C〕

図 1.10　二本鎖 DNA または二本鎖 RNA の熱変性の例

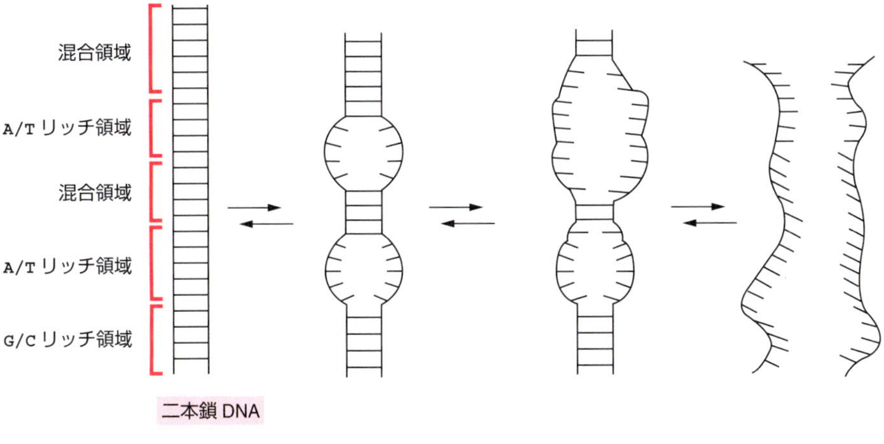

混合領域
A/T リッチ領域
混合領域
A/T リッチ領域
G/C リッチ領域
二本鎖 DNA

図 1.11　DNA の変性過程を示す概念図

変性は，A/T リッチ領域（A/T 含量の高い領域），混合領域（A/T リッチでもなければ G/C リッチでもない領域），G/C リッチ領域（G/C 含量の高い領域）の順に進行する．

1.5 DNA コンフォメーションとトポロジー

Watson と Crick が明らかにした DNA の構造は，B 型（B-form）構造と呼ばれる．DNA の多くはこの構造をとるが，すべての DNA が B 型構造をとるわけではなく，“**非 B（non-B）型**”の構造も存在する．代表的な例として，B 型に比べて太短い **A 型構造**や左巻きの二重らせんをもつ **Z 型構造**がある（**図 1.12**，**表 1.2**）．B 型 DNA を相対湿度の低い状態（85％以下）におくと A 型構造へ移行することが知られている．生体内でもホモプリン・ホモピリミジン領域［たとえばポリ(dG)・ポリ（dC）のような領域：記号 d はデオキシリボヌクレオチドであることを明記する際に使う］では A 型様（A-like）構造ができるといわれている．Z 型 DNA は塩基配列の中でプリンとピリミジンが交互に出現するような領域で形成されうる．また，後に述べる超らせん構造のもとでできやすいことがわかっている．

A 型や Z 型の他にも，DNA にはさまざまな構造が存在することが知られている．ベント（bent）**DNA** と呼ばれる DNA はらせん軸が曲がっており（**図 1.13**），これまでに述べた DNA とはコンフォメーション（conformation：三次元的な構造，高次構造）が大きく異なっている．さらに，三本の鎖からなる**三重鎖 DNA**（triple-stranded DNA または triplex DNA，**図 1.14**）や四本の鎖からなる**四重鎖 DNA**（four-stranded DNA または quadruplex DNA，図 1.14）が存在するほか，らせん軸が交差する十字架構造（cruciform）も存在する（図 1.14）．ベント DNA は，A・T または T・A のトラクト［同じ塩基対（たとえば A・T）が連続した小領域：3 ～ 6 対の連続が多い］がおよそ 1 らせんにひとつの割合（つまり，およそ 10 塩

表 1.2　A 型，B 型，Z 型 DNA のらせんパラメーター

パラメーター	A-DNA	B-DNA	Z-DNA
らせんの向き	右	右	左
1 らせん内の塩基対数	11	10（10.5）[1]	12
塩基対あたりのらせんの進み〔nm〕	0.255	0.34	0.37
らせんのピッチ〔nm〕	2.8	3.4	4.5
らせん軸に対する塩基対の傾き〔°〕	20	−6	7
塩基対間の回転角〔°〕	33	36（34.3）[1]	−30
らせんの直径〔nm〕	2.3	2.0	1.8

1）カッコ内は，生理的濃度のイオンを含む水溶液中で得られた数値．その他は結晶構造を解析して得られた数値．

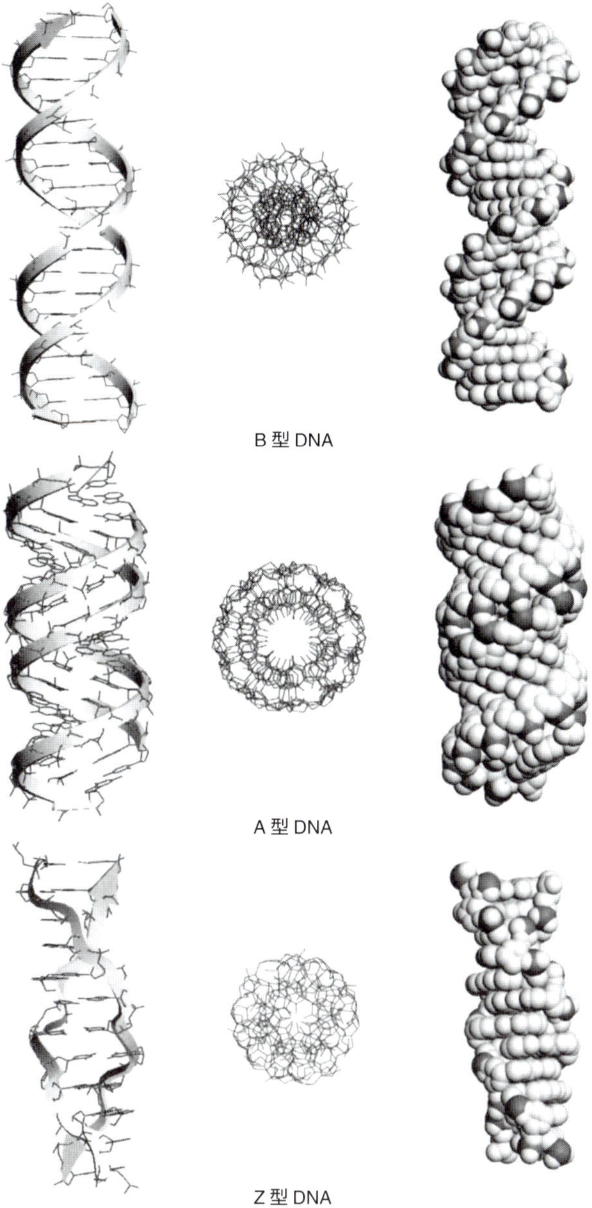
B 型 DNA
A 型 DNA
Z 型 DNA

図 1.12　B 型，A 型，Z 型 DNA

各図の中央は上から見た姿．

［A. D. Bates and A. Maxwell：DNA Topology，Oxford University Press，2005］

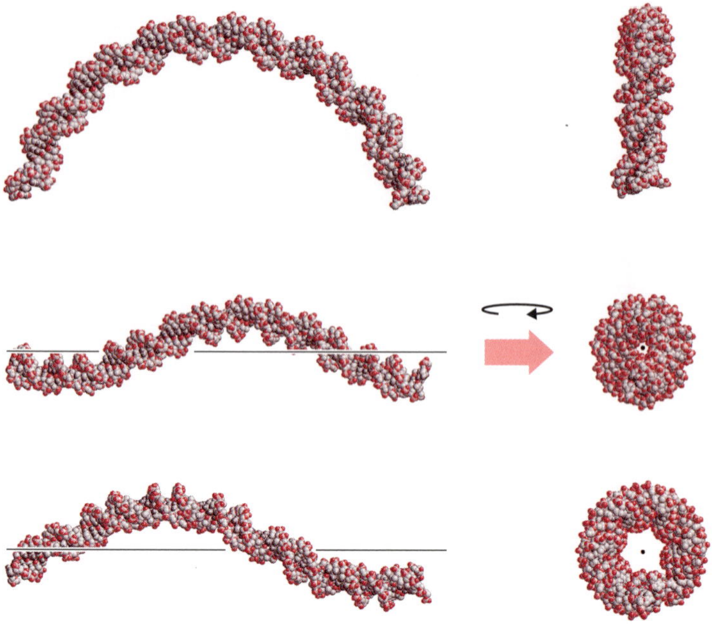

図 1.13　ベント DNA 構造の例

自然界にはさまざまな形のベント DNA が存在するが，ここには二次元的にきれいに曲がった構造と三次元的にきれいにねじれた構造を示した．

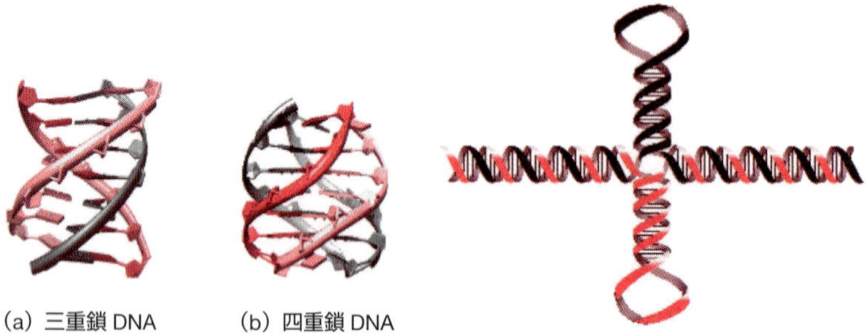

(a) 三重鎖 DNA　(b) 四重鎖 DNA　(c) 十字架 DNA

図 1.14　三重鎖 DNA，四重鎖 DNA，十字架 DNA

［(a), (b) L. Stefan et al., *ChemBioChem* 13, 1905-1912, 2012 (c) 下岡保俊・大懸俊廣, 2012］

基対に1トラクトの割合）で存在するとできる．興味深いことにこの構造はあらゆる生物に存在し，転写の制御領域，DNA複製の起点領域，特異的組換え部位など，生命機能の維持や調節に重要な役割を果たす領域にしばしば存在し，重要な機能を担っていることが明らかになっている（転写，DNA複製，組換えについてはそれぞれChapter 6，Chapter 5，Chapter 10，Chapter 13を参照）．

DNAのトポロジー（topology：位相幾何学的形態）は，後の章で扱うヌクレオソームの形成や遺伝子の収納の機構に重要であるだけでなく，DNA複製や転写にも密接にかかわっている．環状に閉じたDNAや，線状であっても末端の自由回転を束縛されたDNAの場合，二本の鎖の絡み具合は，DNAのトポロジーに大きな影響を及ぼす．二本鎖の絡み具合は**リンキング数**（linking number）を用いて示され，これは一方の鎖が他方の鎖の回りを何回巻いているかを示す数として定義される．上記のDNAの二重らせんが巻き不足または巻き過ぎの状態になると，らせん軸が塩基配列非依存的にねじれるようになる．このような構造は**超らせん**（superhelix）構造または**スーパーコイル**（supercoil）構造と呼ばれる．末端が束縛されていない線状のDNAは弛緩（relax）した状態にあり，このようなDNAの両末端を，回転を加えずに環状に閉じても超らせん構造はできない．弛緩した状態のDNAの一端を固定し，他端を右方向（時計回り）に回転させるとDNAは巻き戻される（すなわちリンキング数が減る）．この時DNAは，もとのらせんの状態（1らせん内に約10塩基対が含まれる状態）を維持しようとし，両端を少し近づけるとらせん軸が左方向にねじれたコイル（スーパーコイル）ができる（**図1.15**）．このDNAの両端をつないで環状にすると二重らせんどうしが互いに絡み合った超らせん［**インターワウンド型**（interwound form）と呼ばれる］ができる．おもしろいことにインターワウンド型では，らせん軸は右方向にねじれる（**図1.16**）．リンキング数不足でできるこれらの構造は，**負のスーパーコイル**または**負の超らせん**と呼ばれる．一方，リンキング数過多でできる構造は**正のスーパーコイル**または**正の超らせん**と呼ばれ，らせん軸は，コイル型［または**トロイダル**（toroidal）と呼ばれる型（環状に閉じた分子がコイル型をとった場合の名称）］で右方向に，インターワウンド型で左方向にねじれる．なお，一般にスーパーコイルも超らせんも同義の用語として区別なく使われているが，ねじれの方向を議論する際には，コイル型かインターワウンド型かを明確にすることが重要である．スーパーコイル（超らせん）構造におけるらせん軸のねじれの程度と方向は，**ライジング数**（writhing number, **Wr**）と呼ばれる数を用いて表される．ライジング数はインターワウンド

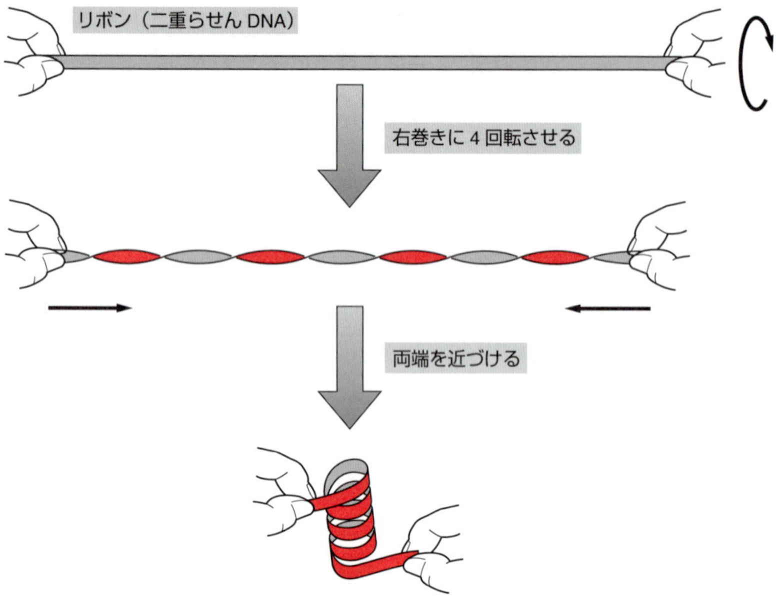
リボン（二重らせん DNA）
右巻きに 4 回転させる
両端を近づける

図 1.15 DNA のらせんの巻き戻しとスーパーコイルの関係

二重らせん DNA をリボンにたとえた．一端を固定した DNA の他端を時計方向（右巻き）に回転させると DNA は巻き戻される．この時 DNA はもとの構造を維持しようとし，両端を近づけると回転した数に相当する数のスーパーコイルができる．

型においては二重らせんが交差する点の数に相当し，コイル型ではコイルの数に相当する．そして，負のスーパーコイル（超らせん）の場合にはその数にマイナスの符号を付け，正のスーパーコイル（超らせん）の場合にはプラスの符号を付けることになっている（ただし，プラスの符号は通常省略される）．リンキング数（**Lk**），ツイスト数（twist, **Tw**：二重らせん構造におけるらせんの数），ライジング数の三者間には

$$Lk = Tw + Wr$$

の関係が成り立つ（図 1.16）．

一般に細胞内の DNA は，同じ塩基対数からなる弛緩型 DNA に比べてリンキング数が小さい負の超らせん構造をとっている．言い換えると負の超らせんはリンキング数の不足を内包している構造であり，二本鎖は解離しやすい．したがって，DNA 複製・転写・組換えといった，二重らせんの部分的解離を必要とする生物学的過程には必須の構造である．負の超らせん構造は，直線状 DNA に比べてコンパ

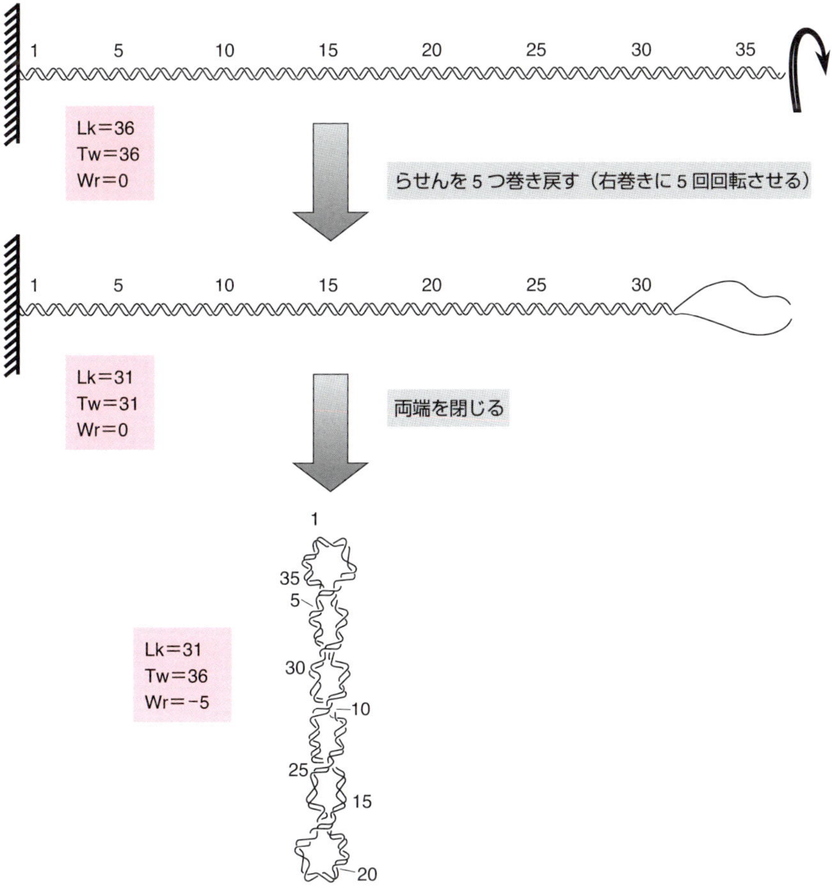
1
5
10
15
20
25
30
35
Lk＝36
Tw＝36
Wr＝0
らせんを5つ巻き戻す（右巻きに5回回転させる）
1
5
10
15
20
25
30
Lk＝31
Tw＝31
Wr＝0
両端を閉じる
1
35
5
30
10
25
15
20
Lk＝31
Tw＝36
Wr＝−5

図 1.16　リンキング数（Lk），ツイスト数（Tw），ライジング数（Wr）の関係

概念を分かりやすく示すために，ここでは，DNA の 1 らせんに含まれる塩基対数を 10 とした．弛緩型の 360 塩基対の DNA（上段）の場合，リンキング数は 36 になる．ツイスト数は，二重らせん構造におけるらせんの数のことで，この場合は 36．ライジング数は超らせん構造におけるねじれの数を意味し（英語では単に“writhe”，または“writhing number”），下段の図で二重らせんが交差する点の数に相当する．ただし，この図のようにねじれが右巻きのものには“−”の符号をつける．この図の場合，ライジング数は − 5 である．中段の図は，31 のポイントを固定しないかぎりできない仮想の構造であるが，理解を助ける目的で示した．なお，中段の DNA の両端を近づけると 5 つの左巻きスーパーコイルができる（図 1.15 と本文参照）．

クトである．また，この構造はヌクレオソーム形成（→ Chapter 2）の基盤にもなっている．このように，DNA のトポロジーは，DNA の収納（折り畳み）において，また，その機能の調節において重要な役割を果たしている．

1.6 アミノ酸とタンパク質

タンパク質（protein）は生物体の主要な構成成分である．“protein”は，1839年にオランダの化学者G. J. Mulderによりつくられた言葉で，ギリシャ語のproteios（“第一の”の意味）に由来する．タンパク質は，酵素，細胞や組織の構成成分，シグナル情報を受容する物質，ホルモン，免疫反応において抗原に特異的に結合する抗体，などとしてさまざまな使われ方をしている．

1.6.1 アミノ酸の種類と構造

タンパク質はアミノ酸（amino acid）を基本単位としている．アミノ酸とは，分子内にアミノ基（-NH_2）とカルボキシル基（-COOH）をもつ有機化合物の総称である．同じ炭素原子（α 炭素）にアミノ基とカルボキシル基が結合したアミノ酸は特にα-アミノ酸[*7]と呼ばれる．タンパク質を構成するアミノ酸は全部で20種類[*8]あり，どれもα-アミノ酸である．また，α 炭素には，アミノ基とカルボキシル基の他に側鎖（side chain）と呼ばれる原子団（基）と水素原子（H）が結合している（**図1.17**，**表1.3**）．各アミノ酸の側鎖は，大きさ，電荷，極性，または化学的

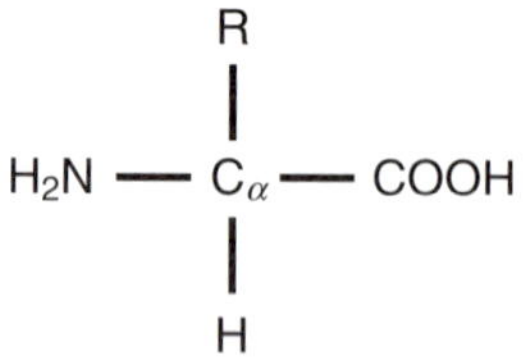

R
H2N
Cα
COOH
H

図1.17　α-アミノ酸の一般的な構造
Rは側鎖．

*7　α-アミノ酸：ギリシア文字は，有機化合物の場合，官能基の位置を示す記号として使われる．鎖状化合物の場合，主要な官能基が結合している炭素原子の位置をαと呼び，これから離れるに従って，β（2番目の炭素原子），γ（3番目），δ（4番目）… などと呼ぶ．アミノ酸の場合，カルボキシ基が結合している炭素をα炭素と呼び，この炭素にアミノ基が結合しているものをα-アミノ酸と呼ぶ．β炭素にアミノ基が結合したものはβ-アミノ酸，γ炭素にアミノ基が結合したものはγ-アミノ酸と呼ばれる．

*8　稀ではあるが，いくつかの酵素の活性中心には，表1.3に載っていないアミノ酸が使われることがある．ひとつはセレノシステインで，もうひとつはピロリシンである．前者は，システインの硫黄原子（S）がセレン原子（Se）に置換された構造をもち，後者は，リシンの側鎖の末端（εアミノ基）にメチルピロリンが付加した構造をもつ．ともに終止コドン（→ Chapter 8）を介して（前者はUGA，後者はUAG）タンパク質に取り込まれる．

表 1.3　タンパク質に含まれる 20 種の標準アミノ酸の側鎖

	名称	三文字略号	一文字略号	側鎖の構造
酸性または塩基性側鎖	アスパラギン酸	Asp	D	$-CH_2COO^-$
	グルタミン酸	Glu	E	$-CH_2CH_2COO^-$
	ヒスチジン	His	H	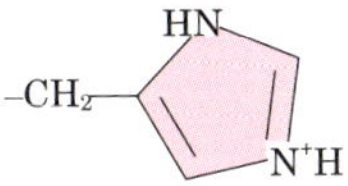HN –CH₂ N⁺H
	リシン	Lys	K	$-(CH_2)_4NH_3^+$
	アルギニン	Arg	R	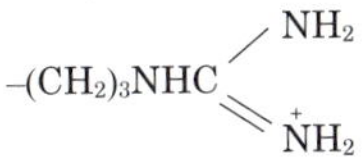NH₂ –(CH₂)₃NHC N⁺H₂
非荷電極性側鎖	アスパラギン	Asn	N	$-CH_2CONH_2$
	グルタミン	Gln	Q	$-CH_2CH_2CONH_2$
	セリン	Ser	S	$-CH_2OH$
	トレオニン	Thr	T	$-CH(OH)CH_3$
	システイン	Cys	C	$-CH_2SH$
非極性側鎖	グリシン	Gly	G	$-H$
	アラニン	Ala	A	$-CH_3$
	バリン	Val	V	$-CH(CH_3)_2$
	ロイシン	Leu	L	$-CH_2CH(CH_3)_2$
	イソロイシン	Ile	I	$-CH(CH_3)CH_2CH_3$
	メチオニン	Met	M	$-(CH_2)_2SCH_3$
	プロリン	Pro	P	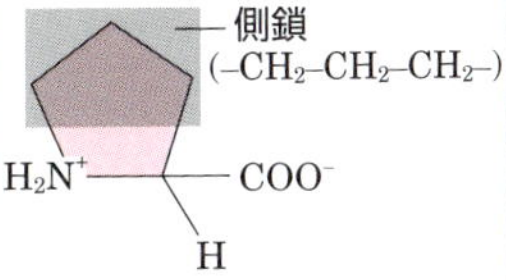側鎖 (–CH₂–CH₂–CH₂–) H₂N⁺ COO⁻ H
芳香族側鎖	フェニルアラニン	Phe	F	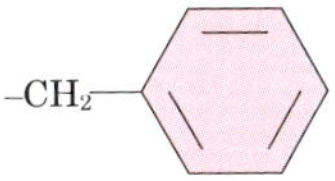–CH₂
	チロシン	Tyr	Y	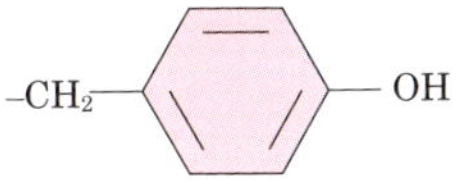–CH₂ OH
	トリプトファン	Trp	W	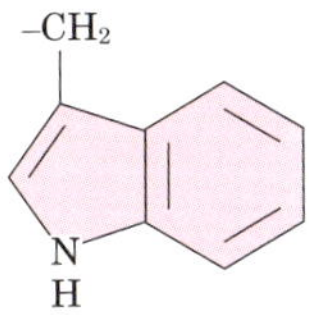–CH₂ N H

性質において異なっており，タンパク質にさまざまな性質を与えている．グリシンを除き，α 炭素には互いに異なる原子または原子団が結合しており，互いの位置を変えることで像と鏡像の関係になる二つの**立体異性体**（stereoisomer）をつくることができる．α 炭素は，この場合，**不斉中心**（asymmetric center）またはキラル（chiral）中心と呼ばれる．上記の二つの立体異性体は**鏡像異性体**（エナンチオマー，enantiomer）と呼ばれ，偏光面を曲げる性質がある（光学活性）．**図 1.18** の左側に示した構造のアミノ酸をL型アミノ酸，右側のものをD型アミノ酸と呼ぶ．図 1.17 と異なり，図 1.18 は構造を立体的に示している．タンパク質の成分として使われるアミノ酸は，ほとんどがL型であるが，近年，さまざまなD-アミノ酸が，微生物から，植物，哺乳動物に至るまで広範に存在し，多様な生理機能を果たしていることも明らかになってきている[*9]．Lは左（*levo*），Dは右（*dextro*）を意味するが，これらは構造を示す用語であり，偏光面を曲げる方向（右旋性，左旋性）を意味しない．

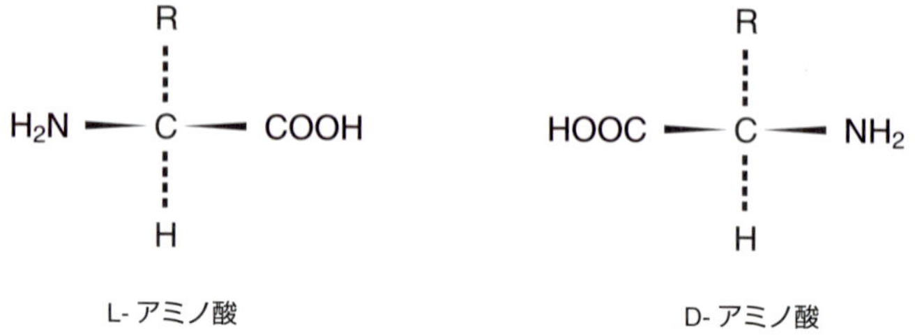
R
H₂N
C
COOH
H
L-アミノ酸
R
HOOC
C
NH₂
H
D-アミノ酸

図 1.18　L-アミノ酸とD-アミノ酸

この図では，中心の炭素が紙面にあり，NH_2 とCOOHは紙面のこちら側，RとHは紙面の向こう側にあることを意味している．

1.6.2　タンパク質の構造

〔1〕ペプチド結合

タンパク質の中で，アミノ酸どうしを結びつけている結合は**ペプチド結合**（peptide bond）と呼ばれる．この結合は，一つのアミノ酸のカルボキシル基と隣のアミノ酸のアミノ基との間での脱水・縮合により形成される（**図 1.19**）．二つ以

*9　D-アミノ酸を含むペプチドの例として，ペニシリン，グラミシジンSなどがある．また，老化によりタンパク質内でL-アミノ酸からD-アミノ酸へ変化する例も知られている．参考：D-アミノ酸研究会ホームページ（http://www.d-amino-acid.jp/index.html）

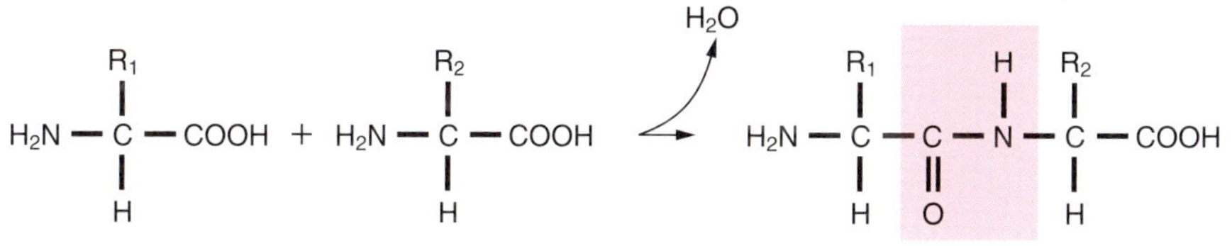

図 1.19　ペプチド結合の形成

赤く囲った部分がペプチド結合.

上のアミノ酸がペプチド結合を介して結合したものをペプチド（peptide）といい，構成アミノ酸の数により，ジ（di：“二つの”の意味）ペプチド，トリ（tri：“三つの”）ペプチド，テトラ（tetra：“四つの”）ペプチド，オリゴ（oligo：“少数の”）ペプチド，ポリペプチド（polypeptide）などと呼ぶ（これらの接頭辞や連結詞はヌクレオチドにも使われる→1.3.1 項）．タンパク質は，ポリペプチドが一定の三次元構造をとったものである．ポリペプチドの一方の末端には遊離のアミノ基が残り，他方の末端には遊離のカルボキシル基が残る．それぞれに対してアミノ末端または N 末端（N-terminus），カルボキシル末端または C 末端（C-terminus）という名称が与えられている．

〔2〕一次構造（primary structure）

タンパク質のアミノ酸配列は一次構造と呼ばれる．これを示す際には，とくに断らない限り，左側に N 末端を置き右側に C 末端を置く．なお，ペプチド内に組込まれたアミノ酸はアミノ酸残基（amino acid residue）と呼ばれる．

タンパク質はさまざまな高次構造（立体構造）をとる．そして高次構造は，二次，三次，四次構造の三つの階層に分けて考える．

〔3〕二次構造（secondary structure）

二次構造は比較的狭い範囲で形成される構造で α ヘリックス（α-helix）と β シート（β-sheet）がよく知られている．ともにペプチド結合内の -NH- と -CO- が関与する．α ヘリックスでは，ポリペプチド鎖はアミノ酸 3.6 残基ごとに 1 回転し，1 番目のアミノ酸の -CO- と 5 番目のアミノ酸の -NH- というように，四つおきのアミノ酸の間で -CO- と -NH- が水素結合を形成してらせん構造をつくる（**図 1.20**）．天然のタンパク質はみな右巻きのらせんを巻く．β シートは，ポリペプチド鎖内で空間的に隣接した二つ以上のセグメント（配列の一部分）の間で，一つのセグメントの -NH- と -CO- が別のセグメントの -CO- と NH- にそれぞれ水素結

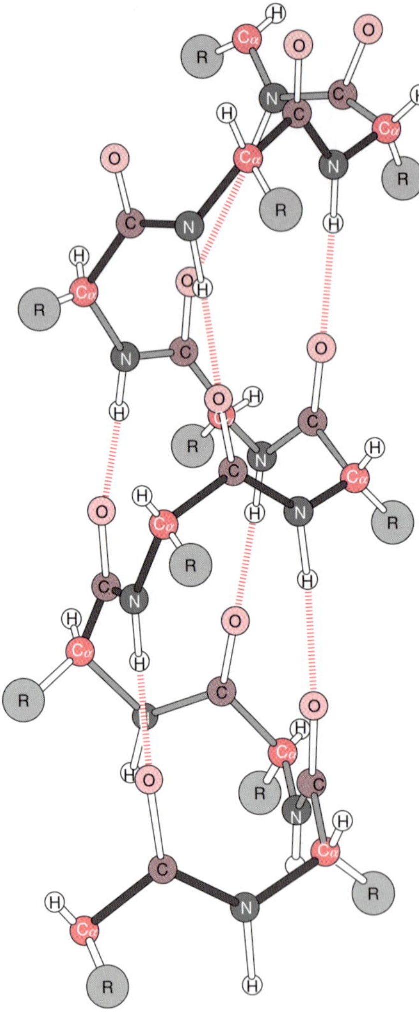
Cα
N
C
O
H
R

図 1.20　*α* ヘリックス

破線は C = O と N − H 間の水素結合を示す.

合することにより形成される（**図 1.21**）. そして, 同じ方向に走るセグメント間でできる構造を平行 *β* シート, 逆の方向に走るセグメント間でできる構造を逆平行 *β* シートと呼ぶ. なお, 逆平行 *β* シート構造におけるポリペプチド鎖の折り返し部分のような構造を ***β* ターン**（*β*-turn）と呼ぶ. *β* ターンはアミノ酸 4 残基からなる.

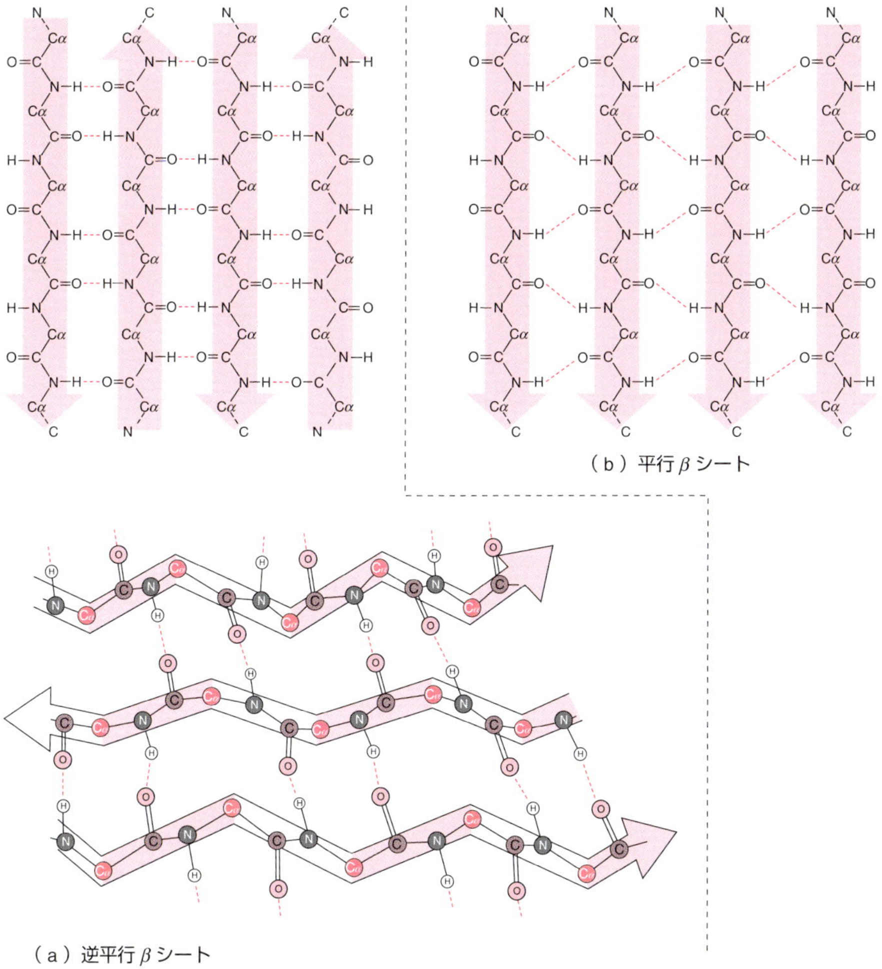
（b）平行βシート
（a）逆平行βシート

図 1.21　βシート

逆平行βシートと平行βシート．Cαに結合している水素原子と側鎖は省いた．

〔4〕三次構造（tertiary structure）

タンパク質の三次構造とは，タンパク質が実際にとる三次元の立体構造のことであり，**X線結晶構造解析**[*10]や**核磁気共鳴**[*11]（nuclear magnetic resonance：

*10　X線結晶構造解析：X線の結晶による回折を利用して，タンパク質などの結晶構造を解析する方法．
*11　核磁気共鳴：原子核のスピンによる磁気共鳴現象のこと．この現象を利用した分析用の装置（分光器）を用いると，分子の構造や原子の配置などに関する情報を得ることができる．

NMR）の測定により知ることができる．三次構造は二次構造と不規則な構造の組合せでできる．側鎖間の疎水結合，水素結合，S-S 結合[*12]（システインの側鎖間），静電引力などが三次構造の構築に寄与しているが，なかでも疎水結合の寄与が最も大きい．このため，疎水結合を妨げるような試薬（たとえば尿素や界面活性剤）を使ってタンパク質を処理すると三次構造が壊れる．これをタンパク質の変性という．しかし，そのような試薬を取り除くと多くの場合三次構造が回復することが示されている．加熱や溶媒条件の変化もタンパク質を変性させる要因である．秩序のある構造を完全に失ったタンパク質は，ランダムコイル（random coil）と呼ばれる乱雑な状態になる．

〔5〕四次構造（quarternary structure）

複数のポリペプチド鎖が特定の空間的位置関係をもって会合することで特定の機能をもつ場合がある．このような場合，会合体（複合体）の構造を四次構造と呼び，個々のポリペプチド鎖のことをサブユニット（subunit）と呼ぶ．たとえばヘモグロビンは，二つの α 鎖と二つの β 鎖が集まって四量体（$\alpha_2\beta_2$）を形成して機能する．

1.6.3 タンパク質の分類

〔1〕形状による分類

タンパク質には，球形に近い形状をもつものや，繊維状のものがある．前者は球状タンパク質（globular protein），後者は繊維状タンパク質（fibrous protein）と呼ばれる．球状タンパク質は，ポリペプチド鎖が折り畳まれて球状になったタンパク質分子で，酵素や輸送タンパク質などがこれに属する．これに対し，繊維状タンパク質は，ほぼ一方向に延びたヘリックス構造やシート構造をもつポリペプチド鎖からなり，それらが何本か集まって繊維状の構造をとったものである．代表的な例として，ケラチン，コラーゲン，トロポミオシン，フィブロイン，エラスチンなどがある．ケラチンには α ケラチンと β ケラチンがあり，前者は動物の爪，毛，角の主成分であり，後者は鳥の羽毛の主成分である．α ケラチンの場合，α ヘリックス構造をとった 2 本のポリペプチド鎖が互いに絡み合ったコイルドコイル（coiled coil）構造をとっており，コイル（らせん）は左巻きである（**図 1.22**）．コラーゲンの場合，3 本のポリペプチド鎖が互いに縫りあわさって右巻きの三重らせんを形成している（**図 1.23**）．

*12 S-S 結合（ジスルフィド結合）：二つの SH 基が酸化されることによってできる硫黄原子間の共有結合．

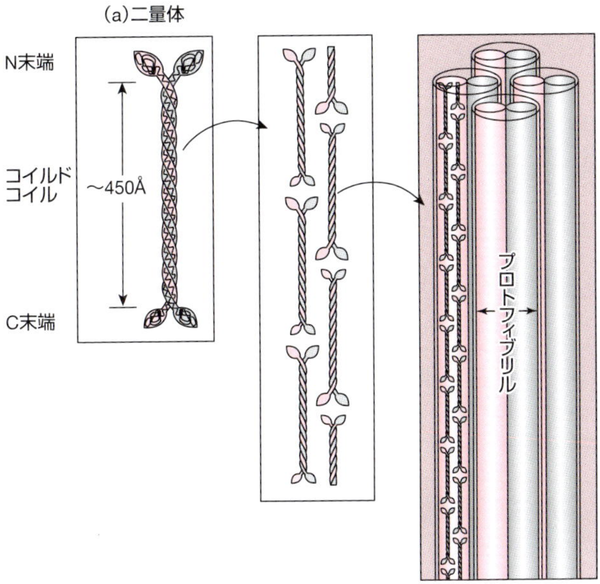
(a)二量体
N末端
コイルドコイル
~450Å
C末端
プロトフィブリル

図 1.22　α ケラチンの構造

〔D. Voet & J. G. Voet: Biochemistry, 4th Edition, 2010〕

〔2〕その他の分類

タンパク質がアミノ酸だけから構成されている場合，そのタンパク質は，単純タンパク質と呼ばれる．一方，アミノ酸以外の有機化合物や無機物を含んでいる場合には，複合タンパク質と呼ばれる．複合タンパク質には，糖タンパク質（糖を含む）やリポタンパク質（脂質を含む）をはじめとして，さまざまなタンパク質群がある．このほか，機能面からは，酵素タンパク質，ホルモンタンパク質，受容体タンパク質，免疫タンパク質など

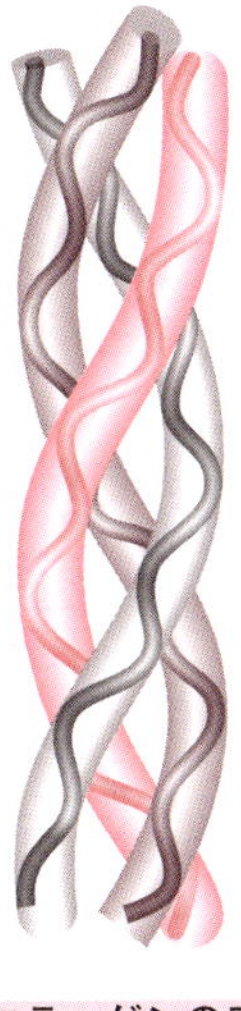

図 1.23　コラーゲンの三重らせん

〔D. Voet & J. G. Voet: Biochemistry, 4th Edition, 2010〕

に分類される．また，膜タンパク質や分泌タンパク質は局在性の視点から分類された名称である．

演習問題

Q.1 DNA と RNA の構造上の違いを三つ述べよ．

Q.2 塩基組成を調べるだけで，DNA が一本鎖か二本鎖かを見分けられるか．

Q.3 “竹屋が焼けた” や “Was it a cat I saw” は，前から読んでも，後ろから（逆から）読んでも同文になる．このような文は回文［パリンドローム (palindrome)］と呼ばれる．DNA の塩基配列に対してもパリンドロームという用語が使われることがあり，それは，下の例のようにそれぞれの鎖が同じように読める配列からなっている部位（または領域）を指す．なお，パリンドローム構造には 2 回（回転）対称軸がある（その軸のまわりに 180° 回転すると元の構造と同じ構造になる）．さて，ここで問題．パリンドローム構造をとった 4 塩基対からなる二本鎖 DNA は，全部で何種類あるか．

例　5'-・・・・AGCT・・・・-3'
　　3'-・・・・TCGA・・・・-5'

Q.4 4 塩基対からなる二本鎖 DNA は全部で何種類あるか．

Q.5 ある RNA 分子の塩基配列を解析し，次の結果を得た．この分子は 4 箇所でステム構造をとり，3 箇所でループ構造をとることがわかっている．塩基配列からステム構造とループ構造をとる部分を予想し，この分子が何かを考察せよ．

5'-**CUGGGCGGGGCGCAGUCGGUAGCGCGCUCCCUUCGCGUGGGAGAGUGACCGGGTΨCGAUCCCCGGAGCGCCCAGACCA**-3'

＊**T** とΨは修飾塩基

Q.6 ヒトの体細胞の核に含まれる DNA をつなぐとどれくらいの長さになるか．また，この DNA を半径 1 nm の円柱とみなした場合，その体積はいくらになるか．体細胞の核を半径 5 μm の球と考えてその体積と比較せよ．

Q.7 ラベルが剥がれてしまったために判別できない mRNA と tRNA の各水溶液がある．サンプルにダメージを与えることなく，またサンプルを消費することなく両者を判別するためには，どのような方法を用いたら良いか．

Q.8 二本鎖 DNA を含む水溶液（吸光度既知）に，光を吸収する性質のない液体 L を加えて吸光度を測定したところ，体積の増加から予想される吸光度よりも高い数値が得られた．L にはどのような性質をもつ物質が含まれていると考えられるか．

Q.9 アラニンの側鎖を何に置換したら光学活性が失われるか.

Q.10 α ヘリックスの 1 らせんのピッチ（軸方向に進む距離）は，5.4 Å である. 120 残基からなる α ヘリックスの長さは何 Å か.

Q.11 以下に示すアミノ酸のうち，通常，タンパク質分子の表面に存在するものはどれか，また内部に存在するものはどれか.

Arg，Glu，Leu，Lys，Phe，Val

参考図書

1. R. R. Sinden：DNA Structure and Function，Academic press（San Diego）（1994）
2. A. D. Bates and A. Maxwell：DNA Topology, Oxford University Press（New York）（2005）
3. T. Ohyama ed.：DNA Conformation and Transcription, Springer（New York）（2005）
4. S. Neidle：Nucleic Acid Structure and Recognition, Oxford University Press（New York）（2002）
5. J. E. Krebs, S. T. Kilpatrick and E. S. Goldstein：Lewin's Genes XI（11th International student edition）Jones and Bartlett Publishers（MA）（2013）
6. D. Voet, J. G. Voet 著，田宮信雄，村松正實，八木達彦，吉田浩，遠藤斗志也 訳：ヴォート生化学 第 4 版，東京化学同人（2012）

Box ▶ 周波数変調原子間力顕微鏡で見た DNA 二重らせん

京都大学のグループが水溶液中の DNA の鮮明な画像を取得することに世界で初めて成功した. 右図は，新しく開発された周波数変調原子間力顕微鏡を用いて得られた DNA 画像で，主溝（矢印➡）と副溝（矢印➡）だけでなく，部分的に一本鎖になった領域（矢印➡）まで観察できる.

なお，従来の DNA 画像は結晶構造を X 線で解析して画像化したものである.

[S. Ido et al., ACS Nano 7, 1817–1822, 2013]

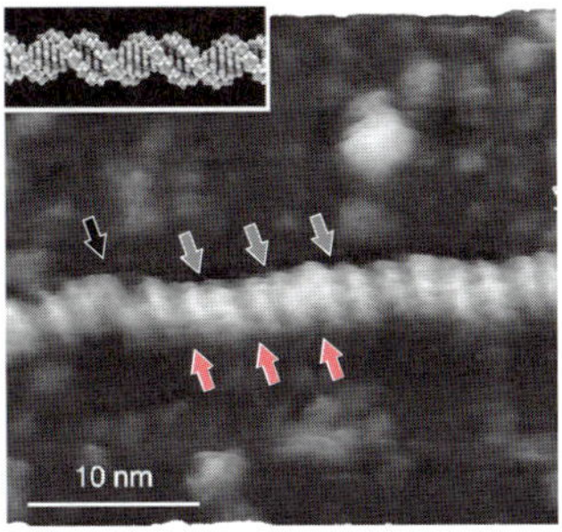
10 nm

MEMO

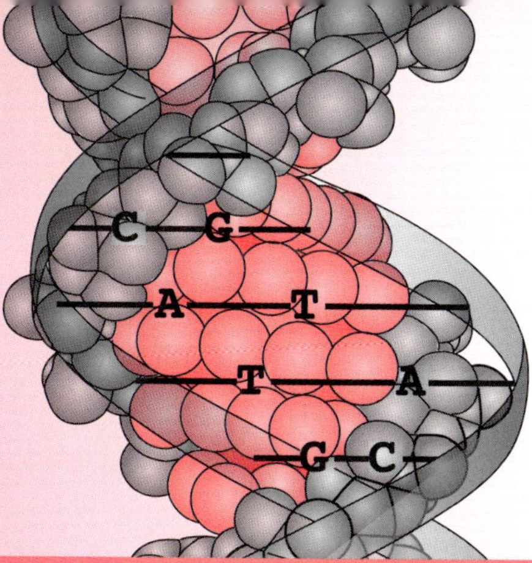
C G
A T
T A
G C

Chapter 2
ゲノム

Chapter 2

ゲ ノ ム

2.1 ゲ ノ ム

2.1.1 ゲノムと染色体

ゲノム（genome）という言葉は，遺伝子（gene）が染色体（chromosome）に乗っているという意味から提唱されたという説と，遺伝子（gene）と -ome（全体・総体を意味する接尾辞）を合成した概念的な言葉という説がある．ゲノムとは，生物をつくりだし，その生物が生命活動を営むために必要最小限の全遺伝情報のことで，具体的には，生殖細胞（配偶子）に含まれる全 DNA を指す[*1]．すなわち，一倍体細胞にはゲノム 1 組，二倍体細胞にはゲノム 2 組が含まれている．各生物は固有のゲノムをもっており，たとえばヒトでは，精子に含まれる父親由来のゲノム 1 組と卵子に含まれる母親由来のゲノム 1 組からなる受精卵から生命が始まる．ミトコンドリアや葉緑体にも DNA が含まれるが，これらは，それぞれミトコンドリアゲノム（mitochondrial genome），葉緑体ゲノム（chloroplast genome）と呼ばれる．単にゲノムというと細胞核の DNA を指すことが多いが，ミトコンドリアゲノム，葉緑体ゲノムと区別するときには，核ゲノム（nuclear genome）と呼ぶ．

1990 年以降，さまざまな生物種のゲノムプロジェクト（genome project）が行われてきた．ゲノムプロジェクトとは，ある生物ゲノムの全 DNA の塩基配列を決定するプロジェクトであり，遺伝子の数と分布，推測される遺伝子の機能などが調べられている（→ Chapter 16）．たとえば，ヒトゲノムプロジェクトでは，1 番から 22 番までの常染色体と X，Y の性染色体に含まれる DNA の配列が対象となっている．2013 年現在で，約 4,400 の生物体のゲノムが解読され（http://www.

*1 ゲノム（配偶子に含まれる全 DNA）において，有性生殖をする生物では性染色体の取り扱いについてあいまいな点がある．ヒトを例にすると，精子に含まれるゲノム DNA には，「22 本の常染色体と X 染色体に寄与する DNA」をもつものと，「22 本の常染色体と Y 染色体に寄与する DNA」をもつものの 2 種類が存在する．ヒトゲノム解析では，ヒトのもつ全 DNA を解析するという目的で，1 番から 22 番の常染色体と X，Y の性染色体に含まれる DNA について解析されている．厳密にいえば，「従来用いられてきたゲノム」と「ゲノム解析におけるゲノム」とは，具体的に指す DNA について，ずれがある．

genomesonline.org/)，ゲノム構成の普遍性と特異性が塩基対レベルで明らかになってきた．さまざまな生物種のゲノムを比較すること（比較ゲノム学）により，進化の過程についても多くのことがわかりつつある．木原均博士が残した名言,「地球の歴史は地層に，生物の歴史はゲノムに記されている」が，まさに分子レベルで検証されつつある．さらに，最近では，微生物を単離・培養することなく，ある環境中に生息する微生物群からDNAを丸ごと抽出し，その微生物群由来のゲノム配列を網羅的に解析するメタゲノム解析が展開されている．これまでに，鉱山廃水，海水，土壌，ヒトなどの動物の腸内，極限環境などでメタゲノム解析が行われている（→ Chapter 16）．

2.1.2 ゲノムの概観

〔1〕ゲノムサイズ

多くの原核生物のゲノムは1本の環状DNAであるのに対して，真核生物の核ゲノムは，複数の直鎖状のDNAからなり，分裂中期にはそれらが別々の染色体を形成する．生物種によるゲノムの違いは，まず，そのゲノムサイズにみられる（**図 2.1**，**表 2.1**）．原核生物のゲノムサイズは，5 Mb（メガ塩基対，1×10^6 base pairs）[*2] 以下と小さいが，真核生物では最も小さなもので10 Mbであり，最も大きなものは100,000 Mb以上もある．ゲノムサイズの違いは，おおまかには生物の体制的複雑さを反映しているようにみえる．しかし，肺魚や両生類のある種では，哺乳類の10～100倍もの大きなゲノムをもつ．このように，生物の体制的複雑さとゲノムサイズとは正確には相関しておらず，これは**C値パラドックス**（C-value paradox）と呼ばれる（一倍体の全ゲノムDNAの量をC値と呼ぶ）．

ゲノムプロジェクト以前は，ゲノムの特徴はDNAの再会合の速度を指標とする**C_0t 解析**（→ **Box** 47頁参照）によって調べられた．再会合が速い（$C_0t_{1/2}$ 値が低い）場合はゲノムの複雑度[*3]が低く，一方，再会合が遅い（$C_0t_{1/2}$ 値が高い）場合はゲノムの複雑度が高い．また，C_0t 解析から真核生物ゲノムには，非反復配列

*2 DNAの長さの表記法：二重鎖DNAの長さは塩基対（base pairs）の数で示される．通常，次のような略号で表される. bp = base pairs, kb = kilo base pairs = 1,000 bp, Mb = mega base pairs = 1,000,000 bp，Gb = giga base pairs = 1,000,000,000 bp

*3 複雑度：より厳密には反応速度論的複雑度（kinetic complexity）というが，通常，複雑度というとこれを意味する．DNAを構成する異なる配列の総和を表す語．したがって，反復配列の反復度がいくら高くても複雑度は変わらない．たとえば，ABCやAABCCの複雑度は3であるが，AABCCDの複雑度は4である．

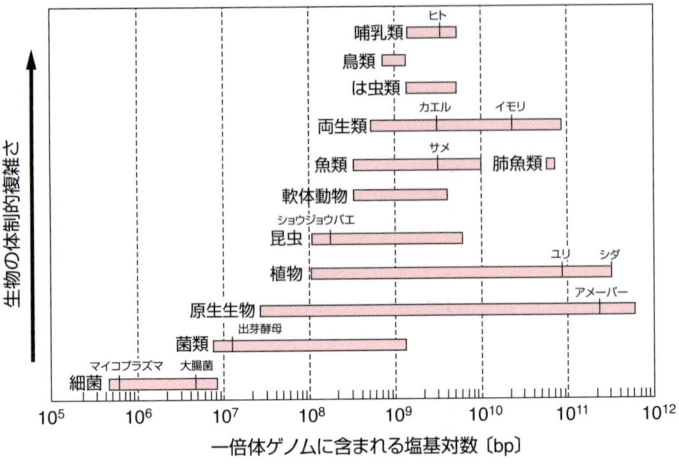
生物の体制的複雑さ
哺乳類
ヒト
鳥類
は虫類
両生類
カエル
イモリ
魚類
サメ
肺魚類
軟体動物
昆虫
ショウジョウバエ
植物
ユリ
シダ
原生生物
アメーバー
菌類
出芽酵母
細菌
マイコプラズマ
大腸菌
10^5 10^6 10^7 10^8 10^9 10^{10} 10^{11} 10^{12}
一倍体ゲノムに含まれる塩基対数〔bp〕

図 2.1　一倍体のゲノムサイズ

表 2.1　配列決定された代表的な生物のゲノムの遺伝子数と染色体数

生物種	ゲノムサイズ〔Mb〕	遺伝子の概数	染色体数
マイコプラズマ	0.58	470	
インフルエンザ菌	1.83	1,740	
大腸菌	4.64	4,500*	
出芽酵母	12.1	6,000	16 対 32 本
シロイヌナズナ	115	~27,300*	5 対 10 本
イネ	371	28,700*	12 対 24 本
ショウジョウバエ	119	14,000*	4 対　8 本
線虫	96	20,200*	6 対 12 本
マウス	2,739	24,000*	20 対 40 本
ヒト	3,254	40,300*	23 対 46 本

*ヒトゲノムマップ第3版(2013),
http://www.mext.go.jp/a_menu/kagaku/week/genome/a3.pdfより

(non-repetitive sequence) と反復配列 (repetitive sequence) があり，それらの割合が生物種によって異なることが示された．

近年，ゲノム解析が進み，C 値パラドックスに対する答えが徐々にわかってきた．大腸菌ではゲノムのほとんどがタンパク質のアミノ酸配列を規定するコード配列であるのに対して，高等真核生物ゲノムには，コード配列の割合が少なく，反復配列(ゲノムに複数コピー存在する繰り返し配列) を含む非コード配列が相当の割合で含まれている．植物や両生類では反復配列がゲノムの約 80%をも占めている．し

Box ▶ C_0t 解析[*1]

ヒトのゲノムは大腸菌の約 1,000 倍である．では，その中身はどうなっているだろうか．実はこの Chapter を読んだ人は答をすでに知っている．塩基配列決定によりヒトゲノムの配列構成は図 2.4 に示されるとおりである．この**ゲノムの配列構成**の問題に最初に光を当てたのは，1960 年代後半の R. Britten と D. Kohn による熱変性した DNA の再生[*2] を追跡する実験であった．二本鎖 DNA を熱変性により一本鎖にした後ゆっくりと冷却すると，再び二本鎖に戻る．再生過程を，縦軸を一本鎖 DNA の割合，横軸を C_0t[*3]（コット）の対数としてプロットすると**図（a）**のような曲線となる．C_0t という単位を用いることからこの解析を **C_0t 解析**，再生のカーブを **C_0t カーブ**という．そして，50%再生の C_0t 値を $C_0t_{1/2}$（**コットハーフ**）と呼ぶ．

話を Britten と Kohn に戻そう．彼らは仔ウシの DNA を用い，まず DNA を平均サイズ 500 bp に断片化し，ついで熱変性により一本鎖にした．それを徐々に冷却し再生の進行をプロットした．すると，大腸菌のカーブのような単純なカーブではなく複雑な曲線が得られた（**図（b）**）．その解釈は以下のとおりである．

一本鎖 DNA がその相補鎖と再生する場合，ある配列がゲノム中に 2 つあると相補鎖が 2 つあることになり再生の C_0t 値はその配列が 1 つの時の 1/2 になると考えられる．図（b）では仔ウシ DNA において低い C_0t 値（$C_0t_{1/2} = 0.03$）で再生する部分①の $C_0t_{1/2}$ は高 C_0t 値（$C_0t_{1/2} = 3 \times 10^3$）で再生する部分③の $C_0t_{1/2}$ の $1/10^5$ であるから，③の DNA が非反復（ユニーク）配列であるとすると，①部分は 10^5 回反復した配列を反映しているということができる．同様に②部分は中程度反復の配列からなることになる．つまり，C_0t カーブを解析することでゲノムの配列構成を知ることができる．この推論はその後の配列決定などの詳細解析により支持された．その後，多くの真核生物のゲノムについて同様の高度反復，中程度反復，非反復（ユニーク）の部分から成る配列構成が明らかにされた．

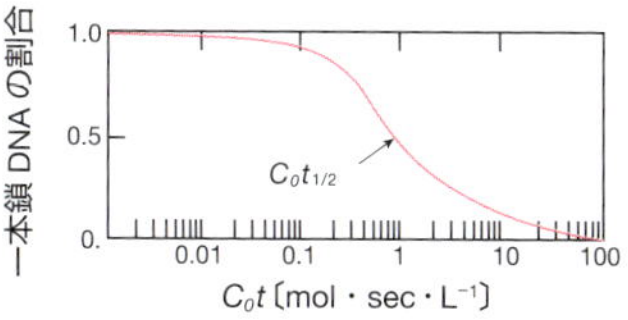
一本鎖 DNA の割合
1.0
0.5
0.
0.01
0.1
1
10
100
$C_0t_{1/2}$
C_0t〔mol・sec・L⁻¹〕

（a）DNA 再生実験のモデル図

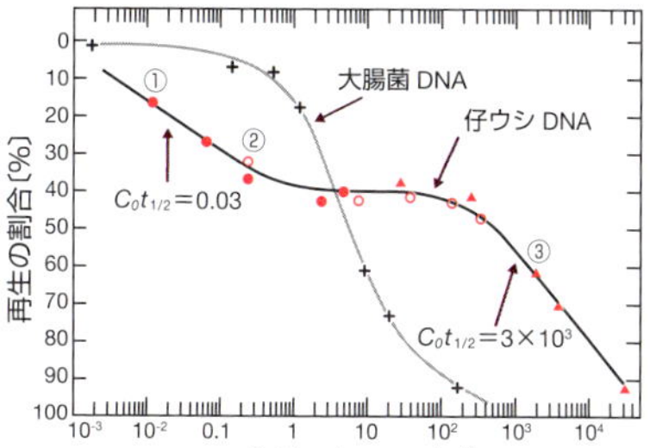
再生の割合〔%〕
0
10
20
30
40
50
60
70
80
90
100
大腸菌 DNA
仔ウシ DNA
①
②
③
$C_0t_{1/2}$=0.03
$C_0t_{1/2}$=3×10³
10⁻³
10⁻²
0.1
1
10
10²
10³
10⁴
C_0t〔mol・sec・L⁻¹〕

（b）仔ウシ DNA と大腸菌 DNA の C_0t カーブ

（いずれも R. J. Britten and D. E. Kohne, Science, 161, 529（1968）より改変）

*1　C_0t 解析：この問題の反応速度論的取り扱いに関しては他の参考書を参照のこと．

*2　熱変成した DNA の再生：アニール，ハイブリダイズ，再結合などともいう．

*3　C_0t：C_0（濃度，mol/L）× t（時間，sec）のこと．この単位により種々の濃度，時間での再生実験を一枚のグラフにプロットできる．速度や比重などと同様に 2 つの物理量を組み合わせた単位．C_0t 値が高いということはより再生に有利であることを意味する．

たがって，ゲノムサイズが大きいからといって，必ずしも生物の複雑さを反映するとは限らないことが理解される．

〔2〕 ゲノムにおける遺伝子の構成

ゲノム解析から明らかにされたさまざまな生物の遺伝子数をみると（表 2.1），寄生生活をする細菌で 500～1,200 個，細菌や古細菌で 1,000～4,000 個，真核生物では 6,000 ～ 40,000 個ぐらいである．ヒトの遺伝子数はヒトゲノム解析以前は約 10 万個といわれていた*4．2001 年のヒトゲノム概要の論文では 30,000～40,000 個と発表されたが，2004 年には 20,000～25,000 個であることがわかり，予想よりもはるかに少ないことが判明した．遺伝子領域の同定は，開始コドンと終止コドンまでの長さやコドンの使用頻度などを情報として，遺伝子予測ソフトによってコンピュータで解析される．真核生物の場合，遺伝子以外の領域が多くを占めること，イントロン（→ Chapter 7）で分断されていることなどのために遺伝子の同定が難しい．ヒトの全遺伝子数が年々変わってきたが，今なお，それが確定しているわけではない．

さまざまな生物種のゲノム構造（**図 2.2**）をみると，大腸菌や出芽酵母のゲノムでは遺伝子が密に詰まっており，ショウジョウバエもヒトやトウモロコシと比べると遺伝子密度が高い．また，トウモロコシゲノムには多くの反復配列が含まれている．高等真核生物では，遺伝子はゲノム上に均一に分布しているのではなく，500 kb 以上にわたってタンパク質をコードする遺伝子が存在しない広い領域（**遺伝子砂漠**）がある．ヒトでは，ゲノムの約 20％が遺伝子砂漠からなる．

ゲノム中には 1 コピーしかない遺伝子と，塩基配列は全く同一ではないが似ている**重複性遺伝子**（duplicated gene）がある．一群の重複性遺伝子は**遺伝子ファミリー**（gene family）と呼ばれ，遺伝子産物はタンパク質ファミリー（protein family）を構成する．遺伝子ファミリーはゲノム上でクラスターを作っていることもあれば，別の染色体上に分散していることもある．遺伝子ファミリーは，その祖先遺伝子から進化の過程で重複，変異によって生じたと考えられる．異なる生物種において同じ祖先遺伝子に由来する遺伝子をもつとき，これを**直系遺伝子**（オルソログ，ortholog）という．また，同じゲノム内で遺伝子複製によってできたと考えられるよく似た遺伝子のことを**側系遺伝子**（パラログ，paralog）といい，直系，側系を問わず類縁関係にある遺伝子のことを**相同遺伝子**（ホモログ，homolog）と

---

*4　ヒトゲノムプロジェクトの以前は，ヒトの遺伝子数は，mRNA とのハイブリダイゼーションの実験結果や酵素の種類などから，約 10 万種類と見積もられていた．

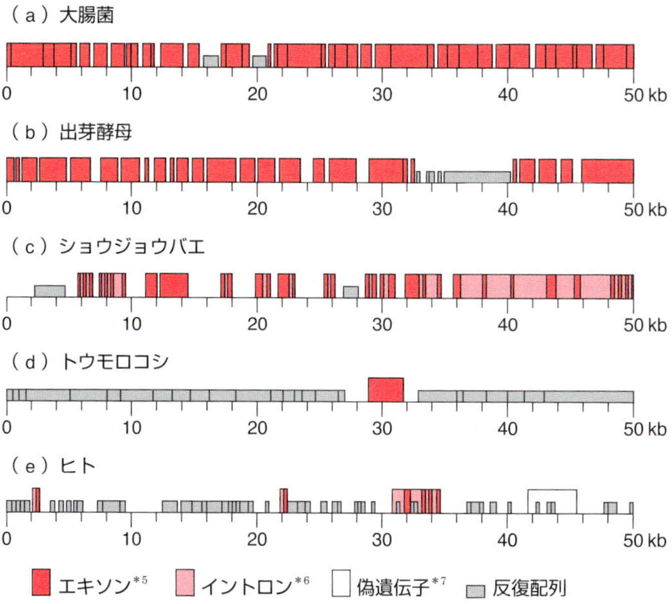
（a）大腸菌
0
10
20
30
40
50 kb
（b）出芽酵母
（c）ショウジョウバエ
（d）トウモロコシ
（e）ヒト
エキソン*5
イントロン*6
偽遺伝子*7
反復配列

図 2.2　さまざまな生物種におけるゲノム領域 50 kb での遺伝子分布の比較

いう（**図 2.3**）．細菌，古細菌，真核生物に共通して保存されている遺伝子ファミリーは 200 以上あるが，ゲノムサイズが大きくなるにつれて，特異的な遺伝子の割合は減少し，遺伝子ファミリーの割合が増加する傾向にある．これは，進化の過程で新しい遺伝子は既存の遺伝子から作られてきたことを反映している．機能遺伝子の他に，進化の過程で変異によって機能を失った遺伝子コピーもあり，これらは偽遺伝子（pseudogene）と呼ばれる．ヒトやマウスでは当初ゲノム解析で同定された遺伝子の約 10%が偽遺伝子であると見積られている．

クラスターを形成している遺伝子ファミリーの配列は似ているが，同一ではない．これに対して，その遺伝子産物が大量に必要とされる場合に同じ遺伝子が縦

*5　エキソン（exon）：真核生物ではタンパク質をコードする情報の部分が分断されている場合が多く，この情報をもっている部分をエキソンという．遺伝子領域全体が転写されるが，情報のないイントロン部分は切り取られ，エキソン部分がつなぎあわされて成熟 mRNA ができる．

*6　イントロン（intron）：真核生物の遺伝子は分断されている場合が多く，アミノ酸配列情報をもたない部分をイントロンという．

*7　偽遺伝子（pseudogene）：機能している既知遺伝子と相同であるが，転写されなかったり，機能をもつ産物をコードしていなかったりする，遺伝子としては機能を失った DNA 配列の領域．

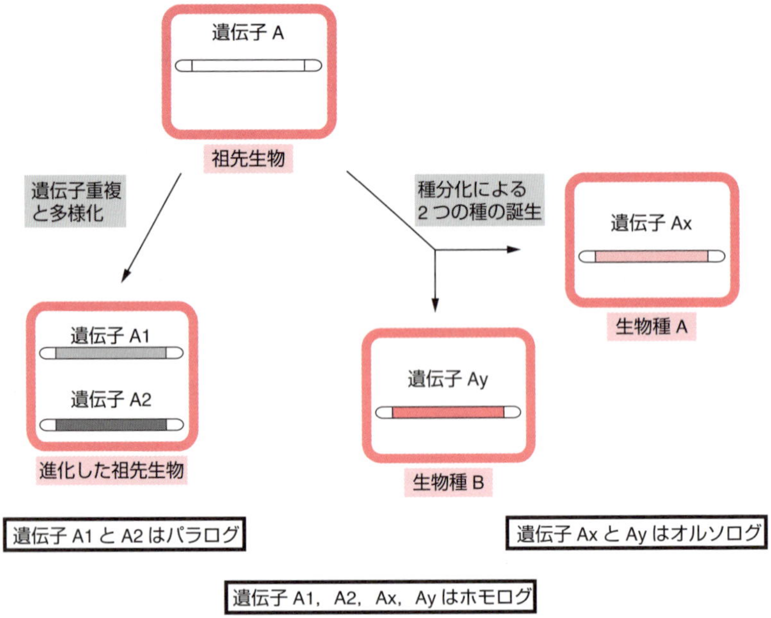
遺伝子 A
祖先生物
遺伝子重複
と多様化
種分化による
2 つの種の誕生
遺伝子 Ax
生物種 A
遺伝子 A1
遺伝子 A2
進化した祖先生物
遺伝子 Ay
生物種 B
遺伝子 A1 と A2 はパラログ
遺伝子 Ax と Ay はオルソログ
遺伝子 A1，A2，Ax，Ay はホモログ

図 2.3　遺伝子ファミリーは進化の過程で生じたと考えられる

パラログとオルソログは異なる進化の過程で生じた相同遺伝子（ホモログ）である．

方向（タンデムという，**tandem**）に並んでクラスターを形成している場合がある．たとえば，細胞 RNA の 80～90％を占める rRNA の遺伝子は，下等真核生物で 100～200，高等真核生物で数百個のコピーがひとつあるいは複数のクラスターとして存在する．真核生物の細胞核内で rRNA が合成される領域は特徴的な形態を示し，核小体（nucleolus）と呼ばれる．タンパク質をコードする遺伝子の中では，ヒストン遺伝子が反復遺伝子としてよく知られている．鳥類と哺乳類は 5 種類のヒストン遺伝子を 10～20 コピー，ショウジョウバエは約 100 コピー，ウニは数百コピーもつ．

原核生物ゲノムに特有の遺伝子構成としてオペロン（operon）がある．オペロンとは，ゲノム内で隣り合って存在する複数の遺伝子群のことで，ひとつのオペロン内にあるすべての遺伝子はひとつの単位として発現する．大腸菌のラクトースオペロンやトリプトファンオペロンが有名である（→ 6.2.2，6.2.3 項）．

〔3〕ゲノムにおける遺伝子領域以外の構成

原核生物では遺伝子が密に詰まっているのに対して，高等真核生物では遺伝子領域以外の部分が大きい．ヒトゲノムの構成をみると，遺伝情報をコードするエキソンはわずか1.1％であり，イントロンが24％，遺伝子間DNAが75％である．また，遺伝子間DNAの2/3以上が反復配列である（**図2.4**）．真核生物ゲノムにみられる反復配列には縦列型反復配列（タンデムリピート：同じ方向に並んだ繰り返し配列）とゲノムに散在する反復配列がある．前者は，サテライトDNA（satellite DNA）とも呼ばれる．真核生物のDNAをCsCl平衡密度勾配遠心（→1.4.2）にかけると，メインバンドのほかにサテライトバンド*8として現れるDNAがある．サテライトバンドには，数百kbにもおよぶ縦列反復配列からなる断片が含まれる．サテライトDNAとして有名なものは，ヒトセントロメアにみられるアルフォイド配列である．密度勾配遠心においてピークとして現われないが，縦列反復配列としてサテライトDNAに分類されるものに，ミニサテライト**DNA**（minisatellite DNA）とマイクロサテライト**DNA**（microsatellite DNA）がある．ミニサテライトDNAは，およそ25 bpくらいまでの反復単位であり，それが数千回繰り返してゲノム上でクラスターを形成している．テロメアDNAはミニサテライトの例である（→2.3.3項）．マイクロサテライトはミニサテライトよりも短く，通常15 bp以下の反復単位で，それが10回から100回くらい繰り返す．ヒトではCAリピー

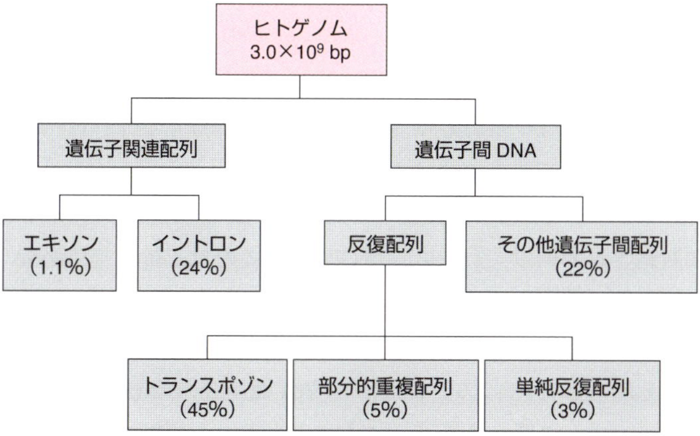

ヒトゲノム
3.0×10^9 bp
遺伝子関連配列
遺伝子間DNA
エキソン (1.1%)
イントロン (24%)
反復配列
その他遺伝子間配列 (22%)
トランスポゾン (45%)
部分的重複配列 (5%)
単純反復配列 (3%)

図2.4　ヒトゲノム解析から明らかにされたヒトゲノムの構成

*8　サテライトバンド：ゲノムDNAを断片化して，CsClの密度勾配遠心にかけると，ほとんどのDNAは，ある浮遊密度の位置にメインバンドとして現れる．反復配列DNAを含む断片のGC含量はその繰返し部分の配列によって決まり，平均GC含量値とは異なる（それゆえ平均浮遊密度とは異なる）ために，メインバンドの近くの異なる位置に現れて，サテライトバンドと呼ばれる．

ト配列が有名である．マイクロサテライトは，個人によって異なっており，マイクロサテライトの長さや組合せを調べることによって個人の遺伝子プロファイル（genetic profile）（→ Chapter 16）を作ることができる．

ゲノムに散在する反復配列は，トランスポゾン（転移性遺伝因子，→ Chapter 13）がかなりの部分を占める．トランスポゾンはゲノム内を移動できる配列である．自分自身のコピーを作るなどしてゲノム中に散在し，進化におけるゲノムの再編成を助けてきたと考えられる．遺伝子領域以外の遺伝子砂漠や反復配列などの DNA 領域はタンパク質をコードする遺伝子がないので，それらの領域は機能的には意味がないと思われ，ジャンク（ごみ）**DNA**（junk DNA）と呼ばれてきた．しかし，最近，タンパク質をコードしない non-coding RNA（ncRNA）がジャンク DNA 領域から大量に転写されていることがわかった．ncRNA はさまざまな機能を有することが明らかになりつつあり，ジャンク DNA はもはやジャンクではないと考えられている（→ Chapter 14）．

2.2 クロマチン

2.2.1 ゲノムの階層構造

ヒトの体細胞一個に含まれるゲノムの DNA を繋ぎ合わせると，約 2 m にも達する．成人したヒトは約 60 兆個の細胞をもつので，ヒト一人がもつ DNA は，2 m × 60 兆 = 1,200 億 km にもなる．これは，太陽系を円と仮定したときの円周の 3～4 倍にも相当する．ひとつの細胞では，2 m の DNA が直径わずか 5 ～ 10 μm 程度の細胞核に収納されている．しかも，単に収納するだけではなく，必要なときにある遺伝子部分だけを取り出してその情報を発現しなければならない．これを成し遂げるために，真核生物ゲノムは階層的な構造をとっている．

ゲノム DNA は主としてヒストンタンパク質と結合した複合体であるクロマチン（chromatin）として存在する．その基本単位は，DNA がヒストン八量体に巻きついたヌクレオソームと呼ばれる構造である．ヌクレオソームが数珠状につながりクロマチン **10 nm 繊維**（chromatin 10 nm fiber）となり，それがさらに折りたたまれてクロマチン **30 nm 繊維**（chromatin 30 nm fiber）となる．細胞分裂中期にはクロマチンは最も凝縮した形態である中期染色体を形成する（**図 2.5**）（→ 1.1 節，図 1.1）．また，核には繊維網目状の構造体があり，それが足場（スカフォルド）

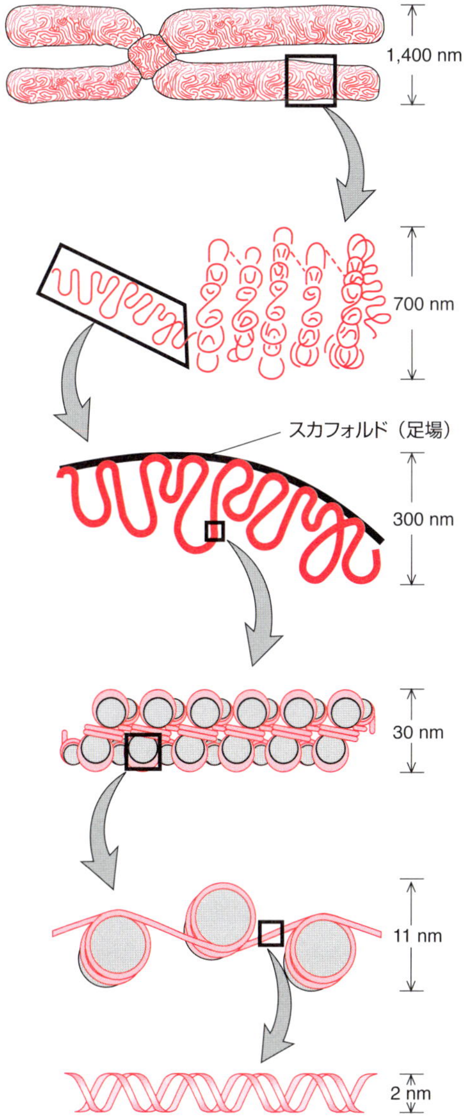
細胞分裂中期染色体
1,400 nm
凝縮した染色体の一部
700 nm
スカフォルド（足場）
スカフォルドに
付着したクロマチンループ
300 nm
ヌクレオソーム連鎖が折りたた
まれたクロマチン 30 nm 繊維
30 nm
伸びたヌクレオソーム連鎖の
クロマチン 10 nm 繊維
11 nm
DNA 二重らせん
2 nm

図 2.5　真核生物ゲノムの階層構造

となってクロマチンや染色体を付着させて，クロマチンの組織化や遺伝子発現を調節しているという仮説がある．この構造体の候補として，核マトリックス（nuclear matrix）が生化学的方法によって調製され，そこに結合するDNA配列（matrix

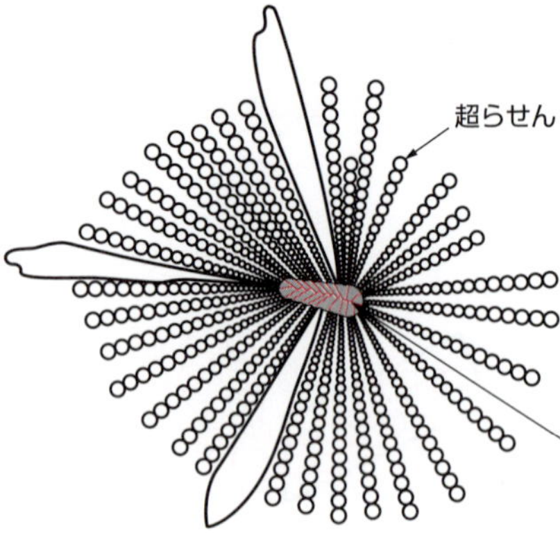
超らせん DNA ループ
タンパク質 - 膜のコア (足場)

図 2.6　大腸菌核様体のモデル

attachment region：MAR）が同定されている．

大腸菌のような原核生物のゲノムは，細胞内で**核様体**（nucleoid）として存在する．核様体の形成には，HU や H-NS などの**ヒストン様タンパク質**（histone-like protein）が関与する．核様体中の DNA は，超らせん構造をとっており（**図 2.6**），その度合いは DNA ジャイレースと DNA トポイソメラーゼ I という酵素によって制御されていると考えられる．

2.2.2　ヌクレオソーム－クロマチンの基本単位－

1974 年, 染色体およびクロマチンの基本単位である**ヌクレオソーム** (nucleosome) が発見された．それまでクロマチンが基本単位や規則性をもつというイメージはなかったので，この発見は画期的なものであった．ヌクレオソームの存在は主に二つの実験により示された．ひとつは，間期の細胞の核をおだやかな条件で壊しその内容物を十分に広げ電子顕微鏡で観察したところ，糸でつながれた数珠のような構造体が見られたことである（**図 2.7**）．もうひとつは，DNA 分解酵素ミクロコッカスヌクレアーゼ*9 で単離した細胞核を消化し，タンパク質を除去したのち DNA を電気泳動にかけると，約 200 bp を単位とするはしご状のパターンが見られたことである（**図 2.8** 写真参照）．ミクロコッカスヌクレアーゼ消化の後，反応物をショ糖密度勾配遠心法により分画すると，上に述べた二つの実験結果を反映する種々のサイズの DNA-タンパク質複合体が得られた．その最小単位，つまり数珠玉一個に相当するものは**ヌクレオソームコア粒子**（nucleosome core particle）と命名された．ヌクレオソームコア粒子は，ヒストン H2A, H2B, H3, H4 各 2 分子から成るヒス

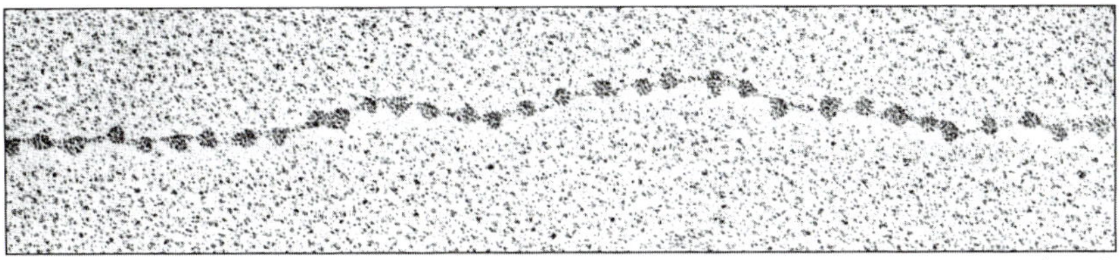
50 nm

図 2.7　ヌクレオソームの電子顕微鏡写真

［中村桂子・松原謙一監訳：細胞の分子生物学（第 4 版），Newton Press，p. 208，Fig. 4-23（8），2004］

トン八量体（**histone octamer**）に，146 bp の DNA が 1.7 回転巻き付いた複合体である（図 2.8，**図 2.9**）．数珠の玉と玉をつなぐ糸に相当する DNA 部分をリンカー DNA と呼び，ヒストン H1 はヌクレオソームコアの外側とリンカー DNA に結合している．H1 は約 0.4 M NaCl の条件でヌクレオソームから解離し，さらに塩濃度を 0.8～1.2 M ぐらいまで高めていくと DNA とヒストン八量体が解離する．このことから，ヌクレオソームの形成には，ヒストンの正電荷と DNA の負電荷との静電的相互作用の力が働いていることがわかる．

これまでに，アフリカツメガエル，ニワトリ，出芽酵母，ヒトのヌクレオソームコア粒子の X 線結晶構造が決定され（**図 2.10**），ヌクレオソームの構造と機能がかなり明らかになった．生物種間でヌクレオソームコア粒子の立体構造には大きな違いはみられず，すべての真核生物に共通していると考えられる．このことは，コアヒストンが進化的に保存されていることとよく対応している．

ヌクレオソームコア粒子は直径 11 nm，高さ 5.5 nm の円盤状構造で，ほぼ 2 回転対称性をもつ．通常，146 bp くらいの長さの DNA はまっすぐな棒状の分子であるが，ヒストンのもつたくさんの正電荷が DNA のリン酸基の負電荷を中和することによって，図 2.10 にみられるように，DNA が湾曲することと巻付いた 2 本の DNA が接近することを可能にしている．結晶構造から H3・H4 四量体［$(H3 \cdot H4)_2$］と 2 個の H2A・H2B 二量体の配置と，146 bp のヌクレオソーム DNA におけるヒストンの結合部位がわかった．ヒストン八量体は DNA の副溝と接してお

*9　ミクロコッカスヌクレアーゼ：DNA または RNA を分解するエンドヌクレアーゼのひとつ．ヌクレオソームにおいてヒストン八量体に巻き付いた DNA 部分には作用しにくく，ヌクレオソームとヌクレオソームとの間のリンカー DNA を優先的に切断する．クロマチンの構造解析やヌクレオソームの調製によく用いられる．

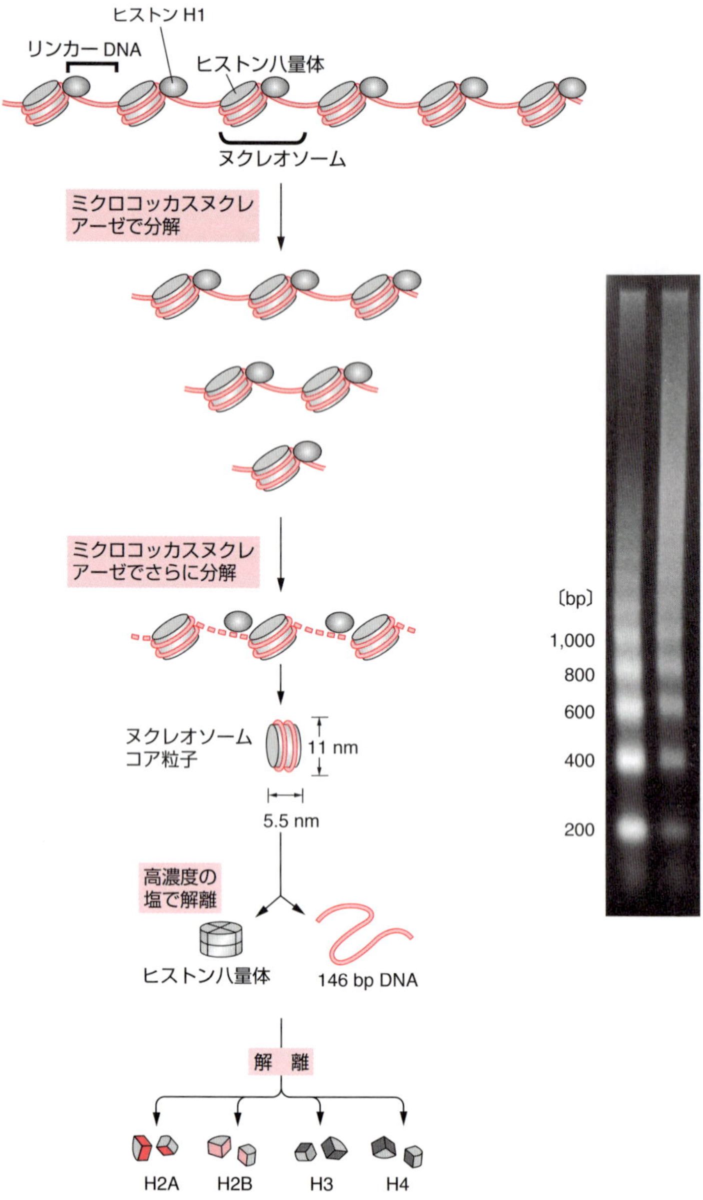
ヒストン H1
リンカー DNA
ヒストン八量体
ヌクレオソーム
ミクロコッカスヌクレアーゼで分解
ミクロコッカスヌクレアーゼでさらに分解
ヌクレオソーム
コア粒子
11 nm
5.5 nm
高濃度の
塩で解離
ヒストン八量体
146 bp DNA
解 離
H2A
H2B
H3
H4
〔bp〕
1,000
800
600
400
200

図 2.8　ミクロコッカスヌクレアーゼによるヌクレオソーム連鎖の消化とヌクレオソームの分子構成

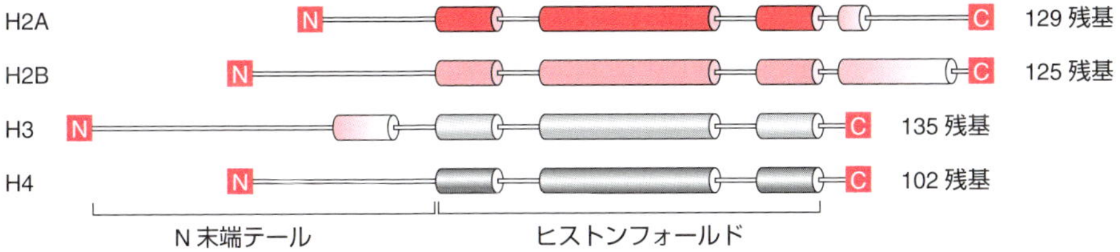

H2A
H2B
H3
H4
N
C
129 残基
125 残基
135 残基
102 残基
N 末端テール
ヒストンフォールド

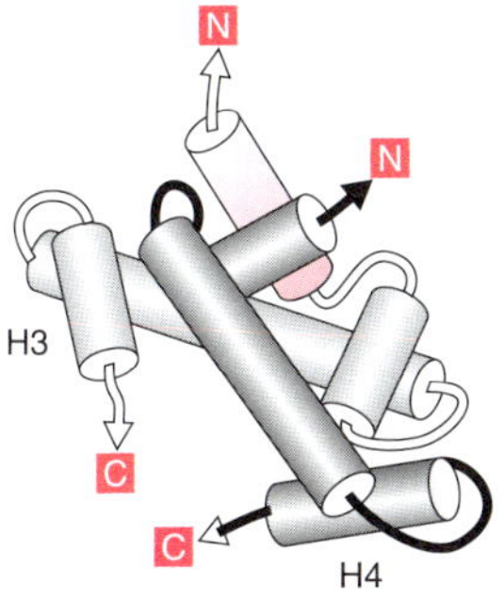

N
N
H3
C
C
H4

図 2.9　コアヒストンの構造

円柱は α ヘリックスを示す．フレキシブルな N 末端テールと 3 本の α ヘリックスから成るヒストンフォールドから構成される．ヒストンフォールドが会合して，ヒストン八量体を形成する．下図は，H3 と H4 のヒストンフォールドの相互作用を示す．

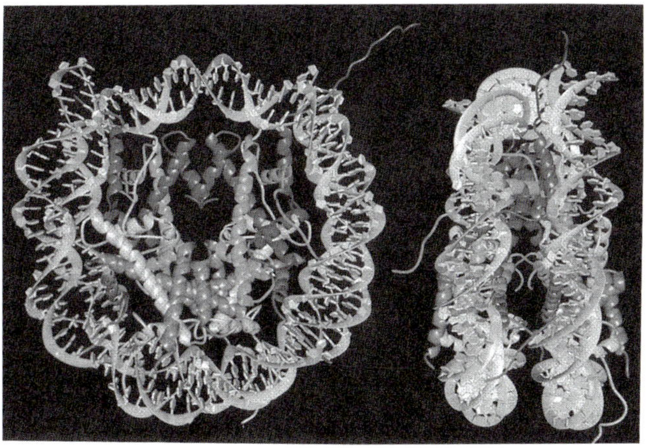

図 2.10　ヌクレオソームコア粒子の X 線結晶構造

左：上から見た図　右：横から見た図

［K. Luger et al.，Nature 389, 251-260, 1997］

り，DNAとヒストンの結合部位はヌクレオソームコア粒子内に14箇所存在する．ヒストンとDNAは，副溝付近のリン酸骨格の酸素原子とタンパク質との間にできた約140もの水素結合で結合している．塩基とアミノ酸側鎖との間の水素結合は7本だけであり，ヒストンが塩基配列に非特異的に結合することがわかる．また，ヒストンのフレキシブルなN末端テール（→2.2.3項）は，以前からトリプシンなどで容易に消化されることが知られていたが，ヌクレオソームコアの決まった位置から外に突き出していることが示された．このことから，N末端テールが化学修飾を受けて，特定の機能に対するシグナルとなっていることが理解できる．

長くつながったヌクレオソーム鎖が折りたたまれて形成される，より高次のクロマチン構造についてはいくつかのモデルが提唱されてきた．最近，電子顕微鏡による解析やヌクレオソーム四量体のX線結晶構造解析によって，30 nm繊維の構造はリンカー部位交差型（crossed-linker）モデルとよく一致することが明らかになった（**図2.11**）．しかし，細胞核内では30 nmクロマチン線維はほとんど存在せず，11 nmのヌクレオソームが不規則に折り畳まれているという報告もあり，高次のクロマチン構造の詳細については今なお不明な点が多い．

図2.11　クロマチン30 nm繊維のリンカー部位交差型モデル

図2.5におけるクロマチン30 nm繊維の構造［B. Dorigo et al.，Science 306, 1571, 2004］

2.2.3 ヒストン

ヌクレオソームコアはヒストンタンパク質によって構成される．ヒストンは，リジン，アルギニン残基に富み，全体として塩基性タンパク質である．ヒストンは，H1，H2A，H2B，H3，H4の５種類に大別される．ヒストンH2A，H2B，H3，H4は分子量11,000〜15,000であり，ヌクレオソームコアを構成しコアヒストン（core histone）と呼ばれる（図2.9）．コアヒストンのアミノ酸配列は真核生物間でよく保存されており，特にH3とH4は非常に保存性が高い．一方，ヒストンH1はヌクレオソームコアの外側とリンカーDNAに結合するので，リンカーヒストン（linker histone）とも呼ばれる（図2.8）．リンカーヒストンには種特異性や組織特異性が認められコアヒストンと比較して多様性がある．たとえば，ヒトでは８種のサブタイプが存在する．また，鳥類の赤血球では大部分のH1がH5に置き換わっている．最近，発生・分化やアポトーシスにおいて，リンカーヒストンはサブタイプごとに特異的な役割を果たしていることが示されている．

コアヒストン4種類のドメイン構造は似ており，定まった立体構造をとらないフレキシブルなN末端テールと，C末端にヒストンフォールド（histone fold）と呼ばれるαヘリックス3本からなる共通構造がある（図2.9）．ヒストンフォールドで会合して，2個のH2A・H2B二量体とH3・H4四量体［$(H3 \cdot H4)_2$］からなるヒストン八量体（histone octamer）を形成する．N末端テールでは，特定の位置のリジン，セリン，アルギニンが化学修飾（アセチル化，リン酸化，メチル化）を受ける．ヌクレオソーム中のヒストンにおける化学修飾されたアミノ酸の組合せが，遺伝子発現制御やエピジェネティクスのメカニズムにかかわっており，ヒストンの修飾パターンはヒストンコード仮説として提唱されている（→15.3.1項）．

H4以外のコアヒストンにはバリアント（variant）*10が存在する．たとえば，ヒトの体細胞におけるH3バリアントとしてH3.1，H3.2，H3.3，CENP-A，H3.X，H3.Yが見いだされており，さらに精巣に特異的H3バリアントとしてH3t，H3.5がある．H3.2はH3.1とアミノ酸1残基，H3.3とはアミノ酸2残基が異なる．H3.1とH3.2はS期でのみ合成されるが，H3.3は細胞周期を通して合成され，ゲノム上で転写活性の高い遺伝子領域に分布している．セントロメアでは、CENP-Aを含んだヌクレ

*10 ヒストンバリアント：ヒストン遺伝子は多数のコピーが存在し，アミノ酸配列が異なるものが存在し，バリアントと呼ばれる．コアヒストンに比べて，ヒストンH1は多様性が大きく，数種類のサブタイプに分類されてきたが，それらもバリアントと呼ばれることがある．

オソームが特異的に存在する．一方，H2A のバリアントには H2A.Z，H2A.X，H2A.Bbd，MacroH2A，H2B のバリアントには spH2B が知られている．それぞれのヒストンバリアントは，ゲノムクロマチンにおいてさまざまな機能と関連していることが示されつつある．

2.3 染色体

2.3.1 染色体と核型

染色体（chromosome）とは，もともとは細胞分裂中期（M 期）にみられるゲノムが最も凝縮した構造を指す言葉である．しかし，最近では間期のクロマチンも含めて染色体と呼ぶことが多い．また，ウイルスゲノムや原核生物の核様体，さらにミトコンドリアゲノムや葉緑体ゲノムも，真核生物の染色体とは全く構造的には異なるが，便宜上，染色体という言葉が使われている．

染色体の数とゲノムサイズは生物種ごとに決まっている（表 2.1）．生物種に固

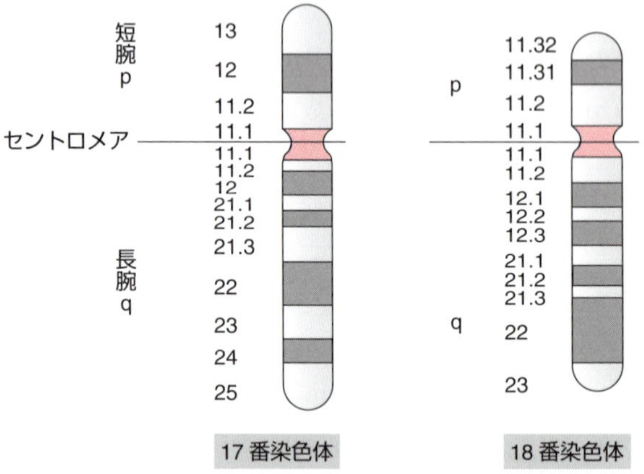
短腕
p
セントロメア
長腕
q
13
12
11.2
11.1
11.1
11.2
12
21.1
21.2
21.3
22
23
24
25
17 番染色体
p
q
11.32
11.31
11.2
11.1
11.1
11.2
12.1
12.2
12.3
21.1
21.2
21.3
22
23
18 番染色体

図 2.12　ギムザ染色したヒト染色体の模式図

バンドのパターンは染色体ごとに特徴的であることがわかる．セントロメア（染色体のくびれ）で染色体を 2 分して，短い方を短腕（p）で，長い方を長腕（q）と呼ぶ．長腕と短腕のそれぞれは，セントロメアから端部に向かって特徴的なバンドなどを目印に順番をつけた領域に分けられる．トリプシン処理した後にギムザ染色をすると，2 本の姉妹染色分体は離れず，並んで観察される（→ Chapter 1，図 1.1）．本図はそれを模式化したものである．

有な染色体構成を核型（karyotype）といい，光学顕微鏡観察により分裂期染色体の数や大きさ，形などによって表される．中期染色体をギムザ液やキナクリンで染めると，個々の染色体に特徴的な濃淡の縞模様（染色体バンド）が観察される（**図 2.12**）．ある生物の染色体セットは固有の染色体バンドを示すので，核型解析に用いられる．また，最近では，SKY（spectral karyotyping）法という新しい核型解析法も用いられている．SKY 法は，各染色体に特異的な塩酸配列をもつプローブを蛍光色素で標識し，そのプローブで染色体を染めたあと蛍光顕微鏡によって，すべての染色体を異なる色調で検出する方法で，染色体異常の診断法としても注目されている．一方，酵母のように染色体が小さい生物種では，パルスフィールド電気泳動法（pulsed-field electrophoresis：泳動中の DNA に短時間，直交した電場をかけて，巨大な DNA 分子を分離する方法）によって核型解析が行われる．

2.3.2 ヘテロクロマチンとユークロマチン

1930 年代の細胞核の顕微鏡観察から間期染色体にはヘテロクロマチン（heterochromatin）とユークロマチン（euchromatin）の二つの特徴的構造があることが明らかにされた．ヘテロクロマチンは核内の一部や核膜周辺部にみられ，凝縮度が高く，濃く染色される領域である．これに対してユークロマチン領域は凝縮度が低く，核内に広がっている（**図 2.13**）．マウスやヒトなど典型的な哺乳

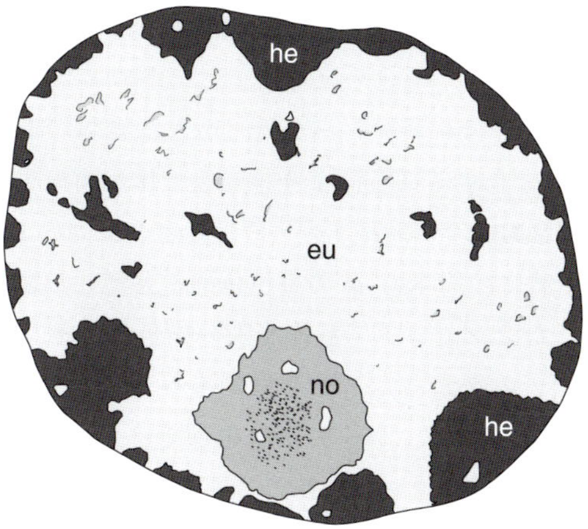
he
eu
no
he

図 2.13　間期の細胞核におけるヘテロクロマチンとユークロマチン

eu：ユークロマチン，he：ヘテロクロマチン，no：核小体

類細胞では，ゲノムの約10%がヘテロクロマチンを形成し，セントロメアやテロメアなどの特定の染色体領域にもこの構造がみられる．ヘテロクロマチンでは遺伝子は不活性化されており，この領域のDNAはS期の終わりに複製される．これまで，ヘテロクロマチンはあまり重要視されていなかったが，最近の研究からユークロマチンとともにその状態が子孫に伝わることから，細胞メモリーを初めとするエピジェネテイックな遺伝子発現に重要な役割をもつことが示唆されている（→ Chapter 15）．

ヘテロクロマチンには，常にヘテロクロマチン状態にある**恒常的ヘテロクロマチン**（constitutive heterochromatin）とユークロマチンがヘテロクロマチンに変換した**条件的ヘテロクロマチン**（facultative heterochromatin）がある．前者の典型的な例はサテライトDNAを含むものでセントロメアにみられる．後者の例としては，発生初期では活性だった遺伝子が不活性化されてヘテロクロマチン状態になることが挙げられる．

2.3.3 セントロメアとテロメア

〔1〕セントロメア

細胞分裂中期に観察される染色体は，DNA複製が終わった後に形成されるので，2本の**姉妹染色分体**（sister chromatid）からなる（**図2.14**）．2本の姉妹染色分体が接着した，くびれた領域を**セントロメア**（centromere）と呼び，通常，各染色体にひとつ存在する．セントロメアは体細胞分裂，減数分裂の際の染色体分配に重要な役割を担っている．細胞分裂時に，セントロメア領域に**動原体**（キネトコア，kinetochore）と呼ばれるタンパク質-DNA複合体が形成され，これに**微小管**（microtubule）が結合することにより各染色分体が両極へと引っ張られ，娘細胞に分配される（**図2.15**）．セントロメアには特有の配列のDNAがある．出芽酵母のセントロメア領域には約120 bpの染色体間に共通した配列が同定された．ある染色体から単離したセントロメア断片を別の染色体のセントロメアと置換しても，特に不都合は起こらなかった．出芽酵母のセントロメアDNAは短いが，分裂酵母では40～100 kbであり，さらに高等生物では長く，ショウジョウバエ200～600 kb，シロイヌナズナ0.9～1.2 Mb，ヒトでは数100 kbから5 Mbほどである．また，出芽酵母よりも進化した生物のセントロメアには反復配列（サテライトDNA）が存在する．ヒトでは**アルフォイドDNA**と呼ばれる171 bpを単位とする数Mbの反復配列が巨大ヘテロクロマチン領域を形成している．また，セントロメ

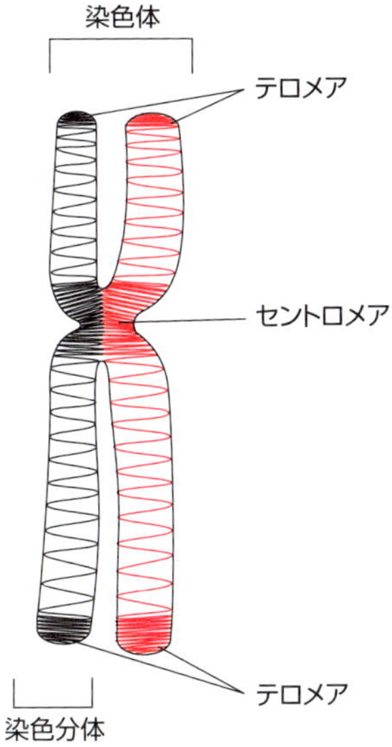
染色体
テロメア
セントロメア
テロメア
染色分体

図 2.14　M 期染色体におけるセントロメアとテロメア

各染色体分体は 1 本の線状二本鎖 DNA から構成されている．図 1.1 には 2 本の染色体が付着した像が示されている．

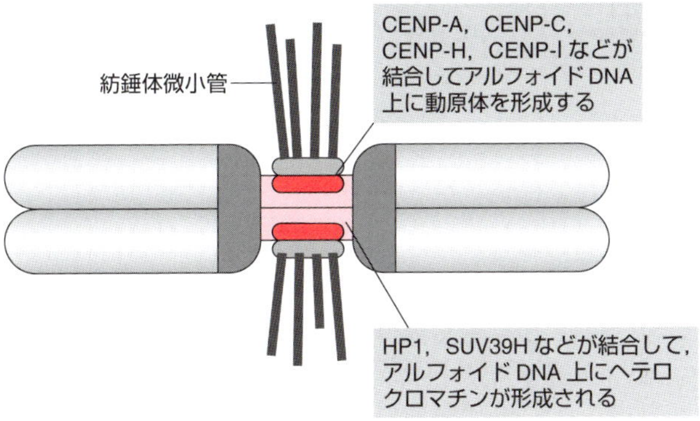
CENP-A，CENP-C，
CENP-H，CENP-I などが
結合してアルフォイド DNA
上に動原体を形成する
紡錘体微小管
HP1，SUV39H などが結合して，
アルフォイド DNA 上にヘテロ
クロマチンが形成される

図 2.15　ヒト染色体におけるセントロメアの構造

アには複数のタンパク質が結合してその機能を発現していることが明らかになってきている（図 2.15）．

〔2〕 テロメア

真核生物の個々の染色分体は一本の線状二本鎖 DNA から構成されているので必ず末端が存在する．この末端を**テロメア**（telomere）といい，染色体の安定性に欠くことのできない重要な構造である．テロメア DNA には，単純な塩基配列を単位とした反復配列がみられる．たとえば，ヒトでは TTAGGG を単位とする数千塩基対の反復配列が存在する．この反復単位は，さまざまな生物種間で比較的保存されている．テロメア DNA の最末端部では G に富む鎖が一本鎖となって突出した G テールと呼ばれる特徴的構造がある（**図 2.16**）．テロメアにはいくつかのタンパク質が結合しており，これらのタンパク質によって G テールと二本鎖テロメアリピートとの間でループ構造が形成され（図 2.16），染色体末端が保護されると考えられている．テロメア近傍もヘテロクロマチン化しており，その領域では遺伝子は不活性化され，**テロメアサイレンシング**（telomeric silencing）と呼ばれる．

テロメア DNA の最末端部のラギング鎖では，最後の岡崎フラグメントの合成開始に必要な RNA プライマーを作る余地がないため完全には複製されない．これを「末端複製問題」という（→ 5.7.2 項）．真核生物では**テロメラーゼ**（telomerase）

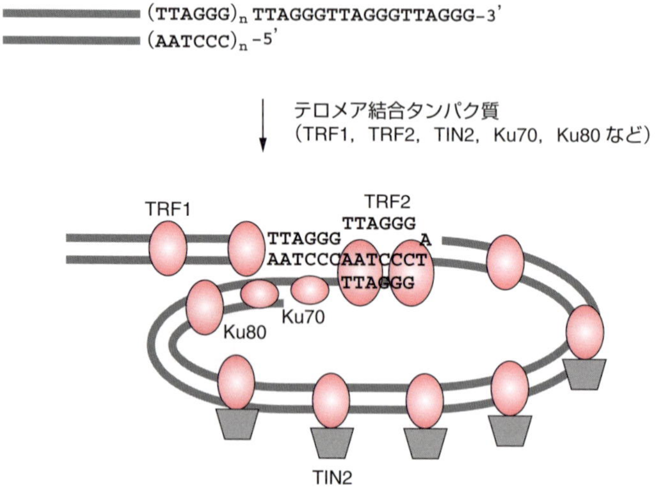
(TTAGGG)n TTAGGGTTAGGGTTAGGG-3'
(AATCCC)n -5'
テロメア結合タンパク質
(TRF1，TRF2，TIN2，Ku70，Ku80 など)
TRF1
TRF2
TTAGGG
TTAGGG
A
AATCCCAATCCCT
TTAGGG
Ku70
Ku80
TIN2

図 2.16　テロメアの末端における DNA ループ構造

がテロメアの複製に関与している．テロメラーゼはCに富む鎖と同じ配列を有する鋳型RNAと逆転写酵素からなり，テロメアリピートの伸長を行う．ヒトでは，生殖細胞や一部の幹細胞においてテロメラーゼが発現して，テロメアの長さが保たれているが，ほとんどの体細胞はテロメラーゼ活性を持たないため細胞分裂のたびにテロメアが短くなる．テロメアがある一定のサイズまで短くなると細胞増殖が停止するので，テロメアの長さと老化との関係が示唆されている．また，多くの癌細胞ではテロメラーゼ活性が高く，テロメラーゼを標的とした薬剤の開発や，テロメアの動態とがんとの関連にも興味が持たれている．2009年ノーベル医学生理学賞は，「テロメアとテロメラーゼによる染色体保護機構の発見」でElizabeth H. Blackburn，Carol W. Greider，Jack W. Szostakに贈られた．

2.3.4 ランプブラシ染色体と多糸染色体

クロマチンは間期の細胞では核内に広がっているので，分裂中期にようにはっきりとした染色体の構造を見ることができない．しかし，両生類の卵母細胞のランプブラシ染色体（lampbrush chromosome）とショウジョウバエ幼虫の唾液腺細胞の多糸染色体（polytene chromosome）では，間期の染色体を顕微鏡で観察することができる．ランプブラシ染色体は，両生類の卵母細胞の減数分裂の過程で対をなす二価染色体であり，染色体軸から凝縮していないクロマチンループがのびている（**図2.17**）．ランプブラシという名称は，ランプのほやを磨くブラシに似ていることから付けられた．クロマチンループ領域では遺伝子が活発に転写されており，一方，染色体軸上の凝縮したクロマチンでは転写はみられない．

ショウジョウバエ幼虫の唾液腺細胞では，染色体の分離なしに10回DNA複製をするので，DNAの含量は他の細胞に比べて$2^{10} = 1{,}024$倍になる．これら相同なクロマチンは並列に束ねられ太くなり光学顕微鏡で観察できる．多糸染色体には，バンドとインターバンドが観察され，バンドではクロマチンが凝縮し，インターバンドでは緩んでいると考えられている（**図2.18**）．また，多糸染色体には**パフ**（puff）と呼ばれる膨らんだ領域がみられる．パフ構造はクロマチンが伸展して活発にRNA合成を行っていることを反映している．ショウジョウバエの発生過程で，パフは時期特異的なパターンで出現・消失するので，染色体上における遺伝子発現の時期特異的変化を目で見ることができる良い例となる．

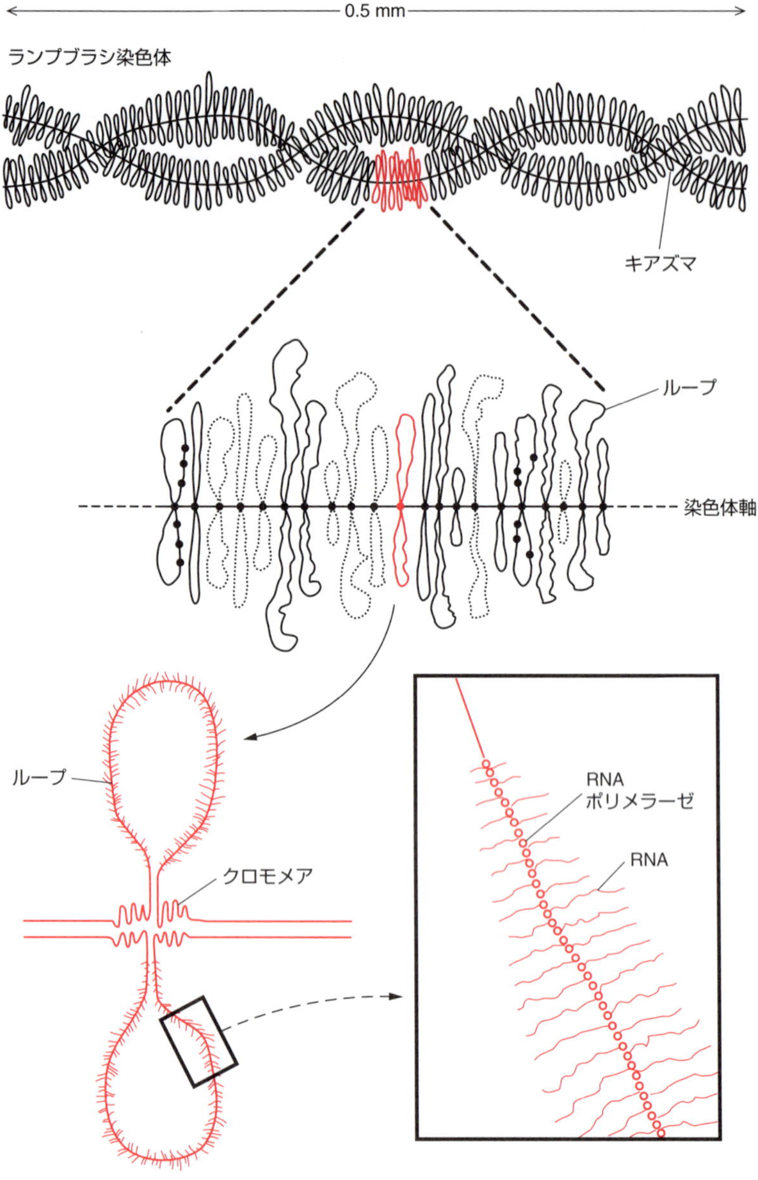
0.5 mm
ランプブラシ染色体
キアズマ
ループ
染色体軸
ループ
RNA
ポリメラーゼ
RNA
クロモメア

図 2.17　ランプブラシ染色体の模式図

染色体の軸からクロマチンループが突き出している．このループでは遺伝子がさかんに発現している．染色体の軸は二つのクロマチン鎖からなっている．

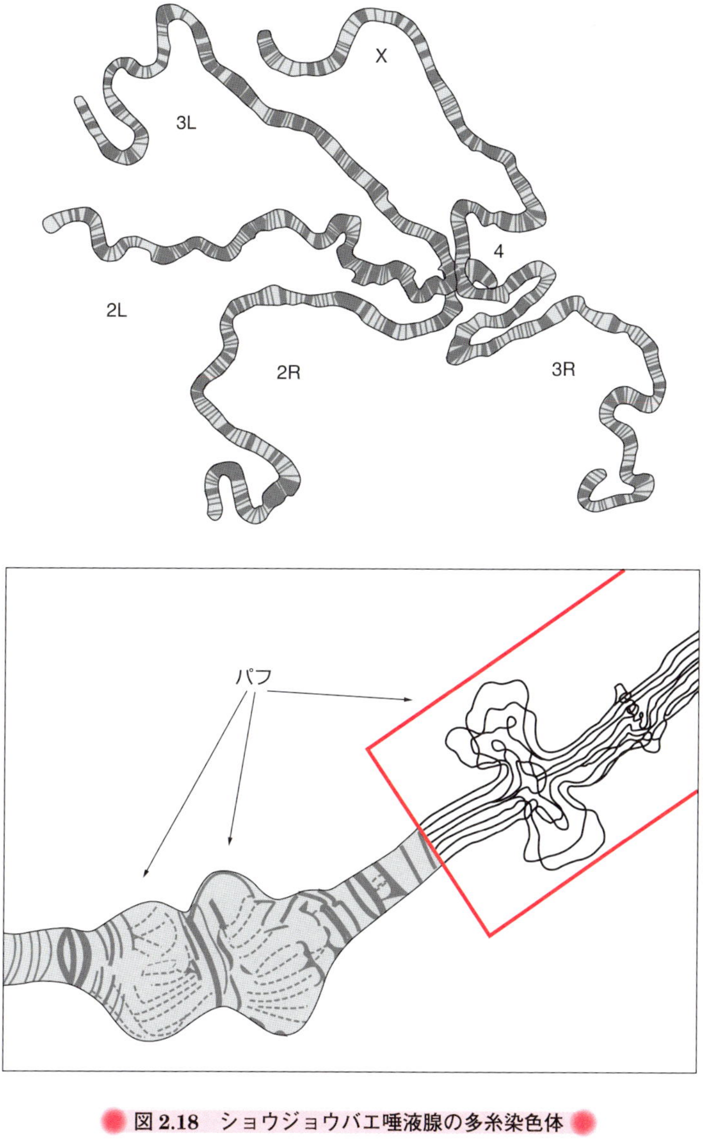
X
3L
4
2L
2R
3R
パフ

図 2.18　ショウジョウバエ唾液腺の多糸染色体

2.4 細胞小器官ゲノム

ミトコンドリアや葉緑体など細胞小器官は，独自のDNAをもっている．細胞小器官ゲノムは一般に環状で，核ゲノムに比べて小さく，細胞小器官内のいくつかのタンパク質とRNAをコードしている．これらのDNAは有糸分裂や減数分裂時の染色体分離とは関係なく次世代に形質が伝わるので，**非メンデル遺伝**（non-Mendelian inheritance）である**細胞質遺伝**（cytoplasmic inheritance）をする．酵母などのように接合する細胞の大きさが同じ場合は，両親由来のミトコンドリアを受け継ぐ．一方，ヒトなどの高等生物における受精では，細胞質は主として卵から提供されるのでミトコンドリアゲノムは母親由来となる．高等植物の約3分の2では，花粉（父親由来）の葉緑体は接合体に入らないので母系遺伝となる．細胞小器官の転写・翻訳装置の性質が原核生物の性質を示すことなどから，原始的な細胞が細菌を捕獲して，その共生した細菌がミトコンドリアや葉緑体の起源になったと考えられている（**図2.19**）．

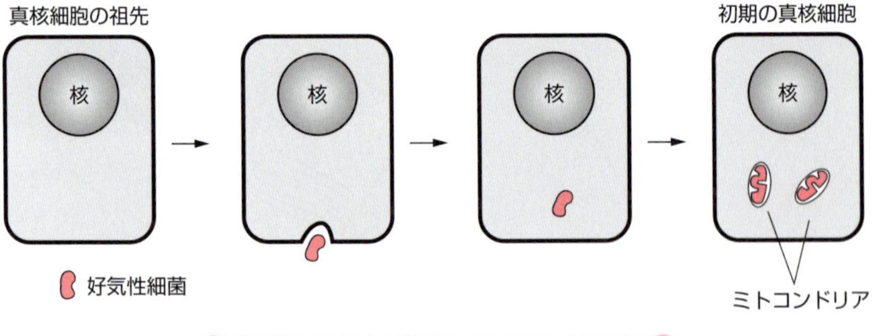
真核細胞の祖先
初期の真核細胞
核
核
核
核
好気性細菌
ミトコンドリア

図2.19　ミトコンドリアの起源（共生説）

嫌気性の原始的な真核細胞が好気性細菌を飲み込んで，それらが共生して進化したという共生説が有力である．同様に，葉緑体は初期の真核細胞に光合成細菌が共生したと考えられている．

2.4.1 ミトコンドリアゲノム

ほとんどすべての真核生物はミトコンドリアDNAをもっている．ミトコンドリアゲノムは一般に環状であるが，下等真核生物には線状分子もみられる．動物細胞のミトコンドリアゲノムは約16.5 kbであるが，酵母では約80 kb，植物では100～360 kbである．このように，ミトコンドリアのゲノムサイズと生物の体制的複雑さには相関性はみられない．ヒトのミトコンドリアゲノムは 16,569 bp の環状 DNA で，エネルギー産生に重要な呼吸鎖複合体の遺伝子 13 個と rRNA と tRNA の遺伝子 23 個を含んでいる（**図 2.20**）．ヒトミトコンドリアゲノムにはイントロンはないが，出芽酵母や植物のミトコンドリアにはイントロンを含む遺伝子が多数存在する．人種・個体差が核ゲノムでは約 0.1% であることに比べて，ミトコンドリアゲノムではその差が大きく，0.57% にも及ぶ違いがある．これに基づいて人類の進化系統樹が作製され，20 万年以上前にアフリカの一人の女性から人類が始まったことが示唆されている．

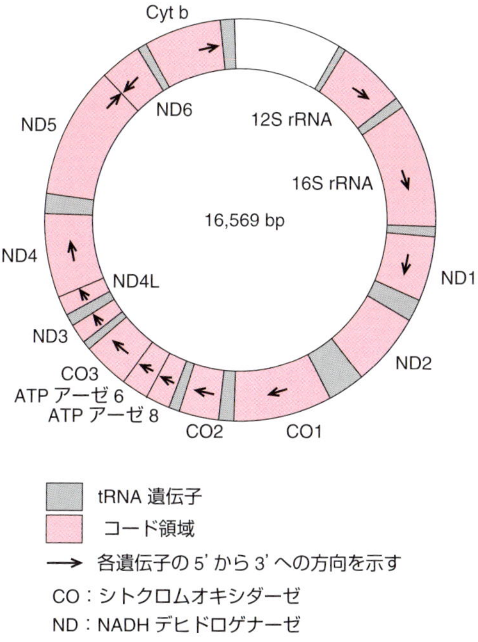

Cyt b
ND6
12S rRNA
ND5
16S rRNA
16,569 bp
ND4
ND1
ND4L
ND3
ND2
CO3
ATP アーゼ 6
ATP アーゼ 8
CO2
CO1
tRNA 遺伝子
コード領域
各遺伝子の 5' から 3' への方向を示す
CO：シトクロムオキシダーゼ
ND：NADH デヒドロゲナーゼ

図 2.20　ヒトのミトコンドリアゲノム

2.4.2　葉緑体ゲノム

すべての光合成真核生物には葉緑体ゲノムがある．そのサイズは 120 kb から 200 kb まで及ぶ．これまでに決定された葉緑体ゲノムには 87～183 個の遺伝子があり，rRNA と tRNA ならびに 50～100 種類のタンパク質をコードしている．葉緑体のゲノムには，光合成に重要なチラコイド膜の複合体タンパク質の遺伝子が多く含まれている．

演習問題

Q.1 ヒトゲノムは3.25×10^9 bpである．DNA二重らせんの周期を10.5 bpとし，らせんのピッチ（1巻きの進み）を34Åとして，ヒトの体細胞に含まれるゲノムDNAの全長を計算せよ．

Q.2 下図は，以下の試料（1）～（5）をC_0t解析したときに得られたグラフである．C_0t曲線（a），（b），（c），（d），（e）は，それぞれどの試料の結果に対応するか．その理由も述べよ．

試料　（1）反復配列を除いた子ウシ胸腺DNA　（2）T4ファージDNA　（3）大腸菌DNA　（4）poly（dA）・poly（dU）　（5）マウスのサテライトDNA

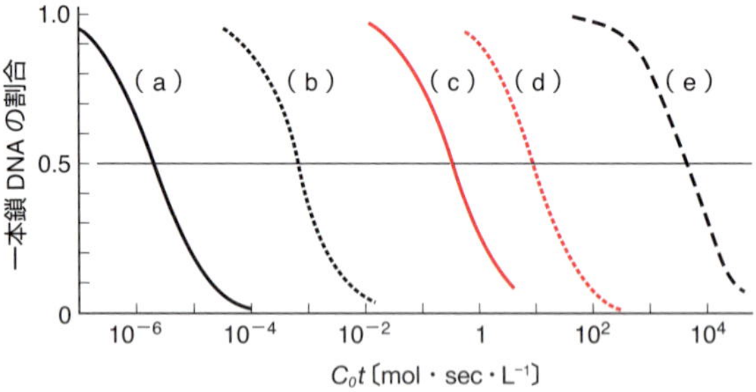

1.0
0.5
0
一本鎖DNAの割合
(a)
(b)
(c)
(d)
(e)
10−6
10−4
10−2
1
102
104
C0t〔mol・sec・L−1〕

Q.3 真核生物と原核生物のそれぞれのゲノムの特徴として，細胞内におけるDNA分子の形状と存在様式，ゲノムサイズ，遺伝子数，遺伝子の分布の観点から概説せよ．

Q.4 たいていの遺伝子は一倍体ゲノムあたり一つしかないが，rRNA遺伝子やヒストン遺伝子は反復して複数コピー存在する．その利点は何か．

Q.5 偽遺伝子はどのようにして生じたと考えられるか．

Q.6 クロマチンをミクロコッカスヌクレアーゼで消化した後，DNAを単離してアガロースゲル電気泳動で解析すると，約200 bpの繰返しのはしご状のバンドが観察される（図2.8）．ミクロコッカスヌクレアーゼで，さらに徹底的に消化した後，DNAを単離してポリアクリルアミドゲル電気泳動で解析すると，右のように，145 bpと165 bp付近に2本のDNAバンドが見られた．145 bpと165 bpのバンドは，それぞれどのような構造体を反映していると考えられるか．

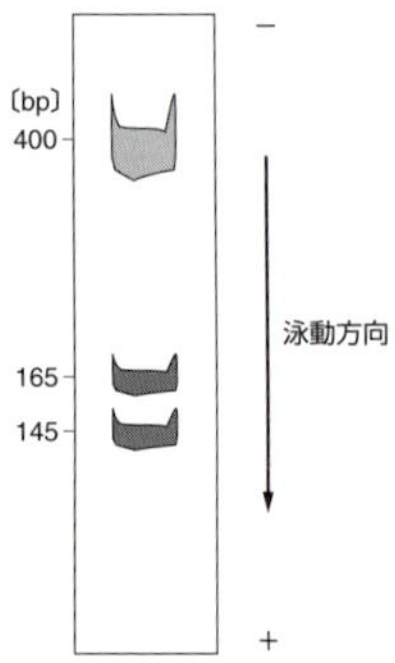

−
〔bp〕
400
165
145
泳動方向
+

Q.7 ヌクレオソームコア粒子を DNase I で消化した後，DNA を精製して高濃度の尿素を含むポリアクリルアミドゲル電気泳動で解析したところ，右図のような結果が得られた．観察される DNA のバンドの間隔（周期）は，何を意味しているか．

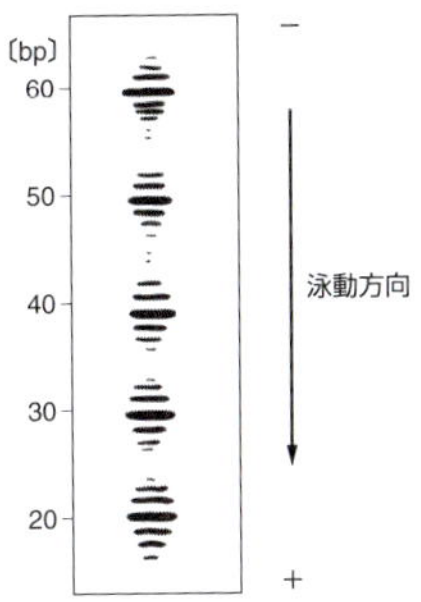

[bp]
60
50
40
30
20
−
+
泳動方向

Q.8 染色体におけるセントロメアの構造と機能について説明せよ．

Q.9 染色体におけるテロメアの構造と機能について説明せよ．

Q.10 ミトコンドリアや葉緑体のゲノムが細菌に由来すると考えられる理由を説明せよ．

Chapter 2 ゲノム

参考図書

1. B. Lewin（菊池韶彦・榊佳之・水野猛・伊庭英夫訳）：遺伝子第 8 版，東京化学同人（2006）
2. B. Alberts 他著（中村桂子・松原謙一監訳）：細胞の分子生物学第 5 版，Newton Press（2010）
3. H. Lodish 他著（石浦章一・石川統・須藤和夫・野田春彦・丸山工作・山本啓一訳）：分子細胞生物学第 6 版，東京化学同人（2010）
4. T. A. Brown 著（村松正實監訳）：ゲノム 3，メディカル・サイエンス・インターナショナル（2007）
5. J. D. Watson 他著（中村桂子監訳）：ワトソン 遺伝子の分子生物学第 6 版，東京電気大学出版局（2010）
6. 堀越正美編：クロマチンと遺伝子機能制御，シュプリンガー・フェアラーク東京（2003）
7. J. E. Krebs et al：Lewin's Genes XI, Jones & Bartlett Learning（2013）

ウェブサイト紹介

1. genome map ヒトゲノムマップ　http://www.lif.kyoto-u.ac.jp/genomemap/
2. ゲノムオンラインデータベース　http://www.genomesonline.org/

MEMO

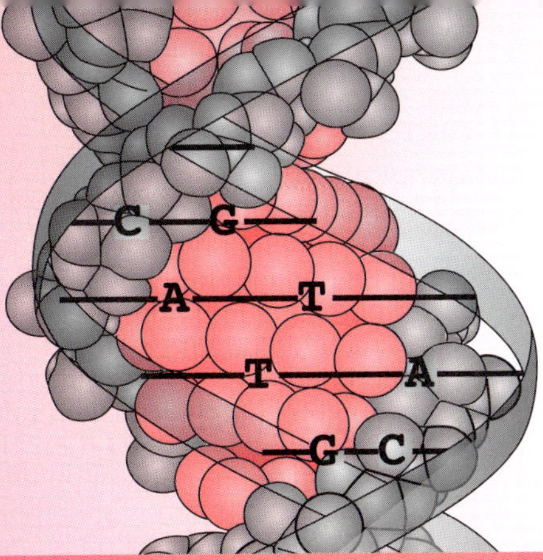
C G
A T
T A
G C

Chapter 3

組換えDNA技術

Chapter 3

組換え DNA 技術

3.1 DNA クローニング

3.1.1 クローンとは何か？

クローン（clone）とはギリシャ語で「小枝の集まり」を意味する．一本の木はたくさんの小枝の集まりと見なせるのでクローンである．このように，ある特徴をもった1個の起源となるもののコピーの集まりであるような均一な集団をクローンという．たとえば，人間の体の細胞はすべて受精卵に由来しており，形や機能は異なるものの同じ遺伝子セットをもつという特徴においてクローンとみなすことができる．授業で配られるプリントは，オリジナルをコピーしたもので同じ情報をもっているという意味でクローンとみなせる．したがって，**DNA クローニング**（DNA cloning）とは，ある目的 DNA 部分のコピーをたくさん作ることを意味する．クローンという語はこのほか個体（クローン個体）や，細胞（細胞クローン）を指す場合などにも用いられる．

3.1.2 DNA クローニング技術はなぜ必要か？

ヒトのゲノムは約 3×10^9 bp の DNA からなる．ヒトの細胞1個は，ふつう二倍体であるから 6×10^9 bp の DNA をもつ．1個の遺伝子のサイズを仮に 10^4 bp とすると，これは1細胞のもつ DNA の10万分の1以下に相当する（**図 3.1**）．ゲノム全体からみてこのように含有率の低い DNA 部分を，通常の有機化学の手法で分析可能な量を手にするにはどうすればよいだろうか．たとえば，植物の微量有効成分の場合には，その植物をたくさん採集し，その有効成分の化学的性質を利用したクロマトグラフィー等の手法で精製することが可能である．しかし，DNA の場合はそうはいかない．DNA そのものを多量に得るには細胞をたくさん用意すればよい．しかし，その集めた DNA 全体から，ある部分だけを分けて集めることは普通の方法では不可能である．なぜなら，着目している DNA 部分とその周りの DNA 部分は共に4種のヌクレオチドからなっており，化学組成からみてほとんど区別つけがたい

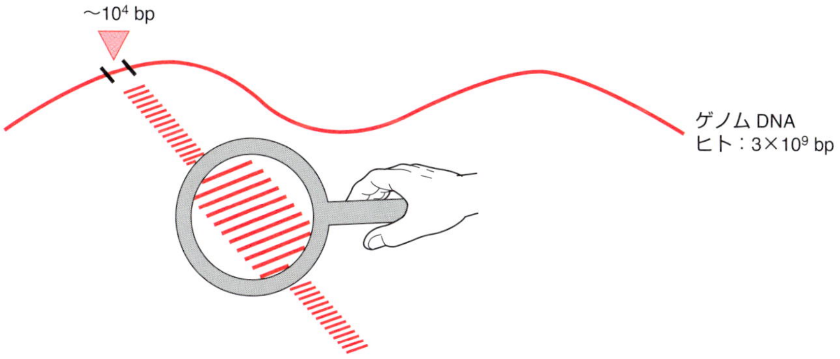
~10^4 bp
ゲノム DNA
ヒト：3×10^9 bp

図 3.1　DNA クローニングとは？

DNA クローニングとはゲノム DNA の微小部分のコピーをたくさん増やすことである.

ために, たとえその部分を何らかの方法で切り出せたとしても, それだけを分けて集める方法がない. そこで, 図 3.1 に示すように, 着目した DNA 部分だけを切り出して増やす方法が必要となる. これを現実化したのが **DNA クローニング**技術である.

目的 DNA 部分の塩基組成*1 (base composition) が DNA 全体の塩基組成と著

Tips ▶ DNA の表記法

DNA はほとんどの場合, 二本鎖 (2 重らせん構造) で存在している. しかし, 教科書や講義においては図の (a) のように 1 本の線で表すのが普通である. 特に二本鎖であることを明確にする必要がある場合は, (b) のように 2 本の線で表したり, (c) のリボン状, (d) のはしご状, あるいは (e) のように実際の塩基配列を書き下す. この点に留意して理解をはかることが肝心である.

DNA の塩基配列は, 左端を 5' 末端として (f) のように四つのアルファベットのつながりとして表す.

RNA は, ふつう一本鎖であるので, 特別の説明を要するとき以外は 1 本の線で表す.

(a)
(b)
(c)
(d)

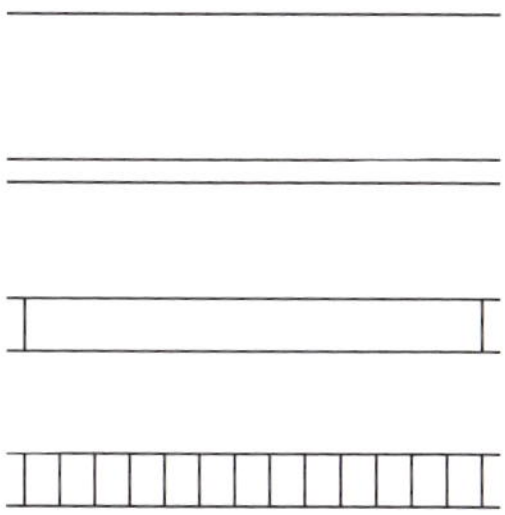

(e)
－GCTACCGTAATAATACCGCT－
－CGATGGCATTATTATGGCGA－

(f)
GCTACCGTAATAATACCGCT

*1　塩基組成：DNA あるいは RNA における 4 種のヌクレオチドの存在比. パーセントで表わす. GC パーセント, GC リッチ, AT リッチなどという語句は塩基組成を表わすものとしてよく使われる.

しく異なっている場合や，ある遺伝子が細胞中で特異的に増幅している場合には，超遠心法などを用いて物理的に分離精製することが可能であった．例として，クローニング技術の開発以前に，アフリカツメガエルの 5S RNA 遺伝子やリボソーム RNA 遺伝子が分離されている．

3.1.3 DNA クローニングの基本原理

図 3.2 に DNA クローニングの基本原理を示す．目的 DNA 部分を細胞中の DNA から切り出し，それをバクテリアのなかで増殖する能力をもつ DNA［図 3.2 ではプラスミド（plasmid）を用いている．一般にはベクター（vector）と呼ぶ（→ 3.1.4 項）］につなぐ．それをバクテリア［ホスト（host）または宿主と呼ぶ］に導入し［トランスフォーメーション[*2] (transformation)］，そのバクテリアを培養する．バクテリアは増殖し同時に目的の DNA［インサート（insert）と呼ぶ］をつないだベクターも増える．十分に増えたところでバクテリアからインサートをもったベク

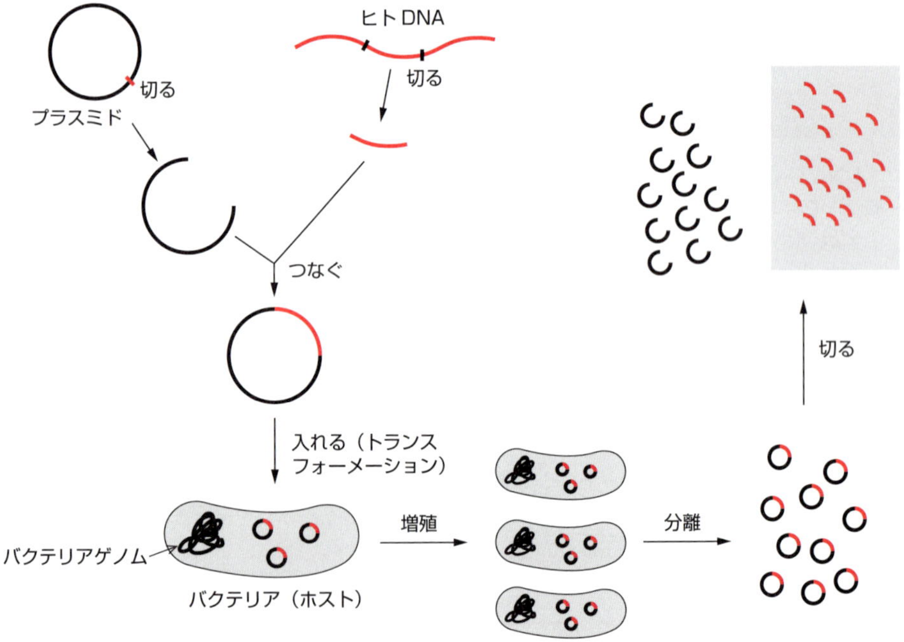

ヒト DNA
切る
切る
プラスミド
つなぐ
入れる（トランス
フォーメーション）
増殖
分離
切る
バクテリアゲノム
バクテリア（ホスト）

図 3.2 DNA クローニングの概略

ターのみを集め，ベクターにつないだ目的のDNA断片を切り出し，集める．

DNAクローニング操作では，ほとんどの場合ホストとは異なる生物種のDNAをベクターにつないで増やす．有難いことに，たいていの場合バクテリアは異種のDNAが入っても嫌がらない．実はこのことがDNAクローニングを可能にしている．しかし，異種DNAが作る物質をホストが嫌う場合も知られている．

3.1.4 DNAクローニングの基本操作

図3.2の各ステップを詳しくみてみよう．まず，ベクター*3とは，バクテリア中で増殖する能力をもったDNA（あるいはDNAを含む構造体であるファージなどを意味する）のことで，図3.2ではプラスミドという環状二本鎖DNAが示されている．

DNAを「切る」には制限酵素（restriction enzyme）が用いられる．これはDNAの特定の塩基配列を認識してDNAに切れ目を入れる酵素である．DNAを「切る」ということは，DNAのヌクレオチド間をつないでいるリン酸ジエステル結合（phosphodiester bond）を加水分解することを意味する［酵素により「切る」ので，「消化する（digest）」ともいう］．たとえば，*Eco*R I という制限酵素は**図3.3**（a）のようにDNA中の

5'-**GAATTC**-3'
3'-**CTTAAG**-5'

という6塩基対を認識して図3.3の矢印の箇所で切断する．DNAの両方の鎖で5'-GA-3' の間のリン酸ジエステル結合が切れれば5'-AATT-3' と 3'-TTAA-5' の間の水素結合は不安定なため図3.3（a）の「切る」のようにDNAはこの場所で切り離される．

さて，「つなぐ」とはどういうことか．「切る」はリン酸ジエステル結合を加水分

*2 トランスフォーメーション：バクテリア細胞にDNAを導入することをトランスフォーメーション（形質転換）という．しかし，動物細胞にDNAを導入することはトランスフェクション（transfection）という．動物細胞についてもトランスフォーメーションという語を使うことがあるがこの場合は「がん化」を意味する．ファージを大腸菌に挿入することはインフェクションという．ただし，酵母は真核生物であるが，DNAを導入することをトランスフォーメーションという．

*3 ベクターとホスト（宿主）：ベクターとは「運び手」という意味である．天然にあるプラスミドやファージから人工的に作られたもので，目的DNA部分を組み込んでホスト細胞の中で増殖する．ベクターとホストは特定のペアをなしておりランダムではない．ベクター，ホストとも多くの種類が知られている．ホストとしては一般的に大腸菌が用いられる．

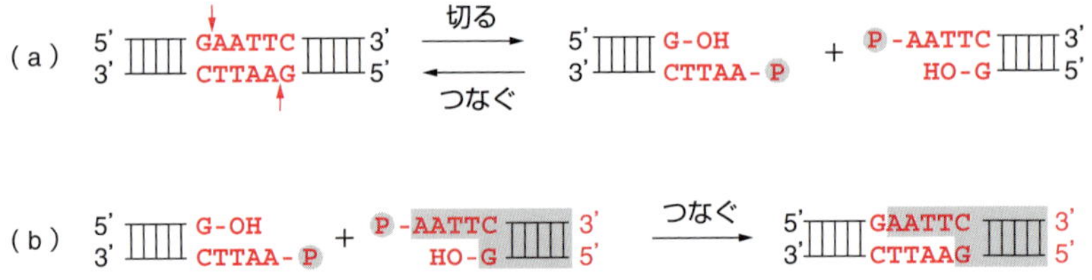

(a)
5' GAATTC 3'
3' CTTAAG 5'
切る
つなぐ
5' G-OH
3' CTTAA-P
+
P-AATTC 3'
HO-G 5'
(b)
5' G-OH
3' CTTAA-P
+
P-AATTC 3'
HO-G 5'
つなぐ
5' GAATTC 3'
3' CTTAAG 5'

図 3.3 制限酵素による DNA の切断とリガーゼによる再結合

制限酵素 *Eco*RI により G と A の間のリン酸ジエステル結合が切断され，リン酸は A の 5′位に残り，G の 3′位は -OH となる．制限酵素による切断部位が同じであれば異種の DNA どうしも結合する．

Box ▶ プラスミド

バクテリア中にゲノムとは離れて存在する増殖能を持った二本鎖環状 DNA．2～200 kb のサイズをもち，1 細胞中に多数コピー（最大数百コピー）存在する．独自の複製起点（ori）をもち，自律的に複製する．ふつう，抗生物質耐性遺伝子をもつ．たとえば，Amp^r は β-ラクタマーゼをコードし，バクテリアにアンピシリン（ampicillin）などのペニシリン系抗生物質に対する抵抗性を与える．また，Tet^r はテトラサイクリン（tetracycline）耐性を与える．左下の図は DNA クローニングの初期によく用いられたプラスミド pBR322 を示す．各種制限酵素の認識部位が円周外に示されている．右下の図は DNA クローニングにおいて最初に用いられたプラスミド pSC101 である．

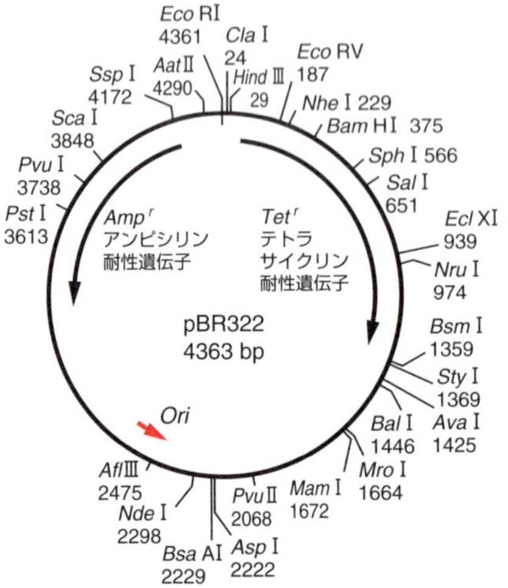

Eco RI 4361
Cla I 24
Eco RV 187
Hind III 29
Aat II 4290
Ssp I 4172
Nhe I 229
Bam HI 375
Sca I 3848
Sph I 566
Sal I 651
Pvu I 3738
Pst I 3613
Ecl XI 939
Nru I 974
Amp^r アンピシリン 耐性遺伝子
Tet^r テトラ サイクリン 耐性遺伝子
pBR322
4363 bp
Bsm I 1359
Sty I 1369
Ava I 1425
Bal I 1446
Ori
Mro I 1664
Mam I 1672
Afl III 2475
Nde I 2298
Pvu II 2068
Bsa AI 2229
Asp I 2222

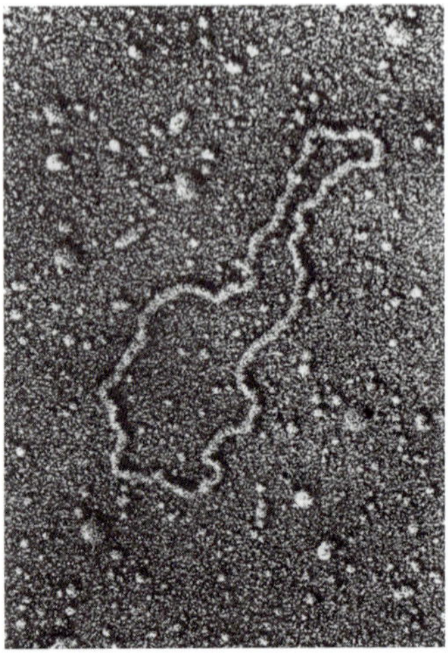

［右図出典：J. D. Watson et al.: Molecular Biology of the Gene (4th ed), The Benjamin/Cummings Publishing Company, 1987］

解することであるが，「つなぐ」とはふたたびリン酸ジエステル結合を形成させることである．この反応には**DNAリガーゼ**（DNA ligase）が用いられる．DNAリガーゼはひとつのDNA鎖の5'-リン酸基ともうひとつのDNA鎖の3'-OH基の間でエステル化反応によりリン酸ジエステル結合を形成する．図3.3（a）の「つなぐ」反応では，Gの3'-OH基とAの5'-リン酸基の間でリン酸ジエステル結合が形成される．同時にAATTとTTAAの間で水素結合により塩基対が形成される．図3.3（a）では*Eco*RI切断の逆反応として「つなぐ」を示したが，図3.3（b）で

Box ▶ 制限酵素

制限酵素とは，二本鎖DNAの特定の塩基配列を認識してDNAを切断するエンドヌクレアーゼ*4（endonuclease，制限エンドヌクレアーゼとも呼ぶ）である．したがって，むしろ「DNA特定配列認識切断酵素」とよんだほうが機能を反映してわかりやすい．制限酵素と呼ぶのは，この酵素が本来の機能として，バクテリアがファージの侵入を制限する制限-修飾という現象に関与しているからである．制限酵素は，活性に必要な因子や切断様式によりI型，II型，III型に分類される．DNAクローニングで用いられるのはII型の酵素である．

制限酵素（II型）がDNAを「切る」様式には３種類ある．

1　5'粘着末端を作る切り方

例　*Eco*RI　5'-G↓AATTC-3' / 3'-CTTAA↑G-5' ⟶ 5'-G-OH / 3'-CTTAA-Ⓟ ＋ Ⓟ-AATTC-3' / HO-G-5'

2　3'粘着末端を作る切り方

例　*Pst*I　5'-CTGCA↓G-3' / 3'-G↑ACGTC-5' ⟶ 5'-CTGCA-OH / 3'-G-Ⓟ ＋ Ⓟ-G-3' / HO-ACGTC-5'

3　平滑末端を作る切り方

例　*Sma*I　5'-CCC↓GGG-3' / 3'-GGG↑CCC-5' ⟶ 5'-CCC-OH / 3'-GGG-Ⓟ ＋ Ⓟ-GGG-3' / HO-CCC-5'

制限酵素の認識配列と切断箇所（部位）の表示の仕方を上記3例について示すと次のようになる．

*Eco*RI	5'-G↓AATTC-3'
*Pst*I	5'-CTGCA↓G-3'
*Sma*I	5'-CCC↓GGG-3'

*4　エンドヌクレアーゼとエキソヌクレアーゼ：DNAまたはRNAの鎖の内部のリン酸ジエステル結合を切るのがエンドヌクレアーゼで，鎖の末端から順にリン酸ジエステル結合を切りモノヌクレオチドを生ずるのがエキソヌクレアーゼである．「エンド」は英語では「endo, ･･･の内側」であり「end, 末端」ではないので混同しないように注意すること．

は*Eco*RIの切断部位をもつならば，異なるDNA分子どうしも「つなぐ」ことができることを示している．

いま，図3.2においてプラスミドDNAに対して，「切る」を*Eco*RIで行い，ヒトDNAから目的DNA部分を*Eco*RIで切り出したとしよう．切断（消化）したプラスミドDNAとヒトDNA断片を混合しDNAリガーゼを働かせると，任意の*Eco*RI切断部位の間で「つなぐ」反応，すなわち，GとAの間にリン酸ジエステル結合が再生され，かつ5'-AATT-3'と3'-TTAA-5'の間で水素結合が自然に形成される（**図3.4**）．ケース（a）はプラスミドDNAにヒトDNA断片がインサート[*5]（insert）された構造をしている．これを，組換えプラスミド，またはリコンビナントプラスミド（recombinant plasmid），あるいは，単に組換え体（recombinant）と呼ぶ．ケース（b）はプラスミドDNA自身が分子内で結合し閉環したものである（再結合プラスミド）．*Eco*RI切断部位は任意の組み合わせで結合するのでこの他にもいろいろな結合反応物が生成する．

図3.2において，「入れる」とは「組換えプラスミド」をバクテリア（ホスト）に入れることである．一般にDNAクローニングにおいては大腸菌（*Escherichia coli*：*E. coli*）を用いるので今後は大腸菌で話を進める．大腸菌をカルシウムやルビジウムで処理すると細胞壁が弱くなり細胞外のDNAが中に入りやすくなる．このような処理をした細胞をコンピテント細胞（competent cell）と呼ぶ．組換えプラスミドはコンピテント細胞と混ぜるとトランスフォーメーションにより細胞の中に入る．トランスフォームした大腸菌を栄養分と抗生物質アンピシリンを含む寒天培地プレートに広げてまき，一晩，37℃で保温すると大腸菌は増殖しプレート上に沢山の粒を形成する．この粒々の1個はトランスフォーメーションにおいてプラスミドDNA（組換えプラスミドあるいは再結合プラスミド）を取り込んだ大腸菌1細胞から増殖してできた大腸菌の集落でコロニー（colony）と呼ばれる．トランスフォーメーションにおいてプラスミドDNAを取り込まなかった大腸菌は寒天プレートに含まれる抗生物質アンピシリンのために生えて来ない．組換え体のコロニー1個を選び好きなだけ増やせば，その中でヒトDNAを組み込んだ組換えプラスミドも増えていく．増えた大腸菌を集菌し，破砕し，遠心分離操作などを駆使して組換えプラスミドのみを取り出す．組換えプラスミドからヒトDNAを取り出す

*5 インサート：プラスミドなどのベクターに，クローニングしたい目的DNA断片がDNAリガーゼにより結合することをインサート（挿入）という．また，挿入されたDNA断片をインサートと呼ぶ．

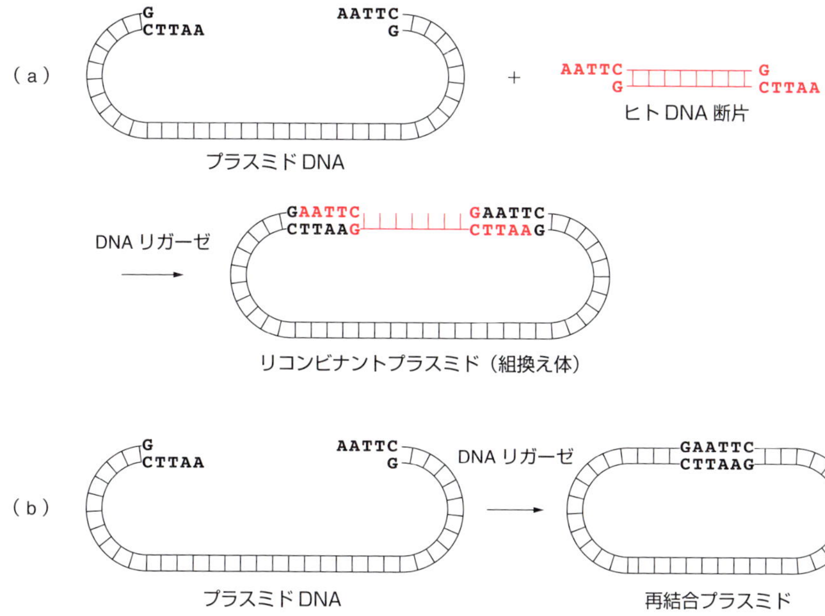

(a)
G
CTTAA
AATTC
G
プラスミドDNA
+
AATTC
G
G
CTTAA
ヒトDNA断片
DNAリガーゼ
GAATTC
CTTAAG
GAATTC
CTTAAG
リコンビナントプラスミド（組換え体）
(b)
G
CTTAA
AATTC
G
プラスミドDNA
DNAリガーゼ
GAATTC
CTTAAG
再結合プラスミド

図 3.4　DNA リガーゼによる *Eco*RI 部位の結合

には，初めに組換えプラスミドを作るときに用いた制限酵素により切り出せばよい．これがDNAクローニングの基本的操作である．

3.1.5　組換え体と再結合体の選別

図3.4において「切った」プラスミドDNAであるベクターと，「切った」ヒトDNA断片を混ぜ，DNAリガーゼ反応を行うと，図3.4（a）の組換えプラスミドのほかに，（b）のようにベクターDNA自身が再結合により環状化したもの（再結合プラスミド）ができる．再結合プラスミドは「切る」前のプラスミドDNAと同じでものあるから大腸菌に入り増殖する．これらは本来目的とするヒトDNAを含んでいないので，DNAクローニングの過程から除かれるのが望ましい．この操作は次のようにしてなされる．

〔1〕抗生物質耐性遺伝子による選別

DNAクローニングに用いられるプラスミドDNAはアンピシリンやテトラサイクリンなどの**抗生物質**（antibiotics）に耐性をつくる遺伝子をもつので，大腸菌にプラスミドDNAが入ると抗生物質存在下でも生育できる．**図3.5**のように，テト

Tips ▶ コロニーとプラーク

コロニーは寒天培地上で1個のバクテリア細胞が増殖して作る集落のことで，培地面に盛り上がった粒状を呈する．プラークは寒天培地層に重層した軟寒天（あるいはアガロース）培地の中で，1個のファージ感染バクテリアが溶菌し，放出されたファージが次々とまわりのバクテリアに感染，溶菌した結果できる，ファージの沼地のようなものである．

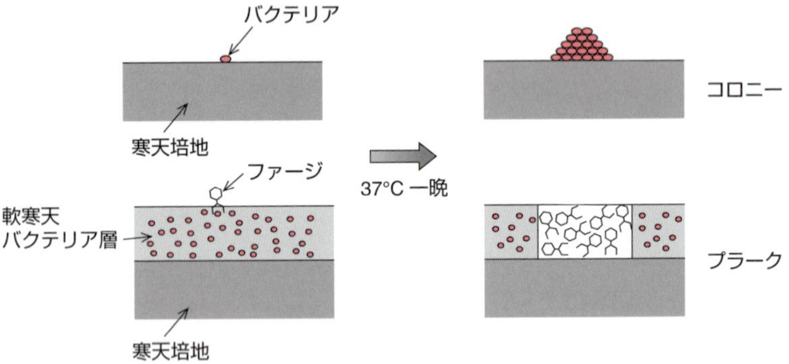

バクテリア
寒天培地
コロニー
ファージ
37°C 一晩
軟寒天
バクテリア層
寒天培地
プラーク

ラサイクリン遺伝子内部の*Eco*RI部位に目的DNAをインサートしてクローン化した場合，テトラサイクリン遺伝子は破壊されてしまう．そのため，この組換え体はアンピシリンを含むプレートでは生えるが，テトラサイクリンプレートでは死滅する．一方，再結合体は両方の抗生物質の存在下で生育できる．これを利用して組換え体と再結合体を選別する．まず，トランスフォーメーション後の大腸菌を寒天プレートにまき，一晩37℃で保温するとプレート上にコロニーができる．各コロニーを滅菌した楊枝でつつき，まずアンピシリンプレートに，次いでテトラサイクリンプレートにスポットする．このプレートを一晩37℃で保温し，翌日アンピシリンプレートで生育しテトラサイクリンプレートで死滅したコロニーがあれば，それが望む組換え体を含むコロニーである．したがって，対応するアンピシリンプレートのコロニーから目的の大腸菌を選べばよい．

〔2〕ブルー・ホワイト選別

組換え体か再結合体かはコロニーの色で判別することができる．このためには**図3.6**に示すような特別なプラスミドを用いる．このプラスミドには通常の*ori*およびアンピシリン耐性遺伝子の他にβ-ガラクトシダーゼαフラグメントを作る*lacZ'*遺伝子が組み込まれている［図3.6（a)］．このプラスミドがβ-ガラクトシ

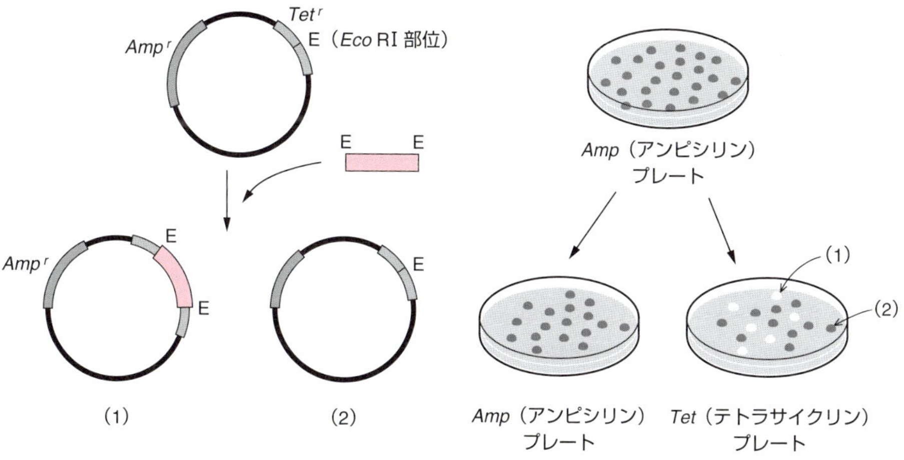
Tet r
E（Eco RI 部位）
Amp r
E E
E
Amp r
E
E
(1)
(2)
Amp（アンピシリン）
プレート
(1)
(2)
Amp（アンピシリン）
プレート
Tet（テトラサイクリン）
プレート

図 3.5　薬剤耐性を利用した組換え体と再結合体の識別

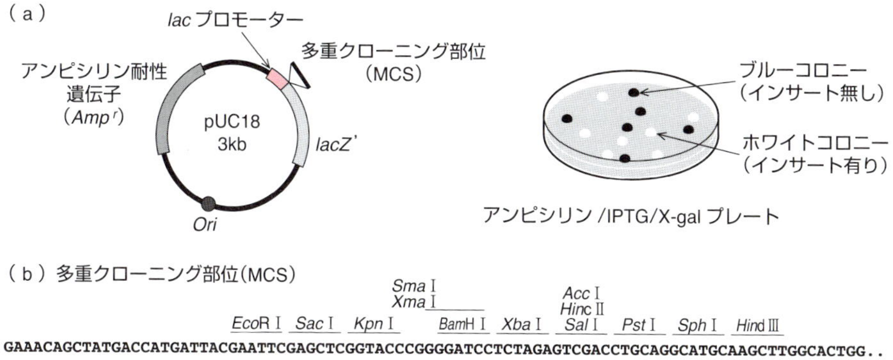
（a）
lac プロモーター
多重クローニング部位
（MCS）
アンピシリン耐性
遺伝子
（Amp r）
pUC18
3kb
lacZ'
Ori
ブルーコロニー
（インサート無し）
ホワイトコロニー
（インサート有り）
アンピシリン /IPTG/X-gal プレート
（b）多重クローニング部位（MCS）
Sma I
Xma I
Acc I
Hinc II
EcoR I
Sac I
Kpn I
BamH I
Xba I
Sal I
Pst I
Sph I
Hind III
GAAACAGCTATGACCATGATTACGAATTCGAGCTCGGTACCCGGGGATCCTCTAGAGTCGACCTGCAGGCATGCAAGCTTGGCACTGG..

図 3.6　ブルー・ホワイト選別法

ダーゼωフラグメントを作る能力をもつ大腸菌に入ると，プラスミドが作るαフラグメントとωフラグメントが結合して活性のあるβ-ガラクトシダーゼとなる．この現象はα-相補性（α-complementation）と呼ばれる．β-ガラクトシダーゼは，通称 **X-gal** [*6] と呼ばれる基質に作用すると青く発色するので，このプラスミドを

*6　X-gal：5-ブロモ-4-クロロ-3-インドリル-β-D-ガラクトシド（5-bromo-4-chloro-3-indolyl-β-D-galactoside）の略．β-ガラクトシダーゼにより分解されて青く発色する．レポーター・アッセイ（後述）や細胞や組織での RNA の検出（*in situ* ハイブリダイゼーションという）などにおいてシグナルの検出に利用される．

もつ大腸菌は，*lacZ'* 遺伝子の発現を誘導した状態ではX-gal存在下で青い（ブルー）コロニーを作る．このプラスミドにはもうひとつの細工がある．*lacZ'* 遺伝子内に多重クローニング部位（Multiple Cloning Site：MCS）と呼ばれる多くの制限酵素部位からなる人工的塩基配列が存在する［図3.6（b）］．これらの制限酵素部位はMCSに1箇所あるのみでこのプラスミドの他の場所には存在しない．したがってMCSのどれかの制限酵素部位にインサートをもつ組換え体はβ-ガラクトシダーゼαフラグメントを作ることができず，コロニーはX-galを含むプレートで大腸菌コロニー本来の色（ホワイト）を呈する．これに対して再結合体をもつコロニーはブルーを呈する．判別は一目瞭然である．実際には，**IPTG**[*7] とX-galを含むプレートを用いる．IPTGを用いるのはβ-ガラクトシダーゼαフラグメントの合成を誘導し，選別における検出感度を高めるためである（→ 6.2.2項）．

3.1.6 再結合を防ぐ方法

図3.4（b）の再結合体は不要な副産物である．では，はじめから副産物が生じない工夫はないものだろうか．組換え体や再結合体ができるときに「つなぐ」DNAリガーゼは隣り合ったポリヌクレオチドの3'-OHと5'-リン酸基の間にリン酸ジエステル結合を作る．したがって，この反応が起こるためには5'部位にリン酸基の存在が必要である．制限酵素による消化ではリン酸基が5'位に残る．このことから，**図3.7**のように，ベクターDNAを制限酵素で消化後アルカリ性ホスファターゼで5'-リン酸基を除去すればDNAリガーゼによるベクターの再結合による環状化を防ぐことができる．一方，インサートDNAは5'-リン酸基をもっているので図3.7のようにDNAの片方の鎖でリン酸ジエステル結合ができる．もう一方の鎖ではリン酸ジエステル結合ができない．しかし，このまま大腸菌にトランスフォームすると大腸菌内で5'-OH基がリン酸化を受け，やがてここにもリン酸ジエステル結合が形成される．

3.1.7 ファージベクターを用いたDNAクローニング

〔1〕λファージ

λファージ（λ phage）は大腸菌に感染し増殖する．λファージはλDNAとコー

*7 IPTG：イソプロピル-1-チオ-β-D-ガラクトピラノシド（isopropyl-1-thio-β-D-galactopyranoside）の略．大腸菌ラクトースオペロンの酵素合成の強力な誘導物質．

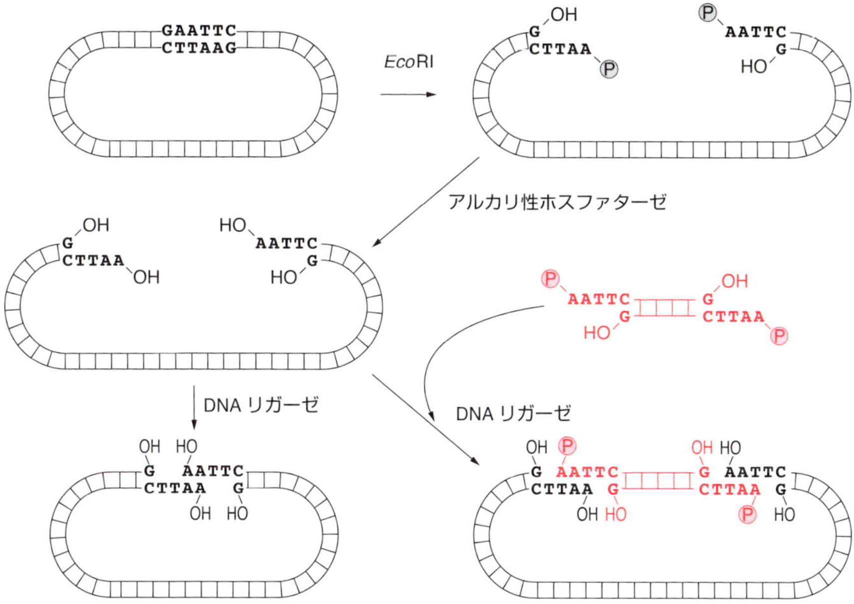
GAATTC
CTTAAG
EcoRI
OH
G
CTTAA
P
AATTC
G
HO
アルカリ性ホスファターゼ
OH
G
CTTAA
OH
HO
AATTC
G
HO
P
AATTC
G
HO
OH
G
CTTAA
P
DNA リガーゼ
DNA リガーゼ
OH HO
G AATTC
CTTAA G
OH HO
OH P
G AATTC
CTTAA G
OH HO
OH HO
G AATTC
CTTAA G
P HO

図 3.7 アルカリ性ホスファターゼによる再結合環状化の阻害

アルカリ性ホスファターゼ処理後，ベクターの環化は起こらない．インサートとベクターDNAの間では，図のように片方の鎖には5'リン酸基がリン酸ジエステル結合の形成を可能にするが，もう一方の鎖ではリン酸基がないためリン酸ジエステル結合は形成されない．しかし，片方の鎖にリン酸ジエステル結合（共有結合）があるのでこの状態で大腸菌にトランスフォームすると細胞内のリン酸化酵素の働きで修復される．

トタンパク質からできているので，λDNA に目的 DNA 部分をつないだファージ粒子を作ることができれば，そのファージを大腸菌に感染させることにより DNA クローニングが可能となる．λ ファージ DNA のサイズは約 50 kb で，両 5' 末端に *cos* 部位[*8] を形成する互いに相補的な一本鎖配列をもつ（→ 3.5 節）．ファージの増殖に必須な遺伝子はファージ DNA の両端部分（アームという）にあり，全体の約 1/3 に相当する中央部分は他の DNA に置き換えてもかまわない．そこで制限酵

*8 *cos* 部位：λ ファージの両 5' 末端は 12 塩基の互いに相補的な突出した一本鎖構造をもつ．この突出部分を粘着末端部といい，両端が塩基対形成した二本鎖部分を *cos* 部位と呼ぶ．ファージ DNA は感染後，この部位で連結してファージ DNA が環状化し，複製し，複数コピーのファージ DNA からなる線状分子を形成する．ファージ粒子ができるときは，*cos* 部位で切断され粘着末端部で挟まれた部分がファージ頭部に詰め込まれる（→ 3.5 節）．

Tips ▶ アガロースゲル電気泳動法

DNA クローニングにおいては操作中に生ずる DNA 断片のサイズを知る必要がある．一般に DNA 分子はゲル状の媒体中で電場をかけるとリン酸基の（−）電荷のため（＋）極に向かって電気泳動という現象により移動する．移動度は低分子 DNA ほど大きく高分子 DNA ほど小さい．この性質を利用してサイズの異なる DNA 断片を分離することができる．DNA クローニングで用いられるのはゲル媒体としてアガロースを用いた電気泳動法であり，数百 bp から数キロ bp の DNA の分離に便利である．加熱して溶かした液状アガロースを型に入れて，**図（a）**に示すような試料スロット付きのゲル板にする．試料添加ののち，**図（b）**のように泳動槽で電場をかけて泳動する．泳動後，ゲルをエチジウムブロマイドの希薄溶液中で染色する．エチジウムブロマイドは DNA に結合し，紫外線をあてると蛍光を発するのでそのパターンをカメラで撮影する．**図（c）**は泳動後のゲルの写真である．**図（d）**のように，

（a）

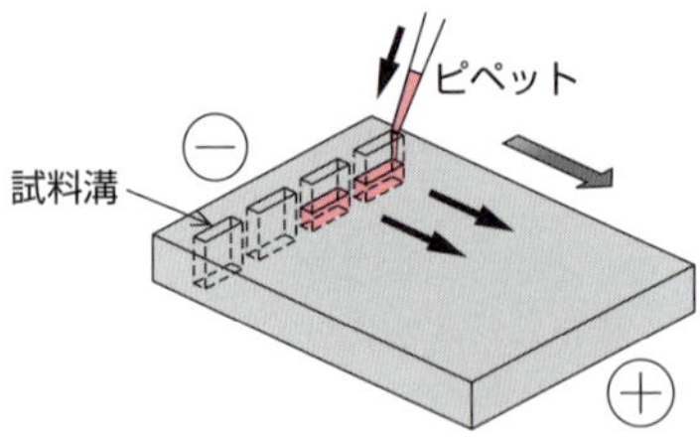
ピペット
試料溝
⊖
⊕

（b）

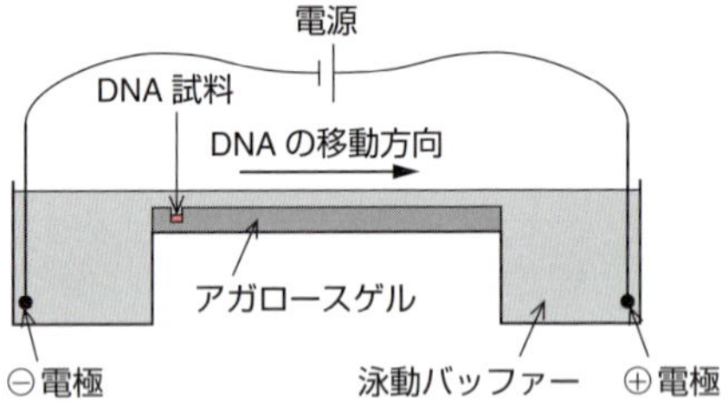
電源
DNA 試料
DNA の移動方向
アガロースゲル
⊖電極
泳動バッファー
⊕電極

（c）

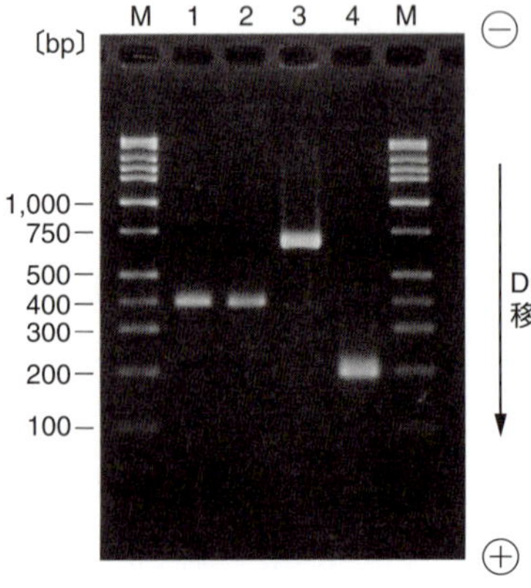
M 1 2 3 4 M
〔bp〕
1,000
750
500
400
300
200
100
DNA の
移動
⊖
⊕

（d）

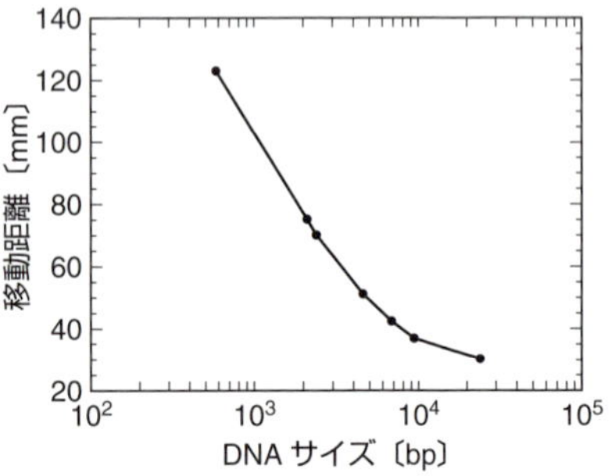
140
120
100
80
60
40
20
移動距離〔mm〕
10^2 10^3 10^4 10^5
DNA サイズ〔bp〕

DNA のサイズの対数と泳動距離の関係をプロットした検量線から未知 DNA のサイズを bp 単位で知ることができる．アガロース電気泳動法は RNA の分離にも用いられる．

このほか電気泳動法には，より低分子量の DNA，RNA を分離するためのポリアクリルアミドゲル電気泳動法がある．3.8 節で述べる DNA のシークエンシングにおいては，1 ヌクレオチドのちがいをもつ DNA 鎖を分離できるポリアクリルアミドゲルが用いられる．このほか，泳動中に電場の向きを変化させることにより数百キロ bp の DNA を分離するパルスフィールド電気泳動法（→ 2.3.1 項）などもある．

素処理（**図 3.8** では *Eco*R I）により中央部分を取り除き左右のアームを用意する．クローン化したい目的 DNA（インサート）も同じ制限酵素で切り出す．この 2 者を混合し DNA リガーゼにより結合させると，リコンビナントファージ DNA ができる．ファージ DNA がファージ粒子に取り込まれるには，リコンビナントファージ DNA がある範囲のサイズ（もとのファージ DNA の 75％～ 105％）をもたなければならない．したがって，インサートとして 15 ～ 20 kb の DNA 断片がアー

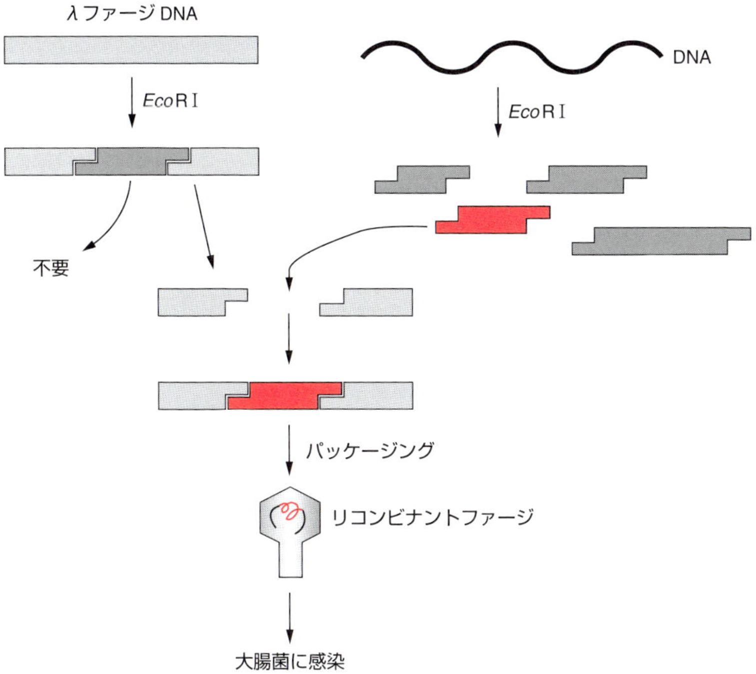
λファージ DNA
DNA
*Eco*R I
*Eco*R I
不要
パッケージング
リコンビナントファージ
大腸菌に感染

図 3.8　λファージベクターによるクローニング

ムと結合したときのみファージ粒子が形成される．リコンビナントDNAをファージを構成するコートタンパク質と混ぜると自己集合という現象によりファージ粒子が形成される．この過程はパッケージング（packaging）と呼ばれる．ファージDNAは，ちょうど風呂から上がって衣服を着るようにコートタンパク質と自律的に集合体を形成し，感染力のあるファージ粒子となる．左右のアームどうしが結合したものや，大きすぎるDNAインサートを含むリコンビナントDNAはパッケージされない．このように形成されたリコンビナントファージ粒子を大腸菌に感染させると，ファージは大腸菌に吸着しDNAを細胞内に注入する．ファージDNAは細胞内で複製され，コートタンパク質を合成しファージ粒子を次々と形成し，ある時期になると大腸菌を溶かして細胞外へ出る．出てきたファージ粒子は非感染の大腸菌に次々に感染し増殖して大腸菌を溶かす．

ファージが感染した大腸菌をプレートにまくときは，寒天培地の上に非感染大腸菌を薄いアガロースに懸濁した層［lawn（芝生）と呼ぶ］を重ねその上にまく．増殖したファージは大腸菌を溶かし，出てきたファージ粒子はまだ未感染の大腸菌に次々に感染し増殖して大腸菌を溶かす．このようにして，1個のファージに由来するファージの「たまり場」が形成される．このたまり場をプラーク（plaque）と呼ぶ．バクテリアのコロニーと異なり，ファージのプラークはバクテリア層が溶けた透明な部分として現れる．溶けた穴には沢山のファージがたまっている．もちろんすべて1個のファージ由来でありクローンである．ここに述べたのは，ファージベクターによるクローニングの基本である．今日では，改良により種々の便利なベクターが開発されている．

〔2〕M13ファージ

M13ファージは大腸菌をホストとし，6.7 kbの一本鎖環状DNAを含む．大腸菌に感染すると相補鎖が合成され，二本鎖の環状DNA（複製型，replicative form：RF）として細胞あたり100コピーまで複製する．RFはプラスミドのように取り扱うことができるという利点がある．λファージの場合と異なり，M13ファージが感染した大腸菌は溶菌せずゆっくりと増殖しつつ，世代あたり1,000個もの一本鎖DNAをもつファージ粒子を次々と細胞外に放出する．ファージ粒子に含まれるのは相補的なDNAのうち常に片方のDNAである．得られる一本鎖DNAは塩基配列決定や*in vitro*ミュタジェネシスなどに利用される（→3.7節，3.8節）．

3.2 RNA クローニング（cDNA クローニング）

RNA は DNA から転写反応によって作られ，DNA の遺伝情報が発現される第一ステップを担う分子である．したがって，RNA を DNA と同様にクローニングにより増やすことができれば，DNA のもつ情報のうちで，ある時期と場所で発現されている部分についての情報が得られる．これは遺伝子の発現調節を調べるためにきわめて有効である．しかし，RNA をクローニングすることはできない．

しかし，間接的に RNA をクローン化することができる．つまり，RNA をいったん**相補的 DNA**（complementary DNA：cDNA）に変換すれば DNA クローニングの手法が適用できる．cDNA の構造は塩基対の原理に従って RNA の構造に変換できる．こうして RNA クローニングが cDNA を介してなされる．

RNA を鋳型（template）にして cDNA を合成するには逆転写酵素（reverse transcriptase）を用いる．**図 3.9** に 3' 末端にポリ（A）のある RNA を例にした cDNA 合成のプロセスを示す．逆転写酵素は，図 3.9 のオリゴ（**dT**）のように相補鎖のポリメリゼーションのタネ，あるいは，きっかけとなる短いオリゴマーが鋳型鎖に結合していないと反応が進まない．このようなオリゴマーをプライマー[*9]（primer）という．逆転写酵素はプライマーの 3' 方向に RNA 配列に相補的な cDNA を合成する．相補鎖の 3' 末端にターミナルトランスフェラーゼ（terminal transferase）により短いオリゴマーをつけ（図 3.9 では dC のオリゴマー），アルカリ処理により RNA を分解し除去する．次いで，オリゴ（dG）をプライマーとして DNA ポリメラーゼ（DNA polymerase）により一本鎖 cDNA の相補鎖を合成する．DNA ポリメラーゼもプライマーを要求する．こうして RNA に対する相補的二本鎖 DNA（double-stranded cDNA：dscDNA）ができる．以上から明らかなように，この二本鎖 cDNA の片方の鎖は RNA に相補的な，他方の鎖は RNA と同じ配列をもつ（ただし，DNA と RNA の構成ヌクレオチドの違いに注意！ Chapter 1 参照）．

*9 プライマー：DNA ポリメラーゼや逆転写酵素によるポリメリゼーション反応は，鋳型に相補的に結合した鎖を伸長するかたちで進む．この鋳型に相補的に結合し，3'OH を提供する役割をもつ短い核酸の断片をプライマーという．cDNA 合成の際に用いるオリゴ（dT）や，PCR（後出）において標的配列を挟み二本鎖 DNA のそれぞれと相補的な配列をもつ合成オリゴヌクレオチドなどがその例である．DNA ポリメラーゼや逆転写酵素によるポリメリゼーション反応のきっかけをなすもの，あるいはタネとみることもできる．DNA 複製においては RNA プライマーゼによって合成される RNA 断片がプライマーとして用いられる（→ Chapter 5）．

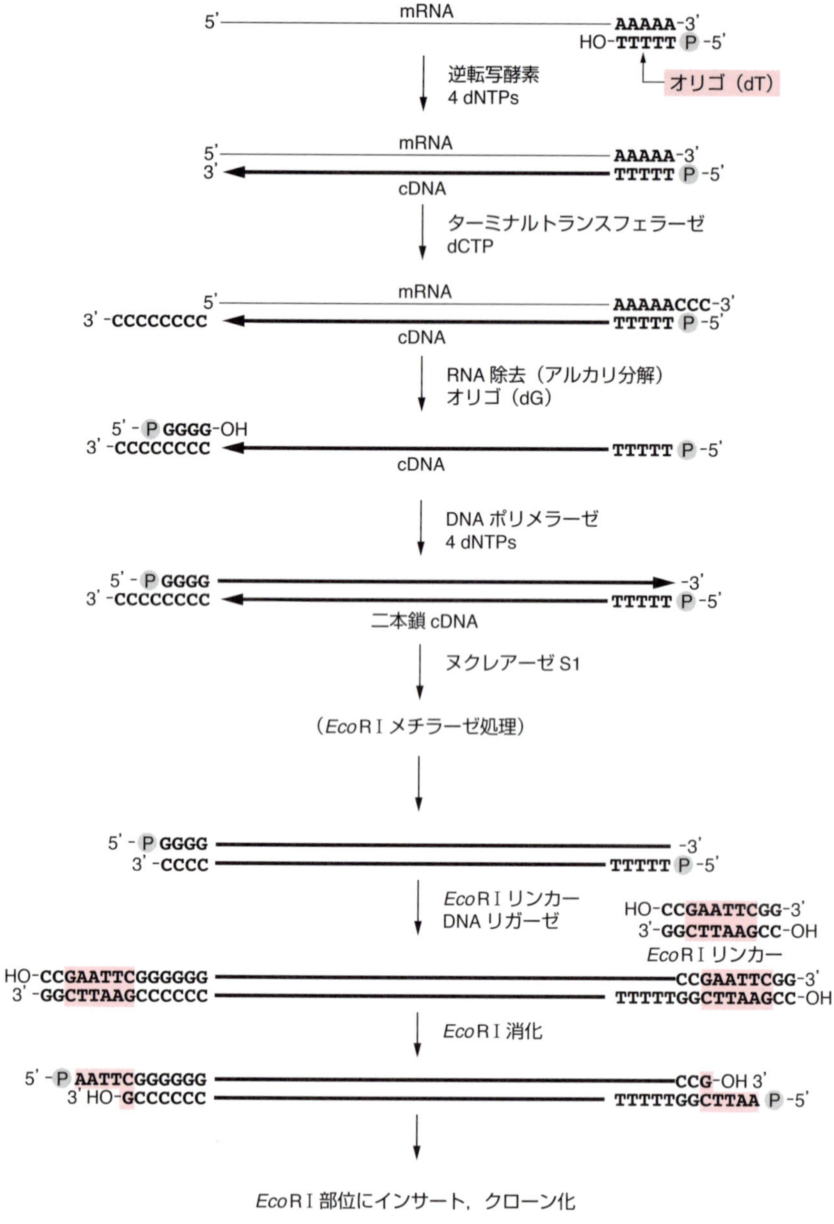
5'
mRNA
AAAAA-3'
HO-TTTTT P -5'
逆転写酵素
4 dNTPs
オリゴ（dT）
5'
3'
mRNA
AAAAA-3'
TTTTT P -5'
cDNA
ターミナルトランスフェラーゼ
dCTP
5'
mRNA
AAAAACCC-3'
3'-CCCCCCCC
TTTTT P -5'
cDNA
RNA 除去（アルカリ分解）
オリゴ（dG）
5'-P GGGG-OH
3'-CCCCCCCC
TTTTT P -5'
cDNA
DNA ポリメラーゼ
4 dNTPs
5'-P GGGG
-3'
3'-CCCCCCCC
TTTTT P -5'
二本鎖 cDNA
ヌクレアーゼ S1
（EcoRⅠメチラーゼ処理）
5'-P GGGG
-3'
3'-CCCC
TTTTT P -5'
EcoRⅠリンカー
DNA リガーゼ
HO-CCGAATTCGG-3'
3'-GGCTTAAGCC-OH
EcoRⅠリンカー
HO-CCGAATTCGGGGGG
3'-GGCTTAAGCCCCCC
CCGAATTCGG-3'
TTTTTGGCTTAAGCC-OH
EcoRⅠ消化
5'-P AATTCGGGGGG
3' HO-GCCCCCC
CCG-OH 3'
TTTTTGGCTTAA P -5'
EcoRⅠ部位にインサート，クローン化

図 3.9　cDNA クローニング

RNA および DNA それぞれの末端のリン酸基（-P）および水酸基（-OH）は理解に必要とされる場所にのみ示してある．

二本鎖 cDNA をベクターにつなぐにはいくつかの方法がある．図 3.9 には *Eco*R I リンカーを用いる例を示す．リンカー（linker）とはその制限酵素部位を含む合成オリゴマーのことである．まず，一本鎖 DNA, RNA を消化するヌクレアーゼ S1 またはマングビーンヌクレアーゼ処理により二本鎖 cDNA の両端を平滑末端にする．DNA リガーゼは平滑末端どうしも結合させるので，両端に *Eco*R I リンカーをつける．次いで，*Eco*R I で消化すると二本鎖 cDNA の両端に *Eco*R I 部位が生ずる．あとはこれを *Eco*R I で消化した適当なベクターに結合させればよい．図 3.9 の *Eco*R I メチラーゼ処理は，その後の *Eco*R I 消化によりクローン化すべき二本鎖 cDNA に切断が起きないよう，*Eco*R I メチル化により *Eco*R I が働かないよう保護するためである．

3.3 ライブラリー

3.3.1 ゲノムライブラリー（genomic library）

ヒトのゲノム DNA（一倍体あたり　3×10^9 bp）を平均サイズが 20 kb になるようにランダムに切断する．ランダムに切断するので切れ目は**図 3.10** のようにランダムに分布し，生じた DNA 断片はオーバーラップした部分を共有する．生じた DNA 断片をそれぞれベクターにつなぎクローン化すると莫大な数のクローンか

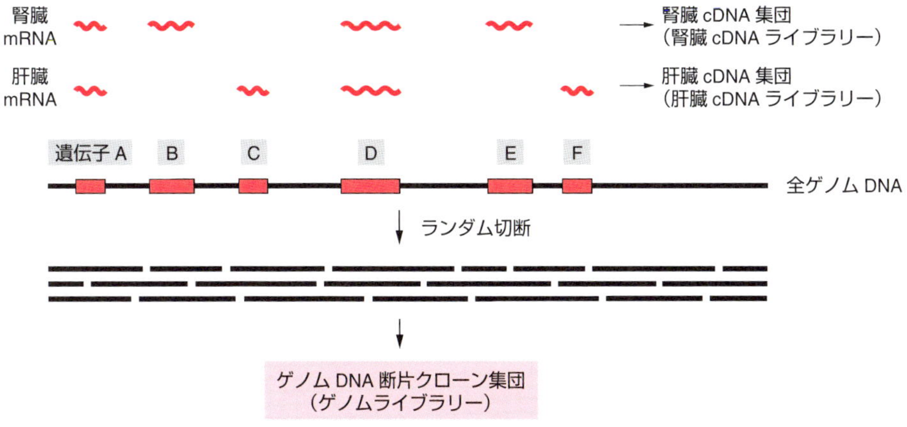

腎臓
mRNA
腎臓 cDNA 集団
（腎臓 cDNA ライブラリー）
肝臓
mRNA
肝臓 cDNA 集団
（肝臓 cDNA ライブラリー）
遺伝子 A
B
C
D
E
F
全ゲノム DNA
ランダム切断
ゲノム DNA 断片クローン集団
（ゲノムライブラリー）

図 3.10　ゲノムライブラリーと cDNA ライブラリー

らなる集団ができる．この集団の各クローンはヒトのDNAのどこかの部分を含んでいる．言い換えれば，ヒトDNAの任意の部分はこのクローン集団のどれかのクローンに含まれる．また，ヒトDNAのある部分は複数のクローンに含まれることもあるであろう．ライブラリーが「図書館」を意味するように，このクローン集団のことを「ヒトゲノムライブラリー」と呼ぶ．同様に，カエルゲノムライブラリー，ショウジョウバエゲノムライブラリーなどが作製されている．

一体どれくらいの数のクローンを用意すればヒトDNAを完全に網羅するようなゲノムライブラリーとみなせるだろうか．いうまでもなく，ゲノムサイズの小さな生物のゲノムライブラリーは少ないクローン数ですむことが予想される．ある生物のDNAの任意の部分を確率Pで含むゲノムライブラリーを構成するのに必要なクローン数（N）は次の式で与えられる．

$$N = \ln(1-P)/\ln(1-f)$$

上式では，fはインサートサイズのゲノムに対する割合を示す．したがって，インサートサイズを20 kbとして，ある配列が99％で見いだされるライブラリーのサイズは，大腸菌（4.6×10^6 bp）では1.1×10^3，ヒト（3×10^9 bp）では6.9×10^5となる．

3.3.2 cDNAライブラリー（cDNA library）

ゲノムライブラリーはその生物のゲノムDNA全体を含むものである．これに対して**cDNAライブラリー**というものが考えられる．たとえば，ねずみの肝臓で発現しているRNAをすべてcDNAに変換し，ベクターにつなぎクローン化したとする．このcDNA集団はねずみの肝臓で発現している遺伝子部分を反映するクローン集団とみなせる．これをねずみの肝臓のcDNAライブラリーと呼ぶ．図3.10のように腎臓で発現する遺伝子群は肝臓で発現する遺伝子群と重複もあるが異なる部分もあり，したがって，肝臓cDNAライブラリー，腎臓cDNAライブラリー，脳cDNAライブラリーなどが異なる集団として考えられる．これに対して，ゲノムライブラリーはその生物にひとつしか存在しない．

3.4 スクリーニング

ゲノムライブラリーやcDNAライブラリーはふつう10万を優に超える膨大な数のクローンからなる．これらの中から目的のクローンを探すにはどうすればよいだろうか．このために用いるものをプローブ（probe）と呼び，プローブを用いてライブラリー内を探し回ることをスクリーニング（screening）という．したがって，プローブとはスクリーニングにおいて目的のクローンを選出するための道具のことである．探す相手はクローン中のインサートDNAであるから，そのインサートDNA（二本鎖）のどちらかの鎖に相補的な配列をもつDNA（またはRNA）がプローブとなり得る．インサートDNAから作られるタンパク質を目当てとしてスクリーニングを行うこともあり，その場合には抗体がプローブとして用いられる．

ある肝臓タンパク質Aの cDNA をクローン化する場合を考えてみよう．Aは肝臓タンパク質であるからその mRNA は肝臓に存在するはずである．さらに，この mRNA に対する cDNA は肝臓 cDNA ライブラリーに含まれる．さて，どのようにしてその cDNA クローンを探し出せるだろうか．

3.4.1 部分アミノ酸配列よりプローブを作る方法

いま，Aの部分アミノ酸配列 –Met-Gln-Lys-Phe-Asn– が知られているとする．**図3.11**のようにそれらをコードする可能性のある mRNA の配列を遺伝暗号表より書き下すことができる（この場合16通りとなる）．このうちの1通りだけが実際に肝臓内でタンパク質Aをコードしている mRNA に相当するわけであるがそれがどれかはわからない．次に，これら mRNA に相補的な16通りの cDNA 配列を書き下すことができる．これらは一本鎖DNAであるから相補的な cDNA 配列が肝臓 cDNA ライブラリーのどれかのクローンに存在するはずである．したがって，この16通りの cDNA をすべて合成し，放射性標識*10を付けて肝臓 cDNA ライブラリーから目的の cDNA クローンを探すプローブとして用いる．

［実際の操作］図3.11のように，まず cDNA ライブラリーを構成する大腸菌をプレートにまく．コロニー形成後，特殊な膜フィルターをプレートにかぶせると大腸菌の一部がフィルターに吸着し，大部分はプレートに残る．この膜フィルターをレプリカ（replica）という．レプリカフィルターを NaOH で処理して大腸菌を溶かし，かつDNAを変性（denature）させる．膜上の微小環境下では二本鎖 cDNA は塩基対間の水素結合が切断された状態になり，対応するプローブ（一本鎖DNA）と結合できる．フィルターを乾燥させ，先ほどの16通りの放射性標識 cDNA プローブの混合液の中に浸し，一晩かけて cDNA プローブとフィルター上の対応する

*10 DNAの放射性標識法：DNAを標識するには ^{32}P，^{33}P が使われる．^{32}P は β 線を出しX線フィルムを感光させる．「標識する」ことを「ラベルする」ともいう．

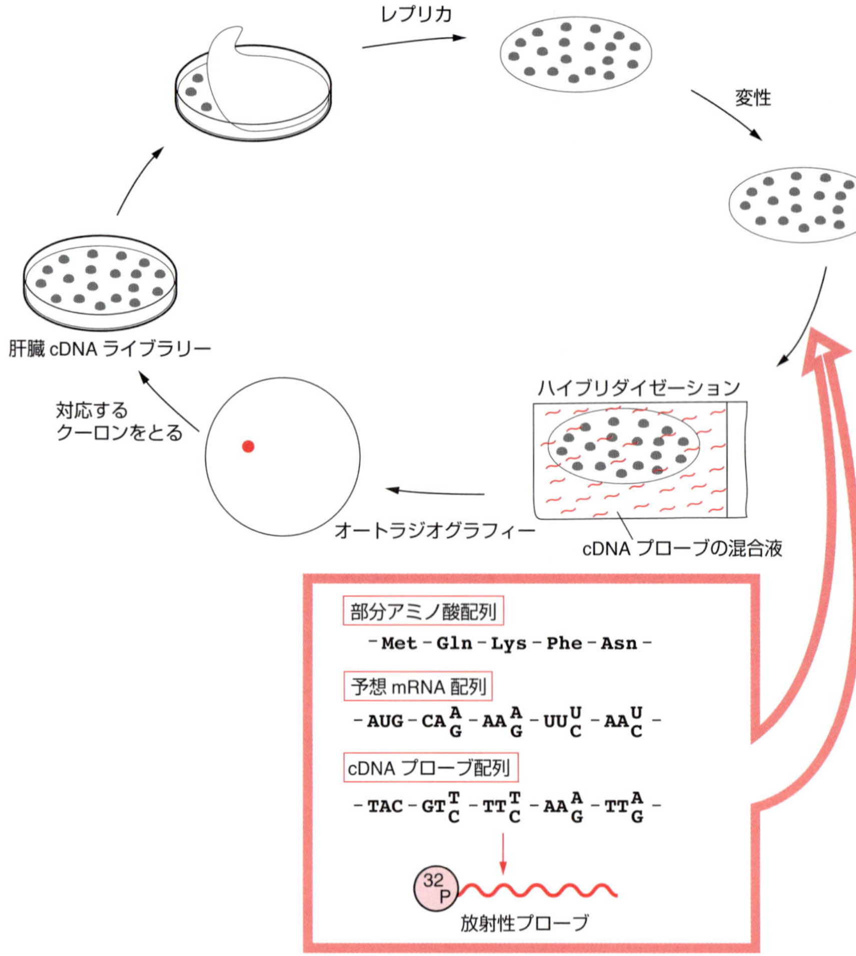

レプリカ
変性
肝臓 cDNA ライブラリー
対応する
クーロンをとる
ハイブリダイゼーション
オートラジオグラフィー
cDNA プローブの混合液
部分アミノ酸配列
-Met-Gln-Lys-Phe-Asn-
予想 mRNA 配列
-AUG-CA A/G -AA A/G -UU U/C -AA U/C -
cDNA プローブ配列
-TAC-GT T/C -TT T/C -AA A/G -TT A/G -
32 P
放射性プローブ

図 3.11 タンパク質の部分アミノ酸配列にもとづく cDNA クローニング

cDNA クローンの DNA の間にハイブリダイゼーション（hybridization）を行わせる．結合しなかったプローブを洗浄により除き，フィルターを乾燥させ，X 線フィルムに感光させる［オートラジオグラフィー（autoradiography）と呼ぶ］．プローブが結合したコロニーに対応する位置が黒いスポットとして現れる．あらかじめ最初のプレート，フィルターそしてX線フィルムの間で位置決めのマークをつけておけば黒いスポットから順に戻って，対応するコロニーから目的の cDNA をもった大腸菌を回収できる．この cDNA に対する遺伝子クローン，つまりこのタンパク質の遺伝子をクローン化するには，この cDNA を放射性標識し変性したものをプローブとして，この生物のゲノムライブラリーをスクリーニングすればよい．

Tips ▶ プローブのラベル（標識）法

(a) **末端ラベリング**：5' 末端のリン酸基をアルカリ性ホスファターゼで除去したのち，[γ-^{32}P] ATP とポリヌクレオチドキナーゼ反応を行う．γ- 位の ^{32}P は DNA, RNA の 5' 末端に移る．DNA の 3' 末端のラベルには [α-^{32}P] dNTP 存在下でターミナルトランスフェラーゼ反応を行う．この場合，複数個の放射性ヌクレオチドが 3' 末端に付加される．

(b) **ニックトランスレーション法**：二本鎖 DNA に微量の DNaseI によってニック（切れ目）を入れ，そこから大腸菌 DNA ポリメラーゼ I の 5' → 3' エキソヌクレアーゼにより，ニックの 5' 端のヌクレオチドを除去しつつ，同時に 5' → 3' DNA ポリメラーゼ活性により，相補鎖 DNA の修復合成を行わせる．その際，4 種類の dNTP のいずれかに α 位で標識されたものを加えることにより DNA をラベルする．ニックが次々に移動するのでこうよばれる．本法では一本鎖 DNA のラベルはできない．

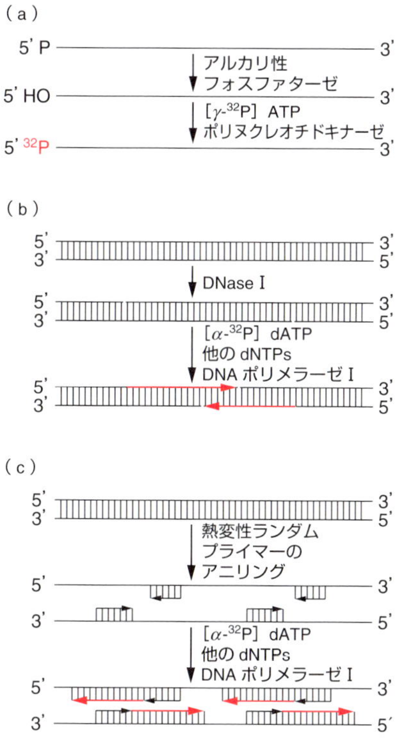

(a)
5' P
3'
アルカリ性
フォスファターゼ
5' HO
3'
[γ-32P] ATP
ポリヌクレオチドキナーゼ
5' 32P
3'
(b)
5'
3'
3'
5'
DNase I
[α-32P] dATP
他の dNTPs
DNA ポリメラーゼ I
(c)
熱変性ランダム
プライマーの
アニリング
[α-32P] dATP
他の dNTPs
DNA ポリメラーゼ I

(c) **ランダムプライマー法**：ラベルしたい DNA を加熱して一本鎖にした後，ランダムな塩基配列をもつオリゴヌクレチドをアニールさせる．3' OH をもつヌクレオチドが DNA に相補的に結合しているものはプライマーとして大腸菌ポリメラーゼ I（Klenow 断片，5' → 3' DNA エキソヌクレアーゼ活性を除去したもの）による伸長反応で DNA を合成する．そのときに一つまたは複数の [α-^{32}P] でラベルされたヌクレオチドを用いることにより，ラベルされた相補鎖 DNA が合成される．

この他，5' 突出末端をもつ制限酵素切断部位を Klenow 断片で平滑末端にするときにラベルする方法，目的 DNA 断片を二つのプロモーターで挟むようにプラスミドに挿入し，RNA ポリメラーゼによる転写によりセンス RNA とアンチセンス RNA をラベルする方法などがある．

Tips ▶ ハイブリダイゼーション

二本鎖 DNA は熱処理あるいはアルカリ処理を行うと変性により一本鎖にわかれる．わかれた一本鎖 DNA どうしはもともと二本鎖を形成していたので，温度を低くして，長時間放置すればもとの二本鎖を形成するであろう．この現象をアニーリング（annealing）とか，再会合（reassociation）という．ふたつの一本鎖 DNA が異なる二本鎖 DNA に由来した場合，両者の塩基配列に相補性があれば結合する．この場合，由来の異なる一本鎖 DNA どうしが結合するのでハイブリダイゼーション (hybridization) という．この相補性は完全でなくても，その程度に応じて結合の度合いが変化するので再会合の程度はふたつの DNA 鎖の塩基配列の類似度を知るのに用いられる．いま，一本鎖状態の DNA の一部分と相補性をもつ一本鎖 DNA 断片（図では赤で示す）が共存すると，赤い DNA 断片は相補性の部分で図のように DNA と塩基対形成により部分的二本鎖となる．塩基配列間の相補性があれば，DNA-RNA 間でも，ハイブリダイゼーションが起こる．広義には，アニーリングや再会合もハイブリダイゼーションと呼ぶ．

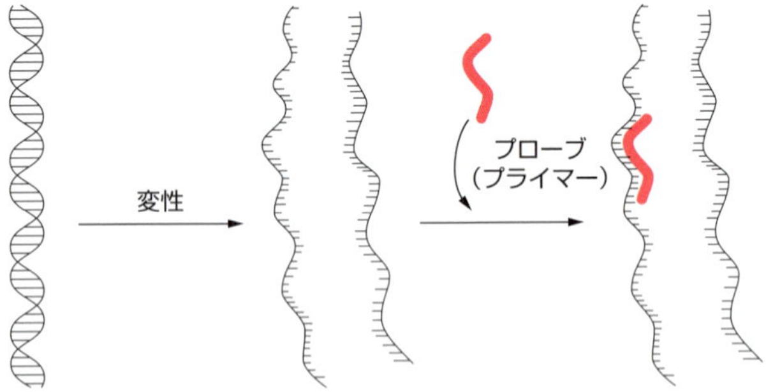
変性
プローブ
(プライマー)

1）cDNA 合成においてポリ (A) に対してオリゴ dT をアニールさせる場合（**図 3.9**），PCR においてプライマーをアニールさせる場合（**図 3.13**），in vitro ミュタジェネシスにおいてミスマッチのあるオリゴマーをアニールさせる場合（**図 3.16**），サンガー法による DNA の塩基配列決定においてプライマーをアニールさせる場合（**図 3.18**），これらはすべてハイブリダイゼーションの一種である．

2）図 3.4 のように，cDNA ライブラリースクリーニングにおいて，コロニーの DNA をアルカリ処理で一本鎖にしたのち，放射性のプローブを用いたハイブリダイゼーションにより目的のクローンをピックアップする．これをコロニー・ハイブリダイゼーションという．ファージベクターのライブラリーの場合はプラーク・ハイブリダイゼーションという．

3）ゲル上で電気泳動した DNA をメンブレインに移し (blot)，放射性プローブで目的バンドを検出する方法をサザン・ハイブリダイゼーション (Southern hybridization) という．RNA を電気泳動する場合はノーザン・ハイブリダイゼーション（northern hybridization）という（→ Tips 核酸とタンパク質のブロット分析法）.

4）光学顕微鏡観察用の切片中の mRNA を放射性プローブで検出する方法を in situ ハイブリダイゼーション（*in situ* hybridization）という．発生初期の胚そのものについて mRNA の空間局在を見るための方法を whole mount *in situ* hybridization という．

3.4.2 抗体プローブを用いる方法

タンパク質 A に対する抗体が作製されている場合には，その抗体をプローブとしてタンパク質 A の cDNA クローンを探すことができる．この操作のためには**発現ベクター**（expression vector）が用いられる（**図 3.12**）．発現ベクターは図 3.12 のような構造をしており，そのプロモーター（→ Chapter 6）の後方に挿入された

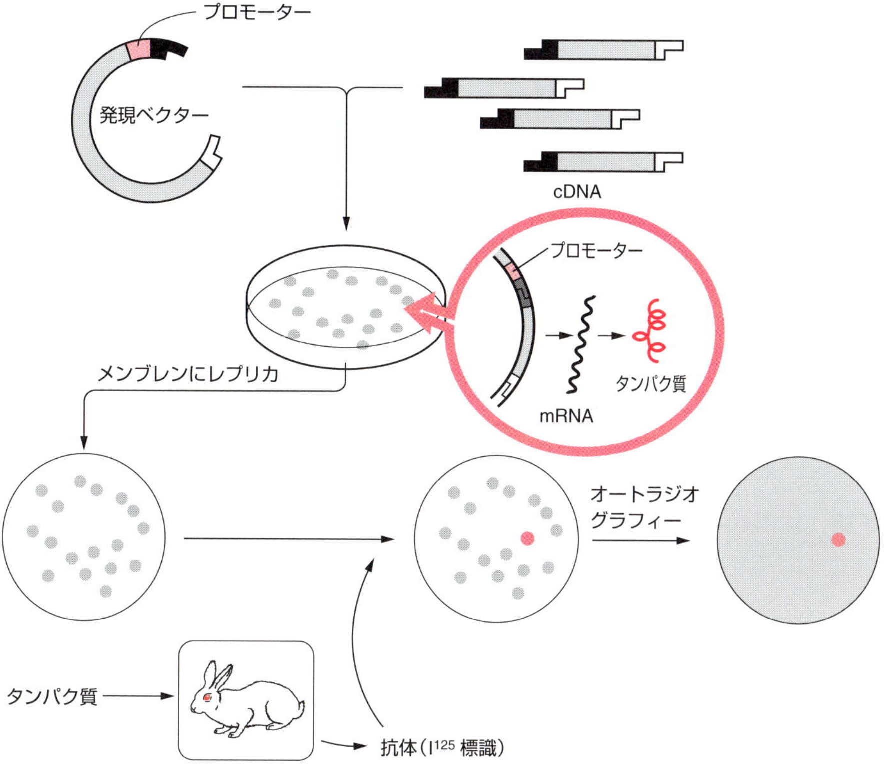

プロモーター
発現ベクター
cDNA
プロモーター
mRNA
タンパク質
メンブレンにレプリカ
オートラジオグラフィー
タンパク質
抗体（I125 標識）

図 3.12　抗体プローブによる cDNA クローニング

cDNA からは mRNA が合成され，さらに大腸菌の細胞成分を利用してその mRNA に対応するタンパク質が作られる．肝臓 cDNA ライブラリーを作る際に発現ベクターを用いると，各 cDNA クローンはそれぞれ対応するタンパク質を合成するので，そのうちいずれかのコロニーは準備されている抗体プローブと抗原 - 抗体反応により結合するはずである．そこで，レプリカフィルターを作り，大腸菌を溶かして各クローンで作られたタンパク質を露出する．抗体プローブの放射性標識は *in vitro* 反応により I^{125} で行う．結合しなかったプローブを洗浄し，フィルターを乾燥後 X 線フィルムに感光させ目的のクローンを検出する．

3.5 その他のクローニングベクター

プラスミドとファージ以外にいろいろなベクターが開発されている．たとえば，遺伝子の近傍の構造を知りたい場合や，後述するイントロンの存在により遺伝子がゲノムの広範囲にわたっているような場合には，より大きな DNA 領域をクローンする必要がある．ここではそのような目的にかなうベクター，およびその他のベクターについて触れる．

コスミド（cosmid）：プラスミド DNA 中に *λcos* 部位をもつもの．*cos* 部位で切断された線状 DNA が *λ* ファージ粒子にパッケージされるためには，両端の *cos* 部位で挟まれた部分のサイズが 37～52 kb であればどんな配列でもよい．コスミドはこの条件を満たしたインサートを挿入後，*cos* 部位のはたらきで *λ* ファージ粒子にパッケージされる．バクテリアに感染後は環化してプラスミドとして増える．30 ～ 45 kb の DNA のクローニングに適する．

YAC：Yeast Artificial Chromosome の略．セントロメア，テロメア，複製起点を人工的に組み込んだ環状 DNA．1 Mb くらいまでの DNA をクローン化できる．

BAC：Bacterial Artificial Chromosome の略．大腸菌がもっている染色体外因子

Tips ▶ 核酸とタンパク質のブロット分析法

ブロット分析法とは，ゲル電気泳動で分離した DNA，RNA またはタンパク質をメンブレンに転写した後，特定の分子を検出する方法である．

サザンブロット（Southern blot）：DNA 分子を検出する方法は，開発した E. Southern の名前にちなんでサザンブロット法と呼ばれる．例として，ゲノム DNA

のサンプルからある特定の遺伝子を検出する場合を図に示す．ゲノムDNAを制限酵素で消化すると，多様なサイズのDNA断片の混合物が得られる．それをアガロースゲルで電気泳動したとしよう．電気泳動後のゲルをエチジウムブロマイドで染色すると，多様なサイズのDNA分子があるので，スメア（smear）状（図，左端）に見える．このゲルをアルカリ溶液に浸してゲル中のDNAを一本鎖に変性させた後，ゲルをナイロンなどのメンブレンに吸着させると（トランスファー），ゲル電気泳動上で分離したDNAがその位置のままメンブレンに移しとられる．そのメンブレンをUV

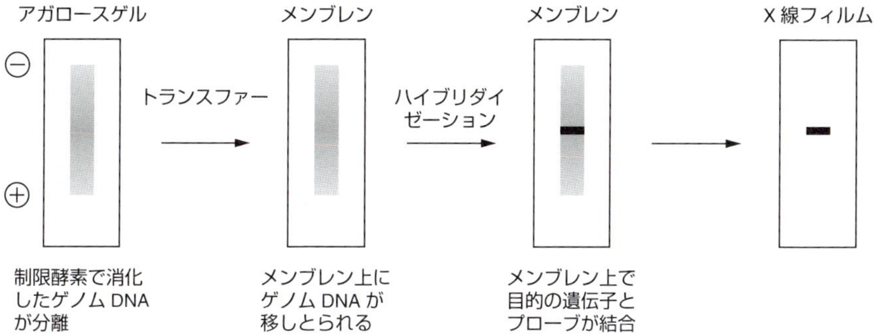

アガロースゲル
メンブレン
メンブレン
X線フィルム
⊖
⊕
トランスファー
ハイブリダイ
ゼーション
制限酵素で消化
したゲノムDNA
が分離
メンブレン上に
ゲノムDNAが
移しとられる
メンブレン上で
目的の遺伝子と
プローブが結合

照射（または減圧下80℃で数時間baking）するとDNAはメンブレンに固定される．次に，目的とする遺伝子DNAと相補的な配列を持つ短いDNA（数100 bp程度）を放射性ラベルする（プローブという）．このプローブとメンブレンを緩衝液中で混和すると，メンブレン上の一本鎖DNAとプローブとの間で塩基対形成が起こる（ハイブリダイゼイゼーション）．ハイブリダイゼーションの後で，メンブレンをよく洗浄して非特異的に吸着したプローブを洗い落とすと，特異的に結合したプローブがメンブレン上に残る．そのメンブレンをX線フィルムに密着させると，プローブと結合したDNAの位置が検出される．

ノーザンブロット（northern blot）：RNAについても，DNAのサザンブロットとほぼ同様の方法で調べることができる．ある組織や細胞から全RNAとして単離し，アガロースゲル電気泳動で分離した後，メンブレンにトランスファーする．目的とする遺伝子DNA断片をプローブとして用いると，その遺伝子のmRNAとプローブとの間でハイブリダイズするので，目的の遺伝子のmRNAを検出することができる．RNAのブロットは，Southernに対してnorthernとシャレで命名された．

ウエスタンブロット（western blot）：タンパク質の場合は，Southern，northernに対して，ウエスタンブロットと呼ばれる．たとえば，ある組織や細胞から全タンパク質を単離し，SDS-ポリアクリルアミドゲル電気泳動で分離した後，タンパク質をメンブレンにトランスファーする．核酸の場合と異なり，ウエスタンブロットでは，検出したいタンパク質分子に対する抗体をプローブとして用いる．ウエスタンブロットでは，プローブと目的タンパク質との特異的結合は抗原-抗体反応である．

である F 因子に複製起点，選択マーカー，切断部位の少ない制限酵素部位をはじめ多重クローニング部位（MCS）をつけたものである．約 300 ～ 350 kb の DNA をクローン化できる．YAC に比べて組み込める DNA サイズは小さいが，YAC より DNA の保持が安定しておりかつ操作が簡単という利点を有する．

3.6 PCR

3.6.1 PCR の原理

DNA クローニングでは，DNA の一部を切りだしてベクターにつなぎ，ホストに入れて増やした後，目的 DNA をベクターから切り出して回収した．つまり，DNA クローニングには大腸菌とベクターが必須であった．では，ベクターやホストを使わずに酵素反応のみで DNA の狙った領域を簡便に増やすことはできないだろうか．その質問に「YES」の答えを与えるのが **PCR** である．PCR とは Polymerase Chain Reaction の略であるが，今日では PCR という語が定着した．大腸菌を用いた DNA クローニングを *in vivo* クローニングというのに対して，PCR は *in vitro* クローニングとも呼ばれる．

図 3.13 の A，B 間を目的 DNA 部分として PCR で増やすことを考えてみよう．

ステップ 1：DNA を 95 ℃，30 秒加熱し一本鎖に変性する．

ステップ 2：温度を下げ，あらかじめ合成したプライマーをアニール*11 (anneal) させる．

ステップ 3：DNA ポリメラーゼを働かせてプライマーを伸長させ相補鎖 DNA をポリメライズさせる．この段階で A，B で挟まれた DNA 部分のみに着目すると，2 倍に増えていることがわかる．そこでこの操作をステップ 4 以降のように繰り返す．

ステップ 4：この 2 本の DNA を 95℃，1 分間加熱し一本鎖に変性する．

ステップ 5：プライマーをアニールさせる．

ステップ 6：DNA ポリメラーゼを働かせてプライマーを伸長させ相補鎖 DNA 鎖をポリメライズさせる．

ステップ 6 までで A，B 間の DNA は 4 倍に増えている．

*11 アニール：水素結合を作って会合することをアニールという．ハイブリダイズと同じ意味である．

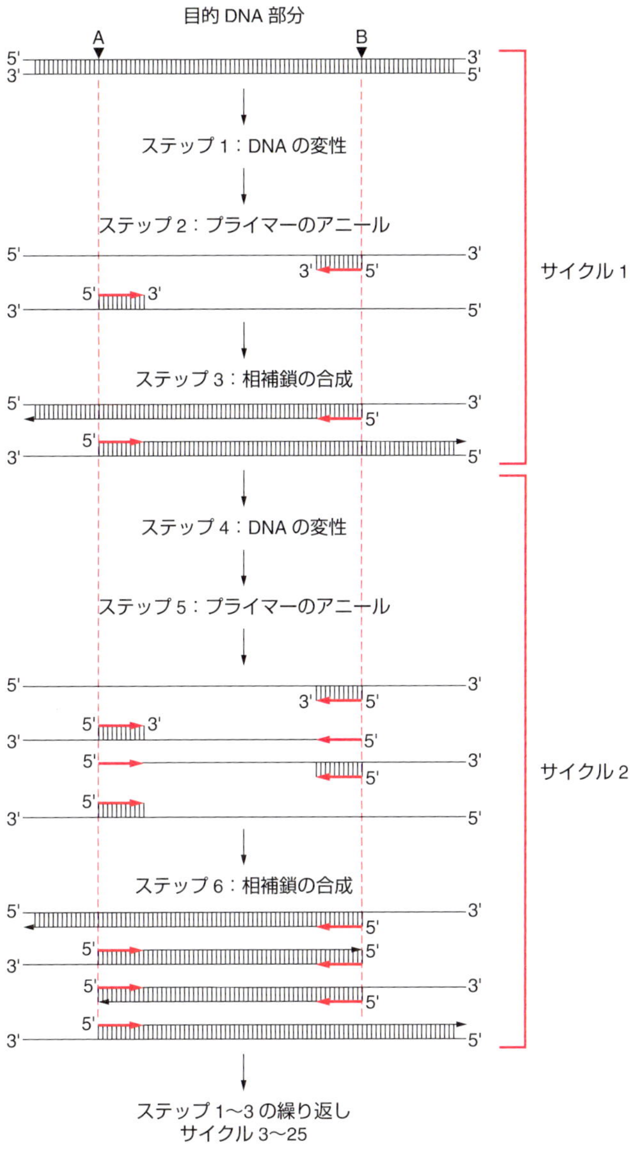
目的 DNA 部分
A
B
5'
3'
ステップ 1：DNA の変性
ステップ 2：プライマーのアニール
サイクル 1
ステップ 3：相補鎖の合成
ステップ 4：DNA の変性
ステップ 5：プライマーのアニール
サイクル 2
ステップ 6：相補鎖の合成
ステップ 1～3 の繰り返し
サイクル 3～25

図 3.13　PCR の原理

もうおわかりだろう．つまりステップ 1 ～ 3 を 1 サイクルとすると n サイクル後には A, B 間の DNA は計算上 2^n 倍に増える．サイクル数の少ない時には，A, B 間に隣接した部分もポリメライズするがサイクル数が増すと A, B 間のみが増え続ける．

ここで，二つの問題点に気付く．

［問題点 1］ステップ 2 では「あらかじめ合成したプライマーをアニールさせる．」とある．しかし，DNA が未知のものであるとすると一体どうやってプライマーをあらかじめ合成できるだろうか．それは不可能である．ということは，PCR は塩基配列既知の DNA についてのみ応用可能だ，ということになる．では，既知の DNA の A，B 間を増やして一体何の得があるのだろうか．これについては，後述する（→ 3.6.2 項）．

［問題点 2］ステップ 3 での相補鎖の合成のために，ステップ 2 の後に反応系に加えた DNA ポリメラーゼはステップ 4 の熱処理で失活する．したがって，ステップ 5 では反応チューブのフタを開けて新たに DNA ポリメラーゼを加えなけらばならない．もちろんそうすれば反応は進むが，サイクル毎に新たに DNA ポリメラーゼを加えるのは煩雑である．この問題にすばらしい解答を与えたのが耐熱性 DNA ポリメラーゼの発見であった．この DNA ポリメラーゼは **Taq** ポリメラーゼと呼ばれ 95℃でも容易には失活しない（94 ℃で 40 分処理しても，活性が 50％残っている）．そして，反応の最適温度は 72 ℃である．この酵素の登場により最初に反応系を組むと密閉したままでサイクル（ステップ 1 ～ 3）を何回も繰り返すことができる．**図 3.14** に 1 サイクルの概要を示す．

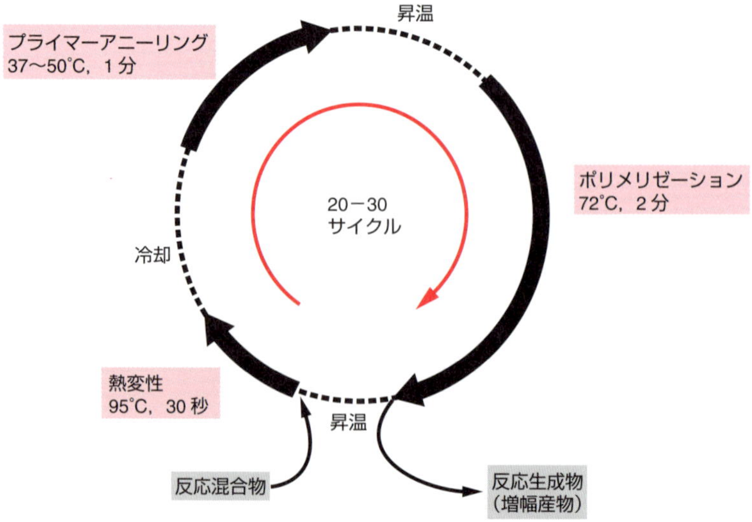
昇温
プライマーアニーリング
37～50˚C，1 分
ポリメリゼーション
72˚C，2 分
20－30
サイクル
冷却
熱変性
95˚C，30 秒
昇温
反応混合物
反応生成物
（増幅産物）

図 3.14　PCR のサイクル

3.6.2 PCRの効用

さて，塩基配列が既知のDNAのある部分をPCRで増やしていったい何の得があるだろうか？それに答えるためにひとつの例を見てみよう．血液へモグロビンのグロビンタンパク質をコードする遺伝子はクローン化され塩基配列がわかっている．また，地中海性貧血という遺伝病患者のグロビン遺伝子をクローン化して塩基配列を調べると健常人と比べて差異のあることがわかっている．そこで，ある個人のグロビン遺伝子に異常があるかを知りたいときPCRが効力を発揮する．既知のグロビン遺伝子の情報からプライマーを合成し，その個人のDNAをごく少量用いてPCRを行えば，PCR産物の塩基配列決定も含めて2日もあればすべてが判明する．もし，PCRが使えずに同じ答えを出そうとすれば，その人のDNAからグロビン遺伝子をクローン化せねばならず，塩基配列の解析まで含めると少なくとも1カ月はかかるであろう．このように，PCRは既知DNAに何らかの変化が起きたとき，それを迅速に検出するのに大きな力を発揮する．1984年のPCRの開発以来，その応用は広範にわたり，基礎研究はもとより，遺伝病の診断，犯罪捜査，親子鑑定，考古学などに広く応用されている．

3.6.3 RT-PCR

PCRによりRNAについての情報を得ることもできる．PCRの鋳型になるDNAのところにRNAを逆転写したcDNAをもってくればよい．これをReverse Transcription PCR（略してRT-PCR）という．RT-PCRを用いれば，発生初期の胚の微小領域やごく少数の細胞において発現しているRNAでも増幅して検出することが可能である．

3.6.4 定量PCR

通常のPCR反応では，DNAが2倍，4倍，8倍…と指数関数的に増幅され，やがてプラトーに達する．したがって，増幅産物の量比からオリジナルの鋳型DNAの存在比を知ることはできない．定量PCRでは，増幅量を蛍光物質を用いてリアルタイム（経時的）でモニタリングし解析する方法である．リアルタイム**PCR**とも呼ばれる．この方法にはリアルタイムPCR専用の装置が必要である．また，この方法を上述のRT-PCRと組み合わせると，少量のmRNAの定量へ使われ，特定の時期，細胞，組織での遺伝子の発現をみることができる（定量RT-PCR）．

3.7 *In vitro* ミュタジェネシス（*In vitro* mutagenesis）

遺伝子の働きを知るためのひとつの有力な方法は，突然変異（mutation）により遺伝子に変異や欠失が生じた状態でのその個体の表現型（phenotype）を解析することである．これまで，自然界にみられる多くの突然変異体（mutant）の解析から遺伝子の働きが明らかにされてきた．しかし，自然界の突然変異体の解析のみではすべての遺伝子の機能を網羅することはできない．今日では多くの遺伝子がクローン化され塩基配列が明らかになっているので，人為的に DNA に変異を加えたのち，その変異 DNA の機能を *in vivo**または *in vitro**で調べることによりその遺伝子の働きを推定することができる．このような研究方法は突然変異体を解析するものに対して逆転遺伝学（reversed genetics）あるいは逆転生物学（reversed biology）などと呼ばれている．

3.7.1 上流欠失変異体クローンの作製

図 3.15 は，ある遺伝子の転写開始点の 5' 上流領域を順次欠失する方法を示す．まず制限酵素 *Sac* I（認識配列　5'-GAGCT↓C-3'）と *Bam*H I（認識配列　5'-G↓GATCC-3'）で消化する．次にエキソヌクレアーゼ III を働かせる．この酵素は 5' 突出末端をもつ DNA の 3' 末端よりその鎖のみを 3'→5' 方向に順次ヌクレオチドを除く特異性をもち，3' 突出末端には働かない．反応を一定時間ごとに停止すれば *Bam*H I 部位から図 3.15 の下側の鎖が順次短くなった DNA が得られる．次にヌクレアーゼ S1 またはマングビーンヌクレアーゼにより *Bam*H I 部位よりけずられた部分と *Sac*I 部位の一本鎖 DNA 部分を除去する．次に，平滑末端どうしを DNA リガーゼでつなぐ．この操作で生じるのは *Bam*H I 部位から順次 DNA が除去された一連の欠失クローン群である．この方法は転写における遺伝子の 5' 上流配列の役割を明らかにするのに用いられる．

*　*in vivo*：生体内で，*in vitro*：試験管内で

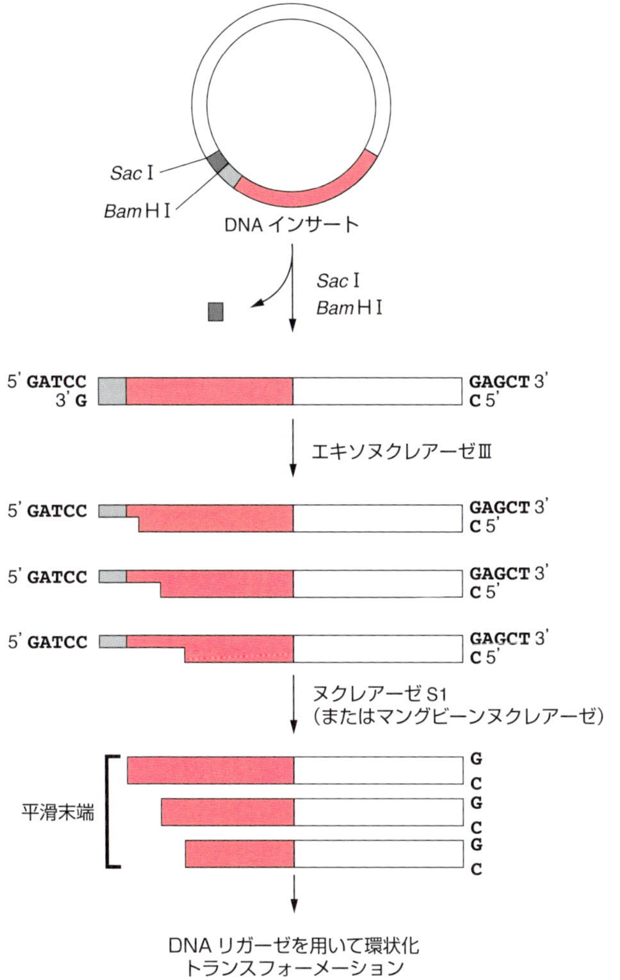
Sac I
Bam H I
DNA インサート
Sac I
Bam H I
5' GATCC
3' G
GAGCT 3'
C 5'
エキソヌクレアーゼIII
5' GATCC
GAGCT 3'
C 5'
5' GATCC
GAGCT 3'
C 5'
5' GATCC
GAGCT 3'
C 5'
ヌクレアーゼ S1
(またはマングビーンヌクレアーゼ)
平滑末端
G
C
G
C
G
C
DNA リガーゼを用いて環状化
トランスフォーメーション

図 3.15　欠失突然変異体クローンの作製

3.7.2 点変異の作製

DNA のあるヌクレオチドを 1 個だけ別のヌクレオチドに置換する場合を考えてみよう．M13 ベクターを用いて一本鎖の DNA クローンを用意し，**図 3.16** のように置換したいヌクレオチドと塩基対を形成しない［ミスマッチ（mismatch）］ヌクレオチドを含み，かつミスマッチの左右に 10 ～ 15 個ヌクレオチドをもつオリ

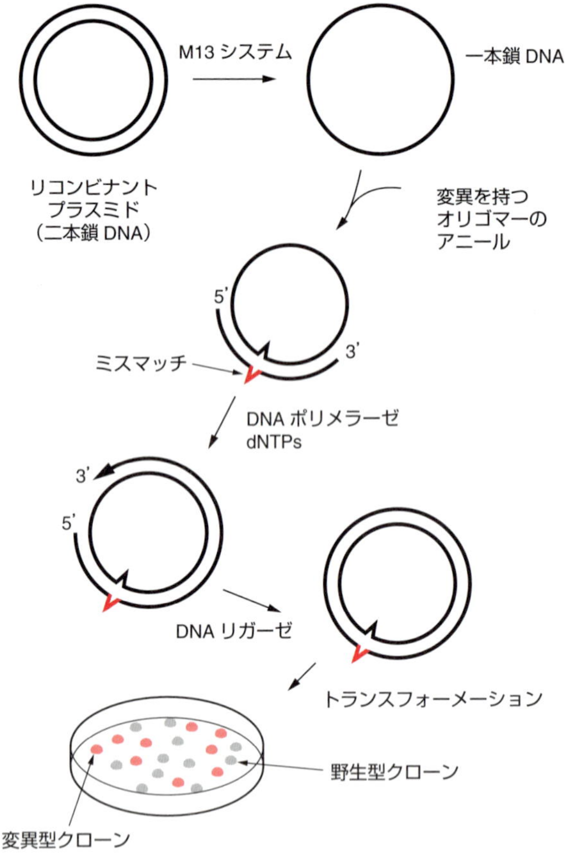
M13 システム
一本鎖 DNA
リコンビナント
プラスミド
(二本鎖 DNA)
変異を持つ
オリゴマーの
アニール
5'
3'
ミスマッチ
DNA ポリメラーゼ
dNTPs
3'
5'
DNA リガーゼ
トランスフォーメーション
野生型クローン
変異型クローン

図 3.16 M13 ファージベクターを用いた点突然変異体クローンの作製

ゴマー（oligomer）を合成し，これを一本鎖 DNA クローンにアニールさせる．このオリゴマーはプライマーとして働くので 3' 末端から DNA ポリメラーゼによりオリゴマーを伸長させ，最後に DNA リガーゼでつないで二本鎖環状 DNA にする．これを大腸菌にトランスフォームすると，野生型鎖と変異型鎖はそれぞれ複製し，やがてひとつのコロニーが野生型か変異型のどちらかのみを含むようになる．そこから変異型を含むクローンを選べばよい．この方法は 1 個のヌクレオチド置換に限らず，ある程度のサイズの欠失や挿入にも利用され得る．このような方法で，タンパク質のあるアミノ酸を別のアミノ酸に変えるとタンパク質の働きがどう変わるかを知ることができる．

3.7.3 PCRを用いたミュタジェネシス

図3.17にある制限酵素部位にクローン化されているインサートDNAに15 bpの欠失をPCRにより生じさせる方法を示す．図3.17のように，欠失したい部分に対応する配列を含まず，その部分の両側に10～15ヌクレオチドをもつ右向きプライマーP1と左向きプライマーP2を用意する．いま，ベクター内にこの制限

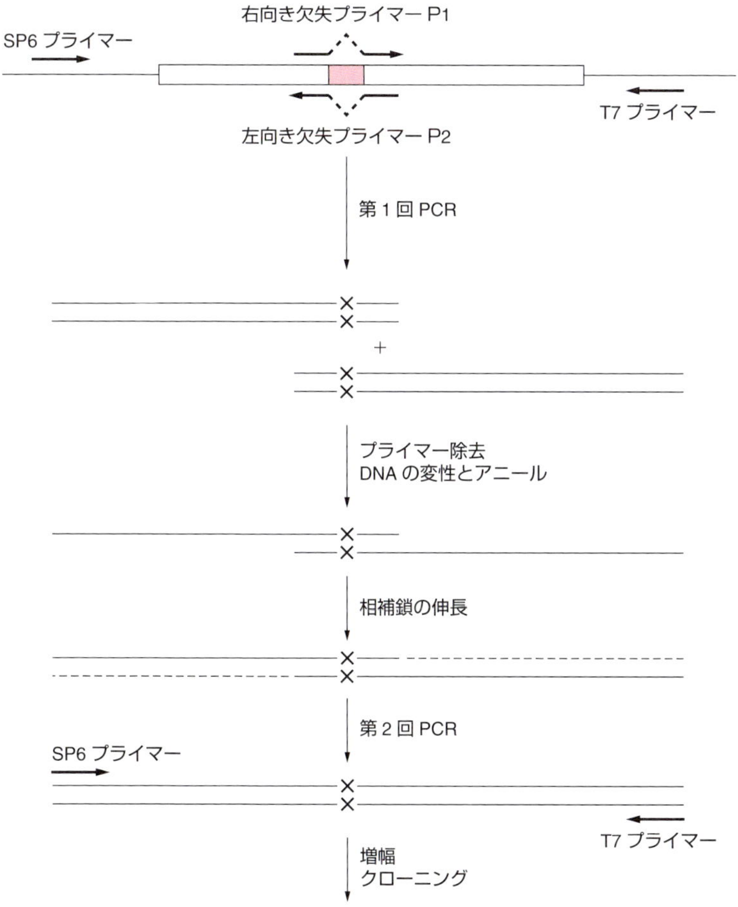
右向き欠失プライマー P1
SP6 プライマー
T7 プライマー
左向き欠失プライマー P2
第1回 PCR
+
プライマー除去
DNA の変性とアニール
相補鎖の伸長
第2回 PCR
SP6 プライマー
T7 プライマー
増幅
クローニング

図3.17　PCRを用いた欠失突然変異体クローンの作製

DNAの変性とアニールのステップでは，もうひと組のアニール産物ができるが図では一方のみを示す．

酵素部位を挟んで二つのプライマー部位，SP6 と T7 があるとすると，1 回目の PCR は，ベクター内の SP6 プライマーと左向きプライマー P2，ベクター内の T7 プライマーと右向きプライマー P1 の間で行う．その結果，図 3.17 のように×印で記した 15 bp が欠失した PCR 産物が得られる．PCR 産物からプライマーを除いた後熱変性し，温度を下げて，PCR 産物間でアニールさせる．相補鎖の伸長が行われた後，SP6 プライマーと T7 プライマーを加えて 2 回目の PCR を行う．こうして目的の 15 bp を欠失した PCR 産物が得られるので，これをベクターにつないでクローン化する．なお，この方法で点変異を導入することも可能である．

PCR で用いられる Taq ポリメラーゼは 3'→ 5' エキソヌクレアーゼ活性をもたないのでプルーフリーディング機能（→ Chapter 5）がなく，間違った塩基を導入する確率が高いので，逆にこの性質を利用してランダムな変異を導入するのにも用いられる．

3.8 塩基配列決定法

DNA の塩基配列のことを，ベースシークエンス（base sequence），ヌクレオチド配列（nucleotide sequence），一次構造（primary structure）ともいう．また，塩基配列決定をヌクレオチド配列決定とも，単にシークエンシング（sequencing）ともいう．

3.8.1 シークエンシング法の開発

DNA と同じようにポリマーであるタンパク質については，F. Sangar により 1950 年初頭にインスリンのアミノ酸配列が決定された．その方法は，インスリンの N 末端からアミノ酸を 1 個ずつはずし，それを同定するというものであった．果たして同様の手法が DNA に適用できるであろうか．核酸については，1965 年，R. W. Holley により酵母アラニン tRNA の塩基配列が決定されてたが，その方法は末端から決めていくというものではなかった．

1970 年代の後半になり，DNA のシークエンシング法が開発されたが，その原理は斬新なものだった．それは，一言でいえば，「各塩基ごとにその塩基を末端に持つ異なる長さの断片を作製し，その長さを比べることから塩基の順序を知る」というものであった．これだけではわかりにくいので例を示そう．いま，

5' ATCCGGAGATGTTTGCCA 3'

という配列を決めることを考えてみよう．たとえば，Gの3' 末端で特異的に切断する方法があるとして，それで軽く切断（1分子あたり1か所の切断が起こる程度……ここがポイント）すると3' 末端にGをもついろいろなDNA断片が生ずる．これらのうち元の分子の5' 末端を保持しているDNA断片としては

5' ATCCG

5' ATCCGG

5' ATCCGGAG

5' ATCCGGAGATG

5' ATCCGGAGATGTTTG

が考えられる．これらを全部用意できれば，一塩基を区別できる電気泳動によりGは5' 末端から5，6，8，11，15の位置にあることがわかる．同様に，Aは5' 末端から1, 7, 9, 18に位置に，Tは2, 10, 12, 13, 14に，Cは3, 4, 16, 17の位置にあることがわかる．これらを5' 末端から順に書き下せば，

5' ATCCGGAGATGTTTGCCA　3'

となる．

あとはどのようにして塩基ごとにこれらの断片を「もれなく」用意できるかということと，いかにしてそれらDNA断片を検出するか，である．DNA断片のうち見たいのは元のDNAの5' 末端をもつものであるから，5' 末端を ^{32}P でラベルし，電気泳動後オートラジオグラフィーにかければ上に示した5本のバンドしか現れない．他の切れ方をしたDNA断片は見えないのである．この原理によれば，未知のDNA断片についてゲルパターンからその配列を書き下せるわけである．1977年，A. MaxamとW. Gilbert，およびSangerはこの原理に基づいてDNAの配列決定法を開発した．

まず，今日主流となって用いられているサンガー法について解説する．サンガー法は，今日ではそのオリジナルな形では使われることはないが，原理を理解するのに適当と思われるので解説する．その原理は現在よく用いられている自働シークエンシング法にも応用されている．

3.8.2 サンガー法

Sangerにより開発されたのでこう呼ばれる．反応に用いる化合物からジデオキシ（dideoxy）法，または反応様式からチェーンターミネーション（chain termination）法とも呼ばれる．原理を理解するため，**図3.18**（a）に示すように

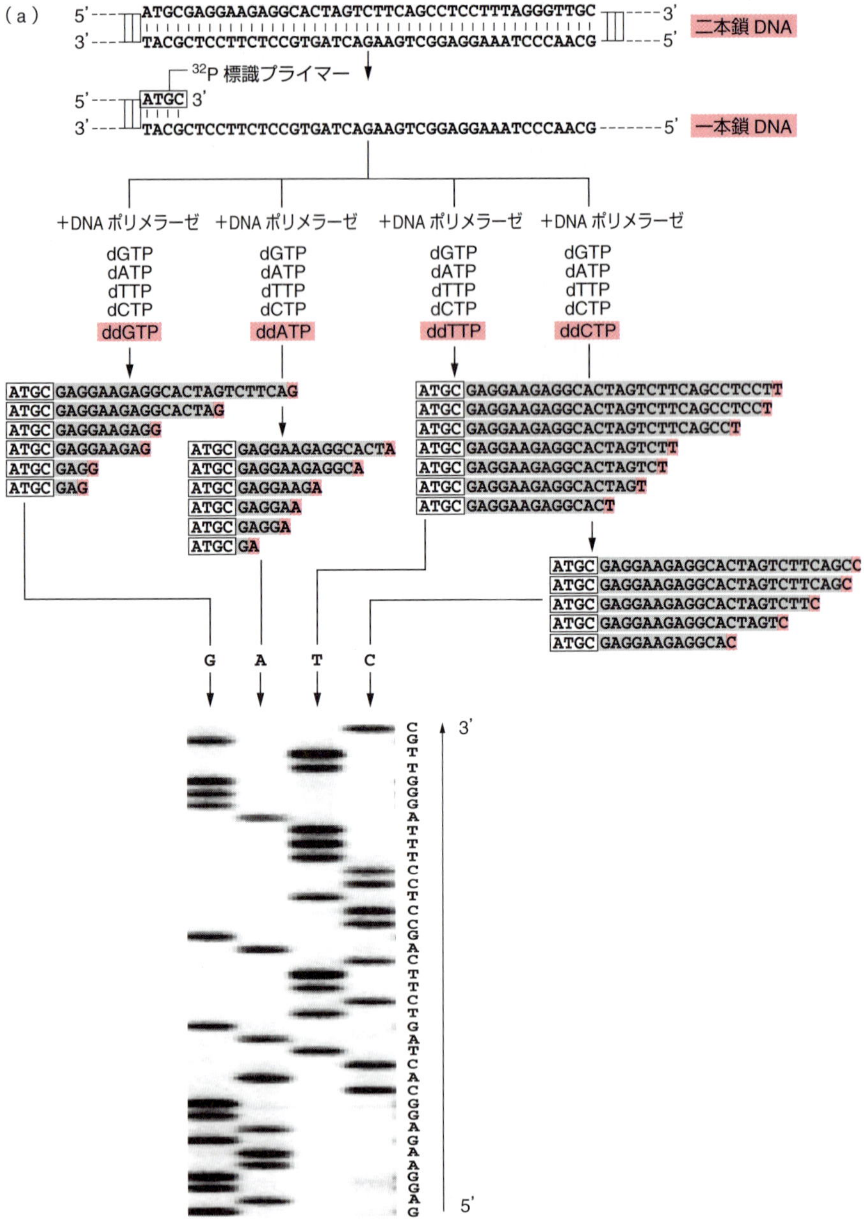
(a)
5'
ATGCGAGGAAGAGGCACTAGTCTTCAGCCTCCTTTAGGGTTGC
3'
3'
TACGCTCCTTCTCCGTGATCAGAAGTCGGAGGAAATCCCAACG
5'
二本鎖 DNA
32P 標識プライマー
ATGC
一本鎖 DNA
+DNA ポリメラーゼ
dGTP
dATP
dTTP
dCTP
ddGTP
ddATP
ddTTP
ddCTP
G
A
T
C
CGTTGGGATTTCCTCCGACTTCTGATCACGGAGAAGGAG

3'
5'

図 3.18 サンガー法による塩基配列決定法

(a) 全体のフローシート，(b) ジデオキシリボヌクレオチド．糖の 2' 位と 3' 位が両方とも -H である．(c) 3' 位が -H のためチェーンの伸長ができない．

(b)

(c)

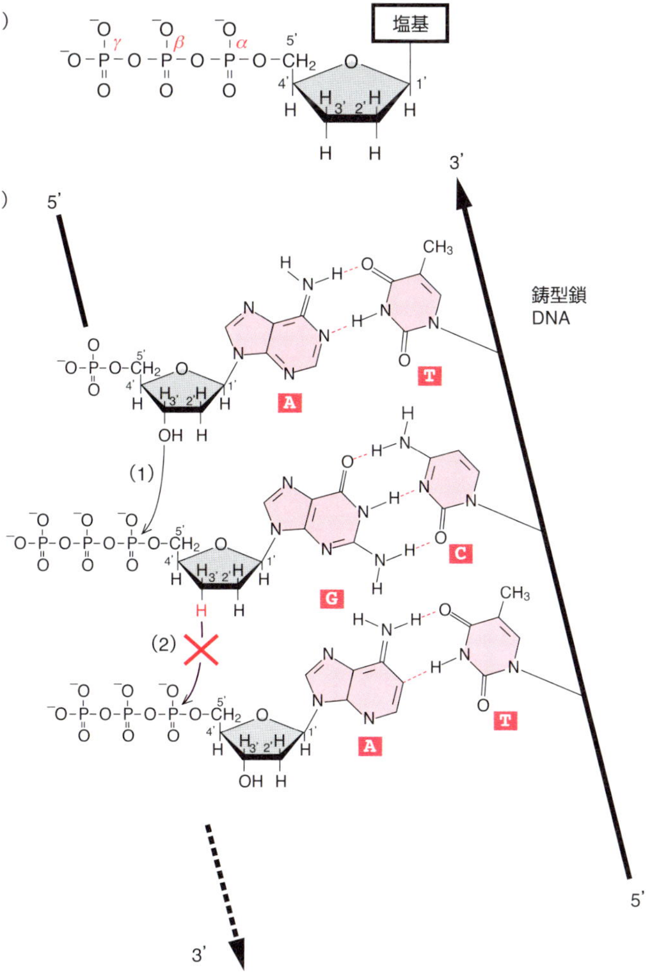

塩基
鋳型鎖
DNA
5’
3’
A
T
G
C
(1)
(2)

塩基配列のわかっている DNA について考えてみよう．まず図のように 5' 末端を ^{32}P で標識したプライマーをアニールさせる．次に DNA ポリメラーゼによりプライマーを伸長させ相補鎖の合成を行う．このとき各反応液には，4 つのデオキシリボヌクレオチド（dATP, dGTP, dCTP, dTTP）に加えて図 3.18（b）に示すような 2' 位と 3' 位が両方とも -H（デオキシ）であるジデオキシリボヌクレオチドを一定の割合で加える．図 3.18 の最も左側の反応では，dGTP の 2' 位と 3' 位が両方とも -H である ddGTP（ジデオキシ GTP）が一部加えてある．DNA ポリメラーゼの反応が C に対して dGTP を取り込めば反応は進行する（実際は dGTP の PPi を遊離して dGMP を取り込む）．しかし，たまたま dGTP の代わりに ddGTP を取り込むとこのヌクレオチドは 3' - OH をもたないため鎖の伸長反応はそこで停止する［図 3.18（c）］．dGTP を取り込むか ddGTP を取り込むかはランダムに起こる．反応終了後，反応の生成物をゲル電気泳動にかけオートラジオグラフィーでサイズ分布を見る．ddGTP を取り込んで反応が停止した各 DNA 断片のサイズはプライマーからの距離に相当し，かつ ddGTP で止まった位置は決定したい DNA の C に相当する．同様にこの反応を ddATP，ddTTP，ddCTP を含む反応液についても行えば，それぞれ T, A, G のサイズ分布が決まり，それを書き下せば塩基配列となる．

ところで，ここでもまた PCR のときと同じ問題に気付く．図 3.18 では塩基配列

Box ▶ 組換え DNA 技術で用いられる酵素一覧

制限酵素	二本鎖 DNA の特定の塩基配列を認識して両方の鎖の特定の位置のリン酸ジエステル結合を切断し，5'-リン酸基，3' -OH 基を生ずる．
DNA リガーゼ	二つの DNA の 3'－5' 間にリン酸ジエステル結合を作ることにより二つの DNA をつなぐ．平滑末端どうしもつなぐ．
アルカリ性ホスファターゼ	アルカリ性の条件下でリン酸基を除去する．
ヌクレアーゼ S1	一本鎖の DNA，RNA を切る．ニック（切れ目）部位の相補鎖を切る．
マングビーンヌクレアーゼ	一本鎖の DNA，RNA を切る．
逆転写酵素	RNA を鋳型として相補的配列をもつ DNA（cDNA）を合成する．
DNA ポリメラーゼ I	DNA を鋳型としてプライマーの 3'－OH を起点として相補的 DNA を 5'→3' 方向に合成する．Klenow 断片は DNA ポリメラーゼ I から 5'→3' エキソヌクレアーゼ活性を除いたもの．
エキソヌクレアーゼ III	二本鎖 DNA を 5' 突出末端をもつ DNA の 3' 末端からその鎖のみを順次消化する．
ポリヌクレオチドキナーゼ	二本鎖 DNA，あるいは一本鎖 DNA，RNA の 5'-OH にリン酸基を付加する．^{32}P による標識に用いられる．
Taq DNA ポリメラーゼ	耐熱性 DNA ポリメラーゼ．PCR に用いられる
ターミナルトランスフェラーゼ	一本鎖および二本鎖 DNA または RNA の 3' -OH 末端にヌクレオチドを次々と付加する．反応系に dCTP しかなければポリ（dC）が 3' 末端に付加される．

既知の例を示したが，実際は未知DNAについて塩基配列決定を行うわけである．ではどのようにして未知DNAについてプライマーを設計できるのだろうか．その説明は以下の通りである．DNAクローニングでは目的DNAを何らかのベクターにつないだ．PCRによって増幅したDNAも塩基配列決定のためには必ず何らかのベクターにつなぐ（サブクローニングという）．これらのベクターは塩基配列がすべてわかっているので，クローニングに用いた制限酵素部位に近接した塩基配列に対してプライマーを設計すればよい．したがって，得られるシークエンスデータは，まず既知のベクターの配列，つづいてクローニングに用いた制限酵素認識部位の配列，そして決定したい未知DNAの配列が続く．

3.8.3 自働化シークエンシング法

1986年，L. HoodとL. Smithは，サンガー法に基づく自働化シークエンシング法を開発した．この方法では，放射性同位元素を用いず，それぞれ赤，緑，青，黄の異なる蛍光色素で標識した4種のジデオキシヌクレオチドを用い，しかも1本の反応チューブでDNA合成反応を行った．反応生成物は1本のポリアクリルアミドゲルのカラムで電気泳動を行い，**図3.19**に示すように，検出ウインドウを通し

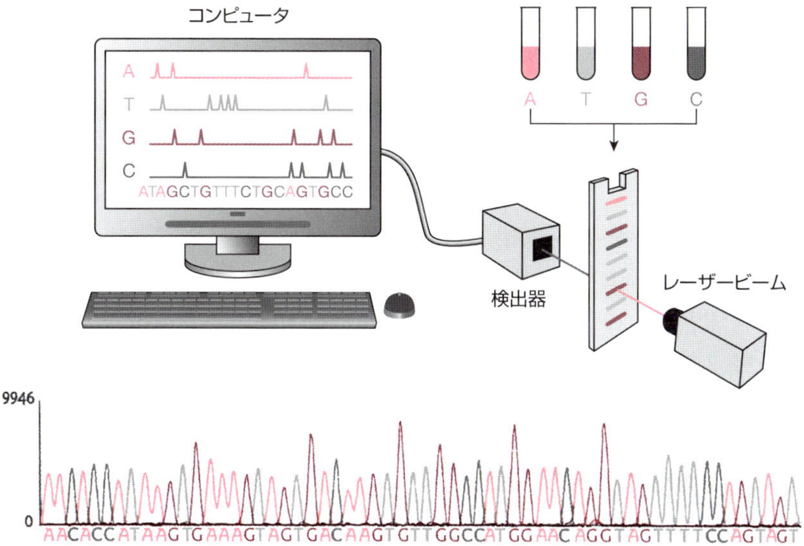
コンピュータ
A
T
G
C
ATAGCTGTTTCTGCAGTGCC
A T G C
検出器
レーザービーム
9946
0
AACACCATAAGTGAAAGTAGTGACAAGTGTTGGCCATGGAACAGGTAGTTTTCCAGTAGT

図3.19　自働化シークエンシング法

てレーザービームで泳動をモニターし，検出器とコンピュータにより配列を読んだ．この方法では，1台のシークエンサーあたり1日に4,800塩基を読むことができる．

今日では，さらに効率的なシークエンシングの自働化が開発されている．この方法では，初期の自動化法のカラムの代わりに特殊な分離用ポリマーを充填した小さなキャピラリーを用いる．4種の蛍光標識ジデオキシヌクレオチドを用いたDNA合成反応生成物をこのキャピラリー中で電気泳動にかけ，経時的に検出用ウインドウでレーザービームにより各バンドを検出する．データ処理はCCDカメラとコンピュータによる．この方法では96ウエルプレートからのサンプルを同時に処理することができ，1日当たり 2×10^6 塩基を決定することが可能である．

3.8.4 次世代シークエンシング

1日当たり 2×10^6 塩基のスピードに飽き足らない人々は，さらに高速なシークエンシング法を開発中である．これらは，次世代シークエンシング法と呼ばれている．ある試みでは，ゲノムシークエンシングを数時間から数日で完了することに成功した．また，ある試みでは，ヒトゲノムを15分で「読む」ことを目標にしている（→ Chapter 16）．

3.8.5 化学分解法

1977年，MaxamとGilbertによって開発されMaxam - Gilbert法とも呼ばれる．DNAの特定の塩基を化学的に修飾することで，その部位のリン酸ジエステル結合が切れやすくなることを利用している．この場合も，反応条件を調節することによりDNA分子あたり1か所だけが切れるようにすると，特定の塩基で切断されたさまざまな長さのDNA断片を得ることができる．元のDNAの端にラジオアイソトープや非放射性のラベルを付けておけば3.8.1項で述べた原理により配列決定が可能である．この方法は分析に多くのDNAを要すること，また、取扱いに注意を要する試薬を用いるという欠点がある．したがって，サンガー法の発展とともに次第に一般的なシークエンシングの手法としては用いられなくなった．しかし，直接DNA分子を解析できるという利点のため，修飾塩基を含むようなシークエンシングや，DNAとタンパク質の相互作用を検出する目的で使われている．

演習問題

Q.1 次の文章の正誤を判定せよ．

(1) 制限酵素はすべて粘着末端をつくるようにDNAを切断する．

(2) エンドヌクレアーゼ（endonuclease）はDNAあるいはRNAの5' 末端あるいは3' 末端から順次消化する．

(3) ヒトの ゲノムライブラリー のすべてのクローンは肝臓RNAから作ったcDNAライブラリーのなかに見出される．

(4) 細胞に微量に存在するRNAもPCRを利用して検出することができる．

(5) DNAの5' 末端を ^{32}P で標識するには［α-^{32}P］ATPを用いる．

(6) ddCTPはリボースの2' 位に水酸基がないためDNAポリメリゼーションにおいて鎖の伸長ができない．

(7) cDNAライブラリーの中から目的のクローンを選び出すのに用いる放射性標識したDNA断片や抗体のことをプライマーと呼ぶ．

(8) PCRはサイクル数を増やせば増やすほど増幅された最終産物は多くなる．

(9) 両端に*Eco*RI部位をもつ4 kbのDNA断片にDNAリガーゼを働らかせて環状化した．これをトランスフォーメーションにより大腸菌に導入したところ，著しく増殖し多量の4 kbDNA断片を得ることができた．

(10) 同じ塩基配列を認識する制限酵素は一種類ではない．

Q.2 制限酵素*Eco*RIの認識配列は5'-G↓AATTC -3' である．*Eco*RIで切断後，4種のdNTP存在下でKlenow断片を働かせると*Eco*RI切断末端はどう変化するか．この反応後*Eco*RIを除去し，次いで反応液にDNAリガーゼを働かせるとどうなるか．ふたたび*Eco*RI部位が再生するだろうか．同じことを，制限酵素*Pst*I（認識配列 5'-CTGCA↓G -3'）についても検討せよ．

Q.3 図3.4で*Eco*RI消化したベクターDNAと*Eco*RI消化により得たヒトDNA断片にDNAリガーゼ処理を行うと図3.4に示したリコンビナントプラスミドと再結合プラスミド以外にどのようなつながり方が考えられるか．

Q.4 本文中に示したpBR322やpUC18などのプラスミドベクターでは，クローニングに用いる制限酵素部位がプラスミドあたり一箇所となるように設計されている．では，pUC18プラスミドにおいて*Hin*dIII部位がMCS以外にもう一箇所あると仮定するとどういうことが考えられるか．（ヒント：この仮想的な*Hin*dIII部位がどこに位置するかでいろいろな可能性が考えられる．）

Q.5 ここに環状2本鎖DNAがある．このDNAは，*Bam*HI部位を1個，*Eco*RI部位を4個，*Hin*dIII部位を2個持つ．このDNAの8μgを*Bam*HI部位で切断し線状にし，両末端を ^{32}P で標識した．標識後，このDNA2μgを*Eco*RIで完全消化しアガロース電気泳動にかけエチジウムブロマイドで染色すると，2.9，4.5，6.2，7.4，8.0 kb のバンドが認められた．アガロースゲルを乾燥しオートラジオグラフィーにかけたところ放射能は 6.2 kb と 8.0 kb のバンドに認められた．また別途，この DNA 2 μg を *Hin*dIII で完全消化したところ，アガロース電気泳動で 6.0，10.1，12.9 kb のバンドを認め，オートラジオグラフィーでは放射能は 6.0 kb と 10.1 kb のバンドに認められた．残った 4 μg の DNA を *Eco*RI と *Hin*dIII で同時に完全消化し，反応生成物の 2 分の 1 を電気泳動にかけエチジウムブロマイドで染色すると，1.0，2.0，2.9，3.5，6.0，6.2，7.4 kb のバンドを認めた．*Eco*RI と *Hin*dIII で同時に完全消化した反応生成物の残りの一部を，pUC18 プラスミド（84 頁参照）を *Eco*RI と *Hin*dIII で同時に消化した反応生成物と混合し，リガーゼを加えてライゲーション反応を行った．ライゲーション反応生成物を大腸菌にトランスフォームし，ブルー・ホワイトスクリーニングを行ったところ，多くのホワイトコロニーが認められたが，同時にブルーコロニーも少なからず認められた．

(1) この DNA 1 μg には環状 DNA が何分子含まれているか．ただし，1 bp の分子量を 600 として計算せよ．

(2) この環状 DNA の制限酵素地図[*12] を書け．

(3) *Bam*HI での切断後の両末端の標識に用いる酵素および化合物をすべて記せ．ただし，*Bam*HI 切断部位の塩基配列は，5'-G↓GATCC-3' で，切断においてリン原子（P）は 5' 末端に残る．

(4) ホワイトコロニーを 20 個拾い，プラスミド DNA を調製し，*Eco*RI と *Hin*dIII で完全消化し，電気泳動によりインサートサイズを調べた．実験の経緯から考えて期待されるインサートサイズは何種類か．また、それぞれのインサートサイズを記せ．

(5) ブルーコロニーが現れたのはなぜか．考察せよ．

(6) 元の環状 DNA から *Bam*HI 部位を消したい．どのような反応を行えば *Bam*HI 部位をなくすことができるか．

Q.6 部分アミノ酸配列が以下のように決定されているタンパク質の cDNA をクローン化したい．cDNA ライブラリー・スクリーニングのプローブを作るときどの部分を用いるのが適当か．遺伝暗号表は Chapter 8 を，アミノ酸の一文字表記は Chapter 1 を参照せよ．

N-**IGRPTGMDWQYALPNRSFISYWDMKLPTSNFL**-C

Q.7 生理活性の検出・測定は可能だが精製されていないタンパク質の cDNA

＊12 制限酵素地図（restriction map）：ある DNA 断片について，いろいろな制限酵素認識部位の位置を記した図のこと．物理地図（physical map）ともいう．種々の遺伝子操作の準備段階や異なる DNA 断片の比較に重宝する．

をクローン化する方法を考えよ．（ヒント：そのタンパク質に対する mRNA は RNA 溶液からは単離できない．しかし，その組織の cDNA ライブラリーの状態では各 mRNA に対する cDNA はクローンとして単離できる．そして，ある cDNA クローンで対応する mRNA を RNA 溶液から吊り上げることができる．）

Q.8 下に示すのは，あるタンパク質の部分アミノ酸配列とそれに対する DNA のセンス鎖の配列である．いま，このタンパク質のグルタミンをグリシンに変えたい．その実験をデザインせよ．遺伝暗号表は「Chapter 8　翻訳の調節」を参照せよ．

L R D P Q G G V I
5'- **CTTAGAGACCCGCAGGGCGGCGTCATC** - 3'

Q.9 右図は，ある遺伝子のある部分の野生型での塩基配列（Normal）と突然変異体（Mutant）における対応する部分の塩基配列をゲル上で比較したものである．この突然変異はどのような塩基配列の変化によるものか．

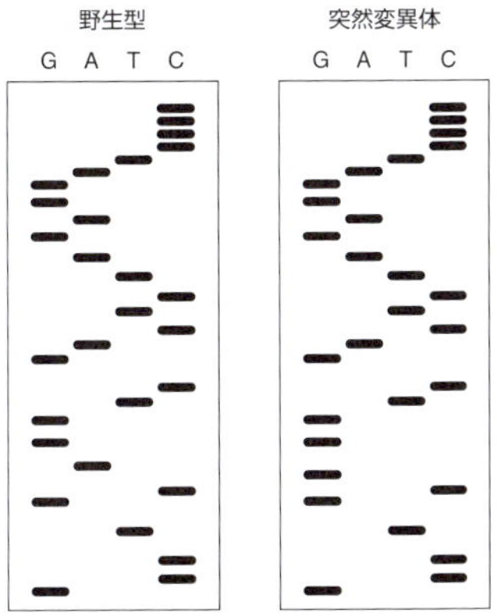

野生型
G A T C
突然変異体
G A T C

Q.10 *In vitro* ミュタジェネシスにより DNA に人為的変異を加えて遺伝子機能を推察する研究方法を逆転遺伝学と呼ぶのはなぜだろうか．

Q.11 DNA クローニングも PCR も DNA の特定の部分を増幅する方法である．このふたつの方法について，どのような準備が必要か，また，それぞれの利点，または欠点について論ぜよ．

Q.12 ここに牛ひき肉として売られている商品がある．しかし，別の情報からこの商品には豚肉か，鶏肉あるいは両方が混入している可能性がある．それを確かめるにはどうすればよいか．

MEMO

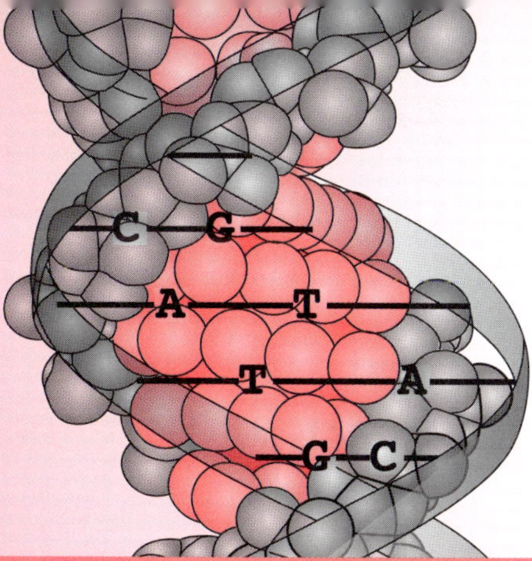
C G
A T
T A
G C

Chapter 4
セントラルドグマ

Chapter 4
セントラルドグマ

4.1 セントラルドグマの提唱

1957 年，F. H. C. Crick は The Society of Experimental Biology のシンポジウムにおいて「On Protein Synthesis」と題する招待講演を行った（誌上発表，1958）．彼はこの講演のなかで，タンパク質合成に関する当時の断片的な知見を整理し問題点を明確にした．当時の理解では，タンパク質は 20 種のアミノ酸からなり，その折り畳みはアミノ酸配列で決まる．そして，その配列は遺伝子における塩基配列で指定されること，タンパク質合成は細胞質の“microsomal particle”（やがてリボソームとして知られる．彼は microsomal particle RNA がタンパク質合成の鋳型と考えていた.）で行われること，核酸性のアダプター分子（のちの tRNA）が介在すること，アミノ酸のコードは重なりをもたないトリプレットからなること，などを述べている．そして，Ideas about protein synthesis としてタンパク質合成の機構について言及し，まずその冒頭で，General principles として次のように述べている．

“My own thinking (and that of many of my colleagues) is based on two general principles, which I shall call the Sequence Hypothesis and the Central Dogma. The direct evidence for both of them is negligible, but I have found them to be of great help in getting to grips with these very complex problems. I present them here in the hope that others can make similar use of them. Their speculative nature is emphasized by their names. It is an instructive exercise to attempt to build a useful theory without using them. One generally ends in the wilderness.”

Sequence Hypothesis とは，核酸の特異性は塩基配列で決まり，そしてその塩基配列がタンパク質のアミノ酸配列を決める，という仮説である．

Central Dogma については，次のように述べている．

“This states that once ‘information’ has passed into protein it cannot get out again. In more detail, the transfer of information from nucleic acid to nucleic acid, or from nucleic acid to protein may be possible, but transfer from protein to protein, or from protein to nucleic acid is impossible.・・・・This is by no means universally held・・・・but many workers now think along these lines. As far as I know it has not been explicitly stated before."

図 4.1 は Crick が 1956 年 10 月にこの講演のために準備した草稿に見られる．先述の引用文と図 4.1 から明らかなように，Central Dogma は DNA, RNA, protein の 3 種のポリマー間での情報の流れにおいて，いったん，情報がタンパク質に入ると，それはタンパク質自身ばかりでなく DNA にも RNA にも移ることはない，ということを述べたものである．Crick は問題点を論理的に整理し，大胆な仮説を提唱することにより，実験的証明の方向性を明確に示し，的外れの実験に無駄な努力をしないようなガイドラインを示したかったことが伺える．Crick は当時まだ一部では根強く信じられていた「DNA がタンパク質の配列を決定するが，反対にタンパク質も DNA の配列を決める．」といった考え方を払拭したいと考えていた．彼は自伝「What Mad Pursuit」のなかで，Hypothesis という語は Sequence Hypothesis で用いたので，情報の流れについての前提（assumption）は，より中心的で，かつよりパワフルであることを示すため Central Dogma という語を用いたと述べて

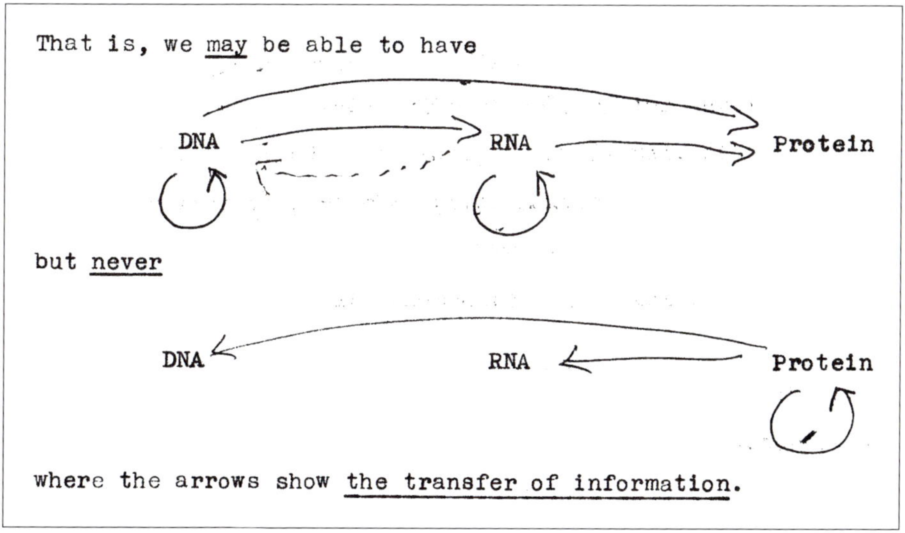
That is, we may be able to have
DNA
RNA
Protein
but never
DNA
RNA
Protein
where the arrows show the transfer of information.

図 4.1　Crick の草稿にあるセントラルドグマの図

［出典：http://profiles.nlm.nih.gov/］

いる．しかし，このDogmaという語は思いのほか大分物議をかもすことになった，と述懐している．後年，J. Monodから用語の不適切さを指摘される．CrickはDogmaという語の意味（疑うことを許されない宗教上の教義）を正確に理解していなかったようである．もしもDogmaという言葉を用いていなかったら，上に引用したような学会での陳述に対して，それほど辛らつな反撃を受けなかっただろうと思われる．

やがて1970年，H. Teminによりreverse transcriptaseが報告されると，Central Dogmaは強い批判の的となる．

4.2 1970年版セントラルドグマ

"The Central Dogma, enunciated by Crick in 1958 and the keystone of molecular biology ever since, is likely to prove a considerable over-simplification".

この一文は，1970年，Nature誌のTeminの業績の紹介記事"Central dogma reversed"に見られる．Crickは同年，少し遅れてNature誌に"Central Dogma of Molecular Biology"と題して，1957年のDogma提唱の真意と，1970年版とも言うべき新しいCentral Dogmaを提唱し，その意義を再度主張している．それによると，「Central Dogmaの意味が誤解されたのは何もこれが初めてではない．この小論文で，もともと私がなぜこの語を用いたのか，その真の意図，そして正しく理解されるならばCentral Dogmaは現在でも基本的に重要な意味をもつ．」と述べている．

4.2.1 セントラルドグマ提唱の経緯

Crickの論点を以下に要約する．「Sequence Hypothesisに基づくと，DNA, RNA, proteinの三つのポリマー間での情報（information）の流れについて，**図4.2**（a）の矢印で表される九つの可能性が考えられた．1957年当時，私はこれらを図4.2(b)のように三つのグループに分けた．クラスIは，何らかの証拠（evidence）があったもので実線で示す．RNA → RNAはRNA virusの存在による．クラスIIは実験的証明も理論的必然性もなかったケースで点線で示す．DNA → proteinはG. Gamowにより想定されていた．クラスIIIは線のないルート，つまり，protein → protein, protein → RNA, protein → DNAの3ケースである．当時の状況は，クラスIは確かに存在する，クラスIIは稀に存在するか存在しない，しかし，クラスIIIは有り

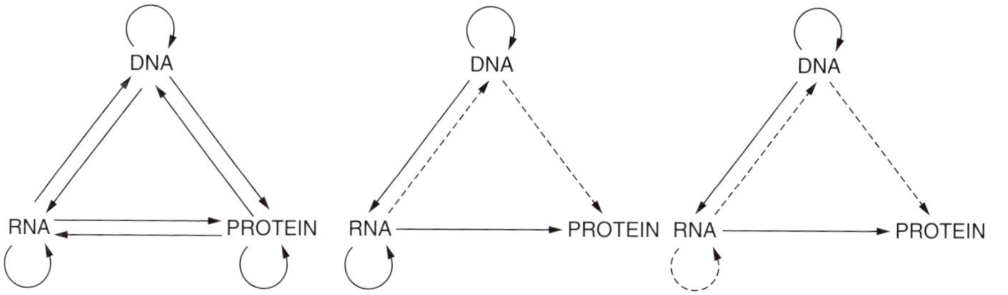
DNA
RNA
PROTEIN
（a） 情報移動の全可能性
DNA
RNA
PROTEIN
（b） 1958 年版セントラルドグマ
DNA
RNA
PROTEIN
（c） 1970 年版セントラルドグマ

図 4.2　セントラルドグマ

そうにない，というものであった．したがって，information transfer の説を立てるにあたり，クラス I のみを想定するのが正しいかどうかという問題があった．しかし，クラス II があり得ないという強力な構造的理由が見当たらない．一方，クラス III は関わる分子の立体構造から考えて有り得るとは到底考えられない．したがって，私は大事をとって（to play safe），分子生物学の基本的前提（basic assumption）として「クラス III はありえない」ことを 1957 年の Central Dogma, "once 'information' has passed into protein it cannot get out again" として述べたのであった.」そして，「思い返すとずいぶんと思い切ったことを言ったものだ．しかし，同時に，何を言うかについては細かく熟慮もした．あれからの時の流れの中で，すべての人に私どものこのような慎重な思い（our restraint）を十分には理解していただけなかった.」とも振り返っている．

4.2.2　1970 年版セントラルドグマの提唱

続けて，Crick は 1970 年版 Central Dogma とも言うべきものを提唱する．それが図 4.2 (c) である.「9 個の可能な transfer を新たに三つに分けるのがよいだろう．すべての細胞で起こる general transfer (実線)，大部分の細胞で通常は起きないが，ある特殊条件下では起こると考えられる special transfer (点線)，そして unknown transfer（線の無いもの）である．この分類は一応うなずける．RNA のみが遺伝物質であるケースも今のスキームに何の問題もなく収まる．DNA → protein は neomycin 存在下で *in vitro* で見られているので生菌でもみられるだろう．とはいえ，我々の分子生物学の知識でこの分類が正しいと dogmatically に主張するのは無理であろう．たとえば，Scrapie の病原体の化学的本体はこの分類に照らしてどうだろうか．もし私の分類が正しくないと判明すれば，それは重要な発見となるだろう．重要なことは，ひとつでも unknown transfer を示す細胞が現存するとしたら，それは分子生物学の知的基盤を揺るがすようなものである．そして，まさにこの理由で Central Dogma は今日においても，それが最初に提唱された時と同じように重要な意味をもつと思われる．」と．

以上見てきたように，Central Dogma の主張は，最初の提唱（1957）においても，その改訂版（1970）においても，一貫して protein からの三つのルートがあり得ないことを述べたものである．この理解に立てば，これまで Central Dogma の反証として挙げられた知見はすべて当を得ていないことになる．それらは，逆転写反応，スプライシング，RNA エディティング，RNA 複製，rRNA や tRNA はタンパク質をコードしないこと，などである．ちなみに，情報の一方向的流れを DNA makes RNA makes protein と表すことがあるが，これも Crick が言ったのではなく，実は J. D. Watson が 1952 年，M. Delbrück への手紙の中で用いた表現だと言われている．Crick の Central Dogma はこのように誤解の中で生き続けた．しかし，20 世紀後半の分子生物学の歴史の中で，三つのポリマー間の情報の流れとその実体についての研究を促進するのに大きな役割を果たした．21 世紀を迎え，genetics から epigenetics に遺伝子研究の中心が移りつつある現在，多くの謎が我々のまわりでひしめいている．その意味では 1957 年と状況は変わらない．十分に吟味された分析に基づいた Hypothesis（Dogma ではなく）は，この状況を打開するためにますます歓迎すべきものであろう．

参考図書

1. F. H. C. Crick：On Protein Synthesis, in Symp. Soc. Exp. Biol. XII, 139-163（1958）
2. F. H. C. Crick：Central Dogma of Molecular Biology, Nature, 227, 561-563（1970）
3. F. H. C. Crick：What Mad Pursuit, A Personal View of Scientific Discovery, Basic Books, A Division of HarperCollinsPublishers（1988）
4. M. Ridley, Francis Crick：Discoverer of the Genetic Code, Atlas Books, Harper Press（2006）
5. M. Morange（translated by Matthew Cobb）：A History of Molecular Biology, Harvard University Press（1998）

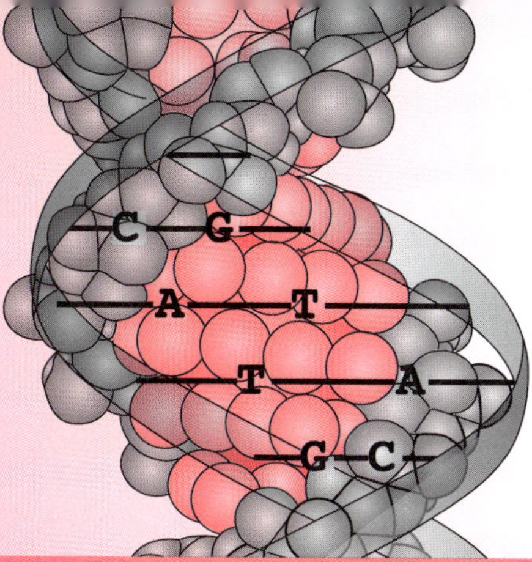
C
G
A
T
T
A
G
C

Chapter 5
DNA複製

Chapter 5

DNA 複製

5.1 半保存的 DNA 複製

5.1.1 三つの DNA 複製モデル

J. D. Watson と F. H. C. Crick は，1953 年に DNA の二重らせんモデルを提唱した直後に，二重らせん構造の生物学的意義について考察した論文を発表した．それは DNA 複製の仕組みに関するもので，二重らせんを構成する各々の鎖が鋳型となって，相補的な配列をもった新しい DNA 鎖が合成されるというものであった（半保存的複製，semiconservative replication）［図 **5.1**（**b**）］．

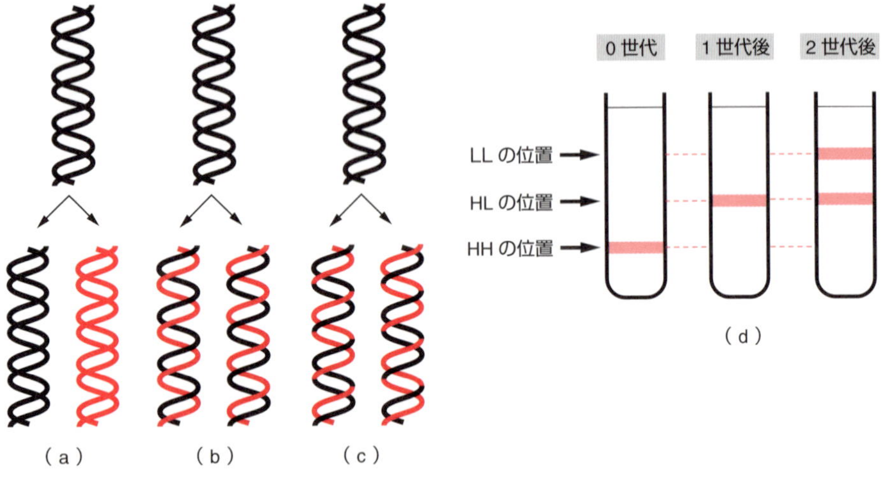

（a）
（b）
（c）
0 世代
1 世代後
2 世代後
LL の位置
HL の位置
HH の位置
（d）

図 5.1　三つの複製様式と Meselson-Stahl の実験

（a）保存的複製モデル：親鎖の二重らせんはすべて保存されたまま，何らかの機構で塩基配列の並びが読みとられ，その情報にもとづいて新しい娘鎖のみからなる二重らせんが生じる．（b）半保存的複製モデル：まず二重らせんの一部が巻き戻され，生じた二つの一本鎖 DNA（親鎖）のそれぞれが鋳型となって，相補的な塩基配列からなる DNA（娘鎖）がつくられる．（c）分散的複製モデル：両方の DNA 鎖で古い親鎖と新しく合成された娘鎖が部分的に混ざり合った状態の二重らせんを生じる．（d）実験結果の模式図このモデルは，当時の多くの研究者たちにとって，容易には受け入れられなかった．小さな細胞の核の中でお互いに絡まり合って，さらに多くのタンパク質と結合して存在している二本の DNA 鎖が，短時間の間に巻き戻されて一本鎖になったり，再び絡まり合った二本鎖になったりするのは困難であると考えられたからであった．半保存的複製に代わる複製様式としては，保存的複製や，分散的複製が考えられていた［**図 5.1 (a) (c)**］．

5.1.2 Meselson-Stahl の実験

1958 年，M. Meselson と F. W. Stahl は斬新な実験方法を用いて，みごとに DNA 複製が半保存的な機構によって行われていることを証明した．彼らは，大腸菌の培地に，窒素源として ^{15}N- 塩化アンモニウムを加えた．^{15}N は通常の窒素原子 ^{14}N の安定同位体であり，DNA 分子中の塩基に ^{15}N が取り込まれることによって，DNA を「重く」標識することができる．まず，この「重い窒素」培地で培養した大腸菌を遠心分離によって集めた．次に，この大腸菌を通常の ^{14}N- 塩化アンモニウムを含む「軽い窒素」培地に懸濁して数世代の培養を続けた．

「重く」標識された最初の DNA と，新たに合成された「軽い」DNA がどのような状態で存在するかを調べるために，菌体から抽出した DNA を，塩化セシウム溶液中で**平衡密度勾配遠心法**を用いて調べた．高濃度の塩化セシウム水溶液に DNA を加えて超遠心分離を行うと，遠心管中に塩化セシウムの密度勾配が形成され，DNA は自身の密度（浮遊密度，buoyant density）に等しい位置に集まって，バンドを形成する（→ 1.4.2 項）．

図 5.1 (d) に得られた結果の模式図を示す．0 世代（最初）の試料は，「重い」二本鎖 DNA の位置（HH）にバンドを形成した．「軽い窒素」培地に移して 1 世代培養したサンプルは，「重い」二本鎖 DNA の位置（HH）と「軽い」二本鎖 DNA の位置（LL）の中間に 1 本のバンドを形成した．「軽い窒素」培地に移して 2 世代培養したサンプルは，中間の位置と「軽い」二本鎖 DNA の位置（LL）に等量の DNA のバンドを形成した．中間の位置のバンドは，一本鎖の H および L により形成された二本鎖 DNA（HL）であることが別の実験によって示された．

以上の実験結果は，保存的複製モデルや，分散的複製モデルでは説明できず，半保存的な機構によって DNA 複製が行われていることを示している．

5.1.3 Taylor らの実験

DNA 複製が半保存的機構で行われることは，H. Taylor らの実験（1957）からも支持された．彼らはソラマメの根を一定時間，放射性同位元素（^{3}H）で標識したデオキシチミジンを含む溶液に浸すことによって，この放射性化合物を細胞に取り込ませた．デオキシチミジンは複製の過程で DNA 中に取り込まれる．複製終了後の染色体を観察したところ，両方の染色分体に均等に放射能が取り込まれていた．次に，^{3}H 標識デオキシチミジンを含まない溶液中で，さらにもう一度複製を行わせたところ，生じた染色分体は一方のみが放射能標識されており，他方には放射能は検出されなかった（**図 5.2**）．この結果は，半保存的機構により複製された娘 DNA 分子の片方ずつが，各染色分体に含まれることを意味している*1．

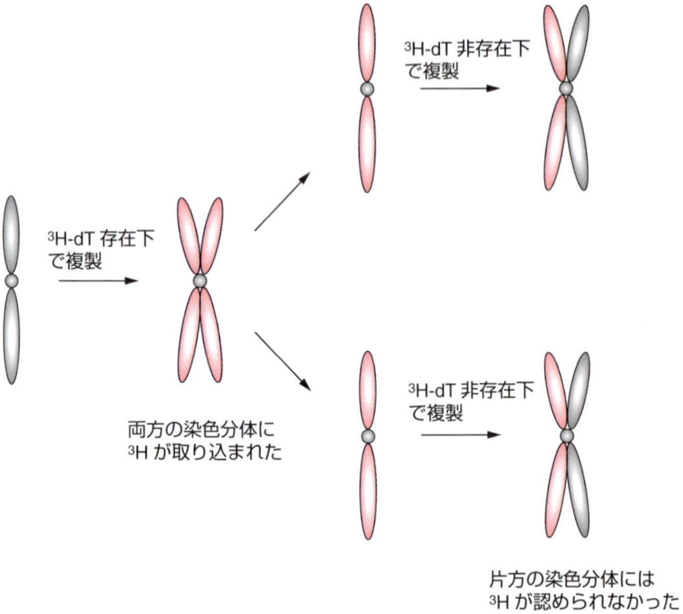

³H-dT 存在下
で複製
両方の染色分体に
³H が取り込まれた
³H-dT 非存在下
で複製
³H-dT 非存在下
で複製
片方の染色分体には
³H が認められなかった

図 5.2　染色体における DNA 複製を調べた Taylor らの実験

*1　当時は染色体内における DNA の二重らせん構造は不明だったが，真核生物における半保存的な染色体複製を示した最初の例である．しかしながら，実験結果が不鮮明だったこともあり，後年，他のグループが改良法を用いて明瞭な結果を示すまで，広く受け入れられるには至らなかった．

5.2 レプリコンと複製フォーク

5.2.1 レプリコン

DNA 複製は，ゲノム DNA の決まった部位から開始する．この部位は複製起点（replication origin：*ori*）と呼ばれる．通常，原核生物では複製起点はゲノム上にひとつだけ存在するのに対して，真核生物のゲノムには多数の複製起点が存在する（**図 5.3**）．ひとつの複製起点から開始する複製によってつくられる DNA の範囲，つまり，ひとつの複製単位をレプリコン（replicon）と呼ぶ．原核生物のゲノムは単一レプリコンであり，真核生物のゲノムは多重レプリコン（マルチレプリコン）である．

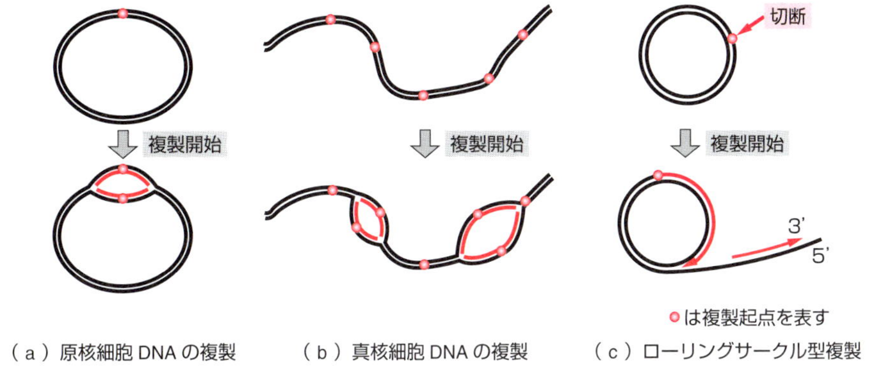
切断
複製開始
複製開始
複製開始
3'
5'
○は複製起点を表す
（a）原核細胞 DNA の複製
（b）真核細胞 DNA の複製
（c）ローリングサークル型複製

図 5.3　複製様式の比較

5.2.2 複製フォークと複製の進行方向

複製中のレプリコンは図 5.3 に示したような分岐構造をしており，電子顕微鏡などで観察できる．このような構造は，複製バブル（泡）（replication bubble），または目玉形 **DNA**（eye form DNA）などと呼ばれる．また，複製が進行中の分岐点付近の構造は複製フォーク（replication fork）と呼ばれる．

通常，複製起点で開始した複製反応は，図 5.3 のように両方向に向かって逐次的に進んでゆく．一方，プラスミドなどでは，複製が一方向のみに進行してゆく例が知られている．

バクテリオファージや真核生物に感染するウイルスなどでは，異なる様式でDNAを複製する例が知られている．代表的な例はローリングサークル型複製である［図5.3（c）］．この場合には，環状二本鎖DNAの一方に切断が生じ，この部位の3'-OH末端から，片方のDNA鎖を遊離させながら，環状の一本鎖に相補的な配列をもったDNA鎖が合成される．

5.2.3 リーディング鎖とラギング鎖

二重らせんDNAでは，二本の鎖が逆平行で対合している．したがって，一つの複製フォークに注目した場合，新たに合成される二本のDNA鎖のうち，一方は5'→3'方向に，他方は3'→5'方向に伸長しているように見える（**図5.4**）．しかしながら，ポリヌクレオチド鎖を合成する酵素（DNAポリメラーゼ）は，5'→3'方向

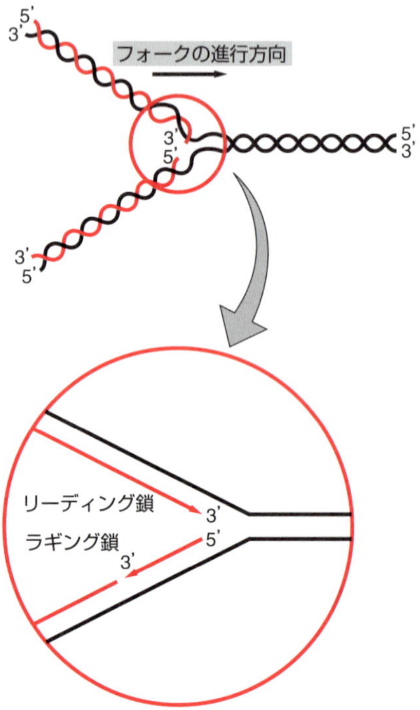

5'
3'
フォークの進行方向
3'
5'
5'
3'
3'
5'
リーディング鎖
3'
ラギング鎖
5'
3'

図5.4 複製フォークの構造

の合成反応のみを行い，3'→5'方向にDNA鎖を伸長することはできない（→5.4節）．そのため，見かけ上3'→5'方向に伸長しているDNA鎖も，微視的に見ると，まず5'→3'方向（つまり複製フォークの進行方向とは逆の方向）に短いDNA鎖が合成され，その後，以前に合成されたDNAに連結される（図5.4）．複製フォークの進行と同じ方向に合成されるDNAはリーディング鎖（leading strand），逆方向に合成されるDNAはラギング鎖（lagging strand）と呼ばれる．

5.3 岡崎モデル

5.3.1 岡崎フラグメントの発見

ラギング鎖のDNA合成が，図5.4に示すように複製フォークの進行方向とは逆の向きに行われる可能性は，岡崎令治によって提唱された．

〔1〕パルスラベル実験

1966年，岡崎らは複製フォークで合成されているDNAの構造を調べる目的で，次の実験を行った．まず，^{3}H標識したデオキシチミジンを大腸菌の培養液に加え，細胞内で合成中のDNAを短時間，放射標識した．このような実験は，パルスラベル実験（pulse-labeling experiment）と呼ばれる．^{3}H標識したデオキシチミジンは，パルスラベルによって伸長途上のDNA鎖の先端に取り込まれる．その後，細胞からDNAを抽出し，アルカリ変性によって二重鎖間の水素結合を切断して一本鎖の状態にしたあと，ショ糖密度勾配遠心（sucrose density gradient centrifugation）によって鎖長に従って分画した．

各画分の放射能を測定した結果，パルスラベルの時間が非常に短いとき，放射能は，まず通常の長さのDNAよりもずっと短い，1,000～2,000ヌクレオチドのDNAに取り込まれることがわかった．この放射能は，徐々に長いDNAに移行していくことも観察された．**図5.5**はT4ファージ感染菌を用いた実験結果である．

〔2〕不連続複製モデル（岡崎モデル）

岡崎らはこれらの結果から，1,000～2,000ヌクレオチドの短いDNA鎖がDNAポリメラーゼによって5'→3'方向に合成されたあと，連結されて長いDNA鎖になるという不連続複製モデル（discontinuous replication model：岡崎モデル）を提唱した（図5.4）．複製中間体として合成されるこの短いDNA鎖は，後に岡崎フラグメント（Okazaki fragment）と呼ばれるようになった．

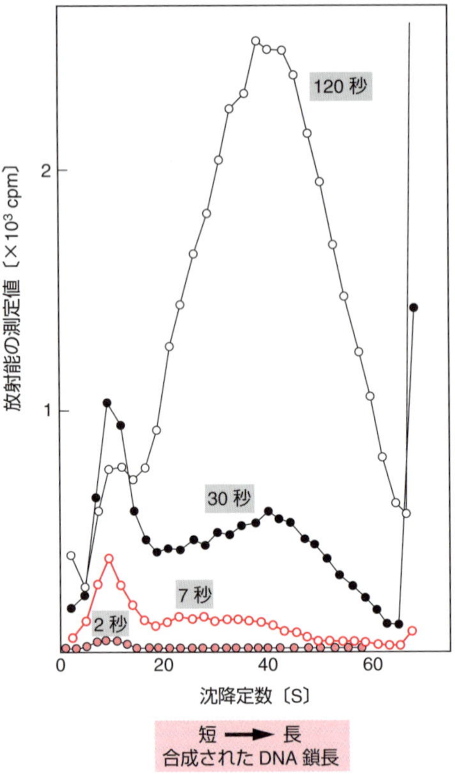

120 秒
30 秒
7 秒
2 秒
放射能の測定値〔×10³ cpm〕
2
1
0
20
40
60
沈降定数〔S〕
短 → 長
合成された DNA 鎖長

図 5.5　岡崎フラグメントの検出

岡崎らは，T4 ファージを感染させた大腸菌を ^{3}H- デオキシチミジンでパルスラベルした．図中の時間はパルスラベルの時間を示す．大腸菌から DNA を抽出し，一本鎖の状態でショ糖密度勾配遠心にかけ，鎖長に従って分画した．沈降定数は分子量（DNA の長さ）の関数であり，値が小さいほど DNA 鎖長は短い．短時間のパルスラベルでは，10S 付近（1,000 ～ 2,000 ヌクレオチドに相当）の位置に放射能のピークが観察された．［R. Okazaki ら：Cold Spring Harbor Symp. Quant. Biol. 33, p130, Fig. 2, Cold Spring Harbor Laboratory Press (1968)］

〔3〕RNA プライマーに依存した岡崎フラグメントの合成

DNA ポリメラーゼは，ポリヌクレオチドの 3'-OH の末端にデオキシリボヌクレオチドを連結して DNA 鎖を伸長する酵素である．DNA 合成を開始するためには，プライマーと呼ばれる短い一本鎖の DNA または RNA が必要である（→ 5.4.1 項）．したがって，ラギング鎖合成において頻繁に新しい岡崎フラグメントが合成される際に，どのような合成開始の機構が働いているのかということが問題となった．この問題は，合成直後の岡崎フラグメントの5'-末端に，短いRNA鎖が結合しているという発見によって解決した．つまり，RNAが岡崎フラグメントのプライマーとなっていることが明らかとなった．このプライマーRNAはプライマーゼ（primase）によって合成される（→5.4節）．

5.3.2 岡崎モデルの普遍性と半不連続複製モデル

現在では，すべての生物において，少なくともラギング鎖合成は岡崎フラグメントの合成と連結の繰り返しからなる不連続的機構で進行することが明らかにされている．岡崎フラグメントの鎖長は原核生物では1,000～2,000ヌクレオチドであるのに対して，真核生物では100～400ヌクレオチドである．

ラギング鎖の合成が不連続的に行われるのに対して，リーディング鎖の合成は，基本的には連続的に進行すると考えられている（図5.4）．このように片鎖（ラギング鎖）のみが不連続に合成される複製様式は**半不連続複製**（semidiscontinuous replication）と呼ばれる．

半不連続複製モデルは，複製に関与するタンパク質を用いた試験管内実験の結果に合致している．しかしながら，岡崎らのパルスラベル実験では，いわゆる岡崎フラグメントにはリーディング鎖由来のものが含まれることが示唆されており，細胞内では両鎖ともに不連続的に合成されている可能性も考えられる．

5.4 DNA複製に関わる酵素

5.4.1 DNAポリメラーゼ

〔1〕DNAポリメラーゼの基本的反応様式

DNAポリメラーゼ（DNA polymerase）はDNA鎖を5'→3'方向に伸長させる（**図5.6**）．反応には，鋳型（template），プライマー（primer）（→3.2節，脚注），および基質となるデオキシリボヌクレオシド三リン酸（dNTP）が必要である．

DNAポリメラーゼは，一本鎖DNAを鋳型として，その塩基配列に相補的なヌクレオチドを選択し，ポリヌクレオチド鎖として伸長させる．この反応の開始には，ヌクレオチドを結合するためのタネとなるプライマー（短い一本鎖のDNAまたはRNA）が必要である．プライマーは鋳型DNAと相補的な配列をもち，鋳型DNA

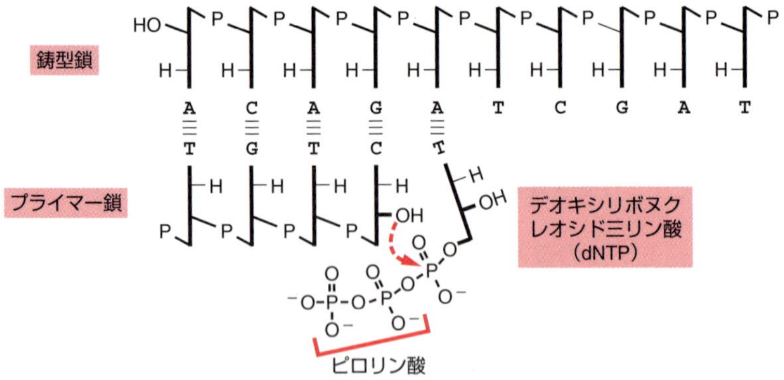
鋳型鎖
プライマー鎖
デオキシリボヌクレオシド三リン酸（dNTP）
ピロリン酸

図 5.6　DNA ポリメラーゼの反応

と塩基対を形成して結合する．細胞内での DNA 複製のとき，プライマーになるのは短い RNA 鎖である．基質として，4 種類の dNTP（dATP, dGTP, dCTP, dTTP）が利用される．合成されている DNA 鎖の 3'-OH 末端に dNMP が付加されるとき，ピロリン酸が放出される．この際に生じる dNTP の加水分解のエネルギーが重合反応に利用される．

〔2〕DNA ポリメラーゼの校正機能

DNA ポリメラーゼは，鋳型の塩基配列に相補的なヌクレオチドを選択的に重合するが，まれに非相補的なヌクレオチドを重合する場合がある．通常，DNA ポリメラーゼはこのような誤って取り込まれたヌクレオチドを除去する機能をもっており，この反応は校正（proofreading）と呼ばれている．校正は，DNA ポリメラーゼがもっている 3'→5' エキソヌクレアーゼの活性によって行なわれる（**図 5.7**）．

〔3〕DNA ポリメラーゼの種類

DNA ポリメラーゼには多くの種類が存在する．たとえば大腸菌には 5 種類の DNA ポリメラーゼが存在することが知られている（**表 5.1**）．そのうち，複製フォークで働いているのは DNA ポリメラーゼⅢホロ酵素である．また，真核細胞では 10 種類以上の DNA ポリメラーゼが存在することが知られている．そのうち，複製フォークで DNA 合成に関与しているものは 3 種類で，残りの大部分は修復反応に関与していると考えられている（表 5.1）．

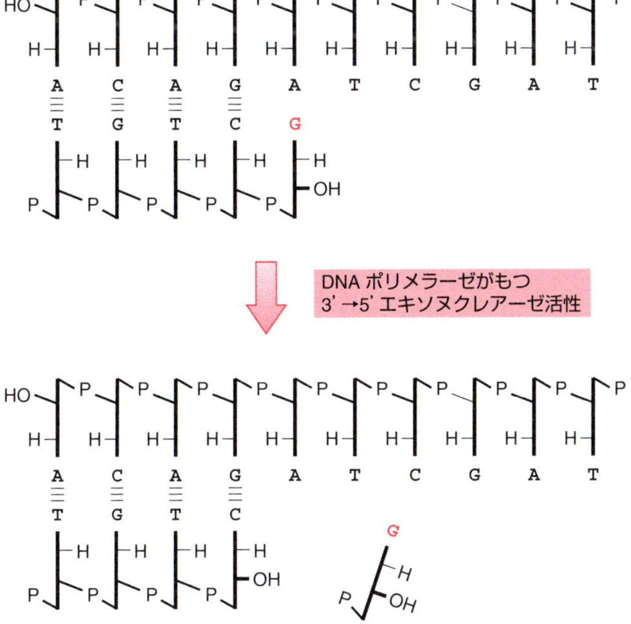
HO
A
C
A
G
A
T
C
G
A
T
T
G
T
C
G
OH
DNA ポリメラーゼがもつ
3' →5' エキソヌクレアーゼ活性

図 5.7　DNA ポリメラーゼによる校正

表 5.1　DNA ポリメラーゼの種類

原核細胞		
複製に関与するもの	Pol I	RNA プライマーの除去，ギャップ充填
	Pol III ホロ酵素	DNA 複製
修復に関与するもの	Pol I，Pol II，Pol IV，Pol V	
真核細胞		
複製に関与するもの	Pol α	プライマーの合成
	Pol δ	DNA 複製
	Pol ε	DNA 複製
修復に関与するもの	Polβ，Polθ，Pol ζ，Pol λ，Pol μ，Pol κ，Polη，Pol ι など	
その他	Pol γ	ミトコンドリア DNA の複製

5.4.2 複製フォークで働く酵素

複製フォークでは，リーディング鎖合成とラギング鎖合成が同時に行われている（同時共役合成）．この項では大腸菌の複製反応（**図 5.8**）に関わる酵素について説明する．

〔1〕DNA ヘリカーゼ

DNA ヘリカーゼ（DNA helicase）は DnaB と呼ばれるタンパク質の六量体である．このタンパク質は複製フォークの分岐点に，ラギング鎖を取り囲む状態で結合しており，ATP を加水分解することによって生じるエネルギーを利用して二重らせんを開く．

〔2〕プライマーゼ

プライマーゼ（primase）はラギング鎖上でプライマー RNA の合成を行う．大腸菌の複製フォークで合成されるプライマーの鎖長は 10～12 ヌクレオチドであ

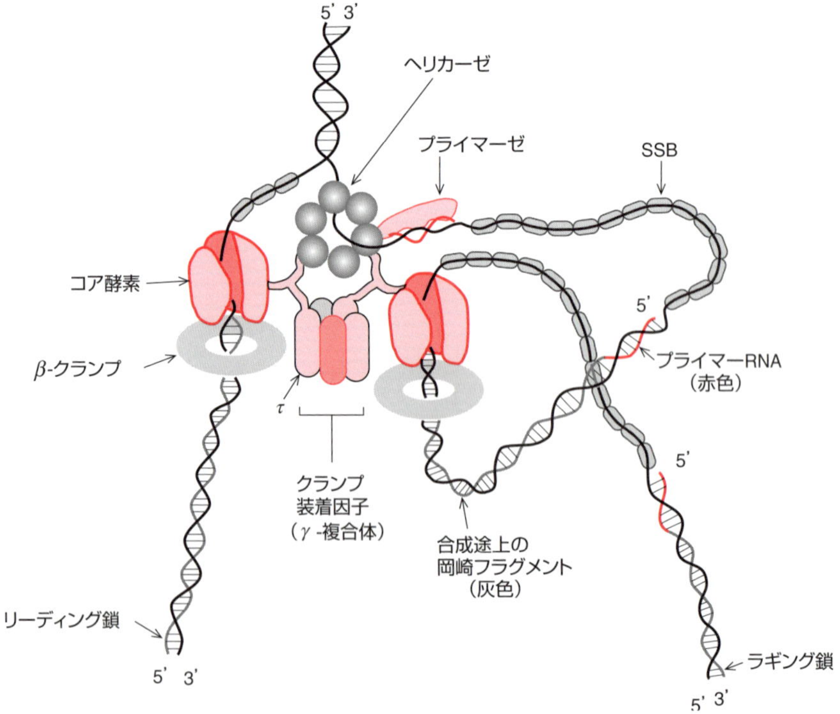

5' 3'
ヘリカーゼ
プライマーゼ
SSB
コア酵素
β-クランプ
5'
プライマーRNA
(赤色)
τ
クランプ
装着因子
(γ -複合体)
合成途上の
岡崎フラグメント
(灰色)
5'
リーディング鎖
5' 3'
ラギング鎖
5' 3'

図 5.8 大腸菌の複製フォークにおける反応

り，塩基配列は一定ではない．岡崎フラグメントの長さが1,000～2,000ヌクレオチドなので，この間隔で1回ずつプライマー合成が行われていることになる．プライマー合成はDNAヘリカーゼによって促進される．

〔3〕DNAポリメラーゼⅢホロ酵素

プライマーの3'-OH末端からのDNA鎖伸長反応は，**DNAポリメラーゼⅢホロ酵素**（DNA polymerase Ⅲ holoenzyme）によって行われる．この酵素は10種類のタンパク質からなっている（**表5.2**および図5.8）．

ホロ酵素にはDNA合成反応を触媒するコアサブユニットが二つ含まれており，それぞれのコアサブユニットがリーディング鎖合成とラギング鎖合成を分担している．さらにホロ酵素には，β-クランプ，およびγ-複合体と呼ばれるサブユニットタンパク質が含まれる．τ-タンパク質はγ-複合体の構成因子であるが二つのコアサブユニットおよび複製フォークの先頭に位置するDNAヘリカーゼをつなぎ止める役割も果たしている．β-クランプは，コアサブユニットに結合し，DNAにコアサブユニットをつなぎ止めておくクランプ（留め具）の役割を担っている．DNA上を滑走することから，スライディングクランプとも呼ばれる．γ-複合体は，ラギング鎖合成のために，プライマーRNAの末端にβ-クランプを装着する．装着されたクランプにコアサブユニットが結合してラギング鎖合成が始まる．ラギング鎖合成が進んで以前に合成された岡崎フラグメントにぶつかると，DNAはコアサブユニットから離れる．このとき，β-クランプはDNA上に残される．

ラギング鎖では，DNA合成の方向が複製フォークとは逆向きになるために（図5.4），リーディング鎖と同時に共役して合成されるしくみが謎であったが，DNA

表5.2　DNAポリメラーゼIIIホロ酵素のサブユニット

サブユニット	機　能	
α ε θ	DNAポリメラーゼ 校正 コア酵素の形成	α，ε，θでコア酵素を形成
β	コア酵素をDNA上に留めるためのスライディングクランプ	
τ γ δ δ' χ Ψ	γ-複合体を構成 β-クランプをプライマー末端に装着 τを介して二つのコアサブユニットおよびヘリカーゼと結合	

ポリメラーゼⅢホロ酵素に二つのコア酵素が含まれることがわかり，両鎖が図 5.8 に示された機構で，効率よく同時に合成されることが明らかとなった.

〔4〕一本鎖 DNA 結合タンパク質（SSB）

二重らせんが DNA ヘリカーゼによってほどかれて一本鎖の状態になると，**一本鎖 DNA 結合タンパク質**（single-stranded DNA binding protein：SSB）が結合する. SSB は DNA の一本鎖の状態を安定に保つことにより，DNA 合成反応を促進する.

5.4.3 その他の酵素

〔1〕DNA トポイソメラーゼ

二重らせんが DNA ヘリカーゼによって巻き戻されながら複製されていくと，複製フォークの前方では正の超らせん構造が形成され，ついには二本鎖を巻き戻せないほどのひずみが生じることになる（**図 5.9**，→ 1.5 節）. **DNA トポイソメラーゼ**（DNA topoisomerase）は一時的に DNA 鎖を切断してこのようなひずみを解消した後，再び DNA 鎖の連結を行っている.

トポイソメラーゼには，DNA 鎖を一時的に切断する際に一本鎖のみ切断するタイプ（Ⅰ型）と二本鎖とも切断するタイプ（Ⅱ型）があるが，複製フォークの進行にともなうひずみを解消するのはⅡ型トポイソメラーゼである.

〔2〕プライマー RNA の除去に働く酵素

プライマー RNA は，最終的には除去されて DNA に置き換えられる（**図 5.10**）. プ

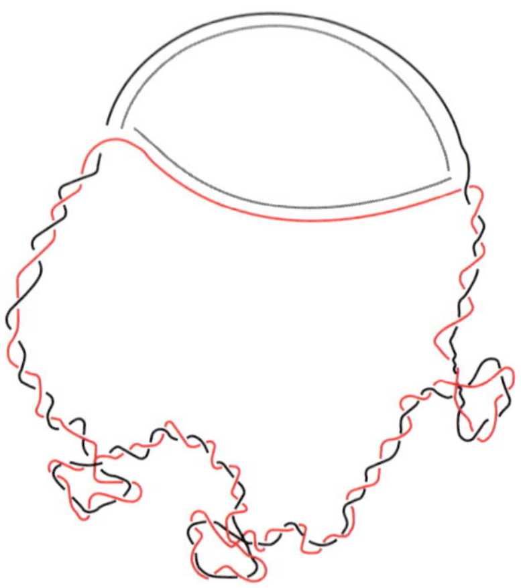

図 5.9　複製フォークの前方には正の超らせんが生じる

ライマーの除去は，まず **RNase H** によって行なわれる．RNase H は，RNA-DNA の二重らせんの RNA 鎖を切断する酵素である．しかしながら，この酵素は RNA と DNA の連結部は切断できず，2 ～ 3 個のリボヌクレオチドが結合したまま残される．この部分は **DNA** ポリメラーゼ I の 5'→ 3' エキソヌクレアーゼ活性によって分解される．RNA の分解によって生じたギャップは DNA ポリメラーゼ I のポリメラーゼ活性によって充填される．このとき，5'→ 3' エキソヌクレアーゼ活性とポリメラーゼ活性は共役して働き，これらの働きを合わせてニックトランスレーション（nick translation）と呼ぶ（→ Chapter 3，Tips プローブのラベル（標識）法）．なお，最後に残された切れ目の部分（ニック）は DNA リガーゼによって連結される．

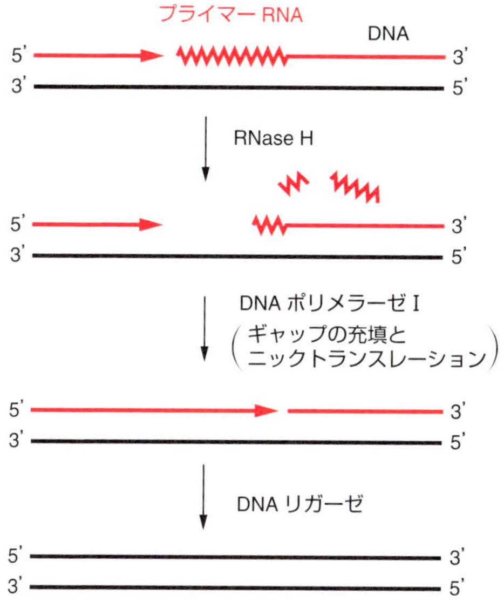

プライマー RNA
DNA
5'
3'
3'
5'
RNase H
DNA ポリメラーゼ I
（ギャップの充填と
ニックトランスレーション）
DNA リガーゼ

図 5.10　プライマー **RNA** の除去

5.4.4　複製に関与する酵素の共通性

複製反応の基本は，DNA をゲノムとするすべての生物において共通である．したがって，この節で述べてきた複製機能は，それぞれの生物において類似の酵素活性によって担われている（**表 5.3**）．

表 5.3 複製に関与する主な酵素

機能	大腸菌	真核細胞
ヘリカーゼ	DnaB	MCM
一本鎖 DNA 結合	SSB	RPA
プライマーゼ	DnaG	Pol α
クランプ	β	PCNA
クランプの装着	γ-複合体	RFC
DNA 合成	Pol Ⅲコア	Pol α, Pol δ, Pol ε
プライマーの除去	RNase H, Pol Ⅰ	FEN1, Dna2

5.5 DNA 複製開始機構

5.5.1 原核細胞の複製開始機構

〔1〕複製起点（*oriC*）

原核細胞のゲノムは，いくつかの例外を除き数 Mb からなる環状構造をしており，全体がひとつのレプリコンである．原核細胞の複製起点は *oriC* と呼ばれ，*oriC* の構造は原核生物の生物種ごとに異なっている．

たとえば，大腸菌の *oriC* は 245 塩基対からなる．主要な特徴は以下の 2 点である（**図 5.11**）．

1）イニシエータータンパク質（**DnaA**）が結合する 9 塩基対のコンセンサス配列（DnaA box，または 9-mer 配列）が，5 個存在する．

2）A と T に富んだ 13 塩基対の配列（13-mer 配列）が 3 回繰り返して存在する．

〔2〕複製開始反応

ここでは，研究が進んでいる大腸菌の複製開始反応について解説する（図 5.11）．

9 塩基対の DnaA 結合配列を中心にして 20 ～ 40 分子の DnaA が協同的に *oriC* に結合すると，13 bp 配列の部分で二本鎖が開裂し，一本鎖の領域が生じる．DnaA には，ATP を結合した状態と ADP を結合した状態が存在するが，一本鎖領域の生成には ATP を結合した DnaA が必要である．生じた一本鎖の部分には，2 個の DNA ヘリカーゼ（DnaB タンパク質六量体）が装着される．DNA ヘリカーゼによって，両方向に向かって二本鎖 DNA の巻き戻しが始まり，生じた一本鎖部分にはSSBが結合する．同時にプライマーゼによるプライマー合成反応が両方向に向かって行われる．それぞれのプライマーは，両方向に進行する複製フォークにおけるリーディング鎖の最初のプライマーとなる．

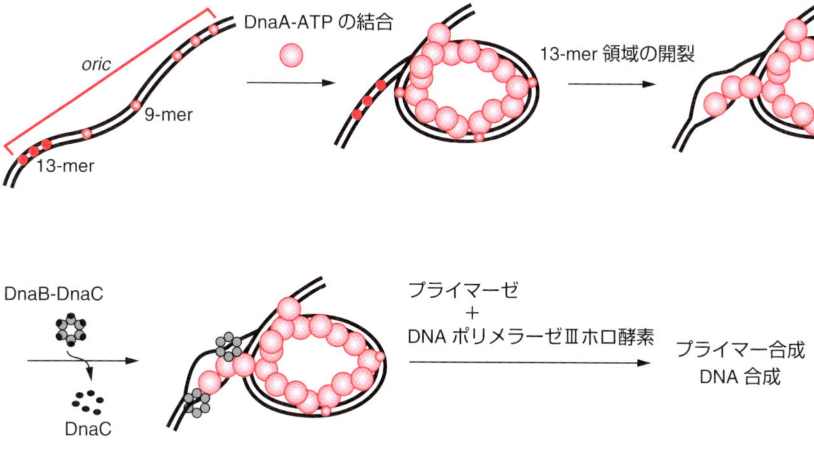
DnaA-ATPの結合
oric
9-mer
13-mer
13-mer 領域の開裂
DnaB-DnaC
DnaC
プライマーゼ
+
DNA ポリメラーゼⅢホロ酵素
プライマー合成
DNA 合成

図 5.11　大腸菌の複製開始反応

5.6 真核細胞のDNA複製開始機構

5.6.1 複製起点

真核細胞の複製起点は出芽酵母で最もよく研究されている．出芽酵母の複製起点は，大腸菌の *oriC* の場合と同様に自律複製配列*2（autonomously replicating sequence：ARS）として単離された．ARSは，染色体上の複製起点に由来しており，多数のARSの位置が出芽酵母の染色体上に同定されている．これらのARSは，常に毎回の複製に際して起点として働いているわけではなく，ある頻度で使用されている．また，S期に入ると一斉に複製開始するわけではなく，それぞれの

*2　自律複製配列：ゲノムDNAから切り離して，他のDNA断片に結合させると，そのDNA断片と共に複製する能力をもつDNA配列．試験管内で，薬剤耐性遺伝子などの選択マーカーをもつDNA断片にゲノムDNA断片を連結，環状化させ，細胞に導入して形質転換体（トランスフォーマント）を得ることにより，自律複製可能なゲノム由来の配列を単離できる．

ARS ごとに，S 期の中の特定の時期に開始反応が起きている．

出芽酵母の ARS は，100 ～ 150 塩基対からなる．この中には，すべての ARS に共通で，ARS の機能に必須な 11 塩基対のコンセンサス配列（A エレメント）と，必須ではないが開始反応を促進する数個の配列（B エレメント）が含まれる．

高等真核生物の複製起点は，これまで ARS として単離されておらず，今後の課題として残されている．

5.6.2 複製開始機構

ここでは解析が進んでいる出芽酵母の例を解説するが，真核細胞の複製開始機構は生物種によらず，共通であることがわかってきている．

出芽酵母の ARS に結合するタンパク質複合体として ORC（origin recognition complex, 複製起点認識タンパク質複合体）が同定されている．ORC は 6 つのサブユニットタンパク質（ORC1 ～ 6）により構成されており，細胞周期を通じて常に ARS に結合している．S 期での複製開始にさきがけて，他の制御因子や複製に関与するタンパク質などが ORC と相互作用することにより ARS に導入される．

細胞周期の G_1 期において，Cdc6 および Cdt1 タンパク質が ORC とともに ARS 上に複合体を形成する．引き続いてこれらのタンパク質に依存して **MCM** タンパク質複合体が導入され，複製前複合体（pre-replicative complex：pre-RC）が形成される．MCM は 6 つのサブユニット（MCM2 ～ 7）により構成されており，複製開始後はヘリカーゼとして働くと考えられている．

pre-RC の形成過程は，複合体が形成された部位で複製が開始するのを許可する過程であるという意味で，複製のライセンス化（licensing）と呼ばれている．

G_1 期の終わりから S 期のはじめにかけて，サイクリン依存性のタンパク質キナーゼ（Cdk）と Ddk と呼ばれるタンパク質キナーゼの活性が上昇し，それによって pre-RC などのタンパク質がリン酸化される．このリン酸化がきっかけとなって，DNA ポリメラーゼをはじめとする複製タンパク質の集合，引き続いて複製フォークの形成が誘導される．

Cdk と Ddk は pre-RC を活性化することで複製を開始すると同時に，新たな pre-RC 形成を阻害する．このことにより，多くの複製起点があっても 1 回の細胞周期に確実に 1 回のみ開始できる．

5.7 クロマチンの複製とテロメアの複製

5.7.1 クロマチンの複製

真核細胞のDNAは，ヌクレオソームを基本構造とするクロマチンを形成している（→2.2節）．ヌクレオソームを構成しているヒストン八量体はアセチル化，メチル化，リン酸化などの修飾を受けており，これらの修飾はエピジェネティックな状態の維持に関わっている（→Chapter 14）．クロマチンの複製においてはこのような構造が複製後もきちんと維持されることが重要である．

S期に複製されて2倍量になるDNAが新たにヌクレオソームに取り込まれるために，ヒストンもS期に新たに合成されて2倍量になる．DNA複製に際して，ヌクレオソーム構造はいったん解消され，複製直後の娘鎖においてただちに再構築される．親鎖のヌクレオソームから解離した「古いヒストン」は，合成された「新しいヒストン」とともに，娘鎖のヌクレオソーム形成に使われる．その際，H2AとH2Bからなる二量体（H2A・H2B）とH3とH4からなる四量体［$(H3 \cdot H4)_2$］を単位として，古いヒストンと新しいヒストンがランダムに会合して八量体となり，娘鎖に分配されるモデルが提唱されてきた（**図5.12**）．この構築過程には，多くのヒストンシャペロンタンパク質が関与している．ヒストンシャペロンであるCAF-1は複製クランプであるPCNAと相互作用することで，複製直後にH3・H4の取り込みを行う．最近，細胞内ではH3とH4は四量体ではなく二量体（H3・H4）を単位として機能するという報告がなされ，娘鎖のヌクレオソーム中の$(H3 \cdot H4)_2$が「古いヒストンH3・H4」と「新しいヒストンH3・H4」との両方から構成されうるというモデルも提唱された．このような新旧混合H3・H4の例も確認されたが，今後の検証が必要である．

いずれのモデルでも，新たに構築された娘鎖ヌクレオソームは，親鎖に結合していた，修飾されたヒストンを含んでいる．この修飾が目印となって，近傍のヌクレオソームに取り込まれた新生の未修飾ヒストンが同様に修飾され，複製前のクロマチンの状態が維持されると考えられる．クロマチン状態の維持機構については，さらにヒストン修飾間のクロストークやnon-coding RNA（→Chapter 14）の関与も明らかになってきており，ゲノム複製と同時に起こるエピジェネティック情報維持機構の解明が今後の課題である．

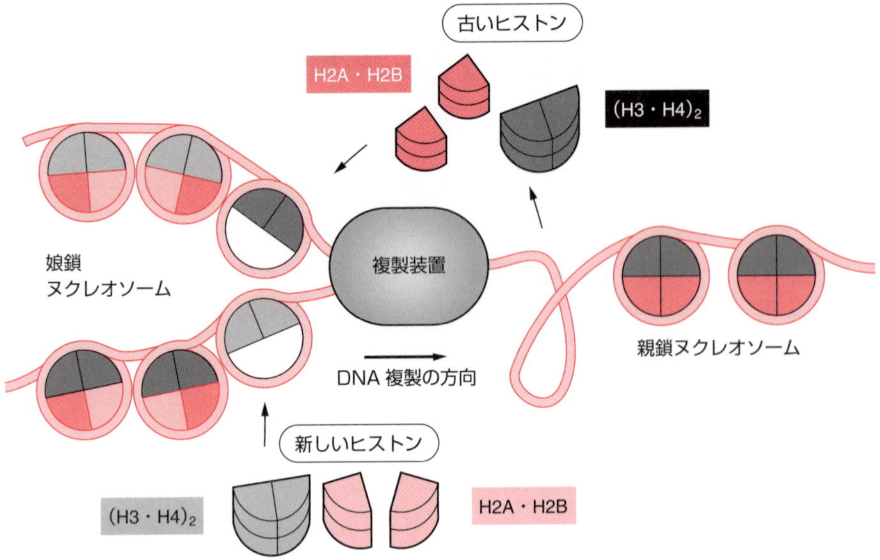
古いヒストン
H2A・H2B
(H3・H4)2
娘鎖
ヌクレオソーム
複製装置
親鎖ヌクレオソーム
DNA 複製の方向
新しいヒストン
(H3・H4)2
H2A・H2B

図 5.12 ヌクレオームの複製モデル

5.7.2 テロメアの複製

〔1〕線状 DNA の複製にともなう問題点

ラギング鎖の DNA 合成では RNA プライマーが利用されているため，線状 DNA の末端を複製する際に，**末端複製問題**（end replication problem）と呼ばれる問題が生じる（**図 5.13**）．線状 DNA の最末端部のラギング鎖では，たとえ RNA プライマーの合成が線状 DNA の最末端から起きたとしても，プライマー RNA 部分が除去されると合成されない DNA 部分が残るため，完全には複製されない．そして，複製が繰り返されるたびに末端はどんどん短くなっていくことになる．この問題を避けるために生物はいろいろな対策を講じている．

〔2〕テロメラーゼによるテロメアの複製

真核細胞の染色体末端はテロメアと呼ばれる特殊な構造をとっている（→ 2.3 節）．この構造によって，DNA 末端が修復反応の対象となるのを防ぐとともに，末端修復問題の解決がはかられている．

テロメアの 3' 末端は短い塩基配列の繰り返しからなっており，ヒトでは 5'-TTAGGG-3' の配列が繰り返されている．テロメラーゼ（telomerase）は，この繰り返し配列に相補的な RNA と逆転写活性をもつタンパク質からなっており，自

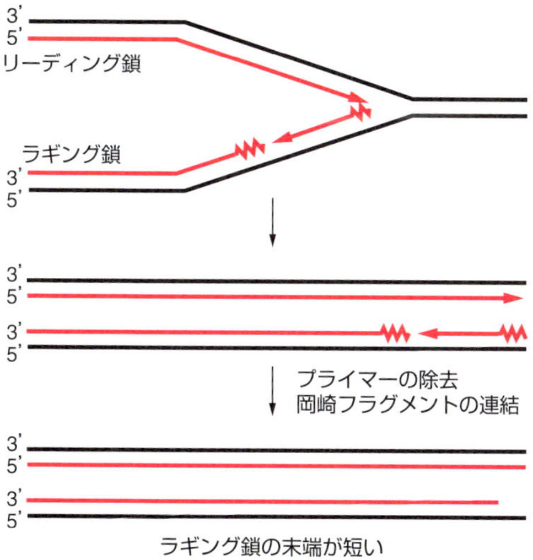
3'
5'
リーディング鎖
ラギング鎖
3'
5'
3'
5'
3'
5'
プライマーの除去
岡崎フラグメントの連結
3'
5'
3'
5'
ラギング鎖の末端が短い

図 5.13　末端複製問題

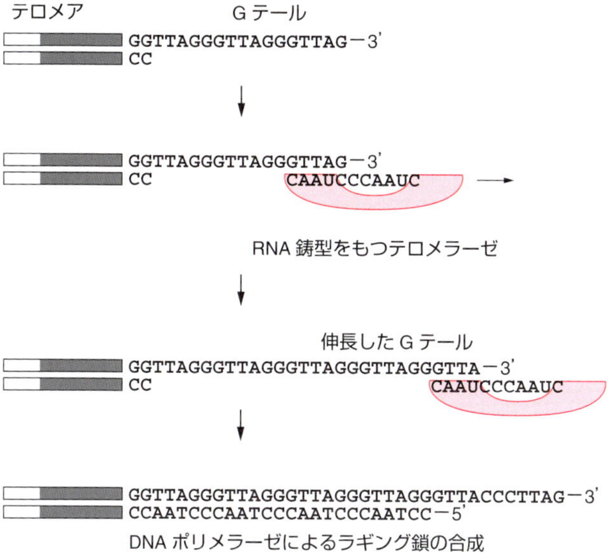
テロメア
G テール
GGTTAGGGTTAGGGTTAG－3'
CC
GGTTAGGGTTAGGGTTAG－3'
CC
CAAUCCCAAUC
RNA 鋳型をもつテロメラーゼ
伸長した G テール
GGTTAGGGTTAGGGTTAGGGTTAGGGTTA－3'
CC
CAAUCCCAAUC
GGTTAGGGTTAGGGTTAGGGTTAGGGTTACCCTTAG－3'
CCAATCCCAATCCCAATCCCAATCC－5'
DNA ポリメラーゼによるラギング鎖の合成

図 5.14　テロメラーゼによるリーディング鎖の伸長

身のもつ RNA を鋳型として利用しながらテロメアの繰り返し配列を 5'→3' 方向に合成する（**図 5.14**）．この反応が繰り返されることによりリーディング鎖が伸長し，伸長した部分がラギング鎖合成の鋳型となる．リーディング鎖の 3' 末端には一本鎖部分が残るが，テロメアの鎖長は維持されることになる．

5.8 DNA 複製の終結

この節では研究が進んでいる原核細胞の場合について解説する．

5.8.1 複製終結部位

oriC で開始した複製は両方向へ進行し，環状ゲノムのほぼ反対側付近（*ter* 領域）で終了する．*ter* 領域の近傍には 特定の塩基配列（*ter* 配列）が存在し，この配列に特定のタンパク質（大腸菌では Tus タンパク質）が結合している．複製フォークがこの部位まで到達すると，ヘリカーゼによる巻き戻しの反応が阻害されて停止する．

ter 配列には方向性があり，両方向の複製フォークを停止させるために両向きに配置されている（**図 5.15**）．両方向の複製フォークが *terA* と *terC* の中間で出会った場合は *ter* 配列は利用されない．どちらかの複製フォークの進行が遅れた場合，他方の複製フォークが *ter* 配列に到着して停止することになる．

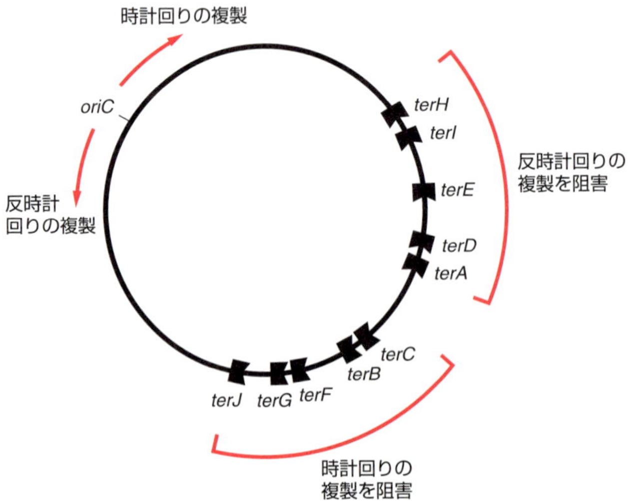

時計回りの複製
oriC
反時計
回りの複製
terH
terI
terE
terD
terA
反時計回りの
複製を阻害
terC
terB
terJ
terG
terF
時計回りの
複製を阻害

図 5.15　大腸菌ゲノム上の *ter* 配列の位置

5.8.2 部位特異的組換え

複製されたDNAどうしが相同組換え（homologous recombination）を起こす場合がある．奇数回の組換え反応が起きた場合は，2個の環状ゲノムがつながって1個の環状二量体ゲノムになってしまう（**図5.16**）．これでは細胞分裂の際に二つの娘細胞に分配できない．このような事態を防ぐために，原核細胞では *ter* 領域に特定の塩基配列をもつ部位（*dif*）が存在する．この領域で特定の酵素による部位特異的組換え反応が起きることにより，二量体ゲノムは2個の環状ゲノムに分離する．

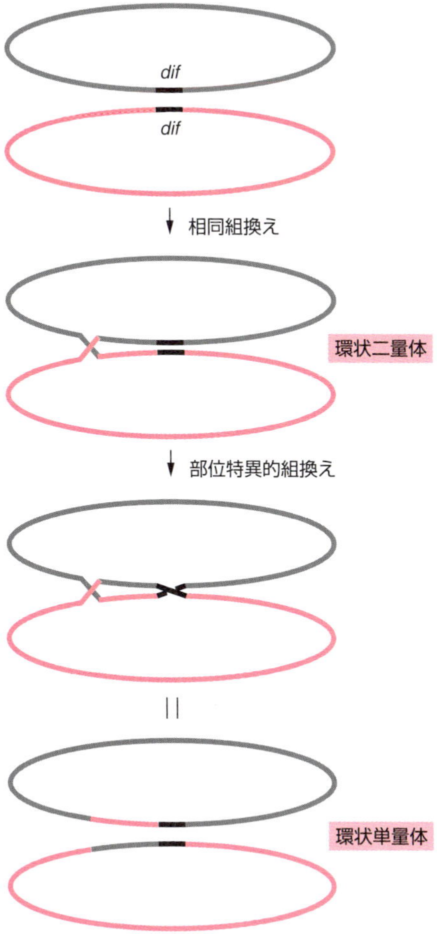
dif
dif
相同組換え
環状二量体
部位特異的組換え
環状単量体

図5.16　環状二量体ゲノムの形成と分離

奇数回（この図では1回）の相同組換えにより生じた環状二量体は，*dif* で部位特異的組換えが起きることにより環状単量体になる．

5.8.3 カテナンの解消

両方向からの複製フォークがぶつかって複製が終了する際には，親鎖の二重らせんが完全に巻き戻されない状態で娘鎖の合成が行われ，二つの娘分子がからまった状態になってしまう（図 **5.17**）．このような分子はカテナン（catenane）と呼ばれる．カテナンはⅡ型トポイソメラーゼによって二つの娘分子に分離される．

Ⅱ型トポイソメラーゼによるカテナンの分離は，真核細胞における DNA 複製の終結においても必要と考えられている．

複製終結
Ⅱ型トポイソメラーゼ
+
カテナン

図 5.17　カテナンの形成と分離

演習問題

Q.1　もし DNA 複製が，半保存的複製ではなく，保存的複製や分散的複製によって行われていたら Meselson-Stahl の実験結果はどうなると予想されるか．それぞれの場合について，1 世代後，および 2 世代後の結果を説明せよ．

Q.2　岡崎フラグメントの検出に用いられた，アルカリ性ショ糖密度勾配遠心法の原理について説明せよ．

Q.3　大腸菌の複製フォークでリーディング鎖が連続的に合成されるとしたとき［^{3}H］デオキシチミジンでパルスラベルされるリーディング鎖の鎖長を予想せよ．

Q.4　大腸菌の複製フォークでは，リーディング鎖とラギング鎖の合成が共役して同時に起こる．この利点としくみを説明せよ．

Q.5　大腸菌の DNA ポリメラーゼ I は 3'→5' エキソヌレクアーゼ活性と 5'→3' エキソヌレクアーゼ活性を持っている．これらの活性はそれぞれどのような機能と関連するか，説明せよ．

Q.6　真核生物で，1 回の細胞周期に正確に 1 回だけ複製されるライセンス化の機構を説明せよ．

Q.7 ヒトゲノムDNAの鎖長は，およそ3×10^9塩基対である．複製フォークの進行速度が，毎秒50ヌクレオチド，細胞周期のS期の長さが8時間であると仮定すると，ゲノム当たり，少なくとも何個の複製起点が存在すると予想されるか．

Q.8 DNA複製後にヒストンが取り込まれる場合にCAF-1が関与する利点はどのように考えられるか．

Q.9 大腸菌の*dnaA*遺伝子（DnaAタンパク質をコードする），および*dnaB*遺伝子（DnaBタンパク質をコードする）は細胞の増殖に必須で，いずれの遺伝子の高温感受性変異株も30℃では生育できるが，42℃では生育できない．30℃で培養していた高温感受性変異株を42℃に移すと，その後のDNA複製はどのように変化すると予想されるか．二つの変異株それぞれについて述べよ．

Q.10 大腸菌由来のDNAポリメラーゼIを図5.18に示す合成DNAに作用させた．いろいろな時間経過した後でサンプルを一定量採取し，酸不溶性の放射能を測定した結果をグラフに示した．高分子のDNAは酸不溶性で，低分子のヌクレオチドは酸可溶性である．

a）酸不溶性の放射能が減少することは何を意味しているか説明せよ．

b）^{3}Hと^{14}Cの放射能の測定値の減少のしかたから推定されることを述べよ．

c）非標識のdTTPが多量に共存する場合は，どのような結果が予想されるか説明せよ．

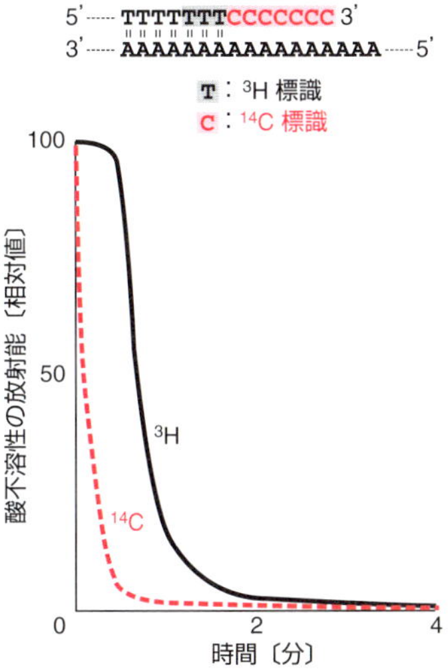

5'----- TTTTTTTCCCCCCC 3'
3'----- AAAAAAAAAAAAAAAA-----5'
T：^{3}H 標識
C：^{14}C 標識
100
50
0
2
4
酸不溶性の放射能〔相対値〕
時間〔分〕
^{3}H
^{14}C

図 5.18

参考図書

1. 花岡文雄 編：DNA複製・修復がわかる，羊土社（2004）
2. 松影昭夫，正井久雄 編：ゲノムの複製と分配，シュプリンガー・フェアラーク東京（2002）

ウェブサイト紹介

1. 国立遺伝学研究所のホームページ
   http://www.nig.ac.jp/museum/dataroom/replication/index.html
   初心者にもわかりやすい解説がなされている．

クロスワードパズル 1

ヒントから連想される，マス目の数に合う英単語を記入してください．

注）複数の英単語のからなる用語の英単語間のスペース，「−」等は無視
　　Covalent bond → COVALENTBOND
　　Co-repressor　→ COREPRESSOR

1
2
3
4
5
6
7
8
9
10
11
12
13
14
15
16
17
18
19
20

横（Across）のヒント

2：変異によって機能を失った遺伝子（偽遺伝子）
4：間期の DNA-タンパク質複合体
6：DNA の二重らせん構造
7：二重らせんがさらにコイル状にねじれた構造
9：2 本の DNA 鎖のからまり具合を示すパラメーター
10：遺伝情報の総体，配偶子に含まれる全 DNA
12：M 期の細胞を色素で染めると色のつくもの
15：DNA の正式名称
19：染色体を構成する主要な塩基性タンパク質群
20：DNA の位相幾何学的形態

縦（Down）のヒント

1：ヌクレオシド間をつなぐリン酸を介した結合
3：異なる生物種で同じ祖先遺伝子に由来する遺伝子
5：アデニン，グアニンなどの塩基骨格の総称
8：高次構造（立体配座）ともいう
11：（相補的な関係にある）塩基と塩基の対
13：チミン，シトシン，ウラシルなどの塩基骨格の総称
14：遺伝学のこと
16：クロマチンの基本構造単位
17：DNA 二重らせんにみられる大きな溝
18：生物種に固有な染色体構成（核型）

（解答は巻末参照）

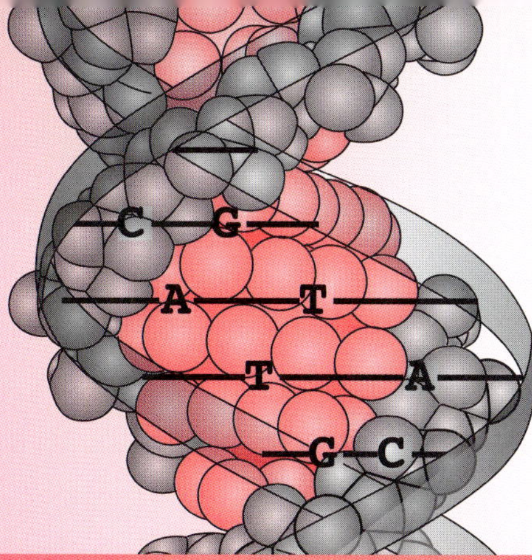
C G
A T
T A
G C

Chapter 6
転写の調節

Chapter 6

転写の調節

6.1 転写とは

6.1.1 転写の基本的なしくみ

遺伝情報発現の最初のステップは，転写（transcription）と呼ばれる．転写においては，二本鎖DNAの一方の鎖を鋳型（template）としてその配列に相補的な塩基配列をもつRNAを合成する．注意すべきことは，転写反応においては，デオキシリボヌクレオチドのポリマーであるDNAを鋳型としてリボヌクレオチドのポリマーであるRNAを作ること，また，塩基の相補性については，DNA側のAに対してRNAではUが対応することである（→ Chapter 1）．DNAの二本鎖のうち鋳型となる鎖をアンチセンス鎖*1（anti-sense strand）と呼ぶ．これに対して，もう一方の鎖をセンス鎖*1（sense strand）と呼ぶ．合成されたRNA鎖は，TがUに置換している以外，センス鎖DNAと同じ塩基配列となる．転写は転写開始点と呼ばれるアンチセンス鎖の決まった位置からスタートする．転写開始点の位置を+1として表わし，その5'側（センス鎖からみて）を上流（upstream），3'側を下流（downstream）と呼ぶ．上流，下流の位置は，それぞれ－35あるいは+30などで表す（図**6.1**）．

転写反応は**RNA**ポリメラーゼ（→ 6.1.2項）という酵素により触媒される．RNAポリメラーゼは，DNA二本鎖を局所的にほどきながら，アンチセンス鎖を3'→5'方向に沿って進み，その塩基配列に相補的な塩基を持つリボヌクレオシド三リン酸からピロリン酸を除いて，リボヌクレオシド一リン酸を重合しながら5'→3'方向にRNA鎖を伸ばしていく（図**6.2**，**6.3**）．二本鎖DNAにおいてどちら

*1　RNAポリメラーゼによるRNA合成（伸長）反応は，鋳型となるDNA鎖と相補的に塩基対を形成しながら進行する．したがって，できあがったRNA鎖の配列は，非鋳型鎖の配列と同じになる．遺伝子DNAの二本のそれぞれの鎖は，以下のように呼ばれる．

鋳型鎖	＝アンチセンス鎖	＝非コード鎖（non-coding strand）	＝（－）鎖
非鋳型鎖	＝センス鎖	＝コード鎖（coding strand）	＝（＋）鎖

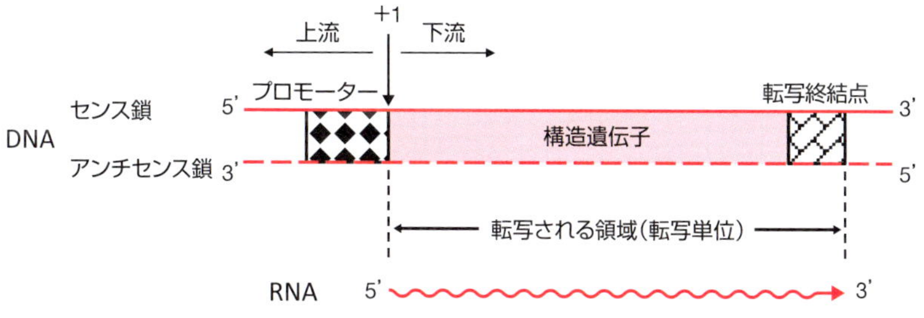
+1
上流
下流
センス鎖
DNA
アンチセンス鎖
5'
3'
プロモーター
構造遺伝子
転写終結点
3'
5'
転写される領域(転写単位)
RNA
5'
3'

図 6.1　転写は二本鎖 DNA の一方の鎖を鋳型にして，それに相補的な配列をもつ RNA を合成する

転写は転写開始点から転写終結点までを RNA に写し取る反応である．遺伝情報をもつ DNA 鎖をセンス鎖（図では上の鎖）といい，もう一方の DNA 鎖をアンチセンス鎖（図では下の鎖）という．図ではアンチセンス鎖に相補的な RNA が転写されている．転写開始点の DNA 位置を +1 として表し，センス鎖からみてその 5'- 側を上流といい，3' 側を下流という．+1 の上流にはプロモーターと呼ばれる転写を調節する領域がある．

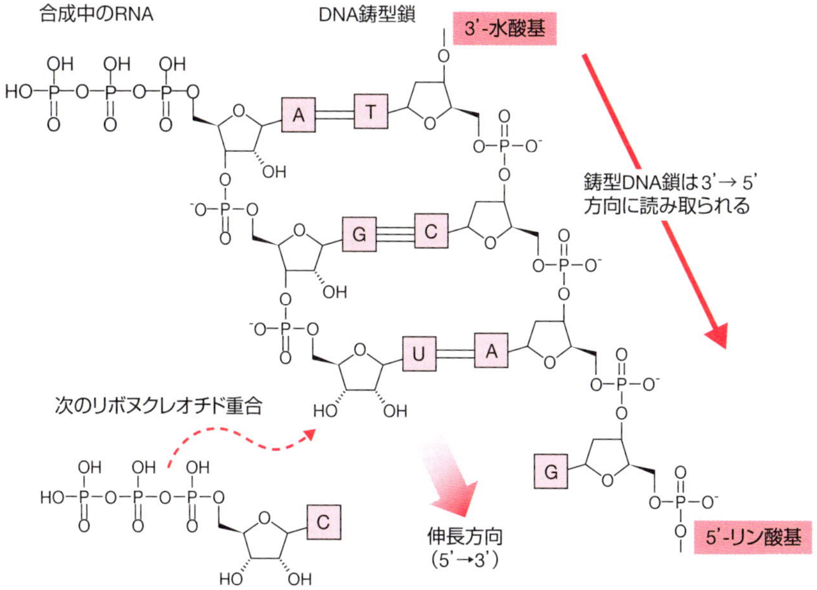
合成中のRNA
DNA鋳型鎖
3'-水酸基
鋳型DNA鎖は3'→5'
方向に読み取られる
次のリボヌクレオチド重合
伸長方向
(5'→3')
5'-リン酸基

図 6.2　RNA ポリメラーゼによるリボヌクレオチドの重合反応

鋳型 DNA 鎖と相補的な塩基対を形成できるリボヌクレオチドが取り込まれ，伸長中の RNA 鎖の 3'- 水酸基にリン酸ジエステル結合で結合する．RNA の 5'- 端は三リン酸である．

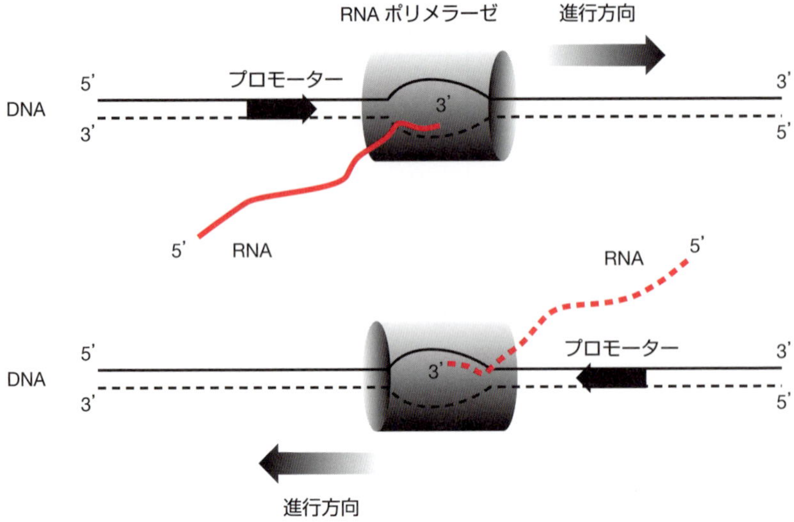
RNA ポリメラーゼ
進行方向
プロモーター
DNA
5'
3'
3'
3'
5'
5'
RNA
RNA
5'
DNA
5'
3'
3'
プロモーター
3'
5'
進行方向

図 6.3　プロモーター配列の向きが RNA ポリメラーゼの進行方向を決める

RNA ポリメラーゼが DNA に結合する方向はプロモーター配列の向きによって決められる．鋳型鎖は常に 3' → 5' 方向に読み取られ，また，ヌクレオチドは 5' → 3' 方向に重合されるので，RNA ポリメラーゼの向きによりどちらの DNA 鎖が鋳型鎖であるか決まる．上の図では点線が，下の図では実線がそれぞれ鋳型鎖として働く．

の DNA 鎖が鋳型となるかは遺伝子ごとに異なる．言い換えれば，DNA の全長にわたってどちらか一方の鎖が常にアンチセンス鎖あるいはセンス鎖になるわけではない．したがって，転写の方向は一方向ではなく，隣り合う遺伝子でさえ転写の方向性が同じ場合と異なる場合がある（**図 6.4**）．

転写反応は原核生物と真核生物で基本的には同じであるが，いくつかの点で違いがみられる．

- タンパク質をコードする遺伝子の場合，転写単位（transcription unit：転写開始点から転写終結点までの領域）は真核生物では基本的に一つの遺伝子で構成されるが，原核生物では複数の遺伝子から構成されるものが多い（→ 6.2 項）．
- 転写反応を触媒する RNA ポリメラーゼは原核生物では 1 種類だが，真核生物では 3 種類存在する（→ 6.1.2 項）．
- 真核生物の RNA ポリメラーゼは転写開始にさまざまな補助因子を必要とする

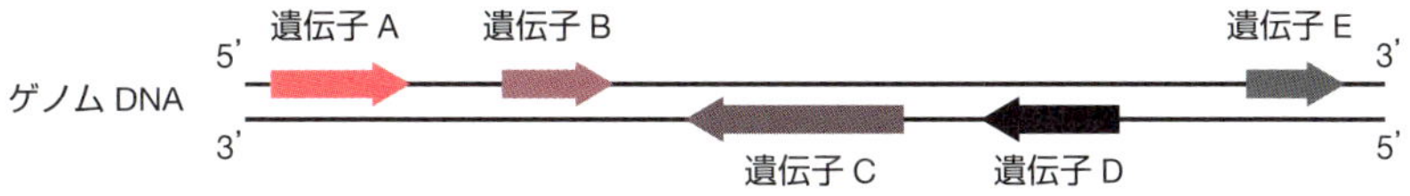
遺伝子 A
遺伝子 B
遺伝子 E
5'
3'
ゲノム DNA
3'
5'
遺伝子 C
遺伝子 D

図 6.4 遺伝子によりセンス鎖は異なる

同一の DNA 鎖がセンス鎖である場合とアンチセンス鎖である場合がある．矢印のある鎖がその領域の遺伝子のセンス鎖を示し，その相補鎖（アンチセンス鎖）が転写の鋳型になるので矢印の方向が転写の方向を示している．同じ DNA 領域の 2 本の DNA 鎖が両方ともセンス鎖として利用されることはほとんどないが，まれに真核生物ゲノムで観察される．

が，原核生物では，遺伝子によっては RNA ポリメラーゼのみでも転写が開始される（→ 6.3.2 項）．

・原核生物では転写進行中に翻訳が開始されるが（転写と翻訳の共役）（→ 6.2.2 項），真核生物では転写と翻訳がそれぞれ核と細胞質で独立して行なわれる．

6.1.2 RNA ポリメラーゼ[*2]

〔1〕原核細胞の RNA ポリメラーゼ

原核細胞には 1 種類の RNA ポリメラーゼが存在し，α (6.5 kd)，β (151 kd)，β' (155 kd)，ω (10.1 kd) および σ (1.9 ～ 7.0 kd) の 5 種類のサブユニットからなる．2 分子の α サブユニットと β，β'，ω からなる $\alpha_2\beta\beta'\omega$ をコア酵素（core enzyme）と呼び，さらに σ 因子が結合した $\alpha_2\beta\beta'\omega\sigma$ をホロ酵素[*3] (holoenzyme) という（**図 6.5**）．β サブユニットは DNA 結合能，また β' サブユニットはヌクレオチド重合（図 6.2）の触媒能をもつ．α サブユニットは β および β' サブユニットと相互作用して RNA ポリメラー ゼにおけるサブユニットの会合に関わる．コア酵素だけで DNA と非特異的に結合し，RNA 鎖を合成できるが，正しい転写開始点からの転写開始は σ 因子を含むホロ酵素によって行なわれる．すなわち，σ 因子がプロモーターの認識に必須の役割を果している．大腸菌には，分子量の異なる 7 種

*2 RNA ポリメラーゼ：通常の細胞のように DNA を鋳型として RNA を転写するものと，ある種のファージのように RNA を鋳型として RNA を合成するものがある．これらを区別する場合には，それぞれ DNA 依存 RNA ポリメラーゼ（DNA-dependent RNA polymerase），RNA 依存 RNA ポリメラーゼ（RNA-dependent RNA polymerase ）と呼ぶ．

*3 ホロ酵素：ホロとは「完全な」という意味であり，RNA 鎖を合成できるがプロモーターを認識できないコア酵素に対して，プロモーター認識能をもち，RNA 合成できる RNA ポリメラーゼをホロ酵素と呼ぶ．

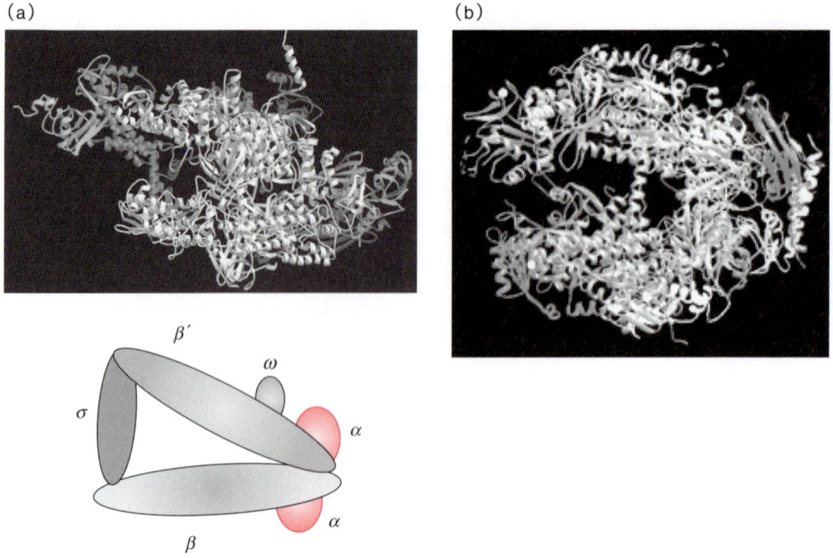
(a)
(b)
β′
ω
σ
α
α
β

図 6.5　RNA ポリメラーゼの立体構造

(a)　高度好熱菌のホロ酵素の結晶構造のリボンモデル（上）と模式図（下）.
[D.G.Vassylyev et al., Nature 417:712-719, 2002]
(b)　酵母 RNA ポリメラーゼ II の結晶構造のリボンモデル.
[P. Cramer et al., Science, 292:1863-1876, 2001]
（リボンモデルとは，タンパク質の立体構造を表示する一つの方法で，リボンはペプチドを表し，らせんやシート構造がわかる.）

類の σ 因子が存在する．分子量 70 kDa の σ^{70} 因子は増殖期の細胞で発現する多くの遺伝子群の転写に関与する．その他の σ 因子は，環境に応答して発現する遺伝子などの転写に関わっている．また，α サブユニットは CAP（→ 6.2.1 項）などの転写制御因子とも相互作用する．

〔2〕 真核細胞の RNA ポリメラーゼ

真核細胞には RNA ポリメラーゼ I，RNA ポリメラーゼ II，RNA ポリメラーゼ III の 3 種類が存在する．**表 6.1** に示すように 3 種の RNA ポリメラーゼはそれぞれ，核内局在と合成する RNA 種が異なる．RNA ポリメラーゼ I によって，18S, 28S rRNA の遺伝子（Pol I 遺伝子または class I 遺伝子という）が転写される．一方，mRNA をコードする遺伝子や，ある種の核内低分子 RNA をコードする遺伝子（Pol II 遺伝子または class II 遺伝子という）は，RNA ポリメラーゼ II によって転写される．そして，RNA ポリメラーゼ III によって tRNA 遺伝子や 5S rRNA 遺伝子など（Pol III 遺伝子または class III 遺伝子という）が転写される．3 種類の RNA ポリメラーゼはいずれも大小 12 ～ 15 個のサブユニットから構成される分子量約 500 kDa のタンパク質複合体で，サブユニットのうち 5 種類は 3 種の RNA ポリメラーゼに共通である．

〔3〕RNA ポリメラーゼの三次元構造

X 線結晶構造解析によって，真核生物および原核生物の RNA ポリメラーゼの三次元構造が明らかにされた（図 6.5 参照）．構成サブユニット数や分子量で大きな違いがあるにもかかわらず，真核生物と原核生物の RNA ポリメラーゼの全体像はいずれも「カニのはさみ」のような形状をしている．この構造から RNA ポリメラーゼ分子内における DNA，RNA の通路や基質 NTP の取り込み通路など，転写機構を理解するうえで重要な多くのことが明らかになった．酵母の RNA ポリメラーゼ II の立体構造解明に基づいた真核生物の転写機構の研究により R. D. Kornberg は 2006 年のノーベル化学賞を受賞した．

表 6.1　原核細胞と真核細胞の RNA ポリメラーゼ（数字はサブユニット数）

細胞	RNA ポリメラーゼ	局在	合成 RNA
原核細胞	RNA ポリメラーゼ（5）	細胞	すべて
真核細胞	RNA ポリメラーゼ I（14）	核小体	18S，5.8S，28S rRNA
	RNA ポリメラーゼ II（12）	核質	mRNA，snRNA
	RNA ポリメラーゼ III（15）	核質	tRNA，5S rRNA，snRNA

6.1.3　転写の素過程

転写の素過程は，開始（initiation），伸長（elongation），終結（termination）の 3 ステップに分けることができる．これらの素過程は，多くの点で原核生物と真核生物で類似している．ここでは，真核生物よりもシンプルな原核生物における転写の素過程に焦点をあて，真核生物に特徴的なことについては 6.3 節で述べる．

〔1〕転写開始（transcription initiation）

原核細胞の遺伝子には，−10 付近と−35 付近に A と T に富む二つのコンセンサス配列[*4]（consensus sequence）が存在する．これらの配列は転写が正しい転写開始点

*4　コンセンサス配列：多数の例から導きだされた共通配列のこと．

からスタートすることを指令する働きを持ち，これらの配列を含む領域はプロモーター（promoter）と呼ばれる.（**図 6.6**）. これら二つのコンセンサス配列は，プロモーターの機能の中心を担っており，前者は**－10** 領域（－10 region），または **Pribnow**（プリブノー）- ボックスと呼ばれ，後者は**－35** 領域（－35 region）と呼ばれる．コンセンサス配列はそれぞれ 5'-TATAAT-3'（－10）と 5'-TTGACA-3'（－35）である．ただし，すべてのプロモーターがこれらと完全に一致した配列をもつわけではなく，数塩基の相違はよくみられる．

転写開始は，RNA ポリメラーゼがプロモーターに結合し，転写開始前複合体（閉鎖複合体，closed complex）が形成されることから始まる（**図 6.7**）．次に，最初のリボヌクレオチドを取り込む DNA 上の位置，すなわち転写開始点（initiation site）付近で DNA 二重鎖が約 10 塩基対程度ほどかれ，閉鎖複合体から開鎖複合体（open complex）へ変化する．RNA ポリメラーゼがプロモーターにとどまった状態で最初の 8 ～ 10 塩基が合成され，もし誤ったヌクレオチドが取り込まれると開始のやり直しが起こる．RNA ポリメラーゼの特徴のひとつとして，DNA ポリメラーゼとは異なり反応開始にプライマーを必要としない．

〔2〕転写伸長（transcription elongation）

転写伸長とは RNA ポリメラーゼが DNA 上を移動しながら RNA 鎖を伸長させる過程である．転写伸長過程では，RNA ポリメラーゼは鋳型 DNA 上を一様に前進し続けるのではなく，転写開始点の下流に存在する T が連続した配列やヘアピン構造を形成するパリンドローム配列[*5]（図 6.6 のターミネーター配列を参照）などによりその速度が弱められたり（pause），あるいは一時停止する（arrest）．開始ステップから伸長ステップへの移行で σ 因子が遊離し，プロモータークリアランスとよばれる開始複合体の構造変化が起こる．代わりに，転写伸長に影響する Gre 因子や Nus タンパク質群などの因子が RNA ポリメラーゼに作用する．転写伸長の停止は，転写と翻訳の協調や，新生 RNA の正しい折りたたみ，転写の終結に必要な機構である．

〔3〕転写終結（transcription termination）

転写終結とは RNA ポリメラーゼを含む転写複合体と完成された RNA がターミネーターの領域で鋳型 DNA から離れるステップである．大腸菌には ρ（ロー）因子という転写終結因子があり，原核細胞の転写終結点を決めるターミネーターに

＊5　パリンドローム配列：回文配列ともいい，2 回回転対称な構造をもつ配列のこと（→ Chapter 1，演習問題）．

は，転写終結因子 ρ に非依存的なものと，依存的なものがある．ほとんどの遺伝子は ρ 因子非依存的なターミネーターを持ち，次の二つの特徴的な配列から構成されている．ひとつはGとCに富むパリンドローム配列（palindrome）で，もうひと

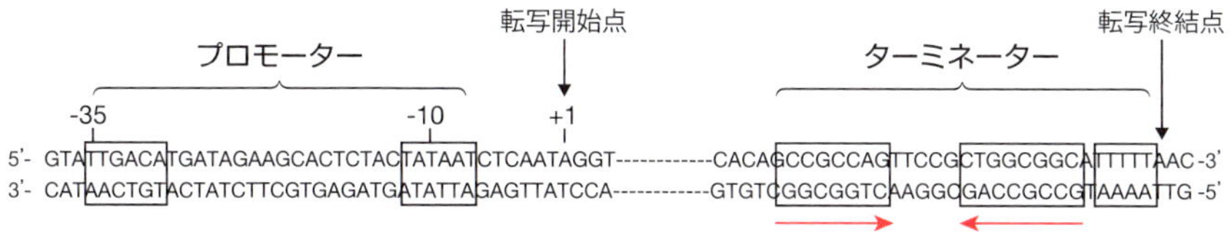

転写開始点
転写終結点
プロモーター
ターミネーター
-35
-10
+1
5'- GTATTGACATGATAGAAGCACTCTACTATAATCTCAATAGGT------------CACAGCCGCCAGTTCCGCTGGCGGCATTTTTAAC -3'
3'- CATAACTGTACTATCTTCGTGAGATGATATTAGAGTTATCCA------------GTGTCGGCGGTCAAGGCGACCGCCGTAAAATTG -5'

図 6.6　原核生物遺伝子のプロモーター配列とターミネーター配列

原核生物の遺伝子のプロモーターは転写開始点より上流−10付近と−35付近に存在するAとTに富む二つの配列要素からなる．一方，ρ 非依存的なターミネーター配列はパリンドローム配列[*5]（矢印で示す）とそれに続く数個のT配列からなる．図では，典型的なプロモーター配列およびターミネーター塩基配列を示している．

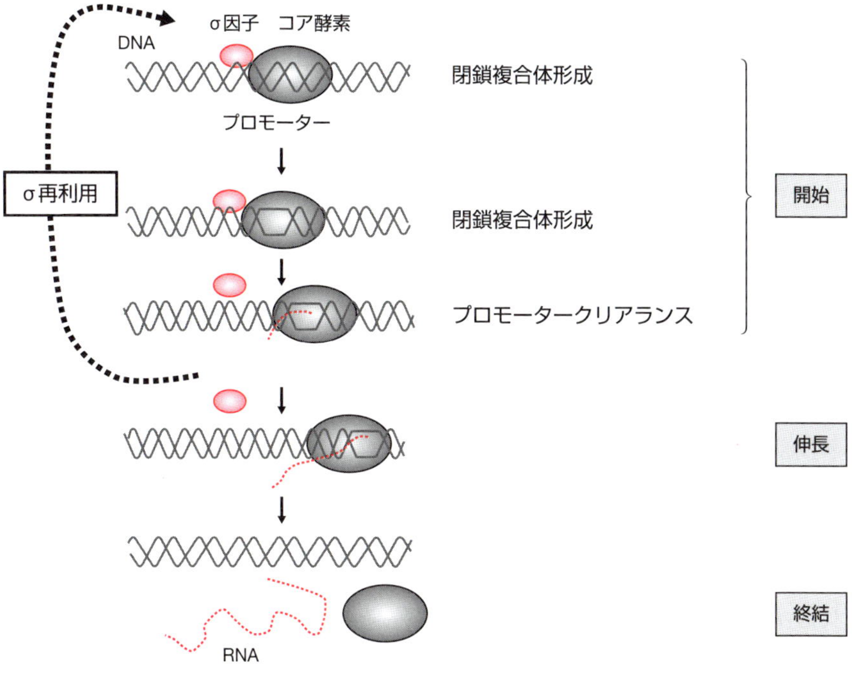

σ因子　コア酵素
DNA
閉鎖複合体形成
プロモーター
σ再利用
閉鎖複合体形成
プロモータークリアランス
開始
伸長
RNA
終結

図 6.7　転写の開始，伸長，終結の過程

転写の過程はいくつかのステップに分けることができる．それぞれのステップへの移行には転写複合体の構造変化を伴う．図では原核生物での転写の過程を示している．

つはそれに続く4～6個のT（センス鎖での塩基）の並びである（図6.6）．転写がターミネーター領域まで進むと，パリンドローム配列に対応するRNA部分がヘアピン構造を形成するので，RNAと鋳型鎖との間はA・U塩基対のみとなって不安定になるために（A・Uは塩基対の中で最も弱い），RNAがDNAから遊離して転写が終結する（**図6.8**）．

一方，ρ因子依存的ターミネーターはRut部位（Rho utilization sites）と呼ばれるあまり明確でない配列からなり，ρ因子はこの部分で転写中のRNAに結合し，自身がもつATPase活性を利用して転写を終結させる．

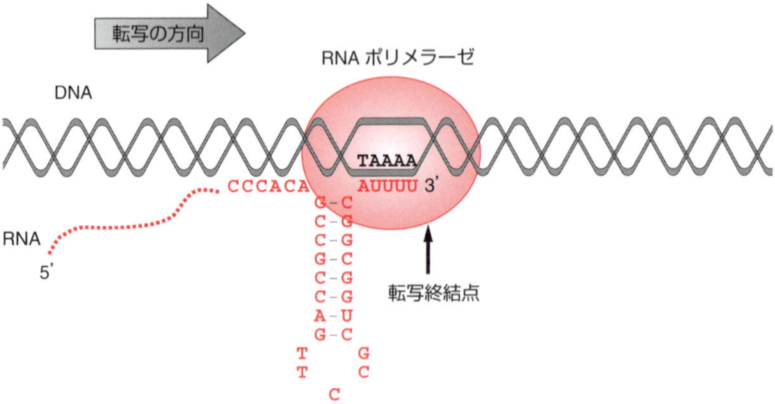

転写の方向
RNAポリメラーゼ
DNA
TAAAA
CCCACA
AUUUU 3'
G-C
C-G
C-G
G-C
C-G
C-G
A-U
G-C
T G
T C
C
RNA
5'
転写終結点

図6.8　ρ非依存的な転写終結は合成されたRNAの2次構造に依存する

6.2 原核細胞における転写調節

遺伝子の発現レベルはその産物の必要度に応じて増減し，その調節はさまざまな段階で行なわれる．最も一般的なのは転写の開始段階である．上述したように（6.1.3項），転写の開始はRNAポリメラーゼのプロモーターへの結合によって決まる．したがって，転写の調節とは，RNAポリメラーゼのプロモーターへの結合を促進するか，または阻害することである．この調節を正負2種類のタンパク質，活性化因子（アクチベーター）と抑制因子（リプレッサー）が行う．

6.2.1 オペロン説

微生物において，ある酵素がその基質存在下でのみ発現する現象は古くから基質誘導（substrate induction）として知られていた．この誘導現象の謎を遺伝子発現レベルで明確に解いたのがF. JacobとJ. Monodである（1965年，ノーベル医学生理学賞）．一般に，大腸菌が利用する糖はグルコースで，ラクトースのような二糖類はグルコースに分解されてはじめて利用され得る．JacobとMonodはラクトースの利用に関与する3種類の酵素遺伝子に変異をもつ大腸菌株を数多く単離し，その表現型と遺伝子変異との関連を詳細に解析した．この一連の実験から，ラクトース利用遺伝子群が一つの転写単位を構成し，共通の制御配列によって調節されていること，さらに，この制御配列が他の遺伝子産物により支配されていることを明らかにした．彼等はラクトースを利用する酵素群の発現調節のシステム全体を一つの制御単位，オペロン（operon）[*6]と命名した．そして，オペロンでの遺伝子転写がトランスに作用する因子（*trans*-acting factor）とシスに働く配列（*cis*-acting sequence）（→ 6.3.3項）との特異的な相互作用により制御されるというオペロン説（operon theory）を提唱した．

6.2.2 ラクトースオペロン（lactose operon, *lac* operon）

〔1〕*lac* オペロンは誘導系オペロンである

lac オペロンは**図6.9**に示すように，*β*-ガラクトシダーゼ（*lac Z*），透過酵素（*lac Y*）およびアセチル化酵素（*lac A*）の3つのタンパク質をコードする遺伝子領域をもつ．このようにタンパク質をコードする遺伝子を**構造遺伝子**（structural gene）という．これに対して，構造遺伝子の発現を調節する遺伝子領域を**調節遺伝子**（regulatory gene）という．3つの構造遺伝子は，前方に位置するプロモーターから1本のRNA分子として転写される．このように，複数の遺伝子領域が1本のRNAに写しとられるような転写様式は**ポリシストロニック転写**[*7]（polycistronic transcription）と呼ばれ，原核生物に特徴的である．オペロンに特徴的な配列が**オペレーター**（operator）で，以下に述べるようにオペロンの負の制御に関わる．通常，プロモーター配列と重複あるいは近接して存在している．

〔2〕*lac* オペロンの負の制御

誘導物質（インデューサーともいう）による*lac* オペロンの転写制御のひとつ

*6　オペロン：一つのプロモーターから1本のmRNAへと統一的に転写される構造遺伝子群．

*7　ポリシストロニック転写：シストロンとは，相補性テストで定義される遺伝単位のこと．通常は，一つのポリペプチド鎖を決定している単位がシストロンである．ポリシストロニック転写とは，いくつかの遺伝子が1本のmRNAとして転写される場合である．

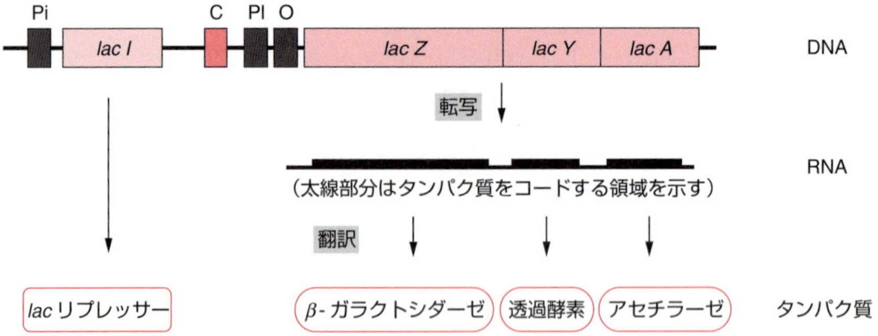

Pi
lac I
C
Pl
O
lac Z
lac Y
lac A
DNA
転写
RNA
（太線部分はタンパク質をコードする領域を示す）
翻訳
lac リプレッサー
β- ガラクトシダーゼ
透過酵素
アセチラーゼ
タンパク質

図 6.9　ラクトースオペロンの構造

ひとつの転写単位として三つの構造遺伝子（Z, Y および A）から RNA が合成され，それぞれの酵素タンパク質が産生される．

Pl：*lac* オペロンのプロモーター，O：オペレーター，Pi：*lac*I のプロモーター，C：CAP 結合部位を指す．

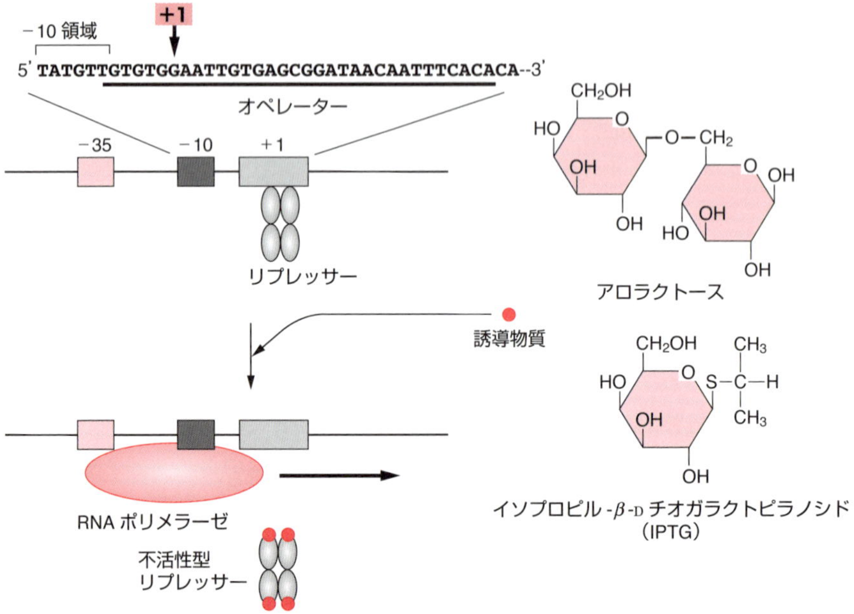

+1
−10 領域
5' TATGTTGTGTGGAATTGTGAGCGGATAACAATTTCACACA--3'
オペレーター
−35
−10
+1
リプレッサー
誘導物質
RNA ポリメラーゼ
不活性型
リプレッサー
CH2OH
HO
O
O
CH2
OH
OH
OH
HO
OH
アロラクトース
CH2OH
CH3
HO
O
S
C
H
OH
CH3
OH
イソプロピル -β-D チオガラクトピラノシド
（IPTG）

図 6.10　リプレッサーによる転写開始の抑制

lac リプレッサーは四量体としてオペレーターに結合して，RNA ポリメラーゼの転写開始を抑制する．ラクトースから細胞内での異性化反応により生じたアロラクトースが誘導物質となり，誘導物質と結合したリプレッサーが DNA から離れると転写が起こる．

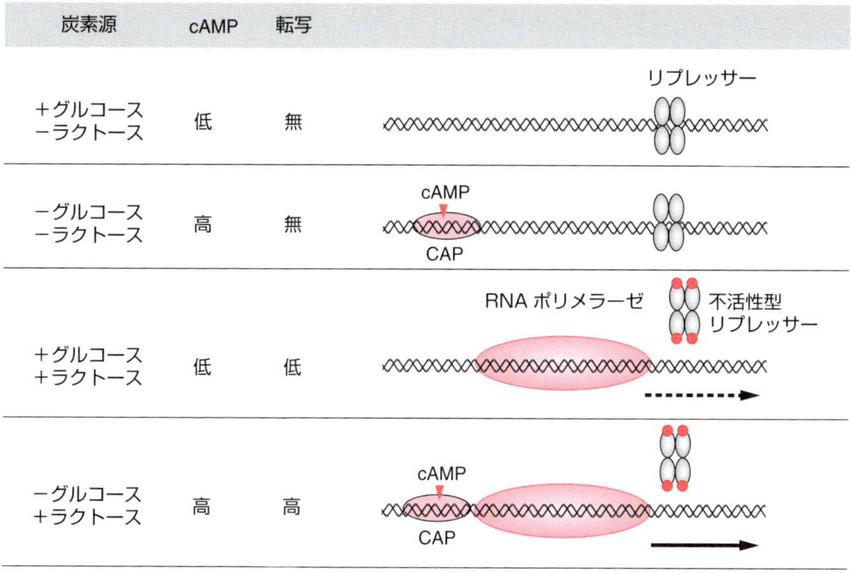
炭素源
cAMP
転写
リプレッサー
+グルコース
−ラクトース
低
無
cAMP
−グルコース
−ラクトース
高
無
CAP
RNA ポリメラーゼ
不活性型
リプレッサー
+グルコース
+ラクトース
低
低
cAMP
−グルコース
+ラクトース
高
高
CAP

図 6.11　*lac* オペロンは正と負の二つの転写制御をうける

+，−は培地中のグルコースまたはラクトースの有無を示す．

は，抑制（負の制御）とその解除によってなされる．抑制は調節遺伝子 *lac*I から産生される *lac* リプレッサーが四量体としてオペレーターに結合することによりなされる．オペレーターは転写開始点と重なっているため，*lac* リプレッサーが結合すると RNA ポリメラーゼがプロモーターに結合できない．この転写抑制はラクトースによって解除される．その仕組みは，*lac* リプレッサーがラクトースの異性体（アロラクトース）と結合すると，アロステリック[*8] な構造変化を起こしてオペレーターに特異的に結合できなくなるためである（**図 6.10**）．アロラクトースのような誘導物質の特異性は極めて高く，基質のほかでは類似した分子だけがその働きを示す．たとえば，イソプロピル-β-D-チオガラクトシド（IPTG）は強い誘導作用をもち，種々の誘導実験に広く利用される（→ 3.1.5 項）．

〔3〕 *lac* オペロンの正の制御

誘導物質による *lac* オペロンの発現誘導はグルコースが共存すると起こらない．

*8　アロステリック（allosteric）：ギリシャ語の allos（他の）と stereos（空間）に由来し，空間的に離れた部位が相互に影響を与え合うこと．低分子化合物（リガンド）が結合するとタンパク質の立体構造が変化して，そのタンパク質の活性（機能）が調節される．

グルコースによるこの作用をカタボライト抑制（catabolite repression）といい，細胞内のサイクリック AMP（cAMP）濃度と密接に関係する．グルコースが存在しないときに cAMP 濃度は上昇し，カタボライト活性化タンパク質（catabolite activator protein：CAP）と呼ばれる転写制御因子が活性化されて，RNA ポリメラーゼと相互作用して転写を促進する．このように，*lac* オペロンの転写は *lac* リプレッサーによる抑制と CAP による活性化の正と負の二つの機構によって制御されている（**図 6.11**）．

6.2.3 トリプトファンオペロン（tryptophan operon, *trp* operon）

〔1〕*trp* オペロンは抑制系オペロンである

trp オペロンはトリプトファン生合成に関わる 5 つの酵素遺伝子領域から構成され，ポリシストロニックに転写される（**図 6.12**）．*lac* オペロンはグルコースが存在せずラクトースが存在するときに転写が活性化されるが，*trp* オペロンは通常，転写が活性化状態にある．調節遺伝子 *trp*R から産生される *trp* リプレッサーはそれ自身のみではオペレーターに特異的に結合できないためである．*trp* オペロンの発現が必要でないとき，つまり細胞内にトリプトファンが十分に存在するとき，*trp* リプレッサーはトリプトファンと結合してアロステリックな構造変化を起こし，オペレーターの DNA 配列に特異的に結合できるようになる．その結果，プロモーターへの RNA ポリメラーゼの結合が阻害され，*trp* オペロンの転写は抑制される（**図 6.13**）．トリプトファンリプレッサーのような不活性なリプレッサーをア

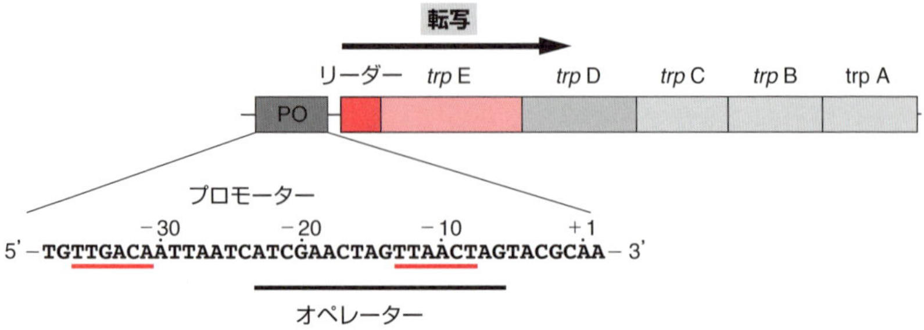

転写
リーダー
trp E
trp D
trp C
trp B
trp A
PO
プロモーター
−30
−20
−10
+1
5' – TGTTGACAATTAATCATCGAACTAGTTAACTAGTACGCAA – 3'
オペレーター

図 6.12　*trp* オペロンの構造

trp オペロンの転写単位は 5 つの構造遺伝子からなる．mRNA の 5' 末端にリーダーペプチド領域が存在する．オペレーターは −10 領域と重なっている．赤線は −10 領域と −35 領域を指す．

ポリプレッサー（aporepressor）といい，また，活性型リプレッサーに変化させるトリプトファンをコリプレッサー（corepressor）という．

〔2〕*trp* オペロンのアテニュエーション機構（attenuation：転写減衰）

trp オペロンの転写制御にはもうひとつの機構，アテニュエーションが働いている．これは，転写と翻訳が共役した原核生物に特徴的なものであり，細胞内のトリプトファン濃度によって厳密に制御された機構である．*trp* オペロンの転写開始点と *trp*E 遺伝子との間にトリプトファンコドンを連続して 2 個含む 162 bp からなるリーダー配列（リーダーペプチドをコード）が存在する（**図 6.14**）．さらに，この領域には互いに相補的な 4 つの配列が存在し（図 6.14 で赤い影を付けた 4 つの配列），転写途中の RNA 分子が 3 種の異なる 2 次構造を形成することが可能であ

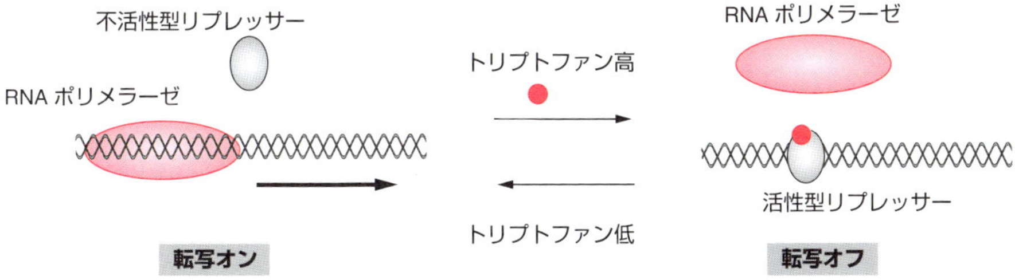
不活性型リプレッサー
RNA ポリメラーゼ
トリプトファン高
トリプトファン低
RNA ポリメラーゼ
活性型リプレッサー
転写オン
転写オフ

図 6.13　プロモーターへの RNA ポリメラーゼ結合の阻害

trp リプレッサーはアポリプレッサーである．トリプトファンと結合した活性型リプレッサーが RNA ポリメラーゼのプロモーター結合を阻害する．

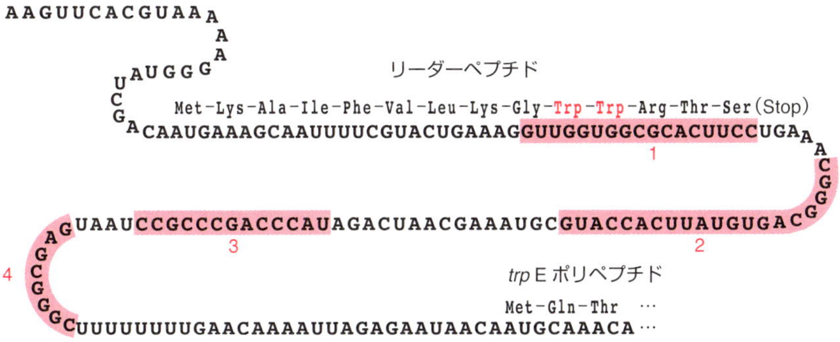
AAGUUCACGUAAAAA
UCG AUGGG
リーダーペプチド
Met-Lys-Ala-Ile-Phe-Val-Leu-Lys-Gly-Trp-Trp-Arg-Thr-Ser (Stop)
ACAAUGAAAGCAAUUUUCGUACUGAAAGGUUGGUGGCGCACUUCCUGAAACGG
1
CGUAAUCCGCCCGACCCAUAGACUAACGAAAUGCGUACCACUUAUGUGACGG
3
2
4
GGCGG
trp E ポリペプチド
Met-Gln-Thr …
CUUUUUUUUGAACAAAAUUAGAGAAUAACAAUGCAAACA …

図 6.14　リーダー配列の構造

る．どの構造を取るかはリーダー配列の翻訳過程に依存する．細胞内トリプトファン濃度が高い場合には**図 6.15（a）**のように，リボソームはリーダー配列内の配列 1 の *trp* コドンを通過するので，配列 3 と配列 4 がヘアピン構造をつくる．このため ρ 非依存性のターミネーター様構造が形成され（→ 6.1.3 項），*trp*E 遺伝子の手前で転写が減衰（アテニュエーション）して終結する．トリプトファン濃度が低いときには図 6.15（b）のように，リボソームは *trp* コドンで停止するため，転写途中の RNA は配列 2 と配列 3 の間でヘアピン構造をつくるためにターミネーター様構造が形成されずに転写が継続する．より正確に言えば，*trp* オペロンにおけるアテニュエーションは，細胞内におけるトリプトファンをチャージした tRNA の濃

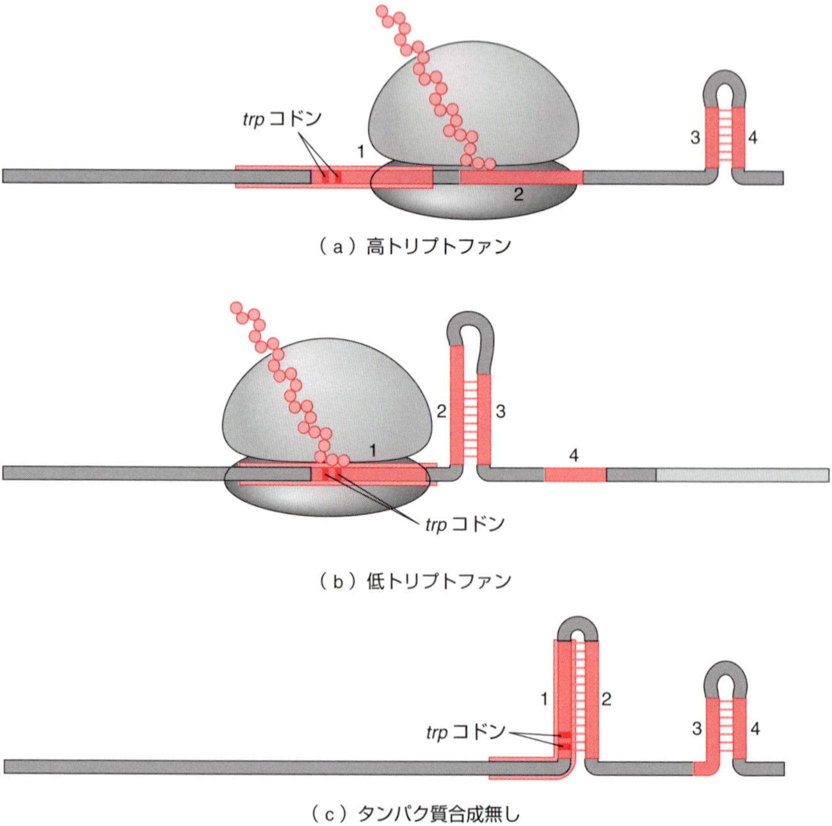

trp コドン
1
2
3
4
（a）高トリプトファン
1
2
3
4
trp コドン
（b）低トリプトファン
1
2
trp コドン
3
4
（c）タンパク質合成無し

図 6.15　アテニュエーションの機構

度を検知して *trp* オペロンを制御するシステムである．アテニュエーションは他のアミノ酸オペロンにも存在するが，いずれもリーダー配列内にそのアミノ酸のコドンが複数個存在する．

6.3 真核細胞における転写調節

6.3.1 転写研究実験法

ゲノムの大きさやその複雑度などから，真核生物における遺伝子の生物学は原核生物に比べて非常に遅れていた．しかし，遺伝子クローニング技術の確立を背景にして，1980年代に入ると，DNA上の転写制御配列や転写因子を解析するための有用な *in vitro* および *in vivo* [*9] 実験系が開発された．これにより真核細胞における遺伝子の転写調節についての研究が飛躍的に進展した．

〔1〕*In vitro* 実験系

In vitro 実験系とは，クローン化したDNAを鋳型とし，RNAポリメラーゼや他のタンパク質を含む細胞核抽出液を添加して再構成した試験管内転写反応系である．この実験系では，鋳型DNA（一般にクローン化したDNAを制限酵素で切断して用いる）から転写されるRNA産物のサイズを電気泳動で調べる方法が用いられる（**図6.16（a）**）．プロモーターを認識した正確な転写開始が起こると，転写開始点から制限酵素切断点までの決まった長さをもつRNAが合成される．これは **run-off** 転写と呼ばれる．この実験系により，プロモーターの構造や基本転写因子（→ 6.3.2項）の同定，およびその作用機序の詳細が明らかにされた．しかし，この実験系には，遺伝子のはるか上流に位置する制御配列による転写制御反応を再構成できないという欠点があった．

〔2〕トランスフェクション実験系

このような難点を克服し，かつ制御のメカニズムについての解析を可能にしたのがトランスフェクション[*10]（transfection）実験系である．これは，クローン化した遺伝子を培養細胞に導入して，その発現を解析する方法である．この実験系では，培養細胞ゲノムで使われているのと同じ転写因子や翻訳装置が外来のDNAにも使

---

*9　*in vitro*：試験管内で，*in vivo*：生体内で

*10　トランスフェクション：動物・植物細胞に外来DNAを導入すること．細菌に外来DNAを導入することはトランスフォーメーションという．

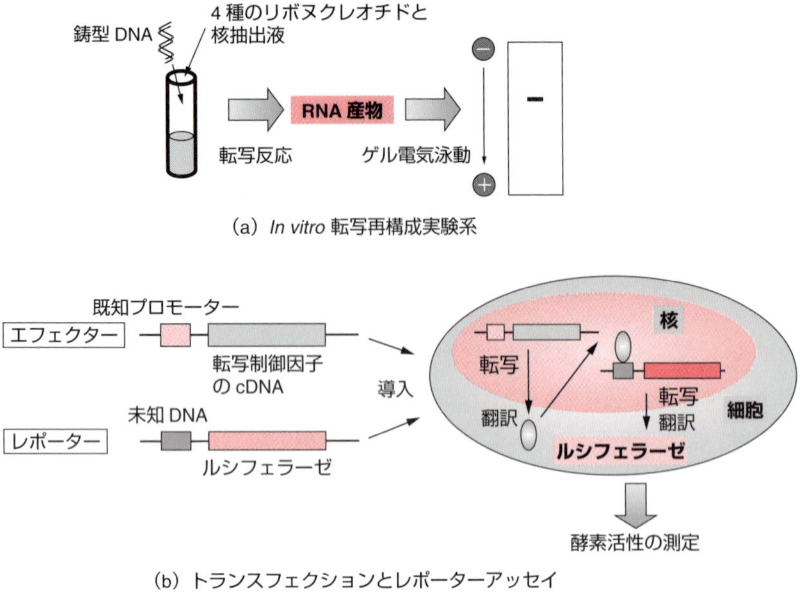

4種のリボヌクレオチドと
核抽出液
鋳型 DNA
RNA 産物
転写反応
ゲル電気泳動
(a) In vitro 転写再構成実験系
既知プロモーター
エフェクター
転写制御因子
の cDNA
未知 DNA
レポーター
ルシフェラーゼ
導入
核
転写
翻訳
転写
翻訳
細胞
ルシフェラーゼ
酵素活性の測定
(b) トランスフェクションとレポーターアッセイ

図 6.16　転写解析実験系

(a)　*In vitro* 転写再構成実験系：核抽出液に加えてRNAポリメラーゼを添加する場合もある．
(b)　トランスフェクションとレポーターアッセイ：導入したエフェクター DNA から産生される転写制御因子がレポーターの未知 DNA 部分に作用して転写を制御すると，レポーター DNA からルシフェラーゼが産生される．

われる．DNA を導入してから 2，3 日後，まだ導入した外来 DNA が細胞のゲノムに取り込まれていない時期に遺伝子の発現を調べる系（一過性トランスフェクション，transient transfection）と，外来 DNA が染色体に組み込まれて安定に発現する細胞株（安定株：stable transformant [*11] という）を用いて遺伝子の発現を調べる系とがある．一過性トランスフェクション実験系に比べ，安定株を用いた実験はより生理的である．

〔3〕 レポーターアッセイ

プロモーターや制御配列を解析するトランスフェクション実験系では，導入した DNA が正しく機能したことを，簡単に，かつ定量的に測定できる指標（マー

＊11　stable transfectant ともいう．

カー）が必要である．このために，プロモーター領域と想定されるDNAの下流に，大腸菌β-ガラクトシダーゼやクロラムフェニコールアセチルトランスフェラーゼ（CAT），あるいはホタルのルシフェラーゼなどのcDNA遺伝子を連結する．もし，このような構成の遺伝子クローンが細胞内で発現すると，転写と翻訳によってこれらのマーカー酵素が作られ，その酵素活性はあたかもレポーターのように上流側に連結したDNAの働きを知らせる．したがって，このような解析方法はレポーターアッセイと呼ばれる（図6.16）．このアッセイを用いて，制御配列の同定のほか，細胞特異的，あるいは細胞外からの刺激に応答する種々の制御配列やそれに結合する因子の存在，ならびにその作用機構が明らかにされた．レポーターの一種，オワンクラゲの緑色蛍光タンパク質**GFP**（green fluorescent protein）は，転写制御因子などタンパク質の細胞内局在や動態の解析をはじめとして非常に幅広く用いられている（2008年ノーベル化学賞，下村脩博士）．

6.3.2 基本転写因子

真核生物のRNAポリメラーゼは，原核生物のσ因子に相当するサブユニットを持たず，単独ではプロモーターに結合できない．そのため，RNAポリメラーゼのプロモーターへの結合に際して，3種のRNAポリメラーゼごとにそれぞれ異なる基本転写因子（basal transcription factor）と呼ばれる多数の補助因子を必要とする（**表6.2**）．

〔1〕RNAポリメラーゼⅡによる転写開始・伸長・終結

RNAポリメラーゼIIによって転写されるmRNA遺伝子の基本的なプロモーター（コアプロモーター：core promoter）構造は，**TATA**ボックス（転写開始点の上流−25～−30に存在するAとTに富む配列），TATAボックスのすぐ上流に局在するTFIIB認識配列（BRE），転写開始点付近のイニシエーター（initiator：Inr）および下流プロモーターエレメント（downstream promoter element：

表6.2　真核細胞の基本転写因子（数字はサブユニット数を示す）

RNAポリメラーゼ	基本転写因子
RNAポリメラーゼI	SL1（4），UBF（1）
RNAポリメラーゼII	TFIIA（3），TFIIB（1），TFIID（13），TFIIE（2），TFIIF（2），TFIIH（9）
RNAポリメラーゼIII	TFIIIA（1），TFIIIB（3），TFIIIC（5），SNAPc（4）

DPE）から構成される（**図 6.17**）．すべての mRNA 遺伝子が必ずしもこれら 4 種の配列をすべてもっているのではなく，遺伝子によりその組合せが異なる．たとえば，TATA ボックスのないプロモーター（TATA-less promoter）がしばしば見出されているが，この場合には DPE が含まれている．コアプロモーターを構成する配列の他に，上流 −100 までの領域に **GC-ボックス**（5'-GGGCGG-3'）や **CAAT ボックス**（5'-CCAAT-3'）が多くの pol II 遺伝子に共通してみられる．これら配列は上流プロモーターとも呼ばれるが，プロモーター活性はなく転写を促進する働きをもつ．

RNA ポリメラーゼⅡによる転写開始には，6 種類の基本転写因子が必要で（表 6.2），転写開始複合体（transcription initiation complex）の形成における各因子の役割が詳しくわかっている（図 6.17 参照）．

① まず，TFIID（TBP [*12] と約 12 種類の TAF [*13] の複合体）が TATA ボックス，Inr，DPE を覆うように結合する．TFIID は転写開始複合体の形成の核となる．

② TFIIA が TFIID と DNA との結合を安定させる．

③ TFIIB が BRE を認識して TFIID/DNA 複合体に結合する．

④ TFIIF と RNA ポリメラーゼが取り込まれる．TFIIF は転写伸長因子として

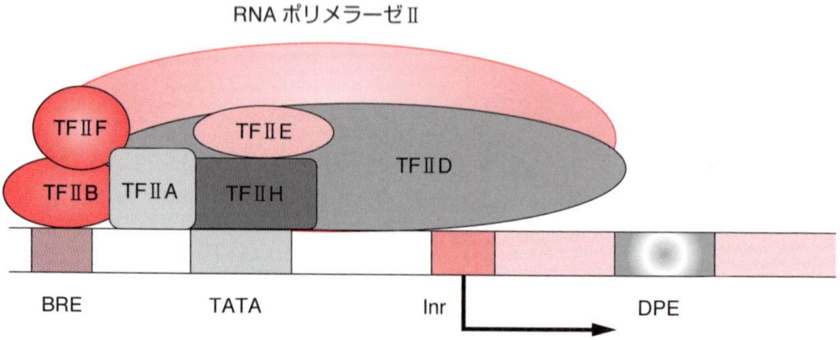
RNA ポリメラーゼⅡ
TFⅡF
TFⅡE
TFⅡD
TFⅡB
TFⅡA
TFⅡH
BRE
TATA
Inr
DPE

図 6.17　基本転写因子と RNA ポリメラーゼ II との転写開始複合体形成

TFIID がプロモーター領域に結合した後，TFIIA など他の基本転写因子および RNA ポリメラーゼ II が会合して巨大な転写開始複合体を形成する．

＊12　TBP：TATA-box binding protein，TATA ボックス結合因子のこと．TBP は pol I および pol III 遺伝子の転写開始に必要な基本転写因子にも含まれている．

＊13　TAF：TBP-associated factor，TBP 会合因子のこと．

も機能する．

⑤　TFIIE と TFIIH が取り込まれ，基本転写装置が完成する．

TFIIH のヘリカーゼ活性により，転写開始点付近の DNA の二重らせんがほどかれ，転写開始可能となる．さらに，TFIIH のキナーゼ活性により RNA ポリメラーゼ II の最大サブユニットの C- 末端（**CTD**，carboxyl-terminal domain：C- 末ドメイン）がリン酸化されると，ポリメラーゼは TFIIF を除いた基本転写因子群から離れ，転写伸長ステップに移る．

真核生物での転写伸長については，RNA ポリメラーゼ II が比較的よく研究されている．原核生物と同様に，転写開始後，転写伸長の pause や arrest が起こる．伸長ステップで，TFIIF を除いた基本転写因子群が転写開始複合体から離れ，転写伸長に影響する因子が置き換わる．転写伸長の pause を抑制したり，あるいは arrest を解除する因子として，TFIIS（SII とも呼ばれる），エロンガン（SIII とも呼ばれる），P-TEFb（positive elongation factor b）などがある．また，転写伸長複合体に残っている TFIIF は転写伸長を継続させる因子としても作用する．これに対して，DSIF（DRB-sensitivity inducing factor）などは pause を誘導する負の因子として作用する．これらは多くの遺伝子に共通の伸長因子であるが，特定の遺伝子に特異的に作用する伸長因子も存在する．

転写伸長に直接影響するわけではないが，伸長ステップで，キャッピングやスプライシングなど RNA プロセシングに関わる種々の因子も転写伸長複合体に取り込まれる（→ Chapter 7）．

真核生物の転写終結について多くは不明である．RNA ポリメラーゼ II による転写は特定の場所で終結するわけではなく，mRNA のポリ A シグナル配列（→ Chapter 7）を通過しても止まらない．合成中の mRNA 前駆体は転写終結の前に切断され，成熟 mRNA が産生されるので，転写終結がどこで起こっているかあまり詳しくわかっていない．最近，β- グロビンやアルブミンなどの遺伝子で，ポリ A シグナル配列の下流に CoTC（co-transcription cleavage，転写共役的切断）と呼ばれる配列が見つかっている．CoTC 配列を含む RNA 部分がリボザイムとして働き，この配列の上流で mRNA 前駆体を切断する．切断された下流のプレ mRNA は続いてエキソヌクレアーゼによって分解され，結果的に RNA ポリメラーゼ II が鋳型から離れ，だらだらと転写終結していると考えられている．

〔2〕RNA ポリメラーゼ I による転写開始

リボソームの RNA 構成成分としては 5S rRNA, 5.8S rRNA, 18S rRNA, 28S rRNA

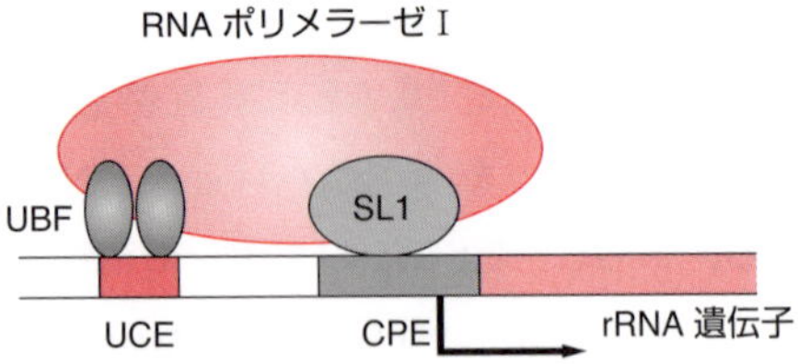
RNA ポリメラーゼⅠ
UBF
SL1
UCE
CPE
rRNA 遺伝子

図 6.18　RNA ポリメラーゼ Ⅰの転写開始複合体

2 種類の基本転写因子がプロモーターに結合してポリメラーゼⅠを引き寄せる.

の 4 種がある. このうち, 5S rRNA 以外の 3 種類の rRNA は一つの転写単位として rRNA 遺伝子（rDNA）にコードされ, RNA ポリメラーゼⅠで転写される. まず, 45S 前駆体 RNA が合成され, プロセッシング（processing）を経て, 5.8S rRNA, 18S rRNA, および 28S rRNA が産生される（→ Chapter 7）.

rDNA のプロモーターは転写開始点付近と上流−100 付近に存在する二つの配列, CPE（core promoter element）と UCE（upstream control element）から構成される（**図 6.18**）. RNA ポリメラーゼⅠによる転写開始は, SL1（Selectivity factor 1）が CPE に, また UBF（upstream binding factor）が UCE にそれぞれ結合することによって始まる. ヒト rDNA はマウス細胞に導入されても転写されることはない. この種特異的な転写に関わる配列が CPE で, その塩基配列はヒトとマウスなど近縁動物種によっても異なる. 一方, rRNA 合成は細胞の増殖と密接な関係にあり, 栄養の補給など細胞内外の状態によって制御され, UCE がこの制御に関わる.

〔3〕RNA ポリメラーゼⅢによる転写開始

RNA ポリメラーゼ III は tRNA および 5S rRNA など低分子 RNA 遺伝子の転写を行う（表 6.1）. そのプロモーターには, 遺伝子内に存在する内部プロモーター型（タイプ 1 とタイプ 2 の 2 種類）と, pol II 遺伝子プロモーターでみられる TATA ボックスもつ外部プロモーター型の 3 種類がある.

1）内部プロモーター型：tRNA 遺伝子や 5S rRNA 遺伝子のプロモーターはこのタイプで, ボックス A とよばれる共通配列と, ボックス B あるいはボックス C の二つの配列から構成される（**図 6.19**）. tRNA 遺伝子をはじめ多くの pol III 遺伝子がボックス B（タイプ 2）を, また 5S rRNA 遺伝子だけがボックス C（タイプ 1）をもつ. 転写開始には 3 種類の基本転写因子（TFIIIA, TFIIIB, TFIIIC）が関わり, ボックス B には TFIIIC が単独で, またボックス C には TFIIIA と TFIIIC が結合する. TFIIIB が RNA ポリメラーゼ III を取り込み, 安定な複合体を形成する．TFIIIB に含まれる TBP は直接 DNA 結合には関与せず，分子集合と複合体全体の安定化に関わると同時に，転写開始点を決定している．

2）外部プロモーター型：この型のプロモーターをもつ遺伝子としてよく調べられているのが，スプライシングに関わる U6 snRNA をコードする遺伝子である（→ Chapter 7）．そのプロモーターは，遺伝子上流−25 付近に存在する TATA ボックスと，さらに上流領域に存在する他の二つの配列から構成される．TFIIIA と TFIIIC の代わりに SNAPc（snRNA-activating protein complex）が補助的に働き，TFIIIB が TATA ボックスに結合する．

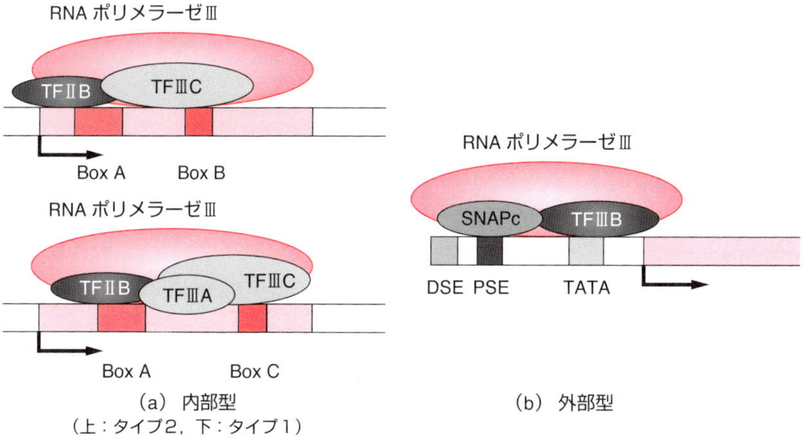
RNA ポリメラーゼⅢ
TFⅡB
TFⅢC
Box A
Box B
RNA ポリメラーゼⅢ
TFⅡB
TFⅢA
TFⅢC
Box A
Box C
（a）内部型
（上：タイプ2，下：タイプ1）
RNA ポリメラーゼⅢ
SNAPc
TFⅢB
DSE
PSE
TATA
（b）外部型

図 6.19 RNA ポリメラーゼ III 遺伝子プロモーター

2 種類の内部型および 1 種類の外部型プロモーターがある．それぞれに 2 ～ 3 種類の基本転写因子が結合してポリメラーゼを引き寄せる．内部型タイプ 1 は 5s rRNA 遺伝子，内部型タイプ 2 は tRNA 遺伝子など，また外部型は U6 snRNA 遺伝子に見られる．

6.3.3 シスエレメントとトランス作用因子

In vitro 実験系をはじめとする転写研究法の開発は，転写調節機構の解明へ向けて二つの方向を示した．その一つは，着目したい遺伝子の上流または下流に位置する DNA 配列がどのように転写に影響するかという視点である．組換え DNA 技術を駆使して人為的に上流，または下流の配列に変異や欠失を導入した DNA クローンを鋳型として，その転写を *in vitro* 転写系およびトランスフェクション実験系で検討するということが行なわれた．このような実験によって明らかにされてきた転写を調節する DNA 配列をシスエレメントという．

もうひとつは，DNA以外で転写を制御する要因の探索である．まず考えられたのがRNAポリメラーゼであった．しかし，RNAポリメラーゼが転写の特異性に関与する可能性が少ないことが早々に判明し，焦点はRNAポリメラーゼ以外のタンパク性因子に絞られた．たとえば，細胞核の抽出物を精製し，*in vitro* 実験系によりテストする試みがなされた．あるいは，別途同定されたシスエレメントに結合するタンパク質からそのcDNAを単離する実験も有効であった．このようにして転写を調節する多くのタンパク質因子が明らかにされた．これらは着目した遺伝子とは別の遺伝子によってコードされたタンパク質因子という意味で，**トランス作用因子**と呼ばれた．シスとは同一分子中で作用するという意味で，遺伝子と同一分子にあるプロモーターなどのDNA配列をシスエレメントという．一方，トランスとは異なる分子に作用するという意味である．

〔1〕シスエレメント（*cis*-element）

シスエレメントは，転写開始に必須のプロモーター領域と，転写レベルを上昇させる**エンハンサー**（enhancer）あるいは抑制する**サイレンサー**（silencer）と呼ばれる制御配列に大別される．プロモーターが存在する位置は転写開始点から一定であるのに対して，エンハンサーとサイレンサーはその距離や方向がさまざまで，はるか上流あるいは下流に，またイントロンに存在していることもある．エンハンサーとサイレンサーは単独ではその機能を発揮することができず，プロモーターの存在を必要とする．この他，細胞内外のシグナルに応答して転写を誘導する**応答配列**（responsive element）や細胞・組織特異的に作用する配列があり，多くは比較的短い反復配列（縦列あるいは逆位などさまざま）である（**表 6.3**）．

エンハンサーという用語が最初に用いられたのは，SV40ウイルスの初期遺伝子上流に存在する72 bpの反復配列についてである．この反復配列は転写を100倍以上に活性化する作用をもち，72 bp反復配列のひとつでも欠けるとその活性化作用が著しく低下するという特徴をもつ．単独の制御配列だけでエンハンサーと呼ばれるものもあるが，エンハンソンとよばれる5～10 bpの短い配列が反復した100 bp程の配列や，複数の異なる制御配列が密に並んだ領域全体がエンハンサーとして機能することもある．複数の制御配列の組合せとしてのエンハンサー領域の働きが，多種多様な環境の変化に対応した変幻自在な転写を制御する分子基盤のひとつとなっている．

エンハンサーの他に,広範囲のDNA領域にわたって遺伝子の転写を制御するシスエレメントが存在する.最もよく調べられているのがβ-グロビン遺伝子に存在する

表 6.3　種々のシスエレメントとその配列

制御配列	コンセンサス配列	結合因子
応答配列		
グルココルチコイド応答配列（GRE）	AGAACANNNTGTTCT	グルココルチコイド受容体（GR）
エストロゲン応答配列（ERE）	AGGTCANNNTGACCT	エストロゲン受容体（ER）
cAMP 応答配列（CRE）	TGACGTCA	CREB（CRE 結合タンパク）
TPA 応答配列（TRE）	TGAGTCA	AP-1
血清応答配列（SRE）	CCATATTAGG	SRF（血清応答因子）
組織特異的配列		
GATA 配列	(A or T) GATA (A or G)	GATA-1
E-box	CANNTG	MyoD（筋分化因子 D）

注：TPA はホルボールエステル．また，N は任意の塩基を表す．

LCR（locus control region, 遺伝子座調節領域）と呼ばれる領域である．β-グロビンには発生時期に応じて使い分けられる複数の遺伝子（ε, Gγ, Aγ, $\psi\beta 1$, δ, β）があり，クラスターを形成している．これら遺伝子の転写活性化には，LCR の作用によりクラスター全体のクロマチン構造をあらかじめ変化させる必要がある．その後，各遺伝子は固有のエンハンサーなどによって発生時期特異的に転写が活性化される（**図 6.20**）．

転写の活性化や不活化作用の波及を妨げる制御配列としてインスレーター（insulator）と呼ばれる配列がある．隣接する二つの遺伝子の間にエンハンサーやサイレンサーが存在すると，両方の遺伝子が同じ制御配列の支配下に置かれることになり，細胞にとって不都合な場合がある．プロモーターとエンハンサーの間にインスレーターが存在すると，片方の遺伝子の活性化だけが許容される．また，インスレーターはヘテロクロマチンからの不活性化作用を遮断し，近接した遺伝子を活性化状態に維持する作用ももつ（→ Chapter 2）．

〔2〕トランス作用因子（*trans*-acting factor）

トランス作用因子とは DNA に作用して転写に関わる因子である．広義には，RNA ポリメラーゼや基本転写因子も含まれるが，通常，転写制御因子（transcription regulatory factor）を指して用いられる場合が多い．転写制御因子は，上述した制御配列に結合してプロモーター上での転写開始複合体の形成を促進・安定化したり（アクチベーター，activator），あるいは阻害したりする（リプレッサー，repressor）．真核生物では転写制御因子は，RNA ポリメラーゼと直接相互作用せず，基本転写因子を介して作用するので，CAP が直接 RNA ポリメラーゼと相互作用する原核

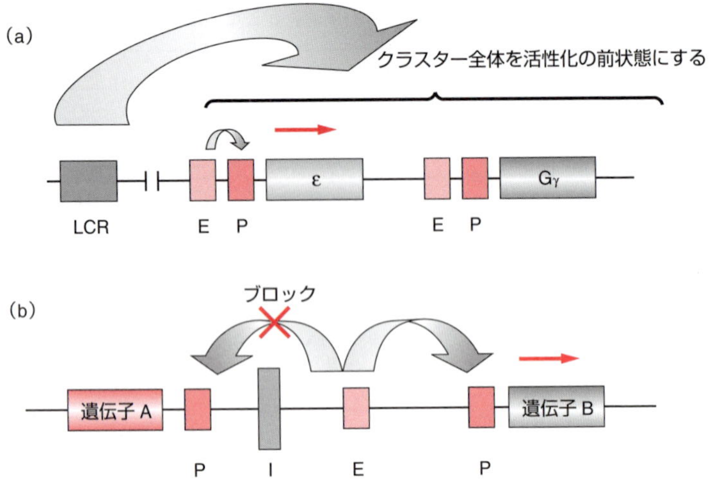
(a)
クラスター全体を活性化の前状態にする
ε
Gγ
LCR
E
P
E
P
(b)
ブロック
遺伝子 A
遺伝子 B
P
I
E
P

図 6.20　真核生物遺伝子には変わった働きをするシスエレメントが存在する

(a) グロビン遺伝子クラスターに存在する LCR がクラスター全体を活性化する．
(b) エンハンサー (E) の作用を遮断するインスレーター (I) を示している．P はプロモーターを示す．

生物の制御様式とは異なる（→ 6.2.2 項）．組織特異的な，あるいは細胞内外からのシグナル特異的な遺伝子転写の制御はこれら転写制御因子の発現やその活性化に依存する．

転写制御因子はこれまでに 2,000 種類以上あることがわかっており，制御配列に直接結合して作用する因子と DNA 非結合性の因子とに分けられる．前者の多くは通常，DNA の主溝（major groove，→ 1.3.2 項）に入り込むように結合する．副溝（minor groove，→ 1.3.2 項）に結合する数少ないタンパク質のひとつが **TATA ボックス結合タンパク質**（TATA-box binding protein：**TBP**）である．転写制御因子の DNA 結合特異性は，そのタンパク質固有の立体構造の表面と，特定の塩基配列との相互作用によって決定される．この DNA 結合に関わるタンパク質分子内の領域を **DNA 結合ドメイン**（DNA binding domain：DBD）といい，特徴的な構造モチーフの種類により数多くの転写制御因子もいくつかのグループに分類される（**図 6.21**）．代表的なものとして，

1) 鞍型構造（saddle-shaped structure）：1 個の α ヘリックスと 5 個の β シートからなる領域が 2 つあり，それらが回転対称構造をとって馬の背中に乗せた鞍のような型をなす．代表的な例が TBP で，結合により DNA が特徴的な

折れ曲がり構造をとる.

2) ヘリックス・ループ・ヘリックス (Helix-Loop-Helix : HLH) : 2 つの α ヘリックスとそれをつなぐループ領域からなる構造で, 二量体形成ドメインの一つとしても見られる. このグループの多くのタンパク質は N 末端に塩基性アミノ酸に富む DNA 結合ドメインを合わせもつ (bHLH). 筋細胞分化因子 MyoD などが属する.

3) Zn フィンガーモチーフ (zinc finger motif) : 四つのシステイン (C4 型),

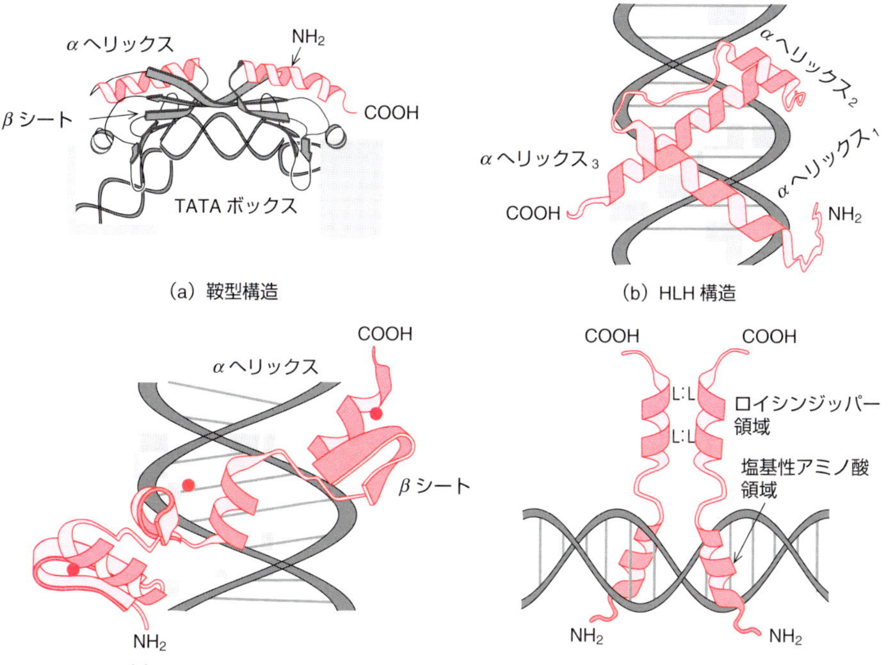
αヘリックス
NH2
COOH
βシート
TATA ボックス
αヘリックス2
αヘリックス1
αヘリックス3
COOH
NH2
COOH
αヘリックス
βシート
NH2
COOH
COOH
L:L
L:L
ロイシンジッパー領域
塩基性アミノ酸領域
NH2
NH2

(a) 鞍型構造
(b) HLH 構造
(c) Zn フィンガー構造
(d) b-ZIP 構造

図 6.21 DNA 結合ドメインの構造リボンモデル

(a) 鞍型構造 : 回転対称な二つのユニットからなる TBP が TATA ボックスに結合し, DNA を折り曲げる.
(b) HLH 構造 : α ヘリックス 2 と α ヘリックス 3 で形成される HLH ドメインが DNA に結合する.
(c) Zn フィンガー構造 : 亜鉛 (赤玉) を取り込んだ α ヘリックスと β シートから構成されるフィンガーを三つもつタンパク質の一部.
(d) b-ZIP 構造 : ロイシンが繰返した α ヘリックス領域で二量体が形成される. N末端の塩基性アミノ酸領域で DNA と結合する.

あるいはそれぞれ二つのシステインとヒスチジン（C2H2型）が亜鉛（Zn）原子に配位しフィンガー構造を形成する．このグループには核内ホルモン受容体スーパーファミリー（C4型），TFIIIAやGCボックス結合因子Sp1ファミリー（C2H2型）が属する．

4) ロイシンジッパー（ZIP/bZIP）モチーフ（leucine-zipper motif）：ロイシンが7アミノ酸残基ごとに繰返すαヘリックスで，コイルドコイル構造をとる．同様の構造をもつ二つのタンパク質がロイシン残基でジッパー状に重なって二量体を形成する．N末端側に塩基性アミノ酸に富むDNA結合領域をもつものを特にbZIP構造という．このグループには癌遺伝子*c-jun*と*c-fos*からなるAP-1（activator protein-1）やCREB（cAMP responsive element binding factor）などが属する．

このほかのDNA結合ドメインとして，二つの連続したαヘリックスが約90度折れ曲った構造を取るヘリックス・ターン・ヘリックス（HTH），塩基性アミノ酸とプロリンに富む配列がとるHMGボックス*14などが知られている．

転写制御因子は，上述のDNA結合ドメインの他に，それぞれ独立して機能できる転写活性化ドメイン，低分子物質（リガンド）結合ドメイン，さらに二量体形成ドメインなどを有する．特に，二量体形成ドメインは転写制御因子のDNA結合特異性に多様さをもたらすため非常に重要なドメインである．たとえば，c-Junはc-Fosとヘテロ二量体を形成してTRE配列に結合するが，CREB/ATFファミリー*15のメンバーとヘテロ二量体を形成すると，CRE配列に結合するようになる（**図6.22**）．

真核生物のほとんどの遺伝子は複数の転写制御配列をもっているため，複数の転写制御因子が一体となって働いて転写を制御している場合が多い．たとえば，一つのアクチベーターの結合が他のアクチベーターの結合を助ける場合では，二つの因子の作用はそれぞれの因子が単独で作用する場合の和よりはるかに大きくなり，転写が相乗的に活性化される．また，制御配列への結合に共通の三番目の因子を必要とする二つのアクチベーターによる転写活性化の場合も，相乗効果が見られる．同じ，あるいは異なる制御配列が密に並んだエンハンサー領域に複数の転写制御因子が協調的に結合して形成される複合体を**転写促進複合体**（enhanceosome，エンハ

---

*14 HMGボックス：非ヒストン核タンパク質HMG（high mobility group protein））が有するDNA結合ドメイン．

*15 CREB/ATFファミリー：構造的に類似した一群の転写制御因子をファミリーと総称する．CREに結合するCREB/ATFファミリーには8つの類似因子が同定されている．

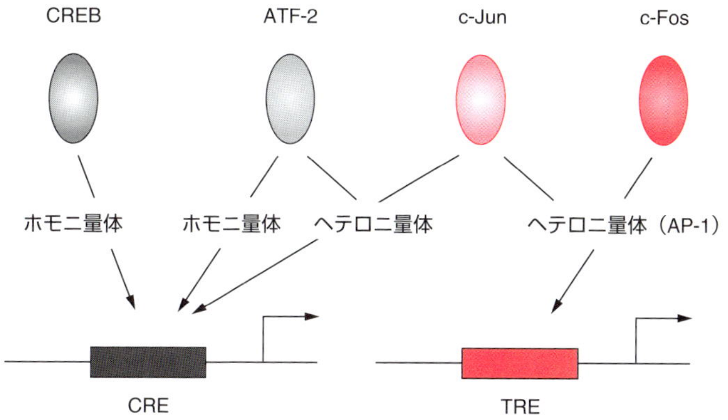
CREB
ATF-2
c-Jun
c-Fos
ホモニ量体
ホモニ量体
ヘテロニ量体
ヘテロニ量体（AP-1）
CRE
TRE

図 6.22　転写制御因子は相手が変わると異なる制御配列に結合する

ンソゾーム）と呼ぶ（**図 6.23**）．組織特異的な転写制御因子，および細胞内外の多種多様なシグナルに応じて誘導・活性化される転写制御因子の組合せによる遺伝子転写の制御は真核生物の複雑さや多様性を作り出す一つの機構である．

真核生物遺伝子の転写で重要な役割を担うもう一つの転写制御因子がDNAに結合せずに転写制御に関わる一群のタンパク因子で，**転写仲介因子**［メディエーター（mediator），あるいは**転写共役因子**］と呼ばれる．メディエーターはDNAに結合した転写制御因子と基本転写因子を結びつける役割を担い，転写を活性化するメディエーターをコアクチベーター（coactivator），抑制するメディエーターをコリプレッサー（corepressor）と呼ぶ（**図 6.24**）．メディエーターには転写制御因子に特異的なものや，数多くの転写制御因子に共通のものがある．この中で，転写制御において中心的な役割を果たしているのが，CREB（cAMP応答配列結合タンパク質：CRE binding protein）に結合するCBP [*16]（CREB-binding protein）である．CBPは分子量約300 kDaの巨大なタンパク質で，基本転写因子のTBPやTFIIBのほか，増殖・分化などさまざまな局面で機能する種々の転写制御因子と相互作用する．細胞内でのCBP量が限られているので，AP-1と核内レセプター，あるいはp53とNF-κBなどのように転写制御因子間でCBPの取り合いが起こる．他のコアクチベーターとの巨大な複合体として存在するCBPは複数のシグナルを統合す

*16　CBP：アデノウイルス初期遺伝子E1aのコアクチベーターとして同定されたp300とCBPは別のタンパク質であるが，非常に似ている．このため通常，CBP/p300として記述される．

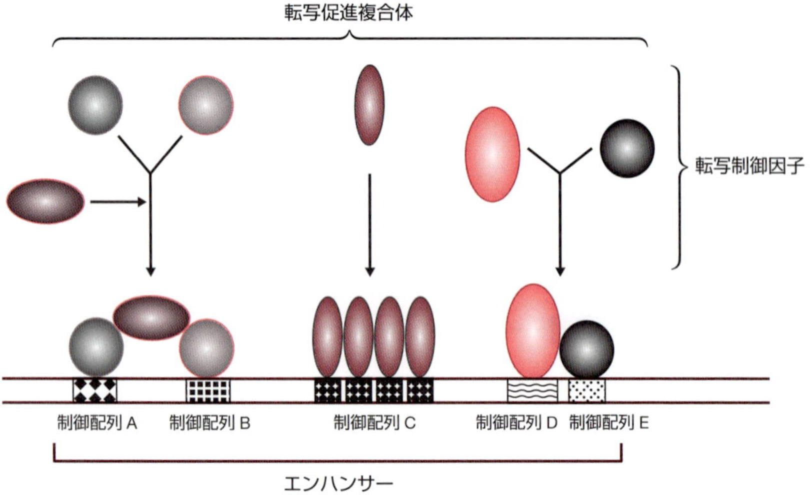
転写促進複合体
転写制御因子
制御配列 A
制御配列 B
制御配列 C
制御配列 D
制御配列 E
エンハンサー

図 6.23　転写促進複合体の形成

エンハンサー領域を構成する制御配列それぞれに転写制御因子群が協調的に結合して大きな複合体を形成する.

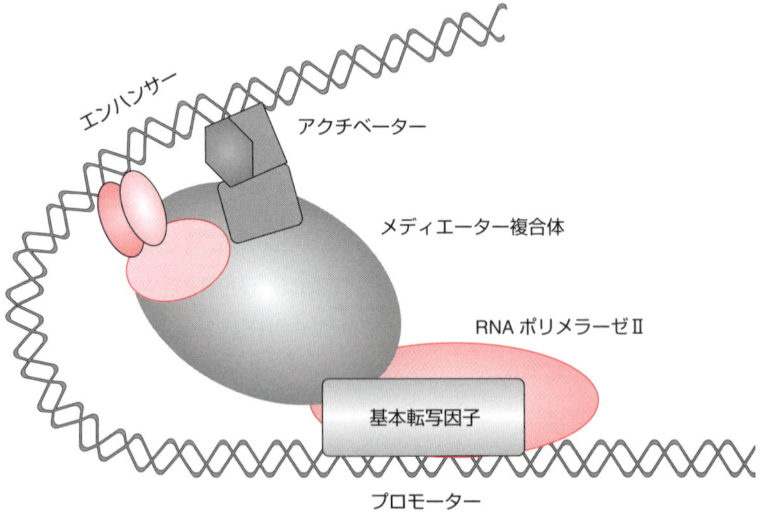
エンハンサー
アクチベーター
メディエーター複合体
RNA ポリメラーゼⅡ
基本転写因子
プロモーター

図 6.24　転写活性化機構のモデル

メディエーター複合体が遠く離れたエンハンサーに結合したアクチベーターの情報を基本転写因子に伝える.

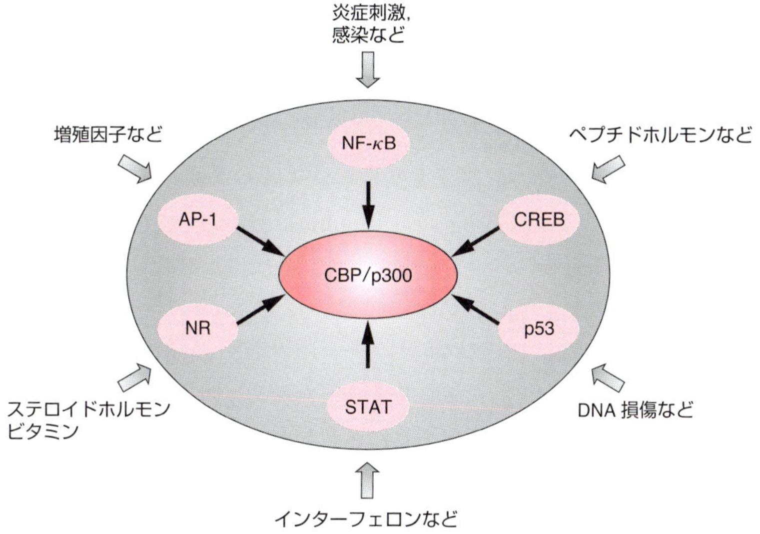
炎症刺激,
感染など
増殖因子など
ペプチドホルモンなど
NF-κB
AP-1
CREB
CBP/p300
NR
p53
STAT
ステロイドホルモン
ビタミン
DNA 損傷など
インターフェロンなど

図 6.25　転写制御因子ネットワーク

転写制御因子を介して細胞内外からのシグナルを統合する CBP/p300.

る役割を担い，細胞内の転写制御ネットワークの中心的な位置を占める（**図 6.25**）．細胞内外のシグナルに応答した細胞機能の変化を CBP で活性化された特定の転写制御因子による遺伝子発現の変化として理解することができる．

6.4 クロマチンを介した転写制御

真核細胞の核内においてクロマチン（chromatin）構造（→ 2.2 節）を形成している DNA にはタンパク質因子は結合しにくい．したがって，転写が開始されるためには，転写制御因子，基本転写因子群，RNA ポリメラーゼが作用できるようにクロマチンの構造が変化しなければならない．1980 年代は，主としてシスエレメントとそれに結合するトランス作用因子によって，真核生物の転写制御機構が議論されてきたが，これらはいずれも裸の DNA を鋳型とした実験系によるものであった．この転写活性化の程度は 10 倍のオーダーであり，原核生物の転写活性化はこれに相当する．一方，真核生物のクロマチンからの転写活性化は約 2,500 倍といわれており，この制御にはクロマチン繊維の構造変換，すなわち，RNA ポリメラーゼや転写因子が近づきにくい 30 nm 型クロマチンから比較的近づきやすい 10 nm

型クロマチンへの構造変化（→ Chapter 2，図 2.5）や，局所的なヌクレオソーム（nucleosome）の配置とその変化などが重要な役割を担っている．

6.4.1 ゲノムにおけるヌクレオソームの配置：ヌクレオソームポジショニング

ゲノム DNA 上で，特定の位置にヌクレオソームが形成されることをヌクレオソームポジショニング（nucleosome positioning）といい，転写，複製，組換えなどの DNA の関与する過程において重要である．一般に，ヌクレオソームはタンパク質因子の DNA への結合に対して妨害的に働く．すなわち，転写因子などは，裸の DNA への結合と比較して，ヌクレオソーム中の DNA には結合しにくく，プロモーター上にポジショニングしたヌクレオソームは転写因子の結合を妨げて転写を抑制する．逆に，特定の位置に形成されたヌクレオソームによって，空間的にアクチベーターと転写装置との相互作用が促進されて転写を活性化する場合もある．

近年，いくつかの生物種でゲノムワイドでのヌクレオソームの位置が決定され，ヌクレオソームの配置はランダムでなく，むしろゲノムのかなりの領域で決まっていることが報告された．プロモーターやエンハンサー領域など多くの機能的な DNA 領域にはヌクレオソームを形成しない領域（nucleosome depleted region：NDR）が含まれることや，遺伝子のコード領域の開始付近にポジショニングしたヌクレオソームが形成されることなどが，さまざまな生物の遺伝子に共通な現象として見られている．

ヌクレオソームのポジショニングに影響を与える要因の一つが DNA の塩基配列である．ヒストンは非特異的 DNA 結合タンパク質であるが，ヌクレオソーム形成には DNA の構造的特徴が影響する．DNA が折れ曲りやすいジヌクレオチド（AT，AA，AT，TT）が約 10 bp 間隔で並んだ DNA 配列はヌクレオソームを形成しやすいという特徴をもっている．逆に，poly dA・poly dT や poly dG・poly dC のホモポリマー配列はヌクレオソームの形成に阻害的に働くことが知られている．Poly dA・poly dT ホモポリマー配列は真核生物のゲノム，特にプロモーター領域に多く存在していることが知られており，ヌクレオソームのない領域（NDR）の形成に関与していると考えられる．ゲノムにおけるヌクレオソームポジショニングは DNA 配列の他，クロマチンリモデリング因子（→ 6.4.2 項），転写因子（アクチベーター，RNA ポリメラーゼ複合体因子を含む）などとの協調によって決定されることが提唱されている．

6.4.2 ヒストンの化学修飾と転写制御

ヒストンのN末端テールはヌクレオソームの外側に突き出ており，その部分の特定のアミノ酸残基は，特異性の高い酵素によってさまざまな可逆的な修飾（アセチル化，メチル化，リン酸化，ユビキチン化，SUMO化，ADP-リボシル化）を受ける（→ 2.2.3項，14.2節）．これらのヒストンの化学修飾が転写や複製，組換えなどの過程の制御機構に関与する．

1996年，D. Allisのグループは，テトラヒメナ（*Tetrahymena*）からヒストンアセチル化酵素（histone acetyltransferase：HAT）を精製したところ，出芽酵母のコアクチベーターGcn5と高い相同性があること，Gcn5がHAT活性をもつことを示した．その後，さまざまなコアクチベーターや基本転写因子がHAT活性をもつことが明らかになった．すなわち，ヒストンアセチル化酵素はアクチベーターと結合して，プロモーター上のヌクレオソーム中のヒストンH3およびH4のN末端テールにあるリジン残基をアセチル化すると（→ Chapter 15），転写開始複合体の集合を促進し，転写を活性化すると考えられる．事実，基本転写因子TFIIDはブロモドメイン*17をもち，アセチル化されたヒストンに結合しやすいことが示された．一方，ヒストンからアセチル基を除去するヒストン脱アセチル化酵素（histone deacetylase：HDAC）も見出され，リプレッサーと複合体を形成することが示された．リプレッサーがプロモーター上に結合すると，HDAC活性を有するコリプレッサーが引き寄せられる．その結果，プロモーター上のヒストンが脱アセチル化されてその遺伝子の転写は抑制される．このように，ヒストンのアセチル化は転写活性化に，ヒストンの脱アセチル化は転写抑制に関与するという転写制御の図式が確立された（**図6.26**）．

ヒストンメチル化酵素（histone methyltransferase）が数種類同定され，それぞれの酵素は特定のリジンやアルギニン残基をメチル化することが示された．たとえば，H3のLys9のメチル化は，クロモドメイン*17を有するタンパク質（HP1など）によって認識され，転写不活性なヘテロクロマチンの形成に関与している．PHDドメイン*17，Tudorドメイン*17を有するタンパク質もメチル化リジン

*17　クロマチンの構造変換に関わるタンパク質因子は，ヒストン尾部の修飾されたアミノ酸残基を認識するさまざまなドメインをもっている．ブロモドメインはアセチル化されたLys残基を認識する．クロモドメイン，PHD（植物のホメオドメイン）ドメイン，Tudorドメインはメチル化されたLys残基を認識する．

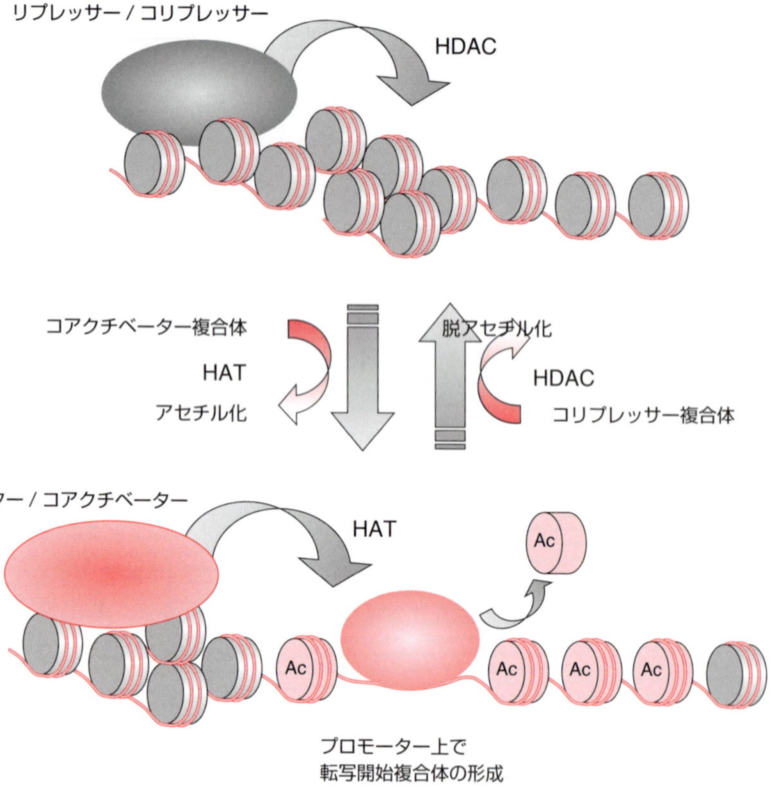
リプレッサー / コリプレッサー
HDAC
コアクチベーター複合体
HAT
アセチル化
脱アセチル化
HDAC
コリプレッサー複合体
アクチベーター / コアクチベーター
HAT
Ac
Ac
Ac
Ac
Ac
プロモーター上で
転写開始複合体の形成

図 6.26　ヒストンアセチル化と転写制御

HAT 活性をもつコアクチベーターがヒストンをアセチル化して転写を活性化する．一方，コリプレッサーにより引き寄せられる HDAC がヒストンを脱アセチル化して転写を抑制する．

残基を認識する．一方で，メチル基を除去するヒストン脱メチル化酵素（histone demethylase）がさまざまな生物種で保存されている．コアヒストンの N 末端テールで起こる特定の位置のリジン残基のアセチル化およびメチル化，セリン残基のリン酸化などの組合せのパターンによってさまざまな機能が制御される，というヒストンコード仮説（→ 15.3.1 項）が 2000 年に提唱された．さらに，ヒストンのユビキチン化の転写調節への関与が示されつつある．たとえば，H2B の Lys123 のユビキチン化は，H3 の Lys4 と Lys79 のメチル化を引き起こし，テロメア近傍の遺伝子の不活性化に関与することが示唆されている．

6.4.3 クロマチンリモデリング因子によるクロマチン構造の調節

クロマチンのリモデリング（chromatin remodeling，クロマチン再構築）とは，ヌクレオソームの位置を動かしたり（スライディング），あるいはヒストンを除去したりしてクロマチン構造を変化させる過程をさす．この過程には，ヒストン修飾因子とクロマチンリモデリング因子が協調して働いている．

最初に同定されたクロマチンリモデリング因子は，出芽酵母の**SWI/SNF**複合体である．SWIとSNFは，それぞれ酵母の接合型の変換（Switch）制御に関与する因子と糖代謝遺伝子（Sucrose Non Fermentation）の転写制御因子として別々に同定された．SWI/SNF複合体は，ヒトなど他の生物種においてもホモログが同定され，SWI/SNFファミリーと呼ばれている．すべての真核生物には複数のクロマチンリモデリング複合体が存在し，SWI/SNFの他，ISWI，CHD，INO80/SWR1の3つのファミリーが知られている．クロマチンリモデリング複合体はATPase活性を有し，ATP加水分解で生じたエネルギーを利用して，ヒストン八量体とDNAとの相互作用を変化させて，基本転写因子などがプロモーターへ近づきやすくしている．逆に，ヌクレオソームをポジショニングして転写抑制クロマチンドメインの形成に関与するクロマチンリモデリング因子も知られている．

一般に，クロマチンリモデリングによる転写の活性化機構は以下のように考えられる（**図6.27**）．

① まず，DNA結合性転写制御因子が制御配列に結合して，コアクチベーターおよびSWI/SNFなどのクロマチンリモデリング複合体を引き寄せる．

② コアクチベーターに含まれるHATが周辺のヌクレオソームをアセチル化する．

③ アセチル化されたヌクレオソームにクロマチンリモデリング複合体が移動する．

④ ATPのエネルギーを利用してクロマチンリモデリング因子複合体がヌクレオソームを移動または除去する．

⑤ その結果，基本転写因子などの結合が可能となり，転写が起こる．

これら複合体の作用する順序に関しては，逆の機構が働いている例も知られている．すなわち，SWI/SNF複合体がまずクロマチンに結合し，その後にHAT複合体がリクルートされる場合がある．

クロマチン構造での転写伸長は裸のDNAに比べると著しく妨げられており，ク

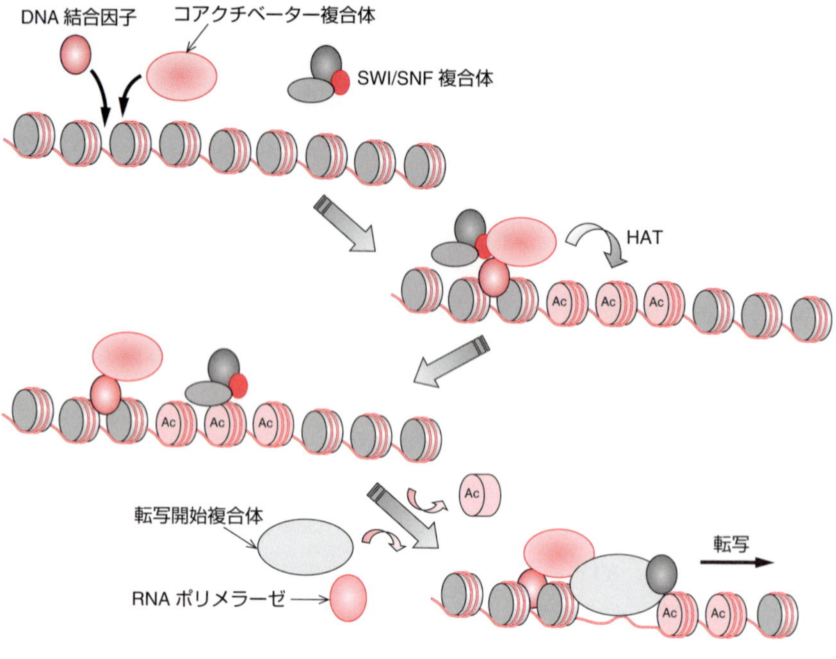
DNA 結合因子
コアクチベーター複合体
SWI/SNF 複合体
HAT
Ac
転写開始複合体
RNA ポリメラーゼ
転写

図 6.27　クロマチンリモデリングによる転写活性化

DNA 結合因子により引き寄せられるコアクチベーターとリモデリング因子が協調的に作用して転写活性化を起こす．現在考えられているモデルのひとつを示している．

ロマチンリモデリング因子は転写伸長ステップにも関与している．RNA ポリメラーゼがヌクレオソームという障壁を乗り越えて転写を行なうことを促進する因子があり，そのひとつに **FACT**（facilitates chromatin transcription）が知られている．FACT はヌクレオソームのヒストン八量体からひとつの H2A・H2B 二量体を取り除いて RNA ポリメラーゼが通過しやすくし，一方で後方の DNA を元のヌクレオソーム状態に戻す役目も担っているというモデルが提唱されている（**図 6.28**）．

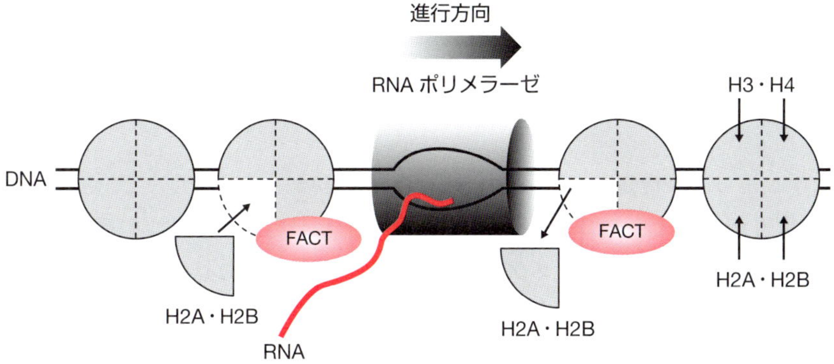
進行方向
RNA ポリメラーゼ
H3・H4
DNA
FACT
FACT
H2A・H2B
H2A・H2B
H2A・H2B
RNA

図 6.28　ヌクレオソームリモデリングと転写伸長

FACT は RNA ポリメラーゼの前方のヌクレオソームから H2A・H2B 二量体を取り除いて，RNA ポリメラーゼの進行を助け，後方ではヌクレオソームの再会合を助ける．

6.5 DNA コンフォメーションと転写

ゲノム上には多様な DNA 高次構造が存在する（→ Chapter 1）．そのひとつであるベント DNA 構造は転写制御領域にしばしば存在することから，古くから機能解析が行なわれてきた．その結果，原核細胞遺伝子の転写においてはさまざまな役割を果たしていることが明らかになり，なかでも開鎖複合体（open complex）の形成に寄与していることが明らかになった．真核細胞遺伝子の転写では，プロモーター領域でのヌクレオソームの配置（positioning）と回転的位相（rotational positioning）の決定に関与している例が知られている．このほか，転写因子が標的配列であるシスエレメントに結合して DNA を曲げる（protein-induced DNA bending）例は数多く報告されている．たとえば，TBP（TATA ボックス結合タンパク質）は TATA ボックスに結合して TATA ボックスの中央で DNA を大きく曲げることがわかっている（図 6.21（a）参照）．転写のある段階では DNA の二本鎖構造が開裂して一本鎖になる必要があるが，TBP の結合により生じる曲がりはこの過程を助けているという議論もある．このほか，転写因子の結合により DNA が曲がる（DNA looping）ことで，転写因子間の相互作用が容易になると推察される．

また，*CSF1* というヒトの遺伝子（colony stimulating factor をコードする遺伝子）のプロモーター領域に転写因子複合体が結合すると**Z-DNA**構造が形成され，これが引き金となってオープンクロマチン（open chromatin，ヌクレオソームのない領域）の形成が促進されて，転写が活性化されるというモデルが提唱されている．

転写と超らせん構造との間には密接な関係がある．二重らせんを形成しているDNAに書かれた情報をRNAポリメラーゼが読み取るとき，二つの機構が考えられる．ひとつは，RNAポリメラーゼがDNAのらせんに沿って回転しながら前進するという機構で，もうひとつは，RNAポリメラーゼは回転せずにDNAが回転するという機構である（**図6.29**）．後者の場合，RNAポリメラーゼの前方に正の超らせんが溜まり，後方には負の超らせんが溜まることになる．この機構はtwin-supercoiled-domain modelとして提唱され，実際に，大腸菌ではこの機構の存在が示された．真核生物でも転写によって同様のことが起こると考えられる．

正と負の超らせんは，それぞれDNAを構成する二本の鎖を巻き過ぎた（絡め過ぎた）状態と巻き不足（絡め不足）にした状態に対応する（→ 1.5節）．転写に伴って生じる正・負の超らせんは，**DNA**トポイソメラーゼ（→ Chapter 5）が速やかに解消する．

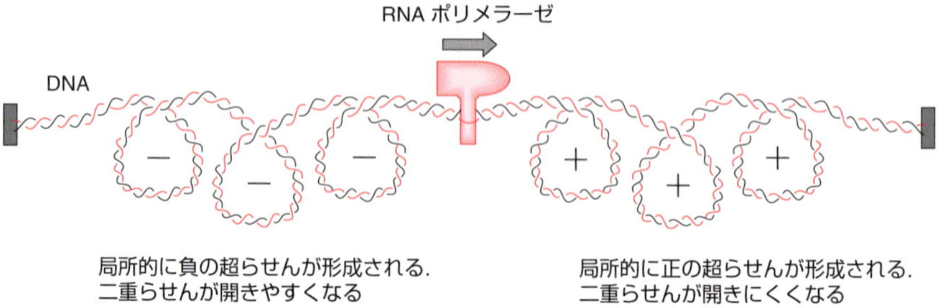
RNA ポリメラーゼ
DNA
−
−
−
+
+
+
局所的に負の超らせんが形成される．
二重らせんが開きやすくなる
局所的に正の超らせんが形成される．
二重らせんが開きにくくなる

図6.29　転写に伴ってできる超らせん構造

演習問題

Q.1　RNAポリメラーゼ反応とDNAポリメラーゼ反応の類似点と相違点をあげよ．

Q.2　DNA 2本鎖のうちどちらか一方の鎖がセンス鎖として使われるが，どのようにして決められているか説明せよ．

Q.3 *lac* オペロンと *trp* オペロンの発現制御がそれぞれ誘導系と抑制系であるのは理にかなっているように思われる．その理由について述べよ．

Q.4 原核細胞遺伝子のプロモーター領域を定義し，その性質について説明せよ．

Q.5 転写抑制因子はリプレッサーと呼ばれるが，その作用機序は原核生物と真核生物で大きく異なる．その違いについて述べよ．

Q.6 次のような変異が *trp* オペロンで起こった場合，その発現はどのように変化するかを説明せよ．

1）*trp* オペレーターが欠失した変異．
2）−10 領域が欠失した変異．
3）*trp R* 遺伝子が欠失した変異．
4）リーダーペプチド内の Trp コドンが欠失した変異．

Q.7 真核細胞の 3 種類の RNA ポリメラーゼにより転写される RNA 生成物は何か．

Q.8 原核細胞と真核細胞の細胞構造の違いを反映した転写制御機構は何か，説明せよ．

Q.9 ある制御配列がプロモーターの TATA ボックスから 50 bp あるいは 60 bp 上流にあるときには転写を活性化したが，55 bp あるいは 65 bp 上流にあるときにはほとんど転写を活性化しなかった．この結果からこの制御配列の作用についてどのようなことが考えられるか説明せよ．

Q.10 一般にヒストンのアセチル化は遺伝子転写に都合がよい，なぜか説明せよ．

Q.11 転写仲介因子とは何か，説明せよ．

Q.12 アクチベーターによる遺伝子転写の活性化は一般に，原核生物では 10 倍程度であるのに比べて，真核生物では 2,000 倍以上におよぶことがある．この理由について述べよ．

Q.13 DNA の負の超らせん構造がどうして転写に好都合であるかを説明せよ．

参考図書

1. 中村桂子 監訳：ワトソン遺伝子の分子生物学　第 6 版，東京電機大学出版局（2010）
2. 中村桂子，松原謙一 監訳：細胞の分子生物学　第 5 版，ニュートンプレス（2010）

3. B. Lewin 著，菊池韶彦，他 訳：遺伝子　第 8 版，東京化学同人（2008）
4. Lewin's Gene XI　J.E. Krebs, E.S. Goldstein, S.T. Kilpatrick（Jones & Bartlett Learning）
5. Bryan M. Turner: Chromatin and Gene Regulation: Molecular Mechanisms in Epigenetics, Blackwell Science
6. Edited by Sarah C. R. Elgin and Jerry L. Workman: Chromatin Structure and Gene Expression, Oxford University Press
7. Symposia on Quantitative Biology　LXIII: Mechanisms of Transcription, Cold Spring Harbor Laboratory Press（1998）
8. R. G. Roeder: Nuclear RNA polymerases: role of general initiation factors and cofactors in eukaryotic transcription. Methods in Enzymology 273: 165-171（1996）
9. R. G. Roeder: Role of general initiation factors in transcription by RNA polymerase II. Trends Biochem. Sci., 21:327-335（1996）

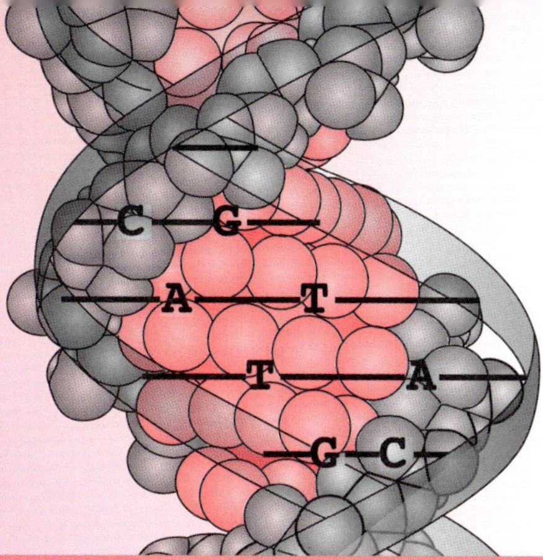
C G
A T
T A
G C

Chapter 7
RNAプロセシング

Chapter 7

RNA プロセシング

7.1 RNA プロセシングとは何か？

DNA から転写されたばかりの RNA［一次転写産物（primary transcript)］がそのまますぐに機能することはほとんどない．一次転写産物は，切断，切りつぎ，末端や塩基の修飾などさまざまな加工を受け，機能する成熟 RNA 分子種に変換される．したがって，一次転写産物は RNA 前駆体（RNA precursor）とも呼ばれる．これらの加工過程をまとめて **RNA プロセシング**（RNA processing）という．RNA プロセシングでは，**図 7.1** に示すようにエンドリボヌクレアーゼ（endoribonuclease：RNA 鎖の内部を切断する酵素）やエキソリボヌクレアーゼ（exoribonuclease：RNA 鎖の末端からヌクレオチドを削り取っていく酵素）による切断や末端の形成，RNA 鎖の内側にあるイントロン配列除去のための切り継ぎ

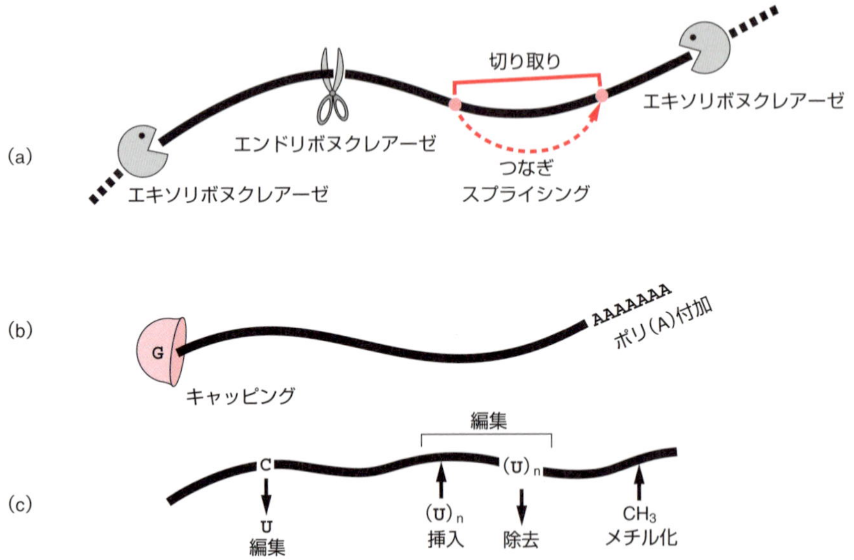

(a)
切り取り
エキソリボヌクレアーゼ
エンドリボヌクレアーゼ
つなぎ
スプライシング
エキソリボヌクレアーゼ
(b)
AAAAAAA
ポリ(A)付加
G
キャッピング
(c)
編集
C
U
編集
(U)n
挿入
(U)n
除去
CH3
メチル化

図 7.1 RNA プロセシングにおける化学反応

（a）切断，（b）付加，（c）塩基変換と塩基修飾

反応（スプライシング，splicing）などが起こる（→ 7.4 節）．真核生物のメッセンジャー RNA（mRNA）では 5' 末端にキャップ（cap），3' 末端にはポリ（A）と呼ばれる特殊な構造が付加される（→ 7.3 節）．

7.2 特異的切断反応

7.2.1 細菌のリボソーム RNA（rRNA）のプロセシング

大腸菌の rRNA はゲノム上にばらばらに存在する rRNA オペロン（*rrn* オペロン）によりコードされる．rRNA は，16S rRNA，23S rRNA，5S rRNA の 3 種で，これらをコードする遺伝子は，ゲノム上で 16S - 23S - 5S の順に並んでおり，まずひとつながりの 30S rRNA 前駆体として転写される（**図 7.2**）．図 7.2 に示すように，16S と 23S の間と 5S の下流にトランスファー RNA（tRNA）もコードされており，これらもいっしょに転写される．成熟した rRNA となるためには，30S rRNA 前駆体は切断されなければならない．rRNA を切り出すのは，リボヌクレアーゼⅢ（RNase Ⅲ）である．RNase Ⅲを欠損している変異株では，30S rRNA 前駆体が蓄積する．16S および 23S rRNA 前駆体のどちらの分子も，成熟末端となるべき部分は二重鎖を形成しており，RNase Ⅲはこの二重鎖を認識して切断している．RNase Ⅲによる切断が成熟 rRNA の生成に必要ではあるが，RNase Ⅲのみでは真の成熟 rRNA の 5' 末端や 3' 末端はできない．さらにプロセシング反応が必要であるが，正確な末端形成には，図 7.2 に示すようにさまざまな RNase（P, F, E，M16，M23，M5）が作用する．

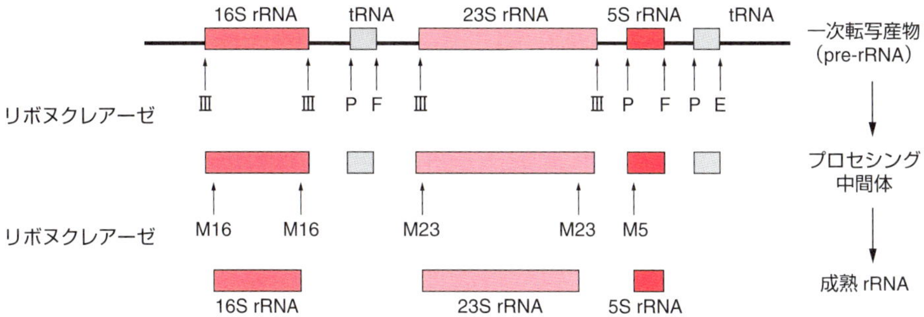
16S rRNA
tRNA
23S rRNA
5S rRNA
tRNA
一次転写産物
(pre-rRNA)
リボヌクレアーゼ
Ⅲ
Ⅲ
P
F
Ⅲ
Ⅲ
P
F
P
E
プロセシング
中間体
リボヌクレアーゼ
M16
M16
M23
M23
M5
成熟 rRNA
16S rRNA
23S rRNA
5S rRNA

図 7.2　原核細胞リボソーム RNA のプロセシング

7.2.2 真核生物の rRNA プロセシング

真核生物の rRNA プロセシングは，原核生物よりも複雑である．rRNA は 18S rRNA, 5.8S rRNA, 28S rRNA および 5S rRNA の 4 種であり，前三者と 5S rRNA をコードする遺伝子は別々の領域に位置している．18S, 5.8S, 28S を含む領域は，核小体（nucleolus）において RNA ポリメラーゼⅠによりまず rRNA 前駆体（pre-rRNA）として転写される（**図 7.3**）．一方，5S rRNA は，RNA ポリメラーゼⅢにより核質[*1]（nucleoplasm）において転写される．pre-rRNA から 18S，5.8S，28S の成熟 rRNA が作られるためには切断反応が必要であり，図 7.3 に示すように，前駆体は，45S 中間体，41S 中間体を経て 20S と 32S とに切断され，20S は細胞質（cytoplasm）に運ばれ 18S rRNA となる．32S は 28S と 5.8S になる．図 7.3 には，RNA のみを示しているが，これら成熟過程の pre-rRNA には多数のタンパク質が結合している．たとえば酵母の場合，pre-rRNA の段階で，RNA とリボソームタンパク質を正しく配置させるための多数のアセンブリーファクター（assembly factor，正しい集合をさせるための因子）により 90S の沈降係数をもつリボソーム前駆体顆粒が形成される．中間体の RNA は，43S，66S などの顆粒として存在する．その過程で，rRNA 前駆体と部分的に相補配列をもつ **snoRNA**[*2] が正確な切

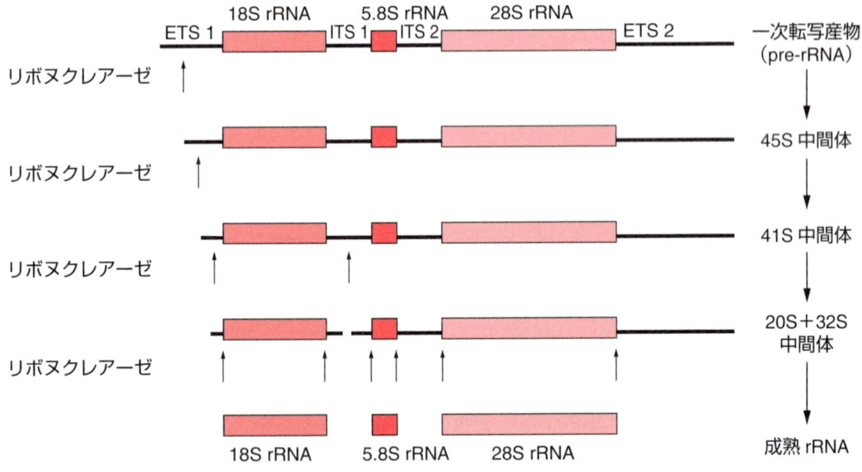
18S rRNA
5.8S rRNA
28S rRNA
ETS 1
ITS 1
ITS 2
ETS 2
一次転写産物
(pre-rRNA)
リボヌクレアーゼ
45S 中間体
リボヌクレアーゼ
41S 中間体
リボヌクレアーゼ
20S＋32S
中間体
リボヌクレアーゼ
18S rRNA
5.8S rRNA
28S rRNA
成熟 rRNA

図 7.3　真核細胞リボソーム RNA のプロセシング

ETS：External Transcribed Spacer，ITS：Internal Transcribed Spacer

断部位の認識に関与し，正しい切断が起こる．また，rRNA上にみられるリボースの2'位のメチル化やシュードウリジンなどができる塩基修飾も，その位置決めにsnoRNAが関与している．

7.2.3 トランスファーRNA（tRNA）

〔1〕3'末端のプロセシング

すべてのtRNAは成熟tRNAよりも長めの前駆体として転写され，その後，5'末端と3'末端の余分な配列部分が切り取られる．細菌の*rrn*オペロンにコードされているtRNAも同様である．5'末端は，どの生物種でもリボヌクレアーゼP（RNase P）と呼ばれる単一の酵素により切り取られる．これに対して，3'末端の余分な配列の切り取りは生物により異なり，一種の生物でも複数の酵素が関与する場合がある．

成熟したtRNAは，その3'末端にアミノ酸の結合に必須であるCCA配列を必ずもっている（**図7.4**）．真核生物のtRNA遺伝子はこのCCA配列をコードしておらず，CCA配列は前駆体RNAの3'末端にある余分な配列がtRNaseZにより取り除かれた後，tRNAヌクレオチジルトランスフェラーゼにより付加される．tRNaseZは3'-tRNaseとも呼ばれる．**古細菌**（archaebacteria）の3'末端プロセシングもtRNaseZによる．tRNaseZはディスクリミネーター塩基（discriminator base）と呼ばれる塩基の3'側を切断する（図7.4）．

真正細菌（eubacteria）ではより複雑である．大腸菌ではすべてのtRNA遺伝子は3'末端CCA配列をコードしており，3'末端プロセシングは複数のエンドリボヌクレアーゼやエキソリボヌクレアーゼが共同して行う．まず，RNaseEと呼ばれるエンドリボヌクレアーゼが3'-CCA配列より下流を切断し，その後，複数のリボヌクレアーゼ（RNaseT，PH，D，BN, II）やポリヌクレオチドホスフォリラーゼが正しい3'末端の形成に関わっている．一方，枯草菌では，3'-CCA配列をコードしているtRNA遺伝子とコードしていないtRNA遺伝子が混在しており，CCAをコードしていないtRNA前駆体は，tRNaseZにより3'末端プロセシングを受け，CCAをコードしているtRNA前駆体は，tRNaseZとは異なった酵素系でプロセシ

＊1　核質：核小体以外の核内の領域．

＊2　snoRNA：small nucleolar RNA（低分子核小体RNA）の略．snoRNAは多種あり，真核生物のpre-rRNAのプロセシングで特異的切断酵素および塩基や糖部分の修飾酵素に正しい位置を認識させるガイドの役目をしている．

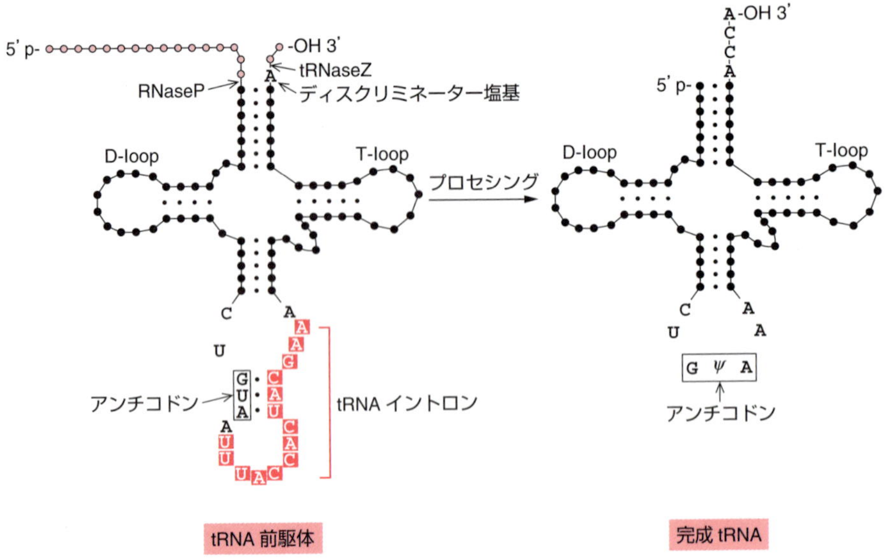
5' p-
-OH 3'
tRNaseZ
RNaseP
ディスクリミネーター塩基
D-loop
T-loop
プロセシング
アンチコドン
tRNA イントロン
tRNA 前駆体
A-OH 3'
5' p-
D-loop
T-loop
アンチコドン
完成 tRNA

図 7.4 tRNA のプロセシング

酵母チロシン pre-tRNA のプロセシング．5' 末端および 3' 末端の切断とイントロンのスプライシングが行われる．スプライシングについては 7.4.3 項を参照．プロセシングの過程で，アンチコドン部分の U は修飾反応により Ψ（シュードウリジン）となる．

ングされると考えられている．また，ほとんどの tRNA 遺伝子が CCA 配列をコードしている好熱菌 *Thermotoga maritima* の tRNaseZ は，ディスクリミネーター塩基のところではなく 3'-CCA の 3' 側を切断することが知られている．

〔2〕5' 末端のプロセシング

tRNA 前駆体の 5' 末端の余分な配列を取り除くのは，リボヌクレアーゼ **P**（RNase P）である（図 7.4）．この 1 種の酵素により tRNA の 5' 末端プロセシングは完了する．この酵素はどの生物種にも存在し，わずかな例外はあるが（後述），ほとんどの生物種においてタンパク質サブユニットと共に RNA サブユニットをもつリボ核タンパク質（ribonucleoprotein）である．真正細菌と一部の古細菌では，RNA サブユニットが触媒機能を担っている．生体内ではタンパク質サブユニットも必須だが，試験管内では，塩濃度を少し高くすることにより RNA サブユニットだけで完全な 5' 末端プロセシング反応を起こさせることができる．しかし，ほとんどの古細菌と真核生物の RNaseP では，RNA サブユニットのみでは試験管内で塩濃度を高くするなどしても 5' 末端プロセシング反応は起こらない．

原生動物トリパノソーマ（*Trypanosoma*）のミトコンドリアと高等植物の葉緑体のRNasePは，RNAサブユニットをもたず，タンパク質のみでtRNAの5'末端プロセシングを行う．このタンパク質酵素は，他の生物種のRNasePのタンパク質サブユニットとの間に相同性をもたず，まったく独立に進化したものと考えられる．

いずれにしても，tRNAの3'末端プロセシングには複数の酵素が関与しているのに対し，知られている限りの生物のtRNAの5'末端プロセシングは，ただひとつの酵素RNasePによる切断で完了する．

7.3 末端修飾反応

7.3.1 真核生物のmRNA前駆体の5'-キャッピング

原核生物のmRNAは，RNAポリメラーゼによりDNAから転写されるとすぐにリボソームによる翻訳が開始される．これに対して真核生物では，転写は核内で，翻訳は細胞質で起こるため，転写後すぐにmRNAが翻訳されることはない．すぐに翻訳されないばかりでなく，真核生物のmRNAはmRNA前駆体（pre-mRNA）として転写され，成熟mRNAとして翻訳される形になるまでさまざまなプロセシングを受ける．転写はヌクレオシド5'-三リン酸（NTP）を基質とするので，転写直後のpre-mRNAの5'末端はNTP（pppN・・）である．真核生物のpre-mRNAでは，グアニル酸転移酵素によりこの5'末端に別のグアニル酸が付加される．**図7.5**に示すように，グアニル酸の5'側がpre-mRNAの5'末端に付加されG-5'ppp5'-Nのような5'どうしが向かい合った特殊な構造が形成される．これは，キャップ（cap）構造と呼ばれる．キャップ構造は，さらにメチル基転移酵素の作用でメチル化を受ける．図7.5に示すように，すべての真核生物のmRNAのキャップ構造を形成するグアニル酸は7位がメチル化されたもの（7-メチルG）である．酵母などの下等真核生物のmRNAのメチル化は，このキャップの部分だけであるが，多くの真核生物のmRNAでは，転写開始の塩基の2'位のOもメチル化されている（図7.5）．さらに内側の2番目，3番目のヌクレオチドの2'位がメチル化される場合もある．

キャップ構造は，mRNAに5'→3'エキソヌクレアーゼ（核酸の5'末端からヌクレオチドを削り取っていく酵素）に対する抵抗性を与え，mRNAの安定化に寄与していると考えられている．さらにキャップ構造は，より効率の良い翻訳を起こさせる機能をもっている．キャップ構造を認識するいくつかの翻訳開始因子が知られ

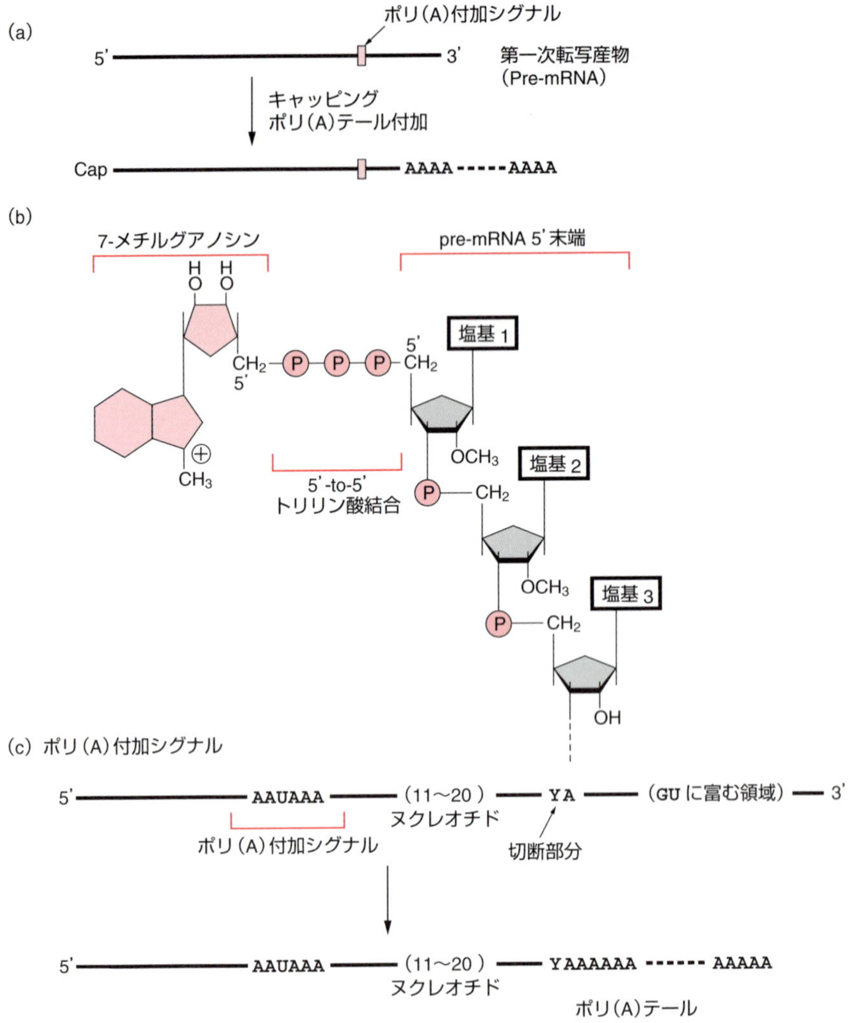
(a)
ポリ(A)付加シグナル
5'
3'
第一次転写産物
(Pre-mRNA)
キャッピング
ポリ(A)テール付加
Cap
AAAA-----AAAA
(b)
7-メチルグアノシン
pre-mRNA 5'末端
塩基 1
塩基 2
塩基 3
5'-to-5'
トリリン酸結合
(c) ポリ(A)付加シグナル
5'
AAUAAA
(11〜20)
ヌクレオチド
YA
(GU に富む領域)
3'
ポリ(A)付加シグナル
切断部分
YAAAAAA ------ AAAAA
ポリ(A)テール

図 7.5　メッセンジャー RNA 前駆体のプロセシング

(a) キャッピングとポリ (A) 付加. (b) キャップの構造. (c) ポリ (A) 付加シグナル

ており，リボソームの 40S サブユニットがキャップ構造に効率よく結合するのを助けている．実際，キャップ構造のない mRNA は効率よく翻訳されない．7.4 節で述べる RNA スプライシングにおいてもキャップ構造を認識して効率の良いスプライシングを行う機構が存在する．

7.3.2 真核生物の mRNA 前駆体の 3'-ポリ (A) 付加

真核生物の mRNA の大部分は，3' 末端にアデニル酸ばかりが数百個並んだ配列をもっている．これをポリ(A)テール（tail，尾部）といい，この RNA をポリ(A)$^{+}$ mRNA という．このポリ(A)部分は遺伝子にコードされているのではなく，転写後に付加される．一般に，真核生物においては，成熟 mRNA の 3' 末端が転写の終結点ではなく，3' 末端に相当する位置よりもかなり下流で転写終結が起こり，その後，切断とポリ(A)付加が起こる．高等真核生物では，ポリ(A)が付加する部位の 11 ～ 20 塩基上流に AAUAAA という塩基配列があり，この配列を認識して pre-mRNA の 3' 側を切断するエンドヌクレアーゼとポリ(A)を付加するポリ(A)ポリメラーゼによりポリ(A)テールが付加される．ポリ(A)は，キャップ構造と同様，mRNA の安定化に寄与していると考えられている．ポリ(A)自体にヌクレアーゼ抵抗性があるというよりも，生体内に存在する多くのポリ(A)結合タンパク質により安定化されているものと思われる．また，ポリ(A)を除くとその mRNA の翻訳開始が阻害されることから，翻訳の効率化にもポリ(A)が関与していると考えられる．さらに，コルジセピン*3（cordycepin）によりポリ(A)付加を阻害すると，mRNA は核から細胞質へと輸送されない．また，発生においてポリ(A)の無い貯蔵 mRNA にポリ(A)を付加すると翻訳が開始される．このことは，ポリ(A)結合タンパク質が，mRNA の 5' 末端に結合する翻訳開始因子と相互作用し，mRNA を環状化することで翻訳効率を高めるためと考えられている（→ Chapter 8，図 8.13）．

7.4 イントロンとスプライシング

1960 年代の細菌やファージを中心とした分子遺伝学のめざましい発展により，遺伝暗号の解読や遺伝子発現のおおよその仕組みについての理解が進んだ．1960 年代末には分子生物学の重要な部分の解明はすべて終わったと考える人も現われはじめた．しかし，1970 年代に入り，組換え DNA 技術をはじめとする染色体 DNA そのものを解析する技術が発展し高等生物の分子生物学的研究が始まると，細菌とは異なる遺伝子の姿が見えてきた．その最たるものがイントロンとスプライシング

*3　コルジセピン：3'- デオキシアデノシンのこと．3' 位がデオキシ（-H）であるため，ポリ(A)のポリメリゼーションが阻害される．

の発見である．

その発見とは，真核生物の mRNA とそれをコードする DNA を比べると DNA 部分の方がはるかに長く，しかも mRNA をコードする DNA 領域が「意味不明」の配列で分断されていることを指す．この「意味不明」の配列はやがて「イントロン*4（intron）」と命名され，「意味のある（成熟 mRNA に残される）」配列は「エキソン（exon）」と命名された（**図 7.6**）．

イントロンは最初，アデノウイルス DNA で発見された（→ Box イントロンの発見参照）．その後，ふつうのタンパク質をコードする遺伝子，さらには rRNA 遺伝子，tRNA 遺伝子，ミトコンドリアや葉緑体の遺伝子などあらゆる遺伝子に存在することが明らかになった．今日では，ニワトリのコラーゲン遺伝子のように 50 個以上のイントロンによって分断されている遺伝子も珍しくない（**図 7.7**）．

イントロンは遺伝子に存在し，成熟 RNA にはその配列は存在しないので，どこかの段階で取り除かれるはずである．遺伝子のイントロンを含んだ領域はまずすべてが転写され，長い前駆体 RNA が生成する．次いで，イントロン由来の RNA 部分は切り落とされ，エキソン由来の RNA 部分どうしが連結されて成熟 RNA が完成する．この切り継ぎ反応を「スプライシング（splicing）」という．つまり，スプライシングは RNA レベルで行われる．

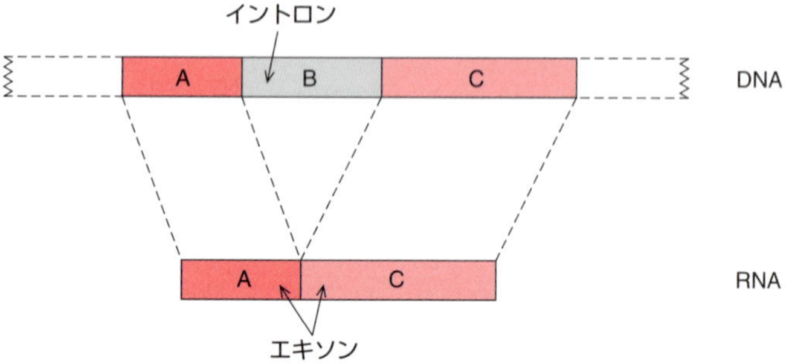
イントロン
A
B
C
DNA
A
C
RNA
エキソン

図 7.6　スプライシングとは？

*4　イントロン：イントロンとはスプライシング（→ 7.4.1 ～ 7.4.5 項）により除去され成熟 RNA には残らない配列をいうが，特にエキソンに挟まれた部分をいう．tRNA 前駆体や rRNA 前駆体から RNA プロセシングで除かれる 5' 末端部分や 3' 末端部分はイントロンとはいわない．これら除かれる末端部分は，それぞれ，5'-リーダー配列，3'-トレーラー配列などと呼ばれる．また，当初不要と思われたイントロンも遺伝子発現を制御する RNA 干渉（→ Chapter 14）に関与する RNA として機能する場合がある．

Box ▶ イントロンの発見

イントロンは，二重鎖 DNA をゲノムにもつアデノウイルスの研究の途上で発見された．P. Sharp らは，1977 年，アデノウイルス感染のある時期において mRNA がウイルスゲノム（二重鎖 DNA）上のどの辺りから転写されたものかを知るため，次のような実験を行った．アデノウイルスを感染させた細胞から得られた mRNA とその鋳型のウイルス DNA を混合した後，高温にして一本鎖にした．次いで，徐々に温度を下げて DNA-RNA からなる二重鎖（DNA-RNA ハイブリッドという）を作らせ，それを電子顕微鏡で観察した．電子顕微鏡によると二重鎖と一本鎖は区別がつくので，二重鎖のできたところが mRNA がコードされている部分であることが容易にわかるはずであった．ところが，図に示すように，一本鎖 DNA と mRNA からできた DNA-RNA 二重鎖（図では DNA-RNA ハイブリッドと記されている）は，なんと連続した二重鎖とはならず二重鎖部分が飛び飛びに形成されていた［模式図を図（C）に示す］．ひとつながりの mRNA となる部分は，DNA 上で飛び飛びに離れた部分に対応することを示すものであった．これが，コード領域が分断されていることを示した世界で初めての実験的証拠である．

(A)

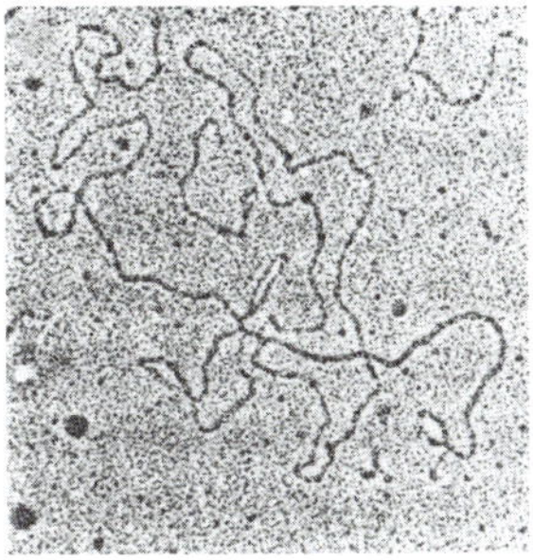

(B)

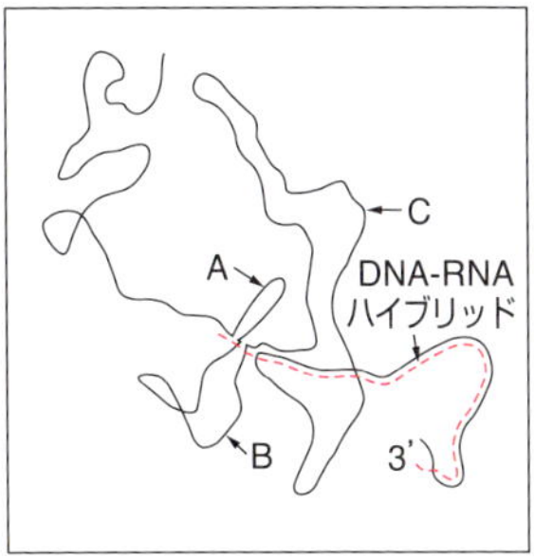
C
A
DNA-RNA
ハイブリッド
B
3'

(C)

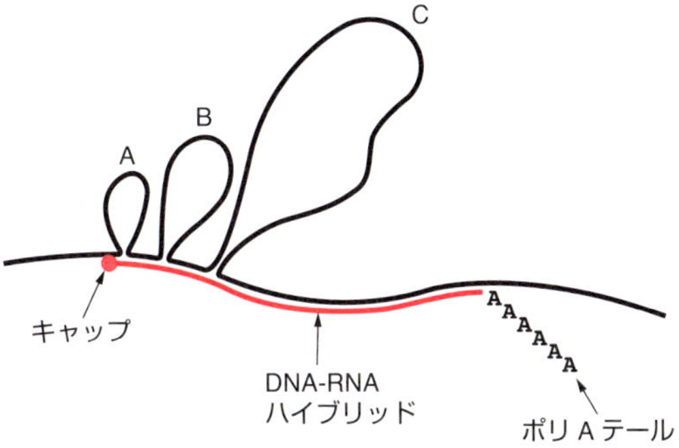
C
B
A
キャップ
AAAAAA
DNA-RNA
ハイブリッド
ポリ A テール

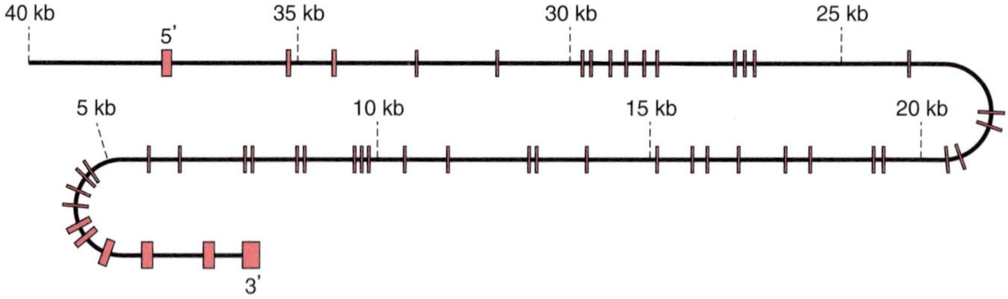
40 kb
35 kb
30 kb
25 kb
5'
5 kb
10 kb
15 kb
20 kb
3'

図 7.7　ニワトリの 1α2 タイプコラーゲン遺伝子

エキソンは縦のボックスで，その間をつなぐ直線はイントロンを表わす．この遺伝子は 50 個以上のイントロンを有する．

7.4.1 真核生物の核の mRNA 前駆体のスプライシング

真核生物の mRNA 前駆体（pre-mRNA）のイントロン相当部分には，正確なスプライシングを保証するための領域が三つある．**図 7.8** に示すように，イントロンの 5' 末端（5' スプライス部位という）と 3' 末端（3' スプライス部位という）およびブランチ（branch）部位である．これ以外の領域は保存された配列をもたず，スプライシング反応には重要ではない．核の pre-mRNA イントロンは，GU で始まり AG で終わる．これを **GU-AG 則**［GT-AG 則，または発見者の名前を取ってシャンボン則（Chambon rule）］という．**図 7.9** に示すように，5' スプライス部位で切断が起こり，イントロンの 5' 末端リン酸基がブランチ部位のアデノシン（A）の 2' 水酸基に結合する．この分子をその形から「**投げ縄状中間体**（lariat intermediate）」という（図 7.9）．ブランチ部位は 3' スプライス部位から 20 〜 40 塩基ほど上流にあり，PyPyPuAPy（Py はピリミジン，すなわち C か U，Pu はプリン，すなわち A か G を意味する）という共通配列をもつ．この中の A の 2' 位がイントロンの 5' 末端と結合し枝分かれ状（図 7.9）となるため，ブランチ部位といわれる．スプライシング反応は，複数の RNA- タンパク質複合体からなる構造体の中で行われ，すべての切断－連結反応には ATP と Mg^{2+} イオンを必要とする．この構造体は酵母では 40S，動物細胞では 50 〜 60S の沈降係数を示し，スプライソソーム（spliceosome）と呼ばれている．

驚異的な正確さが要求されるスプライシング反応の中で中心的役割を果たしているのが，スプライソソームに存在する低分子核 RNA（small nuclear RNA：snRNA）である．これらは，U の含量が多いことから U-snRNA といわれ，U1 – U6 snRNA

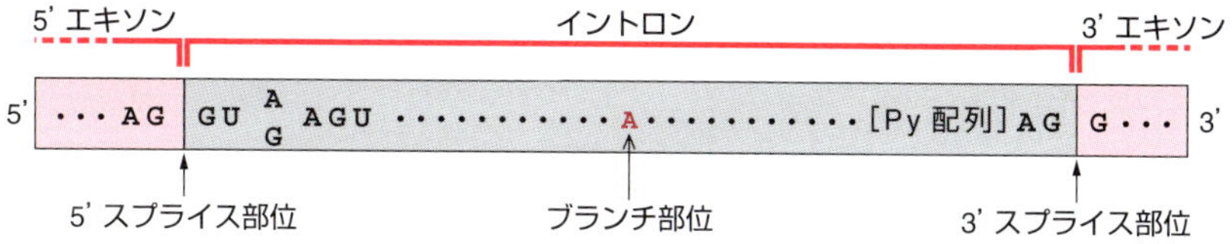
5' エキソン
イントロン
3' エキソン
5'
・・・AG
GU A G AGU ・・・・・・・・・・A・・・・・・・・・・[Py 配列] AG
G・・・
3'
5' スプライス部位
ブランチ部位
3' スプライス部位

図 7.8　シャンボン則とブランチ部位

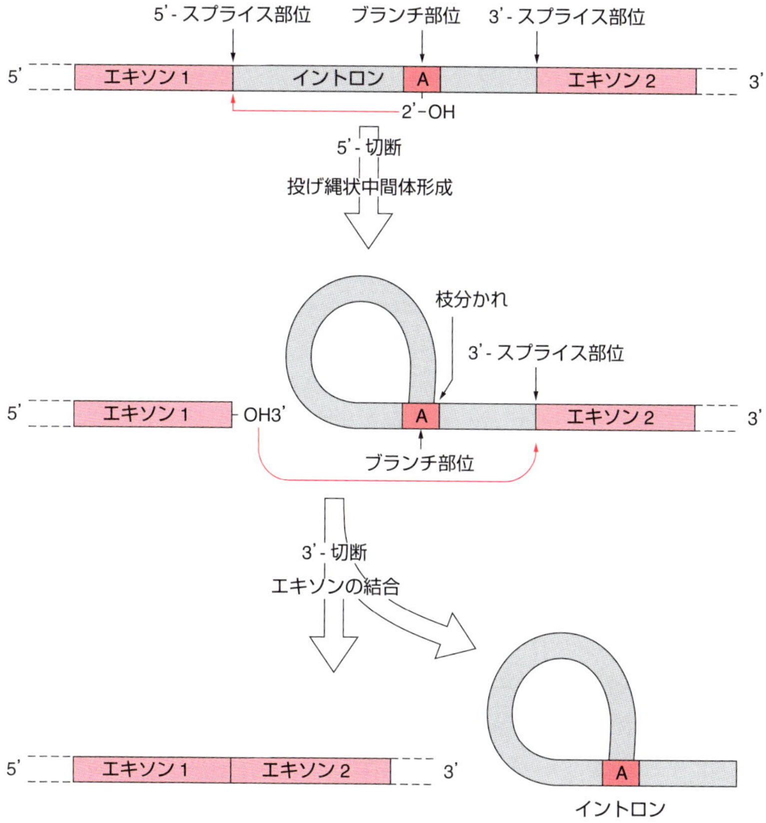
5'-スプライス部位
ブランチ部位
3'-スプライス部位
5'
エキソン 1
イントロン
A
エキソン 2
3'
2'-OH
5'-切断
投げ縄状中間体形成
枝分かれ
3'-スプライス部位
5'
エキソン 1
OH3'
A
エキソン 2
3'
ブランチ部位
3'-切断
エキソンの結合
5'
エキソン 1
エキソン 2
3'
A
イントロン

図 7.9　mRNA 前駆体のプロセシング

がよく知られている．このうち U3 を除く U1，U2，U4，U5，U6 が重要な役割を果たしている．U-snRNA はいずれもタンパク質と複合体を形成し，U- 核内低分子リボ核タンパク質（U-sn ribonucleoprotein：U-snRNP）と呼ばれている．**図 7.10** に示すように，それぞれの U-snRNP がスプライス部位やブランチ部位を認識し，最

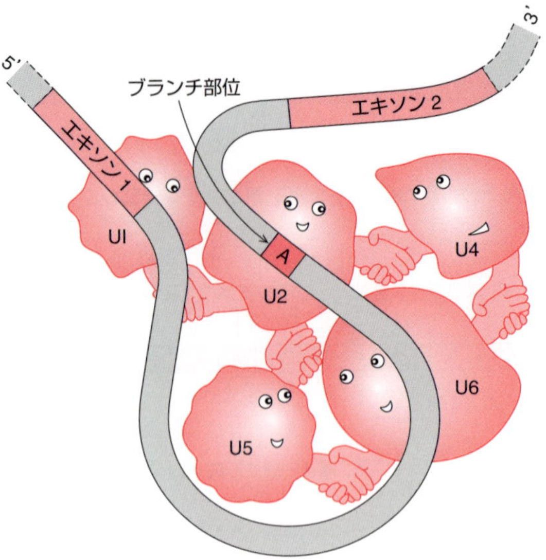
5'
3'
ブランチ部位
エキソン 1
エキソン 2
A
U1
U2
U4
U5
U6

図 7.10 スプライソソーム

核の mRNA スプライシングは snRNP の集合体であるスプライソソームでなされる.

終的に U2 および U6 snRNP からなる複合体がスプライシング反応の触媒を行っている．それぞれの RNA 間の相互作用は，ワトソン - クリック型塩基対の形成が関与しているが，触媒機構の詳細についてはまだ不明な点が多い．

7.4.2 選択的スプライシング

複数のエキソンをもつ遺伝子では，スプライシングによりすべてのエキソンをもつ成熟 mRNA の他に，あるエキソンが飛ばされた成熟 mRNA が生成される場合がある．たとえば，ショウジョウバエのダブルセックス遺伝子（*dsx*）は 6 個のエキソン（E1 ～ E6）をもつが，雌と雄とではスプライシングの様式が異なる．雌では終止コドンを含む第 4 エキソンをもつ mRNA（E1 + E2 + E3 + E4）ができるが，雄では第 4 エキソンがスプライシングの過程でイントロンの一部と認識され，E1 + E2 + E3 + E5 + E6 という構造の成熟 mRNA が作られる．このようなスプライシング機構を選択的スプライシング（alternative splicing）という．一般的にスプライシングの意義は不明の点が多いが，この *dsx* 遺伝子の選択的スプライシングはその生物学的意義がはっきりしている例である．**図 7.11** に示すように α-トロポミオシンは 14 個のエキソンをもつが，筋肉の種類や非筋肉系の細胞で図のよう

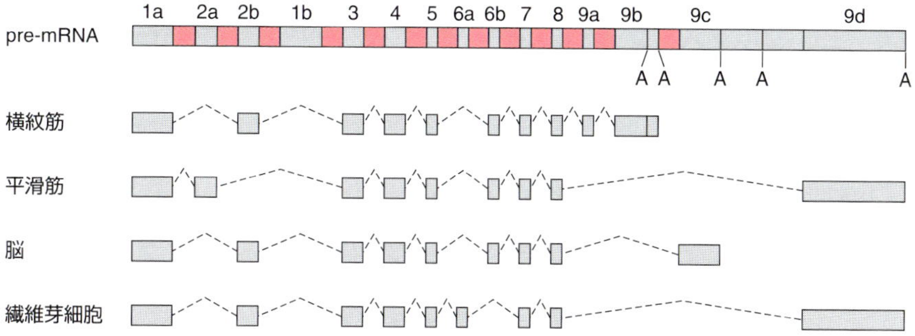
1a
2a
2b
1b
3
4
5
6a
6b
7
8
9a
9b
9c
9d
pre-mRNA
A
A
A
A
A
横紋筋
平滑筋
脳
繊維芽細胞

図 7.11　α-トロポミオシン pre-mRNA の選択的スプライシング

A はポリ(A)付加シグナルを表す.

な複雑なスプライシングを行う．それぞれの成熟 mRNA が作るタンパク質はそれぞれの組織や細胞において特異的な機能を発揮するものと考えられる．また，さらにもっと複雑な選択的スプライシングも知られている．

7.4.3　真核生物の核の tRNA 前駆体のスプライシング

真核生物の核の tRNA にみられるイントロンは，他のイントロンとは異なった特徴をもつ．このイントロンは，短く（12 ～ 60 塩基），イントロン内部やエキソン－イントロン境界部に pre-mRNA にみられたような保存された配列は存在しない．ただし，完成した tRNA と比較するとイントロンの位置はアンチコドンの 1 塩基下流に挿入された形になっている（図 7.4）．イントロン内に保存された配列はないが二次構造はよく保存されており，イントロン内には必ずアンチコドンに対する相補的配列がある．このイントロンを含む tRNA 前駆体では，この相補的配列とアンチコドンおよびその周辺で二重鎖となり，バルジ*5 －ヘリックス－バルジ（またはループ）という共通の二次構造が形成される（図 7.4，tRNA イントロンの部分）．他のスプライシングでは RNA が触媒的作用など重要な役割を果たしているが，この tRNA スプライシングは，単純タンパク質酵素により行われる．イントロンが tRNA エンドヌクレアーゼにより除去された後，エキソンどうしは，tRNA リガーゼにより連結される．

*5　バルジ：二つのヘリックス（二重鎖）に挟まれ完全な二重鎖を形成できない部分．二次元的にふくらんだ形で表わされるためこの名が付いた．

7.4.4 セルフスプライシングイントロンとRNAの酵素活性

原生動物テトラヒメナ（*Tetrahymena*）のrRNA遺伝子のイントロンのスプライシング機構の研究から，それまでの酵素学の常識をくつがえす発見がなされた．1981年，T. Cechらによるセルフスプライシングイントロン（self-splicing intron）の発見である．このスプライシング反応は，タンパク質を必要とせず試験管内でRNA自らの触媒的機能でスプライシングが完了する．このようなRNAはリボザイム*6 (ribozyme)と名付けられた（**図7.12**）．

テトラヒメナの核の26S rRNA遺伝子は413塩基対のイントロンをもっており，これが最初に発見されたリボザイムである．その後，このイントロンと類似の二次構造をとるイントロンが真菌類（fungus）のミトコンドリアや植物の葉緑体の遺伝子にも発見され，これらはグループⅠイントロンと命名されている．細胞小器官には，グループⅡイントロンと呼ばれるもうひとつのセルフスプライシングイントロンも見いだされている．

図7.12にグループⅠイントロンのセルフスプライシング反応機構を示す．この反応には，Mg^{2+}イオンとグアノシン（または，GMP，GDP，GTP）が必要で，タンパク質酵素やATPのようなエネルギー源は必要ない．まずグアノシン（図7.12に[G]-OHで示す）がイントロン中のグアノシン結合部位に取り込まれる．イントロンの5'末端側でリン酸ジエステル結合が切れ，5'末端リン酸はグアノシンの3'水酸基に移る．同様に，イントロンの3'末端側も切れると同時に下流エキソンが上流エキソンの3'末端に結合する．その結果，イントロンの除去が完了し5'末端にグアノシンを余分にもった線状のイントロン（図7.12，414 nt）が生成する．さらにこの414 ntの線状イントロンは，もう一度，切断-連結反応により，5'末端側の15ヌクレオチドを切り離し，環状RNA（図7.12，399 nt）となる．さらに，4ヌクレオチドも切り離し395 ntの環状中間体を経て線状のL－19 RNA（Lマイナス19 RNA，線状の395 ntのRNA．もとの414 nt RNAから19 nt減じたという意味）となる（図7.12，395 nt）．この過程は，切断-連結が一体となっている反応で，リン酸ジエステルの加水分解は起こらず，リン酸エステルが常に他の3'水

*6　リボザイム：ribonucleic acidの「ribo」とenzymeの「zyme」を結合させた造語．当初，セルフスプライシング反応は真の酵素反応とはいえなかったため，酵素（enzyme）と区別する意味からribozymeと名付けられたが，現在ではRNA enzymeと同義で使われることが多い．

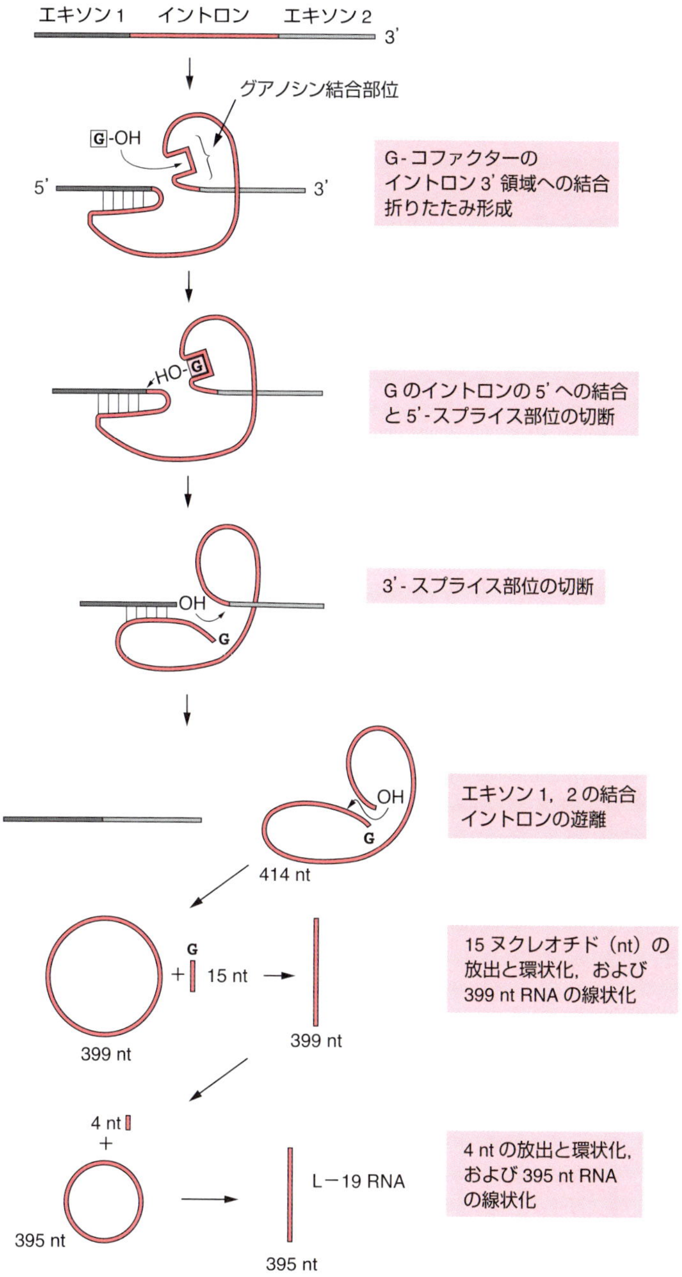
エキソン 1
イントロン
エキソン 2
3'
グアノシン結合部位
G-OH
5'
3'
G-コファクターの
イントロン 3' 領域への結合
折りたたみ形成
HO-G
G のイントロンの 5' への結合
と 5'-スプライス部位の切断
OH
G
3'-スプライス部位の切断
OH
G
414 nt
エキソン 1，2 の結合
イントロンの遊離
G
+
15 nt
399 nt
399 nt
15 ヌクレオチド（nt）の
放出と環状化，および
399 nt RNA の線状化
4 nt
+
395 nt
L－19 RNA
395 nt
4 nt の放出と環状化，
および 395 nt RNA
の線状化

図 7.12　グループ I イントロンのセルフスプライシング

酸基に転移していく機構（エステル交換反応→ 7.4.5 項）で反応が進行する．リン酸エステルの数はこの反応の前後で変化はなく，ATP のようなエネルギー源が必要ないことが熱力学的に説明できる．反応の活性化エネルギーは，イントロン RNA の高次構造により下げられていると考えられる．またこの RNA がグアノシンと特異的な相互作用をすることから，このイントロン RNA は，酵素的性質をもつものといえる．ただし，反応の前後でイントロン自らの形が変わることと，他の分子のスプライシング反応を触媒していないことから，この反応は真の酵素反応ではない．しかし，このイントロンを人工的に改変すると真の酵素として働くことが知られている（→ Chapter 14）．

一方，グループⅡイントロンのスプライシングは，核 pre-mRNA のイントロンのスプライシング（図 7.9）と非常によく似ている［**図 7.13**（b），(c)］．基本的には図 7.9 に示すのとほぼ同様に，イントロン内のアデノシン残基の 2' 水酸基がエキソン－イントロン接点のリン原子を攻撃し，その結果イントロンの 5' 末端が 2', 5' リン酸ジエステル結合（2', 5'-phosphodiester bond）でイントロン内部につながり，投げ縄状分子ができる［図 7.13（b）］．さらに上流エキソンの 3' 末端水酸基がイントロン－エキソン接点のリン原子を攻撃し，エキソンどうしの連結が起こり，投げ縄状イントロンが切り出される．この反応経路は核の mRNA のスプライシングと同じであるが，5' と 3' スプライス部位，ブランチ部位の保存配列は図 7.8 とは異なる．また，グループⅡイントロンの反応は ATP を必要としない．両者の最も異なる点は，グループⅡイントロンでの反応はセルフスプライシングであり，核の mRNA のスプライシングでは U-snRNP（スプライソソーム）が触媒として働いているという点である［図 7.13（b），(c)］．

グループⅠイントロンのセルフスプライシングが発見された後，前述の真正細菌の RNaseP の RNA サブユニットが真の酵素活性をもつことが発見された．RNA の触媒的機能としては，その他にも，比較的低分子（100 塩基以下）の自ら切れてしまう「自己切断 RNA」が知られている．その二次構造の形から「ハンマーヘッド RNA」や「ヘアピン RNA」などがある．RNA を配列特異的に切断するリボザイムが設計可能なことから，さまざまな応用が考えられている（→ Chapter 14）．

7.4.5 エステル交換反応

ここまでさまざまなスプライシング反応をみてきたが，真核生物の核 pre-mRNA のスプライシング，グループⅠおよびグループⅡイントロンのセルフスプ

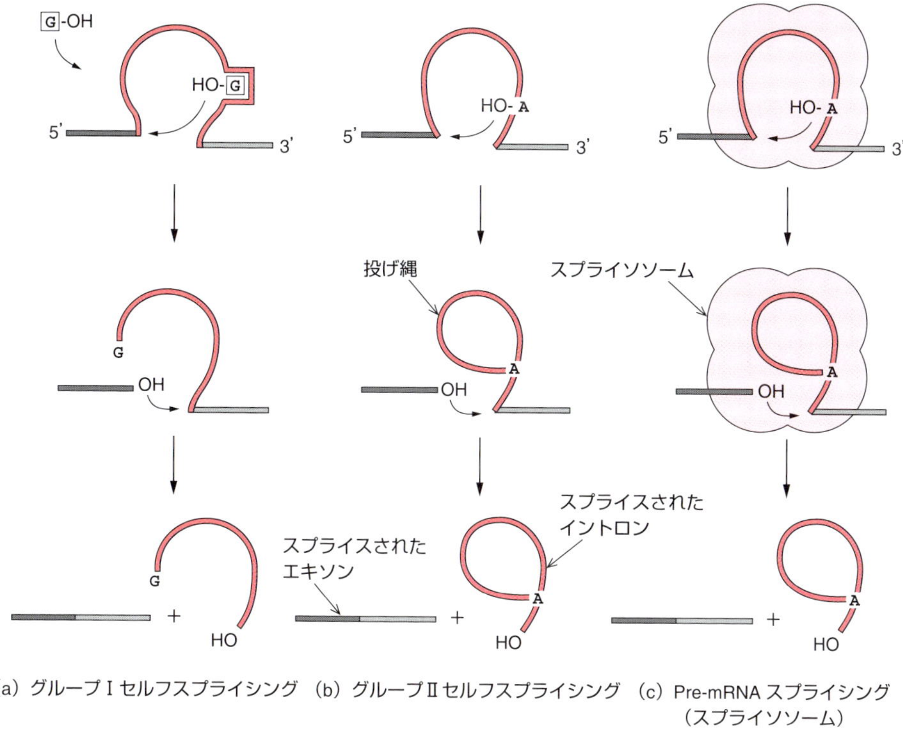
G-OH
HO-G
5'
3'
HO-A
5'
3'
HO-A
5'
3'
投げ縄
スプライソソーム
G
OH
A
OH
A
OH
スプライスされた
イントロン
G
スプライスされた
エキソン
A
A
HO
HO
HO
(a) グループⅠセルフスプライシング
(b) グループⅡセルフスプライシング
(c) Pre-mRNA スプライシング
(スプライソソーム)

図 7.13 スプライシングの三つのタイプ

ライシングの化学的メカニズムは，基本的には同種の反応である．前項のセルフスプライシング機構でも触れたが，これら 3 種のスプライシングでは，イントロン－エキソン間のリン酸ジエステル結合が加水分解されることなく，必ず他の水酸基に転移していく反応が起こっている．図 7.13 に示すように，3 種のスプライシング反応を並べると基本的に同種の反応が起こっていることがよくわかる．第一段階ではグループⅠイントロンの場合 G の 3' 水酸基，グループⅡと核の pre-mRNA ではブランチ部位の A の 2' 水酸基が，5' スプライス部位のリン酸ジエステル結合のリン原子を攻撃しリン酸を奪い取る．第二段階では，生成した 5' 側エキソンの 3' 末端水酸基が 3' スプライス部位のリン酸ジエステルを攻撃し，エキソンどうしの連結を完了させる．このような化学反応は，一般的にエステル交換反応（transesterification）と呼ばれ，リン酸エステルについて次式のように表わすことができる．

$$\mathrm{R{-}O{-}\overset{\overset{\displaystyle O}{\|}}{\underset{\underset{\displaystyle O^-}{|}}{P}}{-}O{-}R' + R''{-}OH \rightleftharpoons R{-}O{-}\overset{\overset{\displaystyle O}{\|}}{\underset{\underset{\displaystyle O^-}{|}}{P}}{-}O{-}R'' + R'{-}OH}$$

反応機構にみられるこれらの類似性は，スプライシング反応が同一の祖先型から進化したものであることを示唆している．

7.5 RNA エディティング（RNA-editing）

1986 年，「**RNA** エディティング」という現象が R. Benne らによりトリパノソーマ（*Trypanosoma*）で発見された．これは DNA には存在しない塩基配列を RNA レベルで作ってしまうというもので，まるで出版における編集（edit）に似ている．この発見のきっかけは，ミトコンドリアのチトクロームオキシダーゼのサブユニット III（*cox III*）について，mRNA は得られたがその塩基配列が DNA 上にみつからないということからであった．他の生物のミトコンドリアゲノムでの *cox III* の位置を参考にして，トリパノソーマでその周辺の塩基配列を調べたところ mRNA の一部に相当する配列がミトコンドリアゲノム上に飛び飛びに存在することが見つかった．いったんあることが見つかると次々と類似のことが見つかる，という例にもれず，さらに RNA エディティングが，しかも種々のバラエティーを伴って見つかってきた．

図 7.14（a）では，mRNA レベルでの U 残基の挿入，(b）では C 残基の挿入，(c）では U の挿入と欠失が mRNA レベルで起こることが示されている．一次転写産物（エディティング前の mRNA 前駆体）はこれら多数の残基の挿入と削除を受ける

（a）U の挿入（*C. fasciculata* COⅡ gene）

```
mtDNA  …AAGGTAGA  G A ACCTGGA…
mRNA   …AAGGTAGAUUGUAUACCUGGA…
```

（b）C の挿入（*P. polycephalum*, ATP 合成酸素 α サブユニット）

```
mtDNA  …TGTC GTGCTTTAAATAC TTAGTCAAACCC TGTAGGTT…
cDNA   …TGTCCGTGCTTTAAATACCTTAGTCAAACCCCTGTAGGTT…
```

（c）U の挿入，U の削除（*L. tarentolae* COⅢ）

```
mtDNA  …CG G  A     G   G GTTTTGATTTTTGTTTGTTTTGTTG…
mRNA   …CGUGUUAUUUUUGUUGGUG---UGA-----G--UG----G-UG…
```

図 7.14　RNA エディティング

ことにより，はじめてそれぞれのタンパク質をコードする成熟 mRNA となる．その配列はもとの DNA 配列とは大きく異なる．一時はまったく不思議そのものにみえたエディティング現象もその後の研究により，この挿入や削除にはガイドとなる RNA（**guide RNA**，gRNA）や複数の酵素が必要で，gRNA の配列の一部に従い編集されることがわかった．gRNA はミトコンドリアゲノムの別の領域でコードされることも明らかとなった．つまり，ひとつのタンパク質をコードする配列が細かな断片に分かれて別々の DNA 上に配置されているということである．

そのほか，まったく違う機構の RNA エディティングも知られている．一例として哺乳類のアポリポタンパク質 B（apolipoprotein B）の組織特異的遺伝子発現を紹介しよう．この mRNA は肝臓では分子量 512 kD のタンパク質を発現している．しかし，小腸ではコード領域の途中にある CAA（グルタミンコドン）が UAA（終止コドン）に変わっているため分子量 250 kD のタンパク質が合成される．このコドンは遺伝子 DNA 上では CAA である．小腸では，mRNA のこの位置の C を U に変える（シトシンの 4 位を脱アミノする）酵素があり，この組織における RNA エディティングに関与している．

7.6 塩基の修飾反応

RNA はふつう A，G，C，U という 4 種の塩基が連なったものであるが，これら以外の塩基を含むことも知られている．そのような塩基を**修飾塩基**（modified base）という．特に tRNA には例外なく修飾塩基が含まれている．塩基の修飾は，一次転写産物が作られた後，修飾酵素により修飾されるので RNA プロセシングの一部といえる．

修飾された U には，5 位がメチル化されたリボチミジン（rT），環の二重結合が水素付加により飽和されたジヒドロウリジン（D），普通は 1 位の窒素にリボースが付いているが，5 位の炭素にリボースがついているシュードウリジン（Ψ），2 位に硫黄のついた 2- チオウリジン（s^2U）などがある．プリン塩基としては，イノシン（Ⅰ），6- メチルアデノシン（m^6A），1- メチルグアノシン（m^1G）などが知られている．リボースの 2′ 位がメチル化されたヌクレオチドも tRNA には多く存在する．これらすべての修飾ヌクレオチドの機能が知られているわけではないが，そのいくつかは，コドン-アンチコドン認識の上で重要な役割を果たしていることがわかっている．たとえば，ウリジンが G との塩基対を作ることができるのに対し，

2- チオウリジンではそれができない．また，イノシンはA，C，Uと塩基対を作ることができる．修飾塩基のいくつかは，このような調節を通して，効率的で正確な翻訳に寄与していると考えられる．また，修飾塩基がtRNAの高次構造の安定化に寄与している例も知られている．tRNA以外のRNAにも修飾塩基が存在する．真核生物のmRNAの5'末端にみられる多くのメチル化や，rRNA中のシュードウリジン，メチル化ヌクレオチドなどがその例である．

演習問題

Q.1 真核生物のリボソームを構成するRNA（rRNA）は，何種類あり，それぞれ名称は何というか．これらは細胞内のどこで何という酵素により転写されるか．

Q.2 tRNAの5'末端および3'末端のプロセシングの違いについて述べよ．

Q.3 真核生物のmRNAの5'末端にある特殊な構造を何というか．その構造式を描き，生物学的役割について述べよ．

Q.4 真核生物のmRNAの3'末端には，ポリ（A）が付いている．このポリ（A）の役割について述べよ．

Q.5 真核生物の核のmRNAスプライシング反応において重要な役割を果たす保存された一次構造（塩基配列）がイントロン中に存在する．それらの名称を記し，スプライシングにおいてどのような機能をもっているか述べよ．

Q.6 真核生物の核のtRNAイントロンの特徴を挙げよ（特に他のイントロンと異なる点）．また，このtRNAイントロンスプライシング反応が他のスプライシング反応と異なる点を述べよ．

Q.7 真核生物の核のmRNA前駆体のスプライシングとグループⅠイントロンのセルフスプライシングは，異なる機構で進行するが，いくつかの共通点を見ることができる．その共通点を上げ，生物学的な意義について述べよ．

Q.8 セルフスプライシング反応は真の酵素反応ではないと言われる．なぜか．

Q.9 核のmRNA前駆体のスプライシングは，グループⅡセルフスプライシングから進化したものと考えられている．この進化により生物学的に有利になる点は何か．

Q.10 T. Cech らは，テトラヒメナの核を使って調製した rRNA 前駆体が試験管内でセルフスプライシングすることを示し，RNA の酵素的活性を初めて示した．しかし，これに疑いをもった人たちは，rRNA イントロンに堅く結合し現在の技術では除くことができないタンパク質（またはペプチド）が触媒しているのではないかと主張した．この可能性を排除するためにはどのような実験を行えば良いか．

Q.11 トリパノソーマのミトコンドリアに発見された大規模な RNA エディティング機構は，結局，さまざまなところにコードされている断片化した情報を寄せ集めて一つのタンパク質を完成させるという奇妙で危ういシステムである．この機構の存在は生物学的にどのような意味があると考えられるか．

参考図書

1．B. Lewin（菊池他訳）：エッセンシャル遺伝子，東京化学同人（2007）
2．菊池　洋 編：ノーベル賞の生命科学入門－RNA が拓く新世界，講談社（2009）
3．菊池韶彦 監訳：ハートウェル遺伝学，メディカル・サイエンス・インターナショナル（2010）

ウェブサイト紹介

1.「DNA from the beginning」　http://www.dnaftb.org/

米国 Cold Spring Harbor Laboratory が版権をもつ公開サイト．RNA プロセシングに限らないが，初歩からの DNA や RNA を科学史を含めて勉強できる．英語の勉強にも良い．

クロスワードパズル 2

ヒントから連想される，マス目の数に合う英単語を記入してください．

注）複数の英単語のからなる用語の英単語間のスペース，「－」等は無視
Covalent bond → COVALENTBOND
Co-repressor → COREPRESSOR

1
2
3
4
5
6
7
8
9
10
11
12
13
14
15
16
17
18
19

横（Across）のヒント

1：鋳型鎖にアニールして，3'OH を供給するオリゴマー
3：１個のファージ感染菌が溶菌して放出されたファージが連鎖的に周囲の菌を溶菌してできるファージ液層
4：環状二本鎖 DNA でクローニングに用いられる
7：ライブラリースクリーニングにおいて目的クローンに相補的で放射性ラベルした DNA 断片
9：DNA を効率よく取り込むように処理した細菌
11：1 個のバクテリアが増殖して作る集落
14：2 本の染色分体が接着した，くびれた領域
15：真核生物の染色体の末端
16：組換え体のこと
17：バクテリアに DNA を挿入すること
18：DNA や RNA を分子内で切断する酵素
19：一本鎖の核酸どうしが相補性領域で結合する反応

縦（Down）のヒント

2：RNA を鋳型にして相補鎖 DNA を作る酵素
5：二本鎖 DNA において特定の塩基配列を認識して切断する酵素
6：RNA の相補的配列をもつ DNA
8：DNA や RNA をゲル内で電場をかけて移動させる方法
10：バクテリアをホストとするウイルス
12：目的 DNA 断片を増やす技術
13：クローニングで目的 DNA 断片のつないで増殖させるための自律的増殖をする DNA 小分子

（解答は巻末参照）

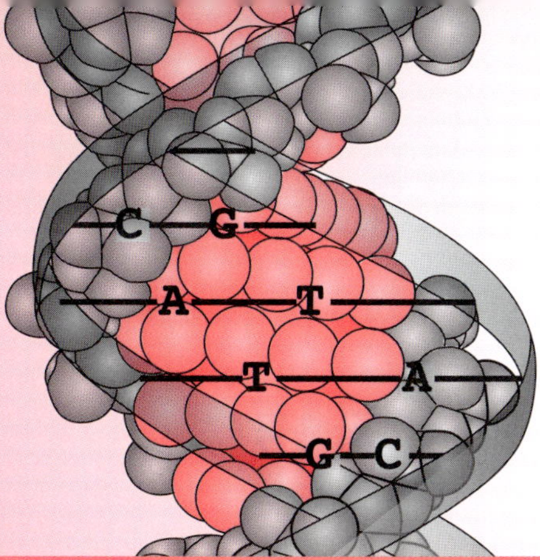
C
G
A
T
T
A
G
C

Chapter 8
翻訳の調節

Chapter 8 翻訳の調節

8.1 遺伝暗号

8.1.1 核酸からタンパク質への情報の受け渡し

タンパク質をコードする遺伝子においては，DNA のもつ情報はまず mRNA に「転写」される．転写では，化学構造が類似した DNA と RNA との間で相補的に塩基対が形成されて，配列情報がコピーされる．一方，mRNA の塩基配列の情報をタンパク質のアミノ酸配列に「翻訳」する過程では，化学的に全く異なるリボヌクレオチドとアミノ酸とを結びつけなければならないので，アダプター分子の存在など巧妙な分子機構が必要とされる．翻訳では mRNA の他に，トランスファー RNA（transfer RNA：tRNA）とリボソーム RNA（ribosomal RNA：rRNA）の 2 種の RNA 分子が重要な役割を果たす．tRNA はアミノ酸を結合して，mRNA の特定の配列と相補性により結合し，ヌクレオチドの配列情報とアミノ酸の配列情報とを橋渡しするアダプター分子として機能する．また，翻訳は，リボソーム（ribosome）複合体上で起こるが，rRNA はリボソームの形成や機能に重要な役割を果たしている．

8.1.2 遺伝暗号の予測

J. D. Watson と F. H. C. Crick により DNA の立体構造が明らかにされた後，次に解明されるべき重要な問題は，RNA に写し取られた遺伝情報がタンパク質のアミノ酸配列をいかに決定するか，ということであった．RNA の塩基が 4 種類であるのに対して，天然のタンパク質を構成するアミノ酸は 20 種類存在する．G. Gamow（宇宙物理学におけるビッグバンの提唱者でもある）は，塩基のならびが一方向から読み取られるとすれば，2 個の塩基の連続は $4^2 = 16$ 種類の，3 個の連続は $4^3 = 64$ 種類のアミノ酸を指定する可能性があることから，3 個の塩基の連続（トリプレット，triplet）がアミノ酸を指定する遺伝暗号（genetic code）ではないか，と予言した（ガモフの予測）．しかし，まだいくつかの基本的な問題が残されていた．そのひとつは，20 種のアミノ酸に対して 64 種類のトリプレットが存在しており，遺伝暗号とアミノ酸が 1 対 1 にならないという問題である．もうひとつは，連続した塩基配列のどこをトリプレットの最初の塩基として読むかによって，同じ配列から遺伝暗号の読み取り方が 3 種類生じることであった．これらの問題に明確な解答を与え，遺伝暗号を解読するための研究が 1960 年代に精力的に行われた．

8.1.3 遺伝暗号の解読

〔1〕コドンとアミノ酸の対応

1961 年，M. W. Nirenberg と J. H. Matthaei は，大腸菌の抽出液を用いた無細胞タンパク質合成系[*1]を用いて，遺伝暗号解読の糸口を見つけた．彼らは最初，大腸菌の mRNA 画分を用いたタンパク質合成を試みていたが，期待するような成果は得られなかった．一方，S. Ochoa らによるポリヌクレオチドホスホリラーゼの発見により，ウラシルが連続したポリ(U)のような人工的な RNA を合成することが可能となっていた．Nirenberg らは，このポリ(U)を無細胞タンパク質合成系に加えたところ，フェニルアラニンがつながったペプチドが合成されることを発見した．これは，RNA の塩基配列に基づいてペプチドが合成されることを初めて示した画期的な実験であった．この結果により，RNA 上の UUU のトリプレットがフェニルアラニンを指定する遺伝暗号であると解釈され，この手法により他の遺伝暗号の解読も可能であることが示された．さらに，Nirenberg は，特定のアミノ酸を連結した tRNA のリボソームへの結合が，特定の RNA トリヌクレオチドによって促進されることを発見した．たとえば，UUU というトリヌクレオチドはフェニルアラニンを連結した tRNA のリボソームへの結合を促進した．このことは，RNA 上のトリプレットが特定のアミノ酸をタンパク質中に導入するにあたっては，そのアミノ酸を連結した tRNA とトリプレットとの結合が寄与していることを示している．これらの方法を用いて，Nirenberg，Ochoa，H. G. Khorana の三つのグループを中心とした遺伝暗号の解読に向けた熾烈な競争が展開された．

Khorana のグループは，2 個，3 個，4 個の塩基の繰返し配列をもつ RNA を化学合成し，これらを無細胞タンパク質合成系に加えたときにできるポリペプチドを解析した．たとえば，ポリ(UC)（5'-UCUCUCUCUC････-3'）を用いると，Ser-

---

*1 無細胞タンパク質合成系：大腸菌などの細胞内でタンパク質を合成する代わりに，細胞を破砕して得た抽出液（whole cell extract）を用いて，試験管内でタンパク質合成を再現させて解析する系．細胞抽出液には，反応に必要な成分が含まれている．

Leu-Ser-Leu のように Ser と Leu が交互に並んだペプチドが合成された．この結果から，UCU と CUC はセリンまたはロイシンをコードすると解釈された．一方，ポリ(GUAA) を用いると，すべてジペプチドとトリペプリチドの短いものしか合成されなかった．これは，GUAA の繰り返し配列において，UAA がタンパク合成の終始を指令するトリプレットだったからである．

以上のような方法を用いて，5～6 年の間に 64 個のトリプレットの暗号がすべて解読された．遺伝暗号表の完成である．アミノ酸を指定するトリプレットをコドン（codon）と呼ぶ．61 種のコドンは特定のアミノ酸を指令するが，残りの 3 種のコドンはタンパク質合成の終了を指示する遺伝暗号（終止コドン，stop codon）であることが示された（**表 8.1**）．遺伝暗号表から，それぞれのアミノ酸は 1 個から 6 個のコドンによって指定されていることがわかる．ひとつのアミノ酸に複数のコドンが対応することをコドンの縮重[*2]（degeneracy）という．複数のコドンが同じアミノ酸をコードする場合，それらを同義コドンという．同義コドンは一様には使

表 8.1　遺伝暗号（コドン）表

1 文字目 5' 末端	2 文字目 U	2 文字目 C	2 文字目 A	2 文字目 G	3 文字目 3' 末端
U	UUU Phe	UCU Ser	UAU Tyr	UGU Cys	U
	UUC Phe	UCC Ser	UAC Tyr	UGC Cys	C
	UUA Leu	UCA Ser	UAA 終止	UGA 終止	A
	UUG Leu	UCG Ser	UAG 終止	UGG Trp	G
C	CUU Leu	CCU Pro	CAU His	CGU Arg	U
	CUC Leu	CCC Pro	CAC His	CGC Arg	C
	CUA Leu	CCA Pro	CAA Gln	CGA Arg	A
	CUG Leu	CCG Pro	CAG Gln	CGG Arg	G
A	AUU Ile	ACU Thr	AAU Asn	AGU Ser	U
	AUC Ile	ACC Thr	AAC Asn	AGC Ser	C
	AUA Ile	ACA Thr	AAA Lys	AGA Arg	A
	AUG Met	ACG Thr	AAG Lys	AGG Arg	G
G	GUU Val	GCU Ala	GAU Asp	GGU Gly	U
	GUC Val	GCC Ala	GAC Asp	GGC Gly	C
	GUA Val	GCA Ala	GAA Glu	GGA Gly	A
	GUG Val	GCG Ala	GAG Glu	GGG Gly	G

用されておらず，生物種によってコドンの使用の頻度に偏りがみられる．これをコドンの使用頻度（codon usage）と呼ぶ．コドン使用頻度は，それぞれのコドンに対応した tRNA の存在量と相関性がある．

〔2〕終止コドンとサプレッサー tRNA

終止コドンの同定には，ファージのナンセンス変異株の解析も用いられた．ナンセンス変異株は，あるファージ遺伝子において，アミノ酸を指定すべきコドンが塩基置換によって終止コドンに変異することで生じる（→ 8.2.4 項）．ナンセンス変異株は，野生型大腸菌においてはそのタンパク質の翻訳が途中で終結するために増殖できないが，大腸菌のサプレッサー[*3]（抑圧）株では増殖が可能である．大腸菌のサプレッサー株では，本来，あるアミノ酸に対応する tRNA に生じた変異により，この tRNA が終止コドンに結合するようになっているためである．このような tRNA をサプレッサー tRNA と呼ぶ．大腸菌のサプレッサー株では，ナンセンス変異をもったファージの mRNA の翻訳が途中で終了せず，終止コドンは他のアミノ酸に置き換えられて，タンパク質の合成が進行する．これらのナンセンス変異株やサプレッサー株を用いることにより，三つの終止コドン UGA, UAG, UAA が同定された．

〔3〕開始コドン（start codon）

遺伝暗号の解読に続き，1964 年，K. Marcker と F. Sanger によって，mRNA におけるトリプレットの読みはじめの位置を決めるしくみが明らかにされた．彼等は，大腸菌において **N- ホルミルメチオニル -tRNA**（→ 8.3.1 項）がタンパク質の合成開始に関与することを発見した．この tRNA はメチオニンを指定する AUG コドンに結合することから，AUG がタンパク質の読みはじめ（合成開始）を指示する開始コドンであることが明らかとなった．

〔4〕遺伝暗号の普遍性とその変化

遺伝暗号コドンとアミノ酸の対応は，最初に大腸菌の系を用いて決定された．そ

---

*2　縮重：n 個の異なるもの（状態）が同等の価値をもって 1 つのもの（状態）に対応していること．このとき，n 個のもの（状態）は，n 重に縮重しているという．遺伝暗号において，複数個のコドンが 1 つのアミノ酸に対応している状態（縮重コドン），複数のプライマーセットで 1 つの標的部位を PCR する場合（縮重プライマー），複数のプローブで 1 つの cDNA クローンをスクリーニングする場合（縮重プローブ）などがその例である．もともとは，物理学における「n 個の異なった状態が 1 つのエネルギー状態に対応していること．」という定義に由来している．縮退ともいう．たとえば，GUU, GUC, GUA, GUG の 4 つのコドンは，バリンに対して縮重している．メチオニンとトリプトファンについては，コドンの縮重がない．

*3　サプレッサー：ある変異の効果や表現型が，その次に起こった第二の変異によって打ち消されることがあり，この第二の変異をサプレッサー，あるいはサプレッサー変異と呼ぶ．

の後，脊椎動物，酵母，タバコモザイクウイルスなどでも遺伝暗号が解読され，その結果，これらの生物と大腸菌で遺伝暗号が同一であることが示された．したがって，この遺伝暗号（表 8.1）は**普遍遺伝暗号**（universal genetic code）とも呼ばれる．普遍遺伝暗号の存在は，生命が同一の祖先生物から進化したひとつの証拠とも考えられている．遺伝子工学の分野では，この普遍遺伝暗号の存在が，ある生物種の遺伝子を他の生物内に導入しても同一のタンパク質が合成されるという利点につながっている．

しかし，さまざまな生物の核ゲノムや細胞小器官ゲノムでの遺伝暗号の解読が進むにつれ，普遍遺伝暗号にしたがわないコドン，すなわち**非普遍遺伝暗号**（non-universal genetic code）の存在が明らかにされた（**表 8.2**）．1979 年には脊椎動物のミトコンドリアで，普遍遺伝暗号ではイソロイシンをコードする AUA がメチオニンを，また通常終止コドンである UGA がトリプトファンをコードすることが発見された．このような非普遍遺伝暗号は核のゲノム DNA でも発見されている．た

表 8.2　非普遍暗号の例

生物種		コドン	普遍暗号での指定	非普遍暗号での指定
ミトコンドリアゲノム	哺乳類	UGA	終止	Trp
		AGA，AGG	Arg	終止
		AUA	Ile	Met
	ショウジョウバエ	UGA	終止	Trp
		AGA	Arg	Ser
		AUA	Ile	Met
	出芽酵母	UGA	終止	Trp
		CUN	Leu	Thr
		AUA	Ile	Met
	菌類	UGA	終止	Trp
	トウモロコシ	CGG	Arg	Trp
核ゲノムおよび原核生物ゲノム	ある種の原生生物	UAA，UAG	終止	Gln
	カンジダ	CUG	Leu	Ser
	ミクロコッカス属	AGA	Arg	終止
		AUA	Ile	終止
	ユープロテス属	UGA	終止	Cys
	マイコプラズマ属	UGA	終止	Trp
		CGG	Arg	終止

とえば，*Mycoplasma* のある種では普遍遺伝暗号の終止コドンである UGA コドンがトリプトファンをコードし，また繊毛虫類のある種では同じく終止コドンである UAA/G がグルタミンをコードしている（表 8.2）．これらの非普遍遺伝暗号の存在は，単一祖先の細胞から引き継がれた普遍遺伝暗号が，ゲノムサイズ変化やゲノムへの変異の導入によって，現在でも少しずつ変化していることを物語っている．

8.2 翻訳の基本的なしくみ

8.2.1 mRNA

原核細胞では核と細胞質の区別がなく，またほとんどの場合，イントロン（intron）も存在しないため，mRNA は転写されるとすぐに翻訳の対象となる．一般に原核細胞の mRNA の安定性は真核細胞のそれに比べて低いため，タンパク質発現レベルの制御は，その多くが転写の段階で行われていると考えられる．一方，真核細胞では Chapter 7 で見たように，mRNA は核の中でスプライシング，5' キャップ構造の付加，3' ポリ(A)付加などのプロセシングを受けた後に細胞質に運ばれ，そこで翻訳される．真核細胞では，mRNA の安定性が原核細胞に比べて高く，キャップ構造やポリ(A)などが翻訳の効率にも影響を与えるため，翻訳段階での遺伝子発現制御の重要性は原核細胞のそれに比べて大きい．

mRNA において，開始コドンと終止コドンに挟まれた範囲の塩基配列がひとつのポリペプチドに翻訳される．mRNA の配列を 3 塩基ずつに区切るとき 3 通りの枠組み（フレーム）ができるが，それぞれをリーディングフレーム（reading frame）と呼ぶ（**図 8.1**）．このうち，最初に開始コドンから始まり，ある程度の長さ（多くの場合，数百 bp 以上）をもって終止コドンまで続くひとつながりのリーディングフレームをオープンリーディングフレーム（open reading frame：ORF）と呼ぶ．また mRNA の ORF 以外の領域のうち，開始コドンよりも上流は 5' UTR（untranslated region），終止コドンよりも下流は 3' UTR と呼ぶ．ある mRNA の配列（あるいはゲノム上の遺伝子 DNA の配列）から ORF を同定することにより，遺伝子産物のアミノ酸配列を推定することができる．通常，mRNA 上のひとつの領域にはひとつの ORF が存在するが，ひとつの領域が 1 個あるいは 2 個の塩基がずれた二つの異なったリーディングフレームとして翻訳されて，二つ以上のタンパク質を作る例も知られている．これはオーバーラップ遺伝子（overlapping gene）と呼ばれる．

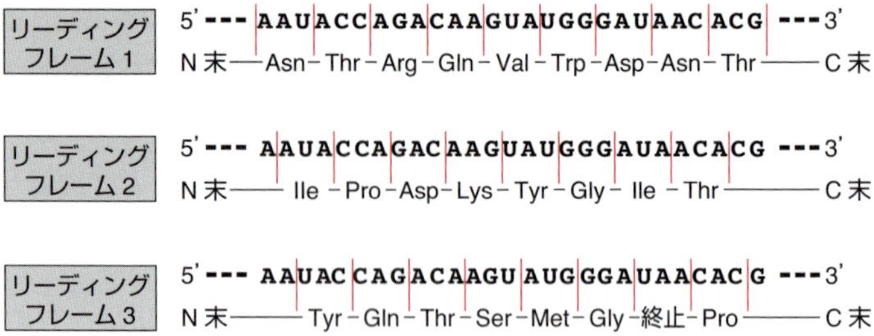
リーディングフレーム1
5' --- AAU ACC AGA CAA GUA UGG GAU AAC ACG --- 3'
N末—Asn−Thr−Arg−Gln−Val−Trp−Asp−Asn−Thr—C末
リーディングフレーム2
5' --- A AUA CCA GAC AAG UAU GGG AUA ACA CG --- 3'
N末—Ile−Pro−Asp−Lys−Tyr−Gly−Ile−Thr—C末
リーディングフレーム3
5' --- AA UAC CAG ACA AGU AUG GGA UAA CAC G --- 3'
N末—Tyr−Gln−Thr−Ser−Met−Gly−終止−Pro—C末

図 8.1　mRNA における三つの読み枠

通常，翻訳にはひとつの読み枠のみが使われる．

1976 年，Sanger が全塩基配列を決定した ϕX174 ファージに最初に認められた．

8.2.2　tRNA

tRNA は転移 RNA とも呼ばれ，70 ～ 90 ヌクレオチド長の RNA である．立体構造的には L 字形をしており（**図 8.2**），L 字形の一方の端でアミノ酸に結合すると同時に，他方の端で mRNA のコドンを認識することによってアダプター分子としての機能を果たしている．**図 8.3** に示すように，tRNA には，相補的塩基対形成によって mRNA のコドンを認識する三つの塩基があり，これをアンチコドン（anticodon）と呼ぶ．また，3' 末端にはアミノ酸を受容するステム構造がある．tRNA は，3' 末端にアミノ酸を連結したアミノアシル tRNA（aminoacyl-tRNA），ポリペプチドを連結したペプチジル tRNA（peptidyl-tRNA）および何も連結していない tRNA の 3 種類の状態で存在する（**図 8.4**，**図 8.5**）．tRNA へのアミノ酸の連結は，アミノアシル **tRNA 合成酵素**（aminoacyl-tRNA synthetase）により，3' 末端のリボース残基の 2' または 3' 位にアミノ酸が結合することで行われる（図 8.4）．リボソームでのタンパク質合成においては，**ペプチジル基転移酵素**（peptidyl transferase）によって，それまでに合成されたポリペプチドが tRNA に結合したアミノ酸に付加されることで，アミノアシル tRNA がペプチジル tRNA となる（図 8.5）．

tRNA がコドン－アンチコドン間の相補的塩基対の形成（図 8.3）によって機能することを考えると，61 種のコドンにそれぞれ別々の tRNA が存在することが予想される．しかし，実際にはひとつの tRNA が，同じアミノ酸に対する複数のコドンと結合するので，その種類は 61 よりも少ない．また，同一のアミノ酸に対

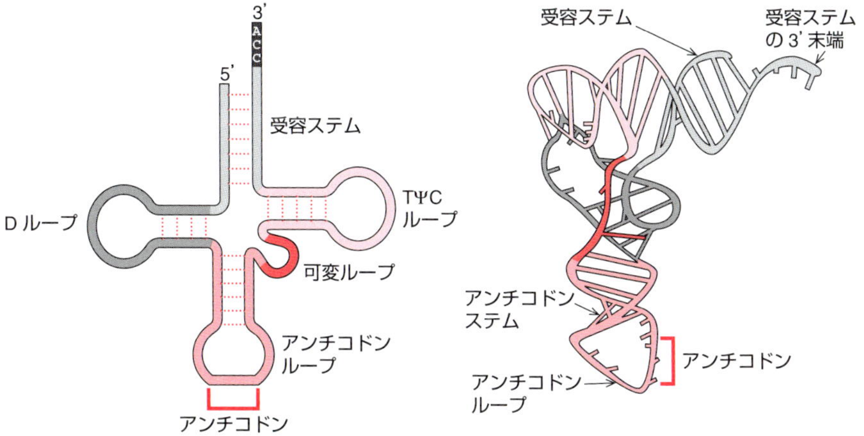
3'
A
C
C
5'
受容ステム
TΨC
ループ
D ループ
可変ループ
アンチコドン
ループ
アンチコドン
受容ステム
受容ステム
の 3' 末端
アンチコドン
ステム
アンチコドン
アンチコドン
ループ

（a）tRNA 分子の二次構造
約 70-90 ヌクレオチドからなり，分子内で塩基対を形成し，ステムとループを作る

（b）tRNA 分子の三次構造
X 線結晶構造解析で，L 字形の立体構造であることが明らかにされた

図 8.2　tRNA 分子の構造

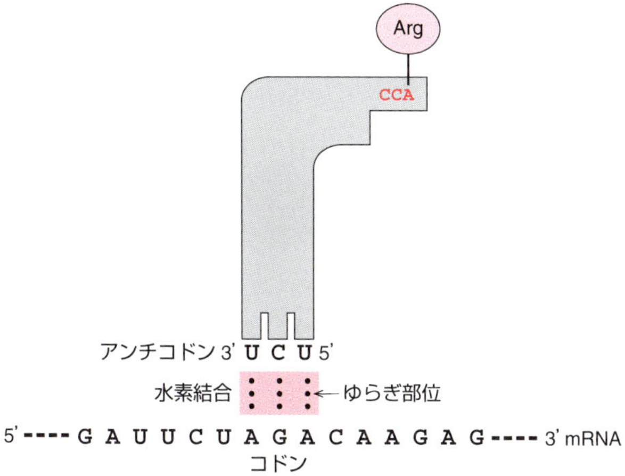
Arg
CCA
アンチコドン 3' U C U 5'
水素結合
ゆらぎ部位
5' ---- G A U U C U A G A C A A G A G ---- 3' mRNA
コドン

図 8.3　tRNA による mRNA のコドンの読みとり

tRNA はアンチコドン部位で mRNA のコドンと水素結合し，そのコドンに対応したアミノ酸を 3' 末端に連結している．コドンの 3 文字目の塩基対形成は 1，2 字目ほど厳密ではない．たとえば，この tRNA のアンチコドンは，コドン 5'-AGG-3' も認識する．これが，tRNA のコドン対応の「ゆらぎ」の原因となる．

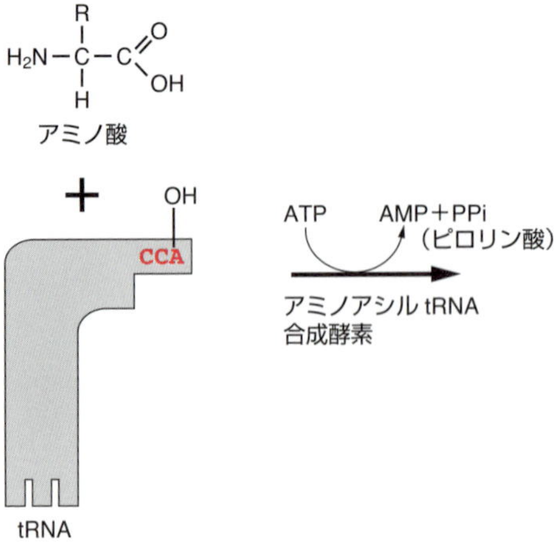

R
H_2N－C－C
O
OH
H
アミノ酸
＋
OH
CCA
tRNA
ATP
AMP＋PPi
（ピロリン酸）
アミノアシル tRNA
合成酵素
R
H_2N－C－C
O
O
H
高エネルギー
結合
CCA
アミノアシル tRNA

図 8.4　アミノアシル tRNA の合成

する複数の tRNA も存在し，これらの tRNA のことをアイソアクセプター **tRNA**（isoacceptor tRNA）と呼ぶ．これらは同じアミノアシル tRNA 合成酵素によって認識されることから同族 **tRNA** とも呼ばれる．

ひとつの tRNA が複数のコドンに対応することについて，1966 年に Crick は，ゆらぎ仮説（wobble hypothesis）を発表した．これはコドン－アンチコドンの結合において，コドンの 1 文字目と 2 文字目の塩基については正確な塩基対形成が必要とされるが，コドンの 3 文字目については，アンチコドンとの塩基対の形成が厳密ではなくてもよい場合があるという説である．この「ゆらぎ（wobble）」によって，たとえば 5'-UCU-3' をアンチコドンにもつアルギニン tRNA が，コドン 5'-AGA-3' と 5'-AGG-3' の両方を認識することを説明できる（図 8.3）．また，遺伝暗号表（表 8.1）で 3 文字目の塩基が異なっているコドンが，同じアミノ酸を指定すること（コドンの縮重）が多いことも理解できる．

翻訳の正確さは，コドン－アンチコドン間の正しい認識だけでは保証されない．というのは，tRNA がコドンに対応するアミノ酸と異なったものを連結していると，翻訳は誤って進行するからである．そのため，翻訳の正確な進行には，tRNA へのアミノ酸連結を担うアミノアシル tRNA 合成酵素の機能の正確性が必須である．ほとんどの生物には，20 種類のアミノ酸に対応した 20 種類のアミノアシル tRNA 合成酵素が存在しており[*4]，それぞれの酵素が，正しい tRNA と正しいアミノ酸を結合してアミノアシル tRNA を合成する．tRNA の結合では，アミノアシル tRNA

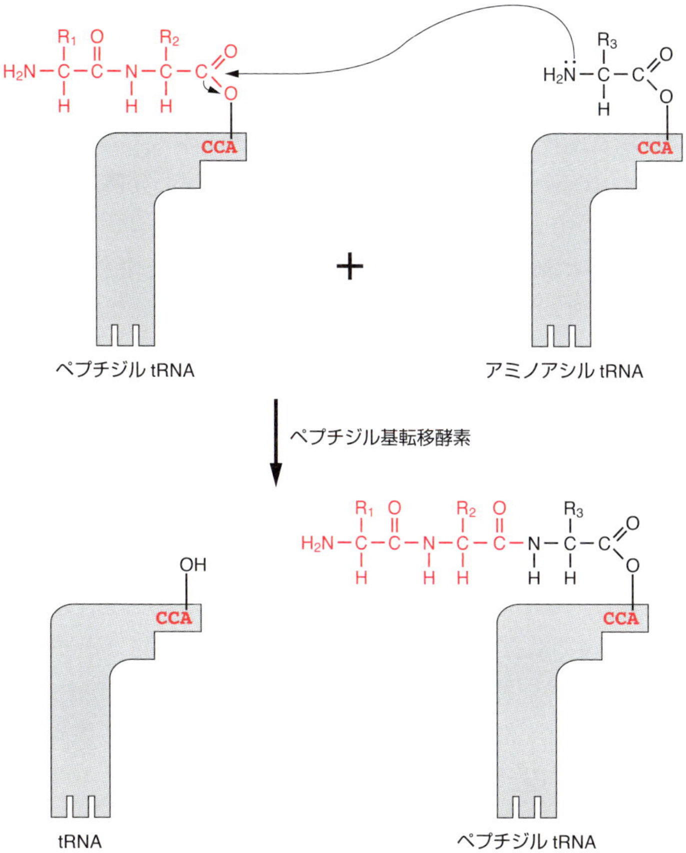

R1
O
R2
O
H2N
C
C
N
C
C
O
H
H
H
CCA
R3
O
H2N
C
C
O
H
CCA
+
ペプチジル tRNA
アミノアシル tRNA
ペプチジル基転移酵素
R1
O
R2
O
R3
O
H2N
C
C
N
C
C
N
C
C
O
H
H
H
H
H
OH
CCA
CCA
tRNA
ペプチジル tRNA

図 8.5　tRNA におけるペプチジル基転移反応

合成酵素が tRNA のアンチコドンを認識することで，正しい tRNA との結合を行う．またアミノ酸の結合では，アミノアシル tRNA 合成酵素に存在する「くぼみ」に正しいアミノ酸のみがフィットする構造となっており，これにより正しいアミノ酸との結合を行う．また，誤ったアミノ酸を tRNA に結び付けてしまった場合には，アミノアシル tRNA 合成酵素がこの誤ったアミノ酸を除去する機能も備えている（校正機構）．これらにより，正確なアミノアシル tRNA 合成が行われる．

＊4　たとえば古細菌には，16 種類しかアミノアシル tRNA 合成酵素が存在しない．そのため，残りの 4 種類のアミノ酸に対応するアミノアシル tRNA は，tRNA に結合した他のアミノ酸を酵素的に変換することによって調達される．

8.2.3 リボソーム

タンパク質合成におけるペプチジル基転移反応はリボソーム上で行われる．リボソームは，原核生物と真核生物との間でサイズが異なってはいるが，その基本的な構造はよく似ている．リボソームのサイズは超遠心分離したときの沈降係数（S 値）*5 を用いて表わされる．原核生物と真核生物のリボソームは，それぞれ 70S リボソームと 80S リボソームであり，真核生物の方が大きい．いずれのリボソームも大小 2 個のサブユニットから構成され，原核生物では 50S と 30S の大小サブユニット，真核生物では 60S と 40S の大小サブユニットからなる．これらのサブユニットは固有のリボソーム RNA（ribosomal RNA：rRNA）と数十種のタンパク質で構成されている（**図 8.6**）．2000 年にリボソームの大小サブユニットおよび全体の X 線結晶構造が高分解能で決定され，リボソームの構造と機能に関する理解が大きく進んだ．これらの業績によって，2009 年に V. Ramakrishnan, T. A. Steitz, A. E. Yonath がノーベル化学賞を受賞した．結晶構造解析から，大サブユニットはポリペプチド鎖伸長反応の触媒に重要であること，小サブユニットは mRNA と tRNA の結合の過程で重要な役割を担っていることが示された．リボソームにはペプチド合成反応に必要なペプチジル基転移酵素が含まれているが，rRNA 自身も酵素活性を有するリボザイム（ribozyme）として機能する．原核生物の 1 細胞内にはおおよそ 1 万個以上，真核細胞にはおおよそ 100 万個以上のリボソームが存在すると見積もられている．

タンパク質合成を行っていない時，リボソームの大小のサブユニットは解離しているが，タンパク質合成が開始されると両者は会合する．会合したリボソームは電子顕微鏡下で顆粒状に観察される．mRNA の結合部位は小サブユニットにあり，tRNA の結合部位は大小サブユニットにまたがって 3 か所存在する．この 3 か所の tRNA 結合部位は，アミノアシル tRNA 結合部位（A 部位，A-site），ペプチジル tRNA 結合部位（P 部位，P-site），ペプチジル基を転移して 3' 末端が解放された tRNA の結合部位［E（Exit）部位，E-site］である（**図 8.7**）．tRNA 分子のアンチコドンが mRNA のコドンと結合できる時だけ，tRNA が A 部位と P 部位に保

*5　沈降係数（S 値）：タンパク質分子を遠心力場に置いた際の沈降速度から分子の大きさを表したものである．分子量が大きいほど，S 値も大きくなる．しかし，分子量とは必ずしも比例しないため，原核生物の大サブユニット（50S）と小サブユニット（30S）の会合体は 80S ではなく，70S となる．S 値の名称は，超遠心機を開発した Svedverg にちなむ．

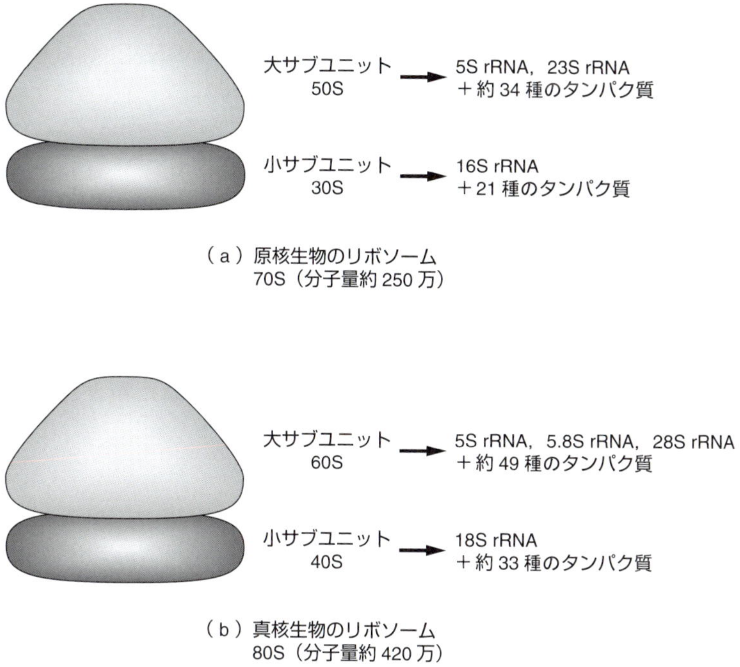

大サブユニット
50S
5S rRNA，23S rRNA
＋約 34 種のタンパク質
小サブユニット
30S
16S rRNA
＋21 種のタンパク質
（a）原核生物のリボソーム
70S（分子量約 250 万）
大サブユニット
60S
5S rRNA，5.8S rRNA，28S rRNA
＋約 49 種のタンパク質
小サブユニット
40S
18S rRNA
＋約 33 種のタンパク質
（b）真核生物のリボソーム
80S（分子量約 420 万）

図 8.6　原核生物と真核生物のリボソームの構成

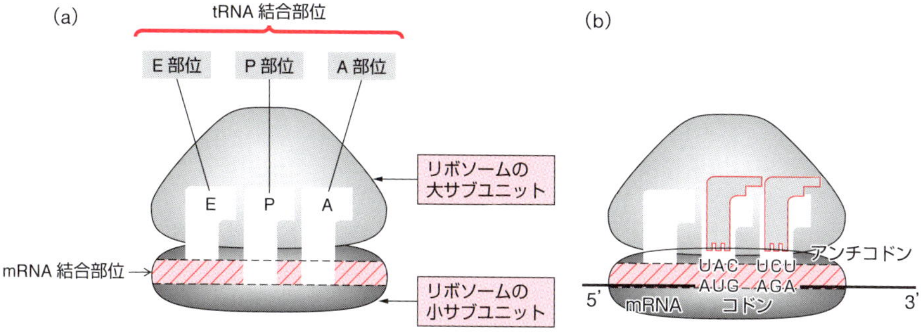

(a)
tRNA 結合部位
E 部位
P 部位
A 部位
E
P
A
リボソームの
大サブユニット
mRNA 結合部位
リボソームの
小サブユニット
(b)
アンチコドン
UAC
UCU
AUG
AGA
5'
mRNA
コドン
3'

図 8.7　リボソームにおける tRNA と mRNA の結合部位

(a) P 部位（peptidyl tRNA の結合部位），A 部位（aminoacyl tRNA の結合部位），E 部位（peptidyl 基を転移し，3' 末端が解放された tRNA の結合部位，Exit site）．(b) A 部位と P 部位に保持された tRNA のアンチコドンと，mRNA 上の隣り合ったコドンとの塩基対形式．

持される．隣接したA部位とP部位に保持された二つのtRNAは，mRNA上の隣り合った二つのコドンと塩基対をつくり，これによってmRNA上の読み枠（リーディングフレーム）が正しく維持される（図8.7）．

8.2.4 遺伝子の変異が翻訳に及ぼす影響

遺伝子の変異は，DNAの塩基配列に起こる永久的な遺伝的変化である．8.2.3項では，遺伝子から転写されたmRNA中のコドンとタンパク質中のアミノ酸との対応について述べてきた．本項では，遺伝子の変異がタンパク質にどのように伝えられるかをみてみよう．

タンパク質をコードしている遺伝子DNAに変異が生じた場合，その変化は

Box ▶ リボソームと抗生物質

細菌やカビなどが生産する抗生物質は，細菌の生育を阻害する．このため感染症の治療など，医療分野でも広く用いられている．抗生物質は細胞機能に必須の過程を阻害することにより，細菌の生育を妨げる．タンパク質合成の場であるリボソームは原核生物と真核生物で異なるので，細菌のリボソームを標的とすることにより，感染症治療薬として有効である．今日のすべての抗菌薬のうち約50%はリボソームを標的としている．たとえば，ピューロマイシン，ストレプトマイシン，クロラムフェニコール，テトラサイクリン，エリスロマイシンなどのよく知られた抗生物質はリボソームを標的として翻訳の過程を阻害する．また，これらの抗生物質は，翻訳の分子機構解明にも有用であった．たとえば，ピューロマイシンはアミノアシルtRNAと競合してA部位（→8.2.3項，図8.7）に結合することによりタンパク合成の伸長を阻害する．これを利用してタンパク合成の伸長メカニズムが調べられた．

2009年ノーベル化学賞を受賞したリボソームの構造と機能に関する研究において，さまざまな抗生物質とリボソーム50Sサブユニットとの複合体の結晶構造解析から，抗生物質による翻訳阻害と抗生物質耐性の分子機構について有用な知見が得られた．たとえば，マクロライド系抗生物質は50Sサブユニットにおけるペプチド伸長反応の中心部位に結合して，ペプチド鎖の伸長を阻害することが示された．一方，マクロライド耐性菌では，マクロライドは50Sサブユニットのペプチド伸長反応中心部位から少しずれた位置に結合するため，ペプチド鎖の伸長を阻害しないことがわかった．近年，タンパク質の構造に基づく薬剤設計（Structure-Based Drug Design：SBDD）によって新薬がデザインされている．リボソームの立体構造が原子レベルで明らかにされたことにより，メチシリン耐性黄色ブドウ球菌（MRSA）などの多剤耐性菌を含め，これまでに治療法が確立されていない感染症に対する新しい抗菌薬の開発が期待されている．

mRNA にそのまま伝えられる．最も単純な変異は 1 塩基対の点突然変異（point mutation）である．**図 8.8** にみるように，遺伝子の途中で点突然変異が入ると，主として次の 3 通りの影響がみられる．1 番目はミスセンス変異（missence mutation）と呼ばれ，コドンの変化により指定するアミノ酸が変化することである［図 8.8 の例では AGA（Arg）→ GGA（Gly）］．タンパク質の機能発現に重要なアミノ酸残基がこのような点突然変異により変化すると，その機能が低下または消失する．また，逆にその変異によりタンパク質が新たな機能を獲得することもある．2 番目はサイレント変異（silent mutation）と呼ばれるもので，コドンの 3 文字目の塩基が変異しても，指定するアミノ酸には変化がみられないことがある［図 8.8 の例では，AGA（Arg）→ AGG（Arg）］．この場合には，翻訳されたタンパク質は

野生型
5'--- AAU ACC AGA CAA GUA UGG G ---3'
N 末 — Asn – Thr – Arg – Gln – Val – Trp —— C 末
点突然変異
ミスセンス変異
5'--- AAU ACC GGA CAA GUA UGG G ---3'
N 末 — Asn – Thr – Gly – Gln – Val – Trp —— C 末
点突然変異
サイレント変異
5'--- AAU ACC AGG CAA GUA UGG G ---3'
N 末 — Asn – Thr – Arg – Gln – Val – Trp —— C 末
点突然変異
ナンセンス変異
5'--- AAU ACC UGA CAA GUA UGG G ---3'
N 末 Asn Thr 終止
挿入
挿入変異
フレームシフト変異
5'--- AAU ACC GAG ACA AGU AUG GG ---3'
N 末 — Asn – Thr – Glu – Thr – Ser – Met —— C 末
欠失
欠失変異
フレームシフト変異
5'--- AAU ACC AGAC AAG UAU GGG ---3'
N 末 — Asn – Thr — Asp – Lys – Tyr – Gly —— C 末

図 8.8　遺伝子の変異が翻訳におよぼす影響

遺伝子（DNA）上で点突然変異，挿入変異，欠失変異が起こると，その変異は mRNA に転写後，翻訳されてタンパク質のアミノ酸配列が変化する（赤字）．ただし，コドンの 3 文字目に変異が入った場合は，アミノ酸配列に影響が出ないこともある（サイレント変異）．

野生型と変わらない．3番目はナンセンス変異（nonsense mutation）であり，アミノ酸を指定するコドンが終止コドンに変化すると，翻訳はそこで終了する．多くの場合，そのタンパク質の機能は失われる．

さらに，**挿入変異**（insertion mutation）と**欠失変異**（deletion mutation）がある．図8.8では1塩基の挿入または欠失を例示したが，複数の塩基が挿入・欠失されることもある．この場合には読み枠がずれる結果，変異の位置から下流のアミノ酸配列は大きく変化する．これをフレームシフト変異（frameshift mutation）という．ただし，3の倍数の塩基数の挿入・欠失の場合は，アミノ酸の挿入または欠失が起こるが，下流のフレームは変化しない．

8.3 翻訳の開始と終結

8.3.1 開　始

翻訳の開始は二つの意味で重要なステップである．ひとつは，どのコドンから翻訳が開始されるかによって，オープンリーディングフレーム（ORF）の開始点，読み枠，終結点が決まるからである．もうひとつは，開始の効率が翻訳の速度を大きく左右するからである．翻訳は，開始コドンAUGに対応する特定のtRNA，すなわち開始tRNA（initiator tRNA）によって開始される．開始tRNAは，メチオニン［原核生物の場合はホルミルメチオニン（fMet），**図8.9**］を結合しており，タンパク質合成進行中にメチオニンを運ぶtRNAとは異なる．

原核生物における典型的なmRNAでは，1本のmRNAの分子中に複数のORFを含み（ポリシストロニックという．→ Chapter 6），それぞれのORFの数塩基上流

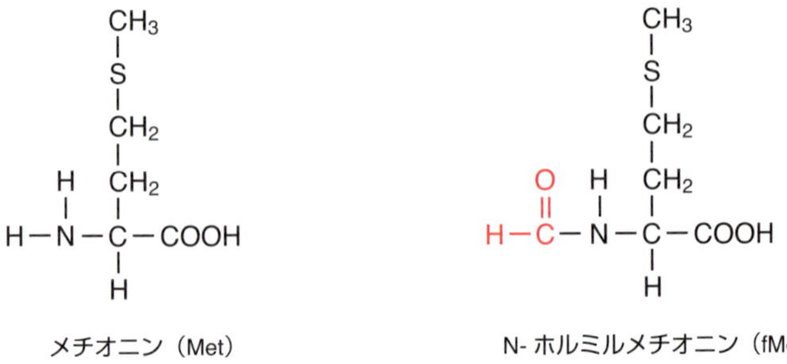
CH3
S
CH2
H CH2
H－N－C－COOH
H
メチオニン（Met）
CH3
S
CH2
O H CH2
H－C－N－C－COOH
H
N- ホルミルメチオニン（fMet）

図8.9　メチオニンとホルミルメチオニン

にリボソーム結合部位（シャイン‐ダルガルノ配列，Shine-Dalgarno sequence：**SD 配列**）が存在する（**図 8.10**）．原核生物では，3 種類の**翻訳開始因子**（translation initiation factor）が小サブユニットに結合し，この小サブユニットが開始 tRNA（fMet-tRNA）と mRNA に結合する．mRNA への結合は，5′ UTR の SD 配列が小サブユニット内の成分である 16S rRNA の 3′ 末端にある相補的配列と塩基対を作ることによりなされる．次いで，小サブユニット‐開始 tRNA‐mRNA 複合体に大サブユニットが結合して，70S 開始複合体となる．そしてホルミルメチオニル tRNA は P 部位で開始コドン AUG と結合し，A 部位には 2 番目のコドンで指定されるアミノアシル tRNA の結合を待つ状態になる．その後は翻訳の伸長過程（→ 8.3.2 項）が進行する．

真核生物の翻訳開始では，まず，翻訳開始因子が小サブユニットに結合し，別の翻訳開始因子と GTP を結合した開始 tRNA が小サブユニットに結合する（**図 8.11**）．一方，mRNA の 5′ キャップ構造には，さらに別の翻訳開始因子が結合する．5′ キャップ構造に結合した開始因子を目印に，開始 tRNA を結合した小サブユニットが mRNA の 5′ キャップ構造に結合する．小サブユニットはそこから mRNA の下流方向へ移動（スキャン）し，開始 tRNA が最初の AUG コドンを認識すると大サブユニットが結合して，翻訳が開始される．この機構により，真核生物ではほとんどの場合，最初に出現する AUG 配列が開始コドンとして選択される．しかし，AUG の周辺の塩基配列によっては最初の AUG が開始コドンとして選択されず，2 番目以降の AUG が選択されることもある．開始コドンとして認識される AUG の周辺配列には，**Kozak 配列**（Kozak sequence）と呼ばれる A/GNNAUGG とい

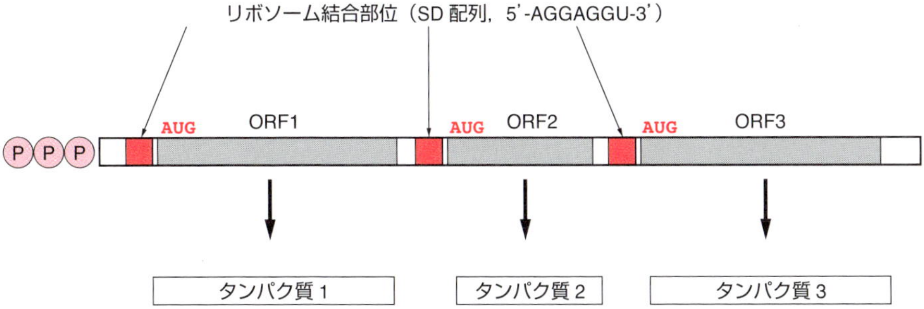

リボソーム結合部位（SD 配列，5′-AGGAGGU-3′）
AUG
ORF1
AUG
ORF2
AUG
ORF3
P
P
P
タンパク質 1
タンパク質 2
タンパク質 3

図 8.10　原核生物の mRNA の構造

原核生物の m RNA は複数の ORF を含み（ポリシストロニック），一本の mRNA から複数のタンパク質を翻訳する．それぞれの ORF の上流に SD 配列がありリボソームが結合する．

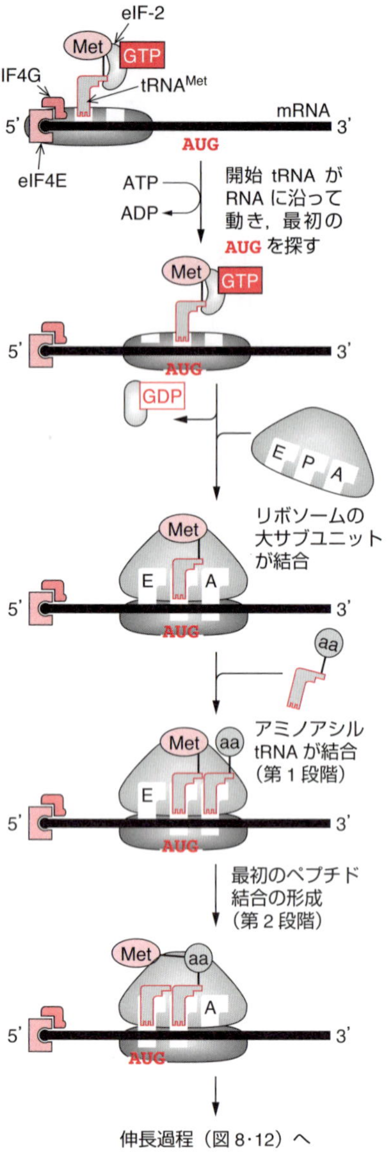
eIF-2
Met
GTP
eIF4G
tRNA^{Met}
mRNA
5'
3'
AUG
eIF4E
ATP
ADP
開始 tRNA が
RNA に沿って
動き，最初の
AUG を探す
GDP
E P A
リボソームの
大サブユニット
が結合
aa
アミノアシル
tRNA が結合
（第 1 段階）
最初のペプチド
結合の形成
（第 2 段階）
伸長過程（図 8·12）へ

図 8.11　真核生物における翻訳の開始過程

開始 tRNA^{Met} は翻訳開始因子 eIF-2 と小サブユニットに結合する．その小サブユニットは，mRNA の 5' 末端に結合した eIF4E と eIF4G を目印として，mRNA に結合するうゆるい規則性が見出される．小サブユニットのスキャンは5′末端から起こり，mRNA分子の途中からは行われないので，原核生物のポリシストロニックとは異なり，真核生物の1本のmRNAからは，通常1種類のタンパク質が翻訳される（モノシストロニックという）．

8.3.2 伸　長

翻訳の伸長過程では，A部位およびP部位において，既製ポリペプチド鎖と新規アミノ酸の連結が順次行われる．既製ポリペプチド鎖を連結したペプチジルtRNAはリボソームのP部位に結合しており，次のコドンに対応するアミノ酸を結合したアミノアシルtRNAがA部位に結合して，mRNAのコドンと塩基対を形成する（**図8.12**①）．次いで，P部位のペプチジルtRNAのポリペプチド鎖がはずれ，そのカルボキシル基がA部位のアミノアシルtRNAのアミノ酸のアミノ基とペプチド結合を形成する（図8.5，8.12②）．この反応は，リボソーム大サブユニットに含まれるペプチジル基転移酵素によって触媒され，タンパク質合成はN末端からC末端へと進行する（図8.5）．この反応に伴って，リボソームの立体構造が変化して，新たにペプチド鎖を連結したtRNAがP部位へ，3′末端が解放されたtRNAがE部位へ移動する（図8.12③）．その後，同じ合成ステップを繰り返す（図8.12④）．通常，ひとつのmRNA上には複数のリボソームが同時に結合してタンパク質合成を行う．この状態の複合体はポリソーム（polysome）またはポリリボソームと呼ばれる（**図8.13**）．

8.3.3 終　結

翻訳が進行し，最後に終止コドンがA部位に来ると，終止コドンに対応するtRNAが存在しないため，終結因子（release factor）がA部位に結合する（**図8.14**）．この終結因子はタンパク質であるが，立体構造および表面電荷がtRNAに類似しているため（分子擬態，molecular mimicry），tRNAの代わりにA部位に結合することができる．ペプチジル基転移酵素は，アミノ酸の代わりに水分子にポリペプチドを付加するので，ポリペプチドとtRNAとの結合が切れ，ポリペプチドはリボソームから離れて翻訳は終了する．同時に，mRNAはリボソームから遊離し，リボソームも大小サブユニットに解離する（図8.14）．

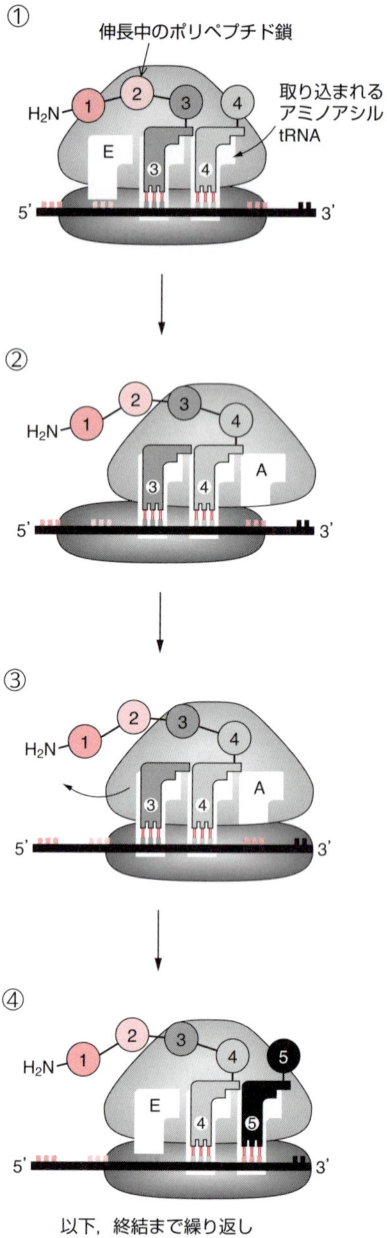
①
伸長中のポリペプチド鎖
取り込まれる
アミノアシル
tRNA
H_2N
E
5'
3'
②
H_2N
A
5'
3'
③
H_2N
A
5'
3'
④
H_2N
E
5'
3'
以下，終結まで繰り返し

図 8.12　真核生物における翻訳の伸長過程

①から④のプロセスを終結まで繰り返し，ポリペプチド鎖を合成する．

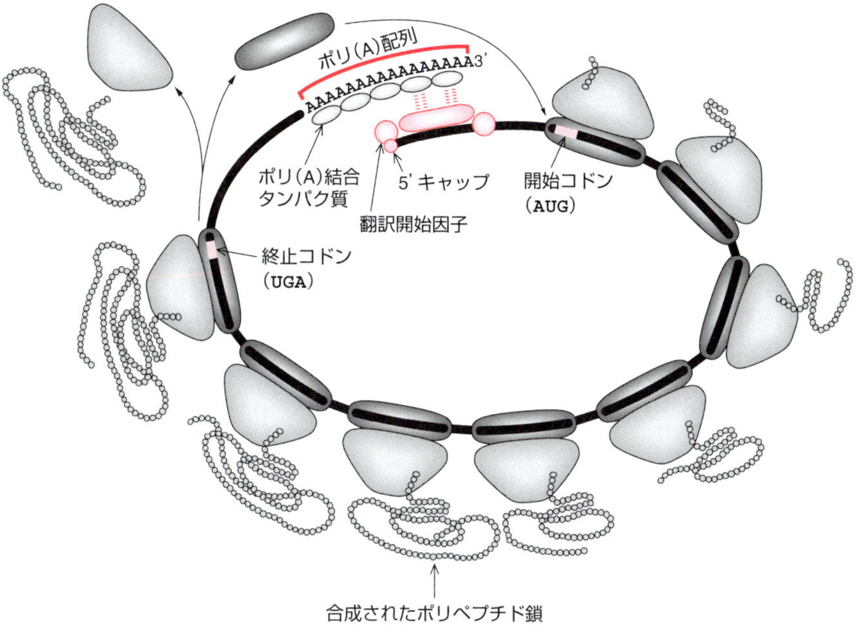
ポリ(A)配列
AAAAAAAAAAAAAAAAA3'
ポリ(A)結合
タンパク質
5' キャップ
翻訳開始因子
開始コドン
(AUG)
終止コドン
(UGA)
合成されたポリペプチド鎖

図 8.13　真核生物のポリソーム

一本の mRNA 上において複数のリボソームが結合して翻訳を行っている．真核生物では環状化した mRNA をリボソームが結合するモデルが提唱されている．環状化により翻訳が効率的に進められると考えられる．［J. D. Watson et al. 著（中村桂子監訳）：ワトソン 遺伝子の分子生物学（第 5 版），p.438，図 14.29，東京電機大学出版局，2006（一部改変）］

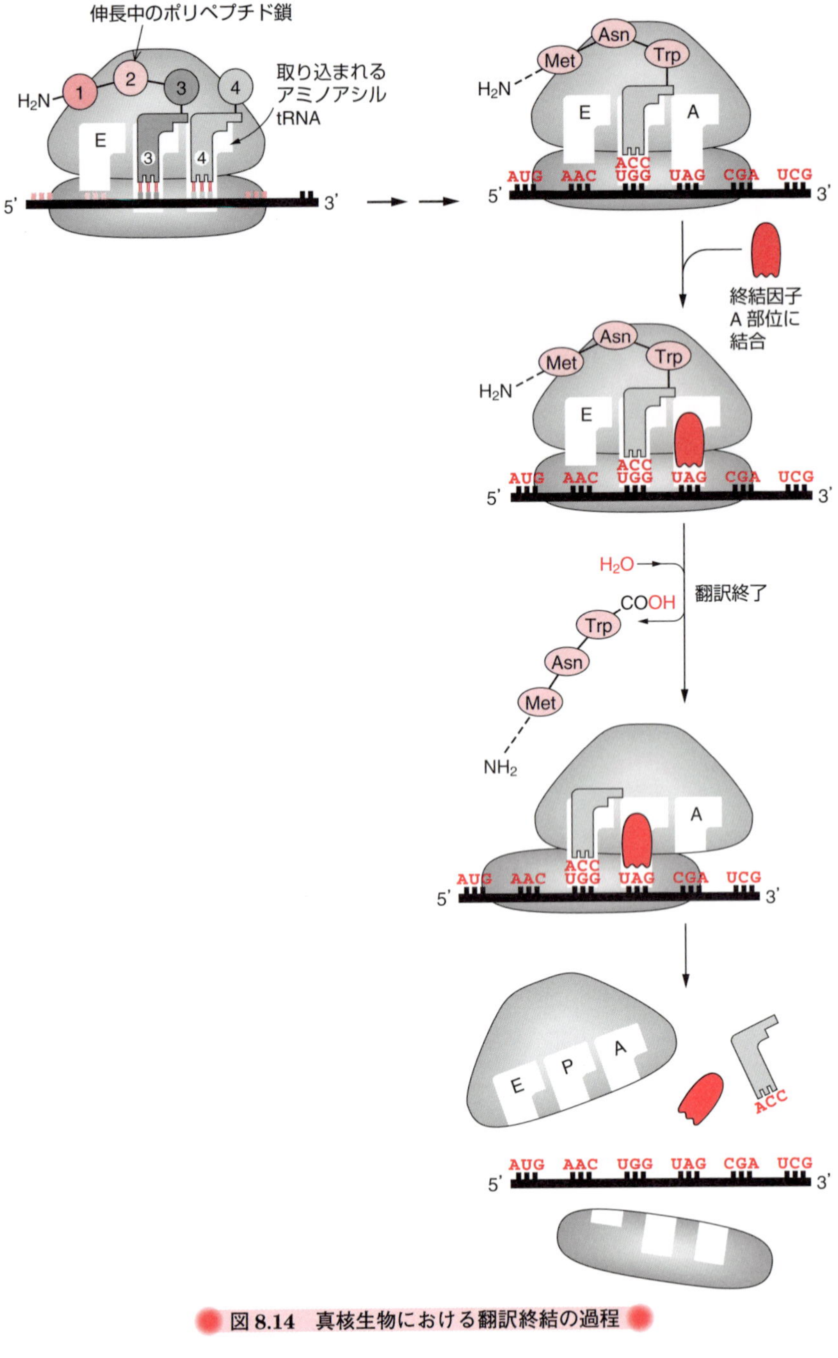

伸長中のポリペプチド鎖
取り込まれる
アミノアシル
tRNA
H_2N
1
2
3
4
E
A
P
5'
3'
Met
Asn
Trp
ACC
AUG AAC UGG UAG CGA UCG
終結因子
A 部位に
結合
H_2O
翻訳終了
COOH
NH_2

図 8.14 真核生物における翻訳終結の過程

8.4 真核生物の翻訳制御

8.4.1 リプレッサーによる制御

転写の制御と同様に，翻訳の制御も遺伝子からタンパク質が生産される過程の調節に関わる．翻訳制御の主要なターゲットは翻訳開始反応である．たとえば原核生物では，mRNA 上の SD 配列に結合するリプレッサーが，また真核生物では 5′キャップ構造に結合するリプレッサーが知られている．リプレッサーは，リボソームと mRNA の結合を阻害することにより翻訳を阻害する．さらに，mRNA の立体構造も翻訳の制御に関与している．たとえば，RNA 分子内の塩基対形成によってSD 配列付近にループなどの二次構造を形成することで，リボソームと mRNA の結合を阻害する．また、5′UTR に形成される二次構造や立体構造は、mRNA に結合したリボソームの開始コドンまでの移動（スキャン）を阻害する．

8.4.2 低分子 RNA による翻訳制御

タンパク質をコードしない低分子 RNA が翻訳を制御することが明らかにされている（→ Chapter 14）．これらの低分子 RNA は，microRNA（miRNA）または small interfering RNA（siRNA）と呼ばれる．これらは 21 から 30 ヌクレオチド長の RNA で，転写産物から酵素的に切断された後，細胞質で複数のタンパク質と結合して RISC（RNA-induced silencing complex）複合体として存在している．miRNA, siRNA は少なくとも二つの経路で翻訳制御に関与すると考えられている．そのひとつは，mRNA とこれらの低分子 RNA が完全な相補的塩基対を形成して結合した場合に，RISC 複合体中の AGO（argonaute）タンパク質によって mRNA が分解される．また，部分的な相補的塩基対を形成した場合には，RISC 複合体が翻訳を阻害する．この低分子 RNA による翻訳制御の機構や意義はまだ十分に解明されていないが，極めて多様な低分子 RNA が細胞内に存在することが知られている．ある計算によれば，ヒトの遺伝子の約 30％程度が低分子 RNA による翻訳制御を受けているとされる．miRNA, siRNA は転写の制御にも重要な役割を果たすことが知られている．

演習問題

Q.1 分子生物学的な実験による遺伝暗号解読よりも前に，塩基のトリプレットが1個のアミノ酸を指定すると予想された根拠を述べよ．

Q.2 生物進化の観点から，遺伝暗号が多くの生物種で共通であることは何を意味していると考えられるか．また，遺伝子工学の観点から，この遺伝暗号の共通性がどのように利用されているか述べよ．

Q.3 遺伝暗号の解読では，Nirenberg と Matthaei が開発した大腸菌の抽出液を用いた無細胞タンパク質合成系と，Khorana らによって合成された繰り返し配列の RNA が大きな威力を発揮した．以下の（1）～（3）の合成 RNA を無細胞タンパク質合成系に加えた場合，それぞれの RNA からどのようなペプチドが合成されると考えられるか．

（1）ポリ (UUC)：5'-UUCUUCUUCUUCUUCUUCUUCUUC ----UUC-3'
（2）ポリ (UAUC)：5'-UAUCUAUCUAUCUAUCUAUCUAUC---UAUC-3'
（3）ポリ (AUAG)：5'-AUAGAUAGAUAGAUAGAUAGAUAG---AUAG-3'

Q.4 健康な人の赤血球は真ん中がくぼんだドーナツのような形をしているのに対して，鎌状赤血球貧血症の患者の赤血球は鎌のような形をしている．これは遺伝病の1つであり，以下のようにβグロビン遺伝子の配列において5'側から20番目のA（下線）がTに点変異している．

健康な人のβグロビン遺伝子

```
     1           10          20
5'-ATG GTG CAC CTG ACT CCT GAG GAG •••-3'
3'-TAC CAC GTG GAC TGA GGA CTC CTC •••-5'
```

鎌状赤血球貧血症患者のβグロビン遺伝子

```
     1           10          20
5'-ATG GTG CAC CTG ACT CCT GTG GAG •••-3'
3'-TAC CAC GTG GAC TGA GGA CAC CTC •••-5'
```

（1）健康な人のβグロビン遺伝子において下の鎖が鋳型鎖となって転写される場合，得られる mRNA の配列を書き，それから翻訳されるタンパク質のアミノ酸配列を記せ．
（2）鎌状赤血球貧血症患者のβグロビンのアミノ酸配列はどのように変化するか．
（3）上の健康な人のβグロビン遺伝子配列において，1つの変異でサイレント変異となる部位をすべて示せ．
（4）上の健康な人のβグロビン遺伝子配列において，1つの点変異でナンセンス変異となる部位をすべて示せ．
（5）上の健康な人のβグロビン遺伝子配列において，13番目の A·T 塩基対

（下線）が欠失した．この欠失変異により，翻訳されるアミノ酸配列はどのように変化するか．

Q.5 原核生物の mRNA 上の SD（Shine-Dargarno）配列について
(1) SD 配列がどのように翻訳開始反応に関わっているかを説明せよ．
(2) 原核生物の mRNA はポリシストロニックであることが多い．どのようなしくみが関与しているか説明せよ．
(3) SD 配列に変異が入ると翻訳開始が阻害される．しかし，SD 配列が無傷でも翻訳抑制が見られる場合がある．どのような場合が考えられるだろうか．（ヒント：*lac* オペロン，*trp* オペロン）

Q.6 真核細胞 mRNA の 5′キャップ構造について
(1) 翻訳における役割を説明せよ．
(2) キャップ構造が関与する翻訳制御の機構を説明せよ．

Q.7 1つのアミノ酸が複数のコドンによって指定されることをコドンの縮重という．一方，tRNA の種類はアミノ酸を指定するコドンの数（61 種）よりも少ない．この状況を Crick はゆらぎ仮説を提唱して説明した．一体どのように説明したのだろうか．

Q.8 リボソームの A 部位，P 部位および E 部位に位置する tRNA の違いについて説明せよ．

Q.9 開始 tRNA のみがタンパク質合成を開始できる理由を説明せよ．

Q.10 翻訳の終結因子の立体構造および表面電荷は tRNA のそれらに類似している（分子擬態）．この意義について述べよ．

Q.11 翻訳の正確な進行にとってアミノアシル tRNA 合成酵素の高い特異性が必須である．つまり，この酵素は特定のアミノ酸を認識し，それに適合する tRNA にそのアミノ酸を結合させて，アミノアシル tRNA を生成する．以下の設問に答えよ．
(1) アミノアシル tRNA 合成酵素が，対応する正しい tRNA を認識するしくみとしてどのようなことが考えられるか．
（ヒント：タンパク質と核酸の認識機構の問題である）
(2) アミノアシル tRNA 合成酵素が，対応する正しいアミノ酸を認識するしくみとしてどのようなことが考えられるか．
（ヒント：タンパク質と低分子物質との認識機構の問題である）
(3) もしアミノアシル tRNA 合成酵素が tRNA に正しくないアミノ酸を連結させた場合，どのようなことが起こると考えられるか．

Q.12 *Tetrahymena*（原生動物）からある有用タンパク質の cDNA をクローン化した．これを発現ベクターにつなぎ大腸菌での大量発現を計画した．しかし，実験を重ねても全く目的タンパク質の発現が見られない．cDNA からの転写は行われていることは確認した．一体どうしてこの有用タンパク質の合成が見られないのだろうか．発現ベクターについては Chapter 3 を参照のこと．

参考図書

1. 大澤省三著：遺伝暗号の起源と進化，共立出版（1997）
2. D. Voet, J. G. Voet 著（田宮信雄，村松正実，八木建彦，吉田浩訳）：ヴォート生化学第 4 版（下），東京化学同人（2013）
3. 中村桂子，松原謙一監訳：細胞の分子生物学第 5 版，Newton Press（2010）
4. J. D. Watson 著　大貫昌子訳：ぼくとガモフと遺伝情報，白揚社（2004）
5. J. D. Watson et al. 著（中村桂子監訳）：ワトソン　遺伝子の分子生物学第 6 版，東京電機大学出版局（2010）
6. 西村暹，三浦謹一郎編集：特集遺伝暗号解読 40 周年，蛋白質 核酸 酵素，2006 年 6 月号（2006）
7. P. D. Zamore and B. Haley: Ribo-gnome: The Big World of Small RNAs, Science, 309, 1519-1524（2005）
8. Kozak. M: Regulation of Translation via mRNA Structure in Prokaryotes and Eukaryotes Gene 361, 13-37（2005）

ウェブサイト紹介

1. コドンユーセージに関するデータベース　http://www.kazusa.or.jp/codon/

Box ▶ リボソームはリボザイムであった

図 8.12 に示されるように，タンパク質合成の重要なステップであるペプチジル基転移反応は 50S サブユニット上で行われる．この反応を担う分子的実体については，長い間不明のまま残されていた．これは酵素反応であるので，当然のことながら 50S のタンパク質のどれかがこの反応を触媒し，rRNA はリボソーム粒子の構造を維持する補助的な役割を担うにすぎない，と考えられていた．RNA 成分の関与の可能性は全くの想定外であったと思われる．しかし，1970 年代になると，rRNA がタンパク質合成により直接的な役割を果たす可能性を示す証拠が出始めた．たとえば，リボソームタンパク質の多くがリボソームの機能に必要でないことがわかった．また，rRNA の配列中には進化の過程でよく保存されている領域があり，こうした領域が機能的に重要な働きをしていることが予想された．1981 年，K. H. Nierhaus らは，50S サブユニットの再構成実験によりペプチジル基転移酵素活性には 23SrRNA のほか少数のリボソームタンパク質しか必要でないことを示した．

1982 年，T. Cech によりテトラヒメナの rRNA 前駆体のスプライシングが，また 1983 年には S. Altman により RNase P による tRNA のプロセシングが RNA 成分のみで行われることが発見され，新たな酵素反応の役者リボザイム（ribozyme，RNA 酵素）の存在が報告された．このような情勢と相呼応して，ペプチジル基転移反応に RNA が直接関わっている可能性を問う研究が行われた．

1992 年，H. F. Noller らは，rRNA の役割を調べるため好熱菌 *T. aquaticus* を用いてペプチジル基転移酵素活性測定のモデル反応系を作成した．この系において，50S サブユニットを 0.5% SDS，プロテナーゼ（proteinase）K およびフェノール処理を含む激しいタンパク質抽出操作によりタンパク質を 90%除去した後でも驚くべきことにペプチジル基転移酵素活性が残っていた．一方，RNase 処理では活性は消失した．抽出後に残ったタンパク質が活性をもっている可能性を完全に排除することはできなかったが，この実験は 23S rRNA がペプチジル基転移反応に直接関わっていることを強く示唆した．

Noller らの実験結果は，2000 年，P. Moore と T. Steitz による 50S サブユニットの立体構造の高分解能 X 線結晶解析により決定的なものとなった．ペプチジル基転移反応中間体と 50S サブユニットの複合体解析において，23S rRNA の活性中心の 18Å 以内にタンパク質が存在しないことが示された．タンパク質合成の基本反応が rRNA のみにより触媒されていることが明らかになったのである．

RNA が RNA 自身の複製を触媒するのに加えて，RNA がタンパク質合成反応をも触媒する，というこの発見は，リボソーム機能の理解に影響を与えただけでなく，RNA ワールド仮説を新たな側面から支持するものとなった．つまり，原始の RNA ワールドと現存の遺伝情報の流れとの間にはっきりとしたつながりがあることが示されたことになる．

MEMO

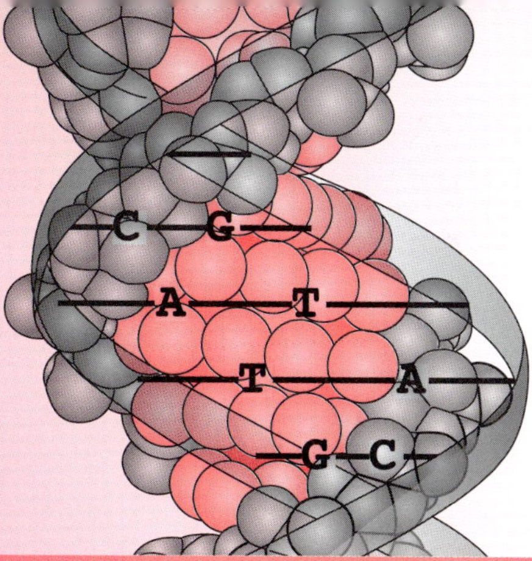
C
G
A
T
T
A
G
C

Chapter 9
翻訳後調節

Chapter 9

翻訳後調節

9.1 新生タンパク質のプロセシング

翻訳されたばかりのタンパク質は，そのまますぐに機能タンパク質となることはなく種々のプロセシングを受ける．たとえば，Chapter 8 で翻訳開始アミノ酸は，原核生物ではフォルミルメチオニン，真核生物ではメチオニンであることを知った．しかし，自然界にあるタンパク質のほとんどはこれらのアミノ酸を N 末端に持っていない．切り取りが行われたことはあきらかである．だが，プロセシングはこの程度では止まらない．タンパク質分子内のシステイン間ではジスルフィド結合（disulfide bond）によるペプチド鎖間の架橋形成がなされ，ポリペプチド鎖全体としてエネルギー的に安定な構造への折りたたみ（folding）がなされる．また，タンパク質は分子間力により複合体（complex）を形成して初めて機能を発揮するという例も多く知られている．その他，新生タンパク質は次のような種々のプロセシングを受ける．

9.1.1 切断反応

新生タンパク質は種々の切断反応により加工される．N 末端，C 末端からの段階的切断はアミノペプチダーゼやカルボキシペプチダーゼによりなされる．インスリンがその前駆体タンパク質から生成するときのように，中央部のペプチドが切り取られる場合もある［**図 9.1**（a)］．新生タンパク質がいくつかの成熟タンパク質を含む前駆体［ポリプロテイン（polyprotein)］として作られる場合には，分子内切断による分離によりそれぞれの成熟タンパク質が作られる［図 9.1（b)］．消化酵素やペプチドホルモンなどの分泌タンパク質は，小胞体に結合したリボソームで N 末端にシグナルペプチド（signal peptide）を付けたかたちで合成される．このシグナルペプチドは，分泌タンパク質が小胞体内腔に入るとシグナルペプチダーゼで切り取られる（→ 9.2.1 項）．

ある種のタンパク質はタンパク質スプライシングとも呼ばれるプロセシングを受ける．これは RNA スプライシングとよく似た現象である．RNA スプライシング

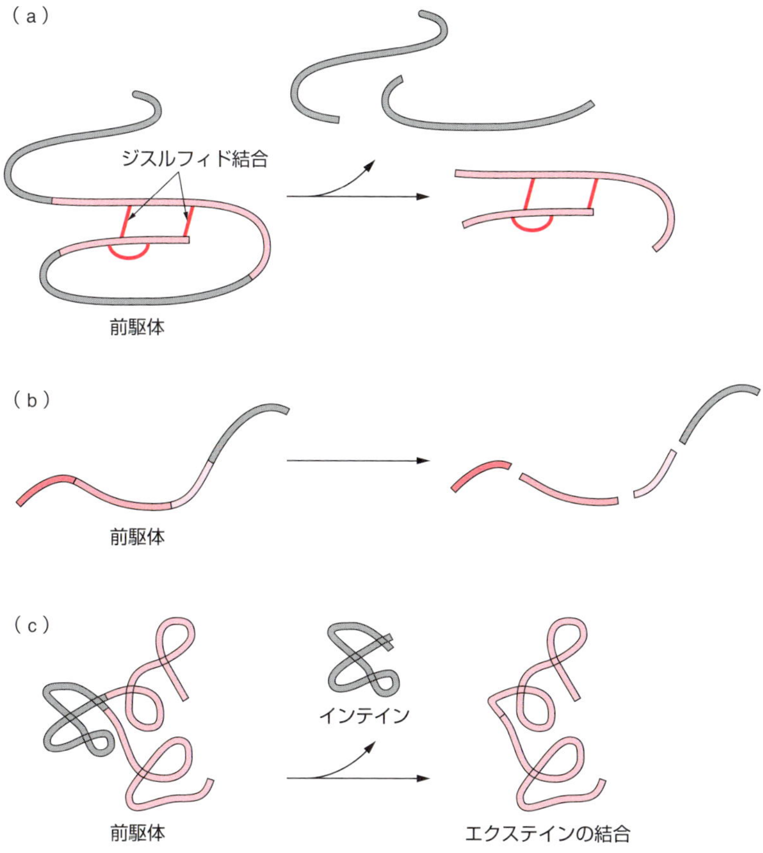
(a)
ジスルフィド結合
前駆体
(b)
前駆体
(c)
インテイン
前駆体
エクステインの結合

図 9.1　翻訳後にみられる種々の切断反応

では，イントロンが切り出されたあとエキソンどうしがつなぎ合わされる．タンパク質スプライシングではインテイン（intein）と呼ばれるアミノ酸配列が切り取られ，エクステイン（extein）と呼ばれるペプチド断片がつなぎ合わされて成熟タンパク質となる．タンパク質スプライシングは原核細胞でも真核細胞でも見出される．［図 9.1（c）］

9.1.2　アミノ酸側鎖の修飾反応

〔1〕リン酸化（phosphorylation）

最も頻繁にみられる修飾のひとつは，リン酸基の可逆的付加反応である．この反応はリン酸化と呼ばれ，タンパク質中のセリン，スレオニン，チロシンの水酸基にATPからリン酸基を移す反応である［**図9.2**（a)］．タンパク質のリン酸化を触媒する酵素はプロテインキナーゼ（protein kinase）と呼ばれる．リン酸化はタンパク質の立体構造や機能に影響を及ぼす．リン酸化されたタンパク質からリン酸基を除去する反応は脱リン酸化（dephosphorylation）と呼ばれ，種々のフォスファターゼという酵素により触媒される．さらにアルギニンやヒスチジンも酵素的にリン酸化されることがある．カゼインでは多くのセリンがリン酸化されている．

〔2〕アセチル化（acetylation）

アセチル化とは，タンパク質のセリンの水酸基やリジンのアミノ基にアセチルCoAからアセチル基が移される反応である．最近，エピジェネティクスとの関連からクロマチンを構成するヒストンのアセチル化について多くの知見が得られてい

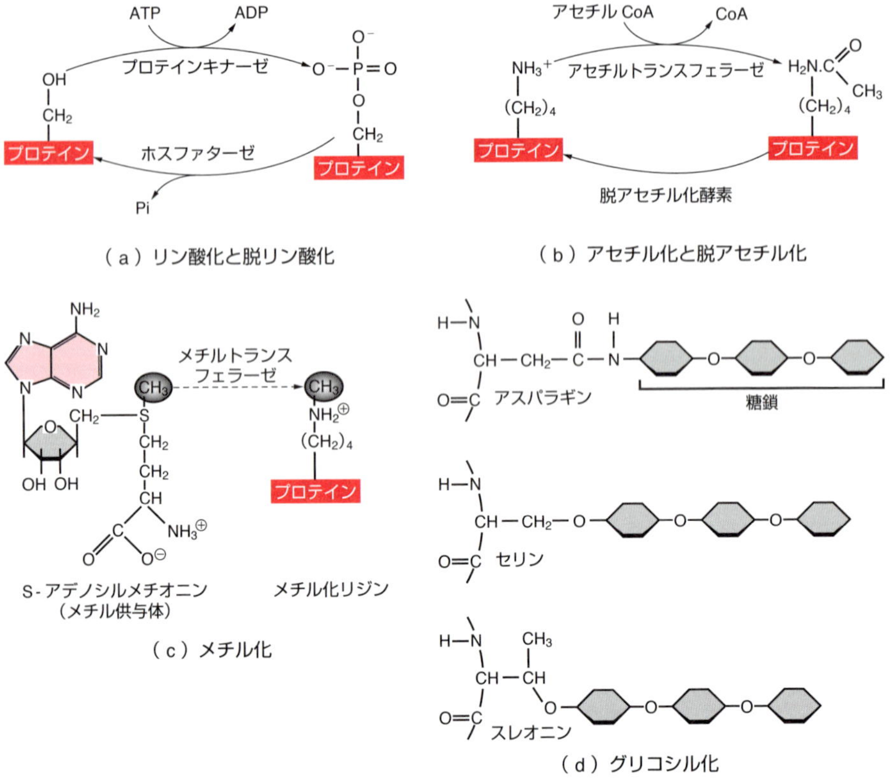

ATP
ADP
プロテインキナーゼ
OH
CH2
プロテイン
ホスファターゼ
Pi
O⁻
O⁻—P=O
O
CH2
プロテイン
（a）リン酸化と脱リン酸化
アセチルCoA
CoA
アセチルトランスフェラーゼ
NH3+
(CH2)4
プロテイン
H2N.C
O
CH3
(CH2)4
プロテイン
脱アセチル化酵素
（b）アセチル化と脱アセチル化
NH2
N
N
N
N
O
CH2
S
CH3
OH OH
CH2
CH2
CH
NH3⊕
C
O
O⊖
メチルトランスフェラーゼ
CH3
NH2⊕
(CH2)4
プロテイン
S-アデノシルメチオニン（メチル供与体）
メチル化リジン
（c）メチル化
H—N
CH—CH2—C—N
O
H
O=C
アスパラギン
糖鎖
H—N
CH—CH2—O
O=C
セリン
H—N
CH3
CH—CH
O
O=C
スレオニン
O
（d）グリコシル化

図9.2　翻訳後における種々の化学修飾反応

る．この反応はヒストンアセチル基転移酵素（ヒストンアセチルトランスフェラーゼ，histone acetyltransferase）により触媒される．このアセチル化は動的で，脱アセチル化酵素の働きでアセチル基が除去される［図 9.2（b）］．ヒストンのアセチル化-脱アセチル化のサイクルは遺伝子発現調節と関連すると考えられている（→ Chapter 6, 15）．ヒストン以外のタンパク質のアセチル化も重要で，癌抑制遺伝子産物 p53 がアセチル化されることにより転写因子としての活性が増強される例が知られている．

〔3〕メチル化（methylation）

メチル化とは，タンパク質のリジンの ε- アミノ基やアルギニンのグアニジノ基に S - アデノシルメチオニンからメチル基を移す反応である［図 9.2（c）］．この反応は，メチル基転移酵素（メチルトランスフェラーゼ，methyl transferase）により触媒される．エピジェネティクスとの関連からヒストンのリジンの ε- アミノ基のメチル化について多くの知見が得られている（→ Chapter 6, 15）．

〔4〕ヒドロキシル化（hydroxylation）

動物の構造タンパク質のひとつであるコラーゲンでは，含まれるプロリンの 12％以上がヒドロキシル化されている．ヒドロキシルプロリンは膜タンパク質などにも多く存在する．また，コラーゲン中にはヒドロキシルリジンも見出される．

〔5〕シスチン形成

システインの SH 基が可逆的に酸化されると，ジスルフィド化合物シスチンが形成される．これが酵素的にタンパク質分子内で起こるとジスルフィド結合による架橋が形成される．ジスルフィド結合は生体外に分泌される安定性の高いタンパク質に多くみられる．インスリンやリボヌクレアーゼがその例である．

〔6〕ユビキチン化（ubiquitination）

傷害を受けたタンパク質や調節タンパク質のように代謝回転の速いタンパク質は，分解されなければならない．このようなタンパク質の分解は，ユビキチン（ubiquitin：Ub）という 76 アミノ酸からなる小さなタンパク質が標的タンパク質のリジン残基に結合することによりなされる．これを標的として，プロテアソーム（proteasome）というタンパク質分解装置により ATP の加水分解を伴ったタンパク質の分解が進む（→ 9.3 節）．

〔7〕スモ（sumo）化

タンパク質にユビキチンとよく似た **SUMO**（small ubiquitin-related modifier）タンパク質を結合する反応である．SUMO タンパク質は他のタンパク質に一時的に結合してその機能を助ける小さなタンパク質でさまざまな細胞内プロセスに関係する．ただし，ユビキチンがタンパク質分解のタグとなるのに対して，SUMOにはそのような機能はない．また，ユビキチン化ではポリユビキチンが付加されるのに対して，SUMO化では1個しか付加されない．

〔8〕その他の修飾反応

この他にも修飾反応として，タンパク質に脂質が付加されるN-ミリストイル化，パルミトイル化，あるいはポリADP-リボシル化などがある．

9.1.3 複合タンパク質形成

〔1〕リポタンパク質（lipoprotein）

タンパク質が脂質と結合してできる．リポタンパク質は脂質の血漿中での安定化や運搬に役立っている．リポタンパク質は，トリグリセリド（中性脂肪）およびコレステロールなどを含む球状粒子で，メタボリックシンドロームとの関連で取り沙汰されている．

〔2〕糖タンパク質（glycoprotein）

タンパク質が炭水化物と結合したものである．この結合の一形態であるグリコシル化（glycosylation，糖鎖付加ともいう）は，タンパク質中のアミノ酸に単糖やオリゴ糖が付加する反応である．グリコシル化には*N*-結合型グリコシル化と*O*-結合型グリコシル化の2つのタイプが存在する［図9.2（d）］．この反応は，細胞膜の合成やタンパク質分泌における翻訳後修飾の重要な過程の1つである．ムコ多糖とタンパク質の結合体はプロテオグリカンと呼ばれる．

〔3〕金属タンパク質（metalloprotein）

構成成分として金属を含むタンパク質である．金属は単独のイオンか，あるいはタンパク質以外のポルフィリンなどの有機化合物に配位して存在する．ヘモグロビンはその一例である．金属タンパク質のうち重要なものに金属酵素がある．これは，その活性中心の中に金属原子を含む．

〔4〕核タンパク質（nucleoprotein）

DNAあるいはRNAにタンパク質が結合したものである．クロマチンの単位構造であるヌクレオソームはDNAとヒストンの結合体である．リボソームやスプライシングに関与するsnRNPはRNAとタンパク質の結合体である．

〔5〕フラビンタンパク質（flavinprotein, flavoprotein）

酸化還元酵素に見られるフラビン酵素は、リボフラビン（ビタミンB_2）の補酵素型である FAD（リボフラビンアデニンジヌクレオチド），あるいは FMN（フラビンモノヌクレオチド）が，タンパク質と非共有結合，または共有結合したもので，翻訳後修飾の１つである．

9.1.4 タンパク質複合体

タンパク質は単体で機能する場合もあるが，多くのタンパク質は他のタンパク質や生体高分子と相互作用し，タンパク質複合体として一連の酵素反応を触媒する．したがって，タンパク質の機能を解明する上でタンパク質間相互作用は重要である．タンパク質複合体における個々のタンパク質のことを**サブユニット**と呼ぶ．タンパク質複合体はサブユニットの三次構造に加え，複数のサブユニットから成るタンパク質の**四次構造**とも呼ばれる．ヌクレオソーム，転写開始複合体，プロテアソーム，クロマチン・リモデリングコンプレックスなど多くの例を挙げることができる．近年，**プロテオーム解析**（**プロテオミクス**）（→ Chapter 16）が進み，タンパク質間相互作用の検出も大規模に行われるようになってきた．

9.1.5 分子シャペロン

タンパク質が正しく機能するにはポリペプチド鎖が正しい三次構造へと折りたたまれなければならない．タンパク質のアミノ酸配列は三次元構造を決定するのに十分な情報をもつと考えられ，多くのタンパク質が試験管内で独自の立体構造を形成する．しかし，細胞内では，この折りたたみの全行程の効率を上げる働きをするタンパク質があり，これらを総称して**分子シャペロン**[*1]（molecular chaperone）と呼ぶ．分子シャペロンの中には熱ショックにより発現が誘導される熱ショックタンパク質（heat shock protein：hsp）として知られるタンパク質がある．これらのタンパク質は熱以外の細胞へのストレスによっても誘導されることから一般的には**ストレスタンパク質**と呼ばれる．ストレスによって間違って折りたたまれたポリペプチドをストレスタンパク質は正しく折りたたみ直すか，または単純にそれらを破壊する．新生ポリペプチドは疎水性アミノ酸が分子の表面に露出しており，その状態はタンパク質の変性中間体とよく似ており，凝集しやすくなっている．分子シャペロンはポリペプチドの正しい折りたたみにかかわっていることが明らかになった．

*1　シャペロン（chaperon または chaperone）：元来，若い女性が社交界にデビューする際の介添え役の中年女性を意味する．タンパク質が正常な構造や機能を獲得することをデビューになぞらえた命名である．

ポリペプチド鎖が正しく折りたたまれず（ミスフォールディング），疎水性アミノ酸が分子表面に露出すると疎水性相互作用により凝集体が形成し，これらは深刻な病気の発症につながる．これまで少なくとも 20 の病気が知られている．その中には，ヒト神経変性疾患として知られるアルツハイマー病やパーキンソン病，あるいはプリオン病として知られる伝達性海綿脳症（クロイツフェルト・ヤコブ病，牛海綿状脳症，ヒツジのスクレーピーなど）がある．

9.2 タンパク質の細胞内輸送と選別

真核細胞は次の三つの区画に分けられる．①細胞内膜系［小胞体（ER），ゴルジ体，リソソーム，分泌顆粒，核膜，細胞膜など］，②サイトゾル（細胞質可溶画分），

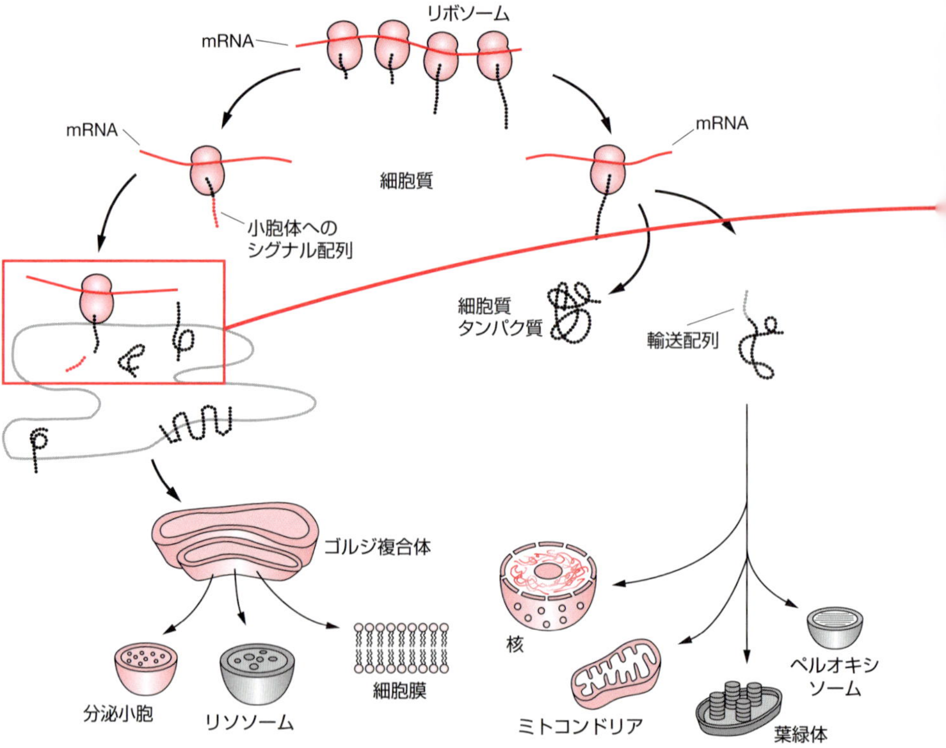
リボソーム
mRNA
mRNA
mRNA
細胞質
小胞体への
シグナル配列
細胞質
タンパク質
輸送配列
ゴルジ複合体
分泌小胞
リソソーム
細胞膜
核
ミトコンドリア
葉緑体
ペルオキシ
ソーム

③細胞小器官（ミトコンドリア，葉緑体，ペルオキシソームなど）や核内構造（核質，核小体，クロマチンなど）．新生タンパク質はプロセシングを受けつつ，いくつかの異なった機構で細胞内のこれらの区画のうちの正しい目的地に届けられなければならない．

核内遺伝子によりメッセンジャーRNA（mRNA）に転写されたタンパク質合成の情報は，核膜孔を通って細胞質に運ばれタンパク質の合成が開始される．mRNAは細胞質に到着するとリボソームと結合する．この段階ではリボソームは遊離状態で，膜構造には結合していない．翻訳が始まりポリペプチド鎖が約30アミノ酸ほどの長さに成長した段階で，新生タンパク質の細胞内輸送を左右する二つの異なる経路に入る（**図9.3**）．

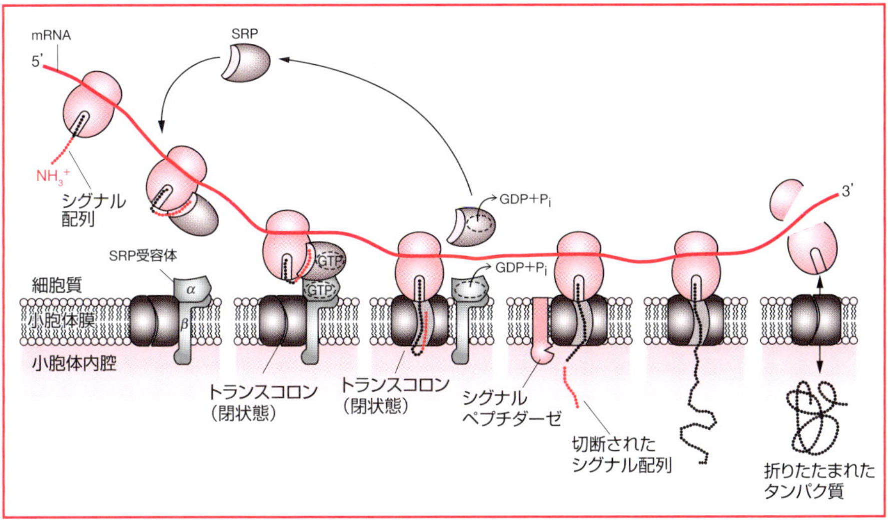

mRNA
5'
SRP
NH_3^+
シグナル配列
GDP+P_i
3'
SRP受容体
GTP
細胞質
α
小胞体膜
β
小胞体内腔
GDP+P_i
トランスコロン（閉状態）
トランスコロン（閉状態）
シグナルペプチダーゼ
切断されたシグナル配列
折りたたまれたタンパク質

図9.3　タンパク質の翻訳後の細胞内ルート

左側は翻訳と共役する輸送（分泌経路）．右側は翻訳後のさまざまな小器官への輸送（非分泌経路）．分泌経路に入るべきタンパク質を合成しているリボソームは，小胞体へのシグナル配列（赤）により粗面小胞体へと導かれる．小胞体膜での出来事については，本文と拡大図を参照してほしい．非分泌経路では，小胞体へのシグナル配列を持たないタンパク質のうち輸送配列を持たないタンパク質は細胞質に放出され，そこに留まる．細胞小器官に特異的な輸送配列（白）を持つタンパク質は，一度細胞質に放出されるが，その後ミトコンドリア，葉緑体，ペルオキシゾームや核に送られる．

9.2.1 翻訳と共役した輸送（cotranslational transport）

新生タンパク質の最終目的地が細胞内膜系のいずれかに決定されている場合，リボソームは翻訳の早い段階で小胞体（endoplasmic reticulum：ER）膜に結合する．このようなタンパク質のmRNAは，新生タンパク質のN末端に**ERシグナル配列**をコードする配列をもつ．翻訳が開始され，N末端のERシグナル配列がリボソームから露出すると，タンパク質とRNAからなる**シグナル認識粒子**（signal recognition particle：SRP）が結合し，リボソーム - mRNA - ポリペプチド複合体をER膜上のトランスロコン（translocon）という構造体に結合させる．トランスロコンは，SRPレセプター，リボソームレセプター，孔タンパク質，シグナルペプチダーゼからなる構造体である．ERシグナル配列に結合したSRPはSRPレセプターに結合し，同時にERシグナル配列をもつリボソームがリボソームレセプターに結合する．シグナル配列は孔タンパク質からなるチャンネルに入り，同時にSRPがGTPの加水分解とともに解離する．シグナル配列はチャンネルにとどまったままで翻訳は進行し，新生ペプチドはループ状になってER内腔に送り込まれる．翻訳が終了するとシグナルペプチダーゼ（signal peptidase）がシグナル配列を切断し，完成ペプチドをER内腔に遊離する．

ER内腔に遊離された新生タンパク質は，エネルギー的に安定な構造への折りたたみ（folding）がなされる．また，場合によってはタンパク質は分子間力により他のタンパク質と結合して**複合体**（complex）を形成して機能を発揮する．また，タンパク質ジスルフィドイソメラーゼ（PDI）の働きにより正しい分子内ジスルフィド結合が形成される．ER結合のリボソームで作られるタンパク質の90％は糖タンパク質である．グリコシル化は翻訳中に開始され，新生ペプチドがER内腔に遊離後も続く．

完成した新生タンパク質はゴルジ**複合体**や膜胞を介して最終目的地に輸送されるか，ER膜内に取り込まれて膜タンパク質となる．分泌タンパク質の場合，ERから輸送小胞に入りゴルジ複合体へ移動する．ゴルジ複合体は図9.3（a）に示すように扁平あるいは球状の小胞が連なった構造をもつ．ゴルジ複合体の内腔でも糖鎖が付加される．タンパク質はゴルジ複合体から分泌顆粒に移され，細胞表面へ運ばれて細胞外に分泌される．分泌されない可溶性タンパク質のうち，ある種の糖鎖をもつものはリソソームに運ばれる．ERに向かうタンパク質には**KDEL配列**[*2]という特殊な配列が見出されている．

ER結合リボソームで合成されるもうひとつのグループは膜タンパク質である．これらのタンパク質も基本的には図9.3（a）に示したメカニズムで合成されるが，完成したポリペプチドはER内腔に遊離されるのではなくER膜内に挿入され膜タンパク質として疎水性アミノ酸からなる**膜貫通ドメイン**（transmembrane domain）によって膜の脂質二重層につなぎとめられる．この機構として以下の二つのメカニズムが考えられている．

〔1〕ERシグナル配列と輸送停止配列をもつ場合

ERシグナル配列をもつポリペプチドと同様にSRPがリボソーム-mRNA複合体をERに結合させ，ポリペプチドの伸長は膜貫通ドメインが合成されるまで，ループ状にポリペプチドをER内腔に送り出す．この膜貫通ドメインのアミノ酸配列は**輸送停止配列**（stop-transfer sequence）と呼ばれ，ポリペプチド鎖がER膜を通して輸送されるのを停止させる．これによりC末端側のポリペプチドはER膜外で合成される．また，シグナル配列はシグナルペプチダーゼによって切り取られ，新生タンパク質は輸送停止配列が膜貫通ドメインとなり脂質二重層につなぎとめられる（**図9.4**）．

〔2〕輸送開始配列をもつ場合

タンパク質はN末端に典型的なシグナル配列をもたず，ペプチド内部に**輸送開始配列**（start-transfer sequence）をもつ．この配列はERシグナル配列として機能しSRPをリボソーム-mRNA複合体をERに結合させ，ポリペプチドをER内腔への輸送を開始させる．またこの配列はシグナルペプチダーゼにより切断されず，その疎水性領域はポリペプチドを脂質二重層につなぎとめる膜貫通ドメインとなる．したがって，輸送開始配列と輸送停止配列を交互にもつタンパク質は複数の膜貫通ドメインをもつ膜タンパク質となる［図9.4（c）］．

9.2.2 翻訳後輸送

新生タンパク質の最終目的地がサイトゾル，ミトコンドリア，葉緑体，ペルオキシソーム，核内構造などの場合には，翻訳は膜に結合していないリボソーム上で行われる．翻訳完了後，ポリペプチドはリボソームから離れ，そのままサイトゾルにとどまるか，細胞小器官や核に取り込まれる．細胞小器官や核への移行には特異的

*2　KDEL配列：KDEL選択配列ともいう．小胞体に留まるべきタンパク質にはLys-Asp-Glu-Leu（K-D-E-L）の配列があり，誤って小胞体からゴルジ体に輸送されたときゴルジ体にあるKDELレセプターがこの配列を認識し，タンパク質を再び小胞体に連れ戻すしくみになっている．

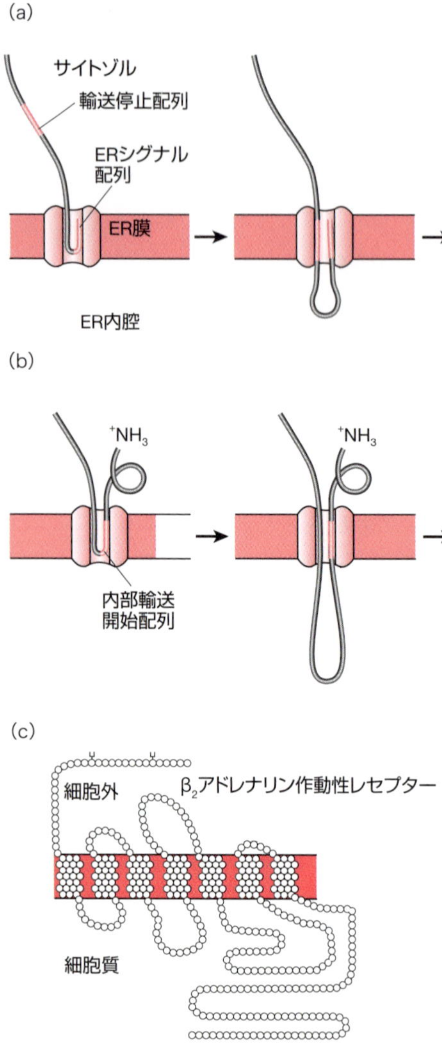
(a)
サイトゾル
輸送停止配列
ERシグナル
配列
ER膜
ER内腔
COO⁻
シグナル
ペプチダ
ーゼによ
る切断
COO⁻
+NH3
(b)
+NH3
内部輸送
開始配列
COO⁻
(c)
細胞外
β2アドレナリン作動性レセプター
細胞質

図 9.4　翻訳と共役した膜タンパク質の ER 膜への挿入

（a）内部輸送停止配列と末端 ER シグナル配列を持つポリペプチド．末端ペプチドはシグナルペプチダーゼにより切り取られ、N 末端を ER 内腔に，C 末端をサイトゾルに向けて膜に留まる．（b）1 個の内部輸送開始配列をもつポリペプチド．内部輸送開始配列はポリペプチドの輸送を開始させるだけではなく，それ自身が膜内に留まる．完成タンパク質の N 末端や C 末端の位置は，輸送開始配列が翻訳装置に組み込まれた時の方向性によって決まる．（c）7 回膜貫通タンパク質の例．β_2 アドレナリン作動性レセプター．

標的シグナルが必要である．この経路は**翻訳後輸送**（posttranslational transport）と呼ばれる．

〔1〕核移行

サイトゾルで合成されたタンパク質の中には，染色体の構築や複製に必要なタンパク質，あるいは転写に必要なタンパク質，リボソームを構成するタンパク質などがある．これらのうちヒストンなどは分子量が小さく核膜孔を通過して拡散することが可能である．しかし，DNAポリメラーゼやRNAポリメラーゼは核膜孔を通過できないほどの大きなサブユニットからなる．それにもかかわらずこれらの巨大分子は核膜孔を通って能動輸送される．そのようなタンパク質は**核局在化シグナル**（nuclear localization signal：NLS）をもつ．NLSは8～30アミノ酸残基で，リジンやアルギニンなど塩基性アミノ酸とプロリンを含む．NLSは**インポーチン**（importin）というレセプタータンパク質によって認識され核膜孔複合体に運ばれ，核膜孔を通って核内に移送される．移行にはGTP加水分解のエネルギーが利用される．反対に，核から細胞質に移行するタンパク質は**核搬出シグナル**（nuclear export signal：NES）を分子内にもち，エクスポーチン（exportin）により認識され機能する．

〔2〕ミトコンドリアや葉緑体への輸送

ミトコンドリアや葉緑体はそれぞれDNAとタンパク質合成装置をもち，合成されたタンパク質はミトコンドリアでは内膜に，葉緑体ではチラコイド膜に局在している．しかし，これら小器官に存在するほとんどのタンパク質は核内遺伝子によりコードされ，サイトゾルの遊離リボソーム上で合成され，その特有の標的シグナルにより数分以内に各小器官に取り込まれる．この標的シグナルはERシグナル配列と同様にN末端にあり，**移行配列**（transit sequence）と呼ばれる．ミトコンドリアや葉緑体への移行配列は疎水性アミノ酸と親水性アミノ酸の両者を含む．陽性荷電アミノ酸の存在とアミノ酸配列の二次構造も重要である．ミトコンドリアや葉緑体へのポリペプチドの取り込みはこれら小器官の内膜と外膜に存在する輸送複合体によってなされる．

9.3 タンパク質の分解

細胞内にはタンパク質の品質管理システムがあり，不要なタンパク質は取り除かれるようになっている．たとえば，役割を終えたタンパク質，折りたたみがうまくいかなかったタンパク質，変性などで機能を消失したタンパク質，細胞が間違って取り入れた外来タンパク質などは細胞内に留めておくわけにはいかない．リソソーム（lysosome）は加水分解酵素を多く含む細胞小器官で不要タンパク質の分解も行っている．リソソーム以外でよく知られているタンパク質の細胞内品質管理システムがアミノ酸残基の修飾の項で述べたユビキチン化を介するものである．この過程では，不要となったタンパク質はユビキチンリガーゼによってユビキチン（Ub）化，特にポリUb化される．タンパク質のユビキチン化は，ユビキチン活性化酵素（E1），ユビキチン結合酵素（E2），ユビキチンリガーゼ（E3）の複合酵素反応により触媒され，ユビキチンの鎖が標的タンパク質のリジン残基に結合する．ユビキチン鎖を目印にしてプロテアソーム（タンパク質分解装置）が標的タンパク質を認識し分解する（**図 9.5**）．分解されずに細胞内あるいは細胞外に蓄積すると，9.1.5項で述べたような疾患を引き起こす場合がある．

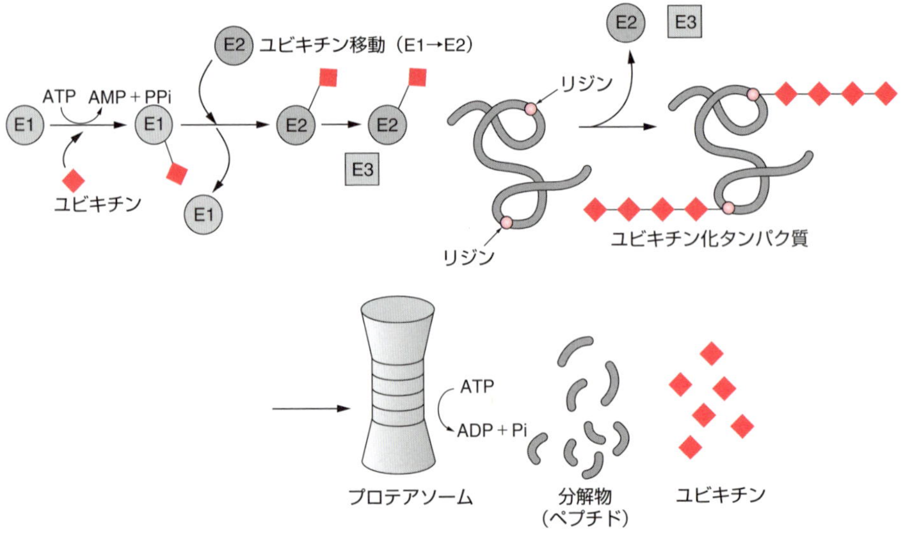
E2
ユビキチン移動（E1→E2）
ATP
AMP＋PPi
E1
E1
E2
E2
E3
ユビキチン
E1
E2
E3
リジン
リジン
ユビキチン化タンパク質
ATP
ADP＋Pi
プロテアソーム
分解物
（ペプチド）
ユビキチン

図 9.5　ユビキチンによるタンパク質分解

ユビキチン分子はまずATP依存的に酵素E1に結合する．次いで，酵素E2に移動する．E2－ユビキチンはE3とともに標的タンパク質のN末端に結合する．ユビキチンは標的タンパク質のリジン残基に結合する．プロテアソームはユビキチン結合タンパク質をATP依存的に分解し，解離したユビキチンは再利用サイクルに入る．

演習問題

Q.1 タンパク質Aは核に局在している核タンパク質である．タンパク質Aのどのアミノ酸配列が核移行シグナル（NLS）として機能するかを調べるためコンピュータ検索を行ったところ，3つのアミノ酸配列（それぞれ8～30アミノ酸よりなる）が候補として示された．これらの配列のどれが実際生体内で機能しているかを決定する実験をデザインせよ．

Q.2 アミノ末端にシグナルペプチドをもち，中央部分に核移行シグナルをもつタンパク質がある．このタンパク質はどの細胞器官に移動するだろうか．

Q.3 あるタンパク質に核からの搬出シグナルがあることがわかっている．このタンパク質は核に移行できるだろうか．

Q.4 タンパク質のプロセシングにおける小胞体とゴルジ複合体の役割を述べなさい．

Q.5 不良タンパク質の蓄積によって起こるヒトの病気について例を挙げて説明しなさい．

Q.6 ユビキチンされるタンパク質はどのようなものか？またユビキチン化されたタンパク質はどのような運命をたどるのか．

Q.7 分泌タンパク質をコードするmRNAを*in vitro*（試験管内）の系の遊離リボソームで翻訳した場合と，同じmRNAを粗面小胞体由来のミクロソームの存在下で翻訳した場合とでどのような差が認められるだろうか．

Q.8 タンパク質の中には，アミノ酸側鎖が他の分子で修飾されないと正常な機能を発揮しないものや，修飾により機能の変化が起こるものがある．どのような例があるだろうか．

Q.9 通常は細胞質に局在するタンパク質に，リソソーム標的シグナルを付加するとその細胞内局在にどのような影響が生じるか．また，通常は分泌されるタンパク質に同様な操作を加えた場合，その局在にどのような影響を及ぼすか．

Q.10 リソソーム内には強力な加水分解酵素が含まれており，これらは小胞体内の合成場所からゴルジ体を経由してリソソームへと輸送されている．なぜ，小胞体やゴルジ体の構成成分はこの酵素による損傷をうけないのか．

参考図書

1. 石浦章一，石川統，須藤和夫，野田春彦，丸山工作，山本啓一訳：分子細胞生物学（第5版），東京化学同人（2005）
2. 田村隆明，山本雅：分子生物学イラストレイテッド（改訂2版），羊土社（2003）
3. 鈴木範男：分子細胞生物学の基礎，三共出版（2004）

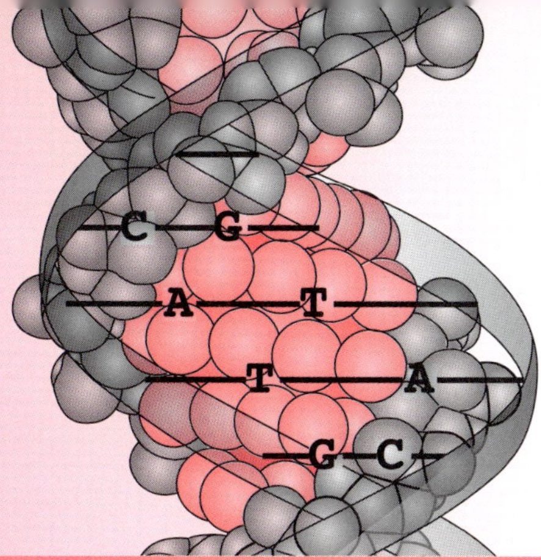
C
G
A
T
T
A
G
C

Chapter 10
DNAの損傷，修復

Chapter 10

DNA の損傷，修復

10.1 生命と DNA 損傷の関わり

細胞内に存在する DNA は，内的，外的な要因により常に損傷を受けている．近年，人類が作り出し，環境中に放出している化学物質による DNA への影響が大きく取り上げられている．しかし，地球上に生命が誕生して以来，環境中の物質や宇宙から降りそそぐ放射線などにより，DNA は絶えず傷つけられてきた．この章では，まず，DNA 損傷の要因と種類について解説する．また，これらの損傷の修復異常によりゲノム上に固定される遺伝的変異についても解説する．遺伝子の突然変異は，固定された遺伝的変異が遺伝子の機能変異を伴う場合であり，これがヒトに生じ，後代へと伝達されると先天性の遺伝性疾患となる．

このように我々の細胞の DNA は，損傷の危機にさらされている一方で，その異常（損傷）を感知し，迅速に修復もしくは排除するシステムを併せもっている．そのため，生物は正常な状態を保ち続けることができる．しかし，これらの修復システムも遺伝情報をもとに構築されており，変異による修復機能の欠損または異常は，ゲノムの不安定化を伴う数々の遺伝病を引き起こす（→ 10.3.7 項）．

DNA に生じる損傷には多様な種類があり，生命は，それらの損傷に対応した修復機構を備えている．その中でも細胞に恒常的に生じている**二本鎖 DNA 切断**（double strand break：DSB）は染色体の切断を意味し，放置すれば染色体の分解や細胞分裂期における不等分配を招く致死的な損傷である．そのため，細胞は生じた DSB の存在を感知し，細胞周期を積極的に停止することにより損傷の修復を行う．この DSB 修復に多用される組換えについては 10.3.6 項で詳しく解説する．

10.2 損傷と変異

10.2.1 化学物質による DNA 損傷

DNA は，ヌクレオチドを単位とするポリマーであり（→ Chapter 1），DNA の損傷とは，ポリマーの切断やヌクレオチド内にできた化学構造の変化（“傷”）を意味する．ヌクレオチド内では，官能基に富む塩基部分が損傷を受けることが多い．DNAに生じる主な損傷の要因と種類を**表 10.1** に示す．

プリン塩基とデオキシリボースをつなぐN-グリコシド結合は，加水分解により切断されることがあり，結果として脱プリン部位（apurinic site）が生じる（→ Chapter 1）．この現象の主要因は細胞に多量に存在する水である．細胞内DNAにおける自然脱プリン率はかなり高いが，効率良く修復されるため，突然変異誘発性[*1]（mutagenicity）は低い．

食品などにも含まれている亜硝酸に代表される弱酸は，塩基の脱アミノ化（deamination）を引き起こす．シトシンは脱アミノ化によりウラシルに変化し（**図 10.1**），アデニンの脱アミノ化はシトシンと塩基対を形成するヒポキサンチンを生じる（**図 10.2**）．細胞内DNAにしばしば認められる修飾塩基，5-メチルシトシンからは，脱アミノ化によりチミンが生成される（図 10.1）．

アルキル化剤の多くは，塩基側鎖の特定部位にアルキル基（alkyl group）を付加するため，強力な突然変異誘発剤（mutagen）として用いられてきた．特に，グアニンのN-7位はアルキル化を受けやすく，アルキル化によりDNA構造に生じた歪みは，脱塩基や鎖切断を起こす原因となる．

DNAの損傷を引き起こす化学物質は生体内でも合成される．ミトコンドリアでのエネルギー生成の過程やペルオキシソームでの脂肪酸や毒物の分解過程ではヒド

表 10.1　DNAに生じる主な損傷の要因と種類

DNA損傷の要因	具体例	損傷の種類
加水分解	水	脱プリン
酸化剤	亜硝酸	脱アミノ化
アルキル化剤	ニトロソウレア誘導体	塩基側鎖の修飾
細胞代謝産物	活性酸素分子種	DNA主鎖の切断や塩基の酸化的損傷
紫外線	太陽光	ピリミジン二量体の形成
酵素阻害剤	トポイソメラーゼ阻害剤	DNA主鎖の切断
修飾塩基の取り込み	ヌクレオチドプールの酸化損傷	塩基の酸化的損傷
電離放射線	放射性物質	DNA主鎖の切断やヌクレオチド損傷

*1　突然変異誘発性：DNAに生じた損傷が修復機構により適切に修復されず，DNA上の遺伝情報に変化が生じた場合，これを突然変異と呼ぶ．突然変異は，多様なDNA損傷により誘発されるが，突然変異として固定されやすい損傷と適切に修復されやすい損傷がある．

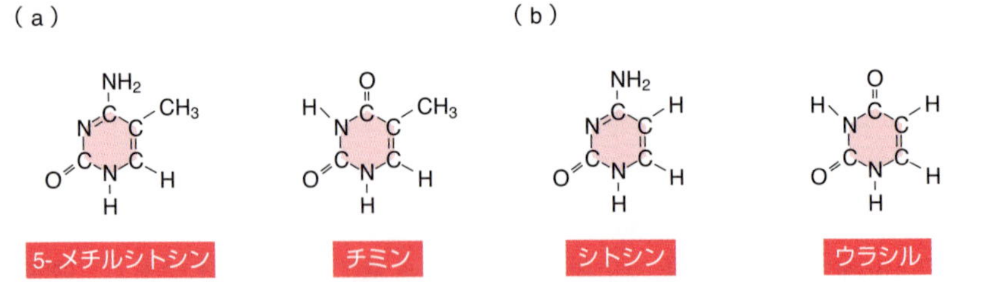
(a)
(b)
5-メチルシトシン
チミン
シトシン
ウラシル

図 10.1　DNA の塩基の変異

5-メチルシトシンの脱アミノ化によりチミンを（a），シトシンの脱アミノ化によりウラシルを生じる（b）．

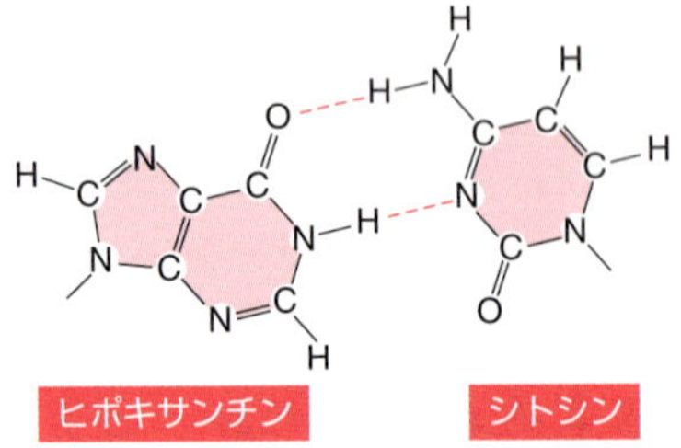
ヒポキサンチン
シトシン

図 10.2　ヒポキサンチンとシトシンの水素結合

ロキシルラジカル（hydroxyl radical）やスーパーオキシドアニオン（superoxide anion）などのフリーラジカル[*2]（free radical）や，過酸化水素[*3]などが生成する．これらは活性酸素分子種として DNA に酸化的損傷を引き起こす．グアニンは，酸化されて 7,8-ジヒドロ-8-オキソグアニン（8-oxo-dG）になる．また，活性酸素はデオキシリボースとリン酸をつなぐリン酸ジエステル結合（→ Chapter 1）を分解し，DNA の主鎖の切断を引き起こす．さらに，ヌクレオチドプールの塩基が酸化修飾を受けるとその修飾塩基の取り込みによる DNA も損傷の要因となる．

---

*2　フリーラジカル：分子は原子の集まりであり，個々の原子において原子核の周りの軌道を負に帯電した電子が回っている．電離放射線などにより，ひとつの軌道に電子が 1 個しかない不対電子をもつ原子または分子が生じた場合，これをフリーラジカル（遊離活性基）という．軌道上に 1 対の 電子が存在する時がエネルギー的に最も安定した状態であるため，フリーラジカルは一般的には不安定で，他の分子から電子を取って安定になろうとする性質がある．フリーラジカルが DNA 二本鎖から電子を奪うと，一本鎖や二本鎖切断の他に，塩基，糖の損傷，DNA とタンパク質の架橋など，いくつかの化学変化を起こすことが知られている．

*3　過酸化水素（H_2O_2）：活性酸素の一種であるがフリーラジカルではない．不安定でヒドロキシラジカル（・OH）を生成しやすい．

10.2.2 放射線による DNA 損傷

DNA 損傷を引き起こす放射線には，太陽光に含まれる紫外線（UV）と X 線や放射性物質から放出される電離放射線（α，β 粒子および γ 線）がある．

近年，オゾンホールの拡大により地球上に到達する線量の増加が特に懸念されている UV-B（波長 280 ～ 315 nm）の場合，主な DNA の損傷は，そのエネルギーが直接 DNA に吸収されて生じるものである．代表的な例としてピリミジン二量体（pyrimidine dimer）の形成を挙げることができる（**図 10.3**）．ピリミジン二量体とは，DNA 鎖上で隣接する二つのピリミジンが共有結合したものである．このため，2 塩基間の距離が縮まり，DNA 二本鎖に歪みを引き起こし，複製や転写の妨げとなる．ピリミジン二量体はヌクレオチド除去修復により修復されるが，この修復経路の欠失は色素性乾皮症やコケイン症候群などの遺伝病を引き起こす（→ 10.3.7 項）．また，UV-B の照射は，活性酸素分子種による 8-oxo-dG の生成も引き起こす．より波長の短い UV-C（波長 100 ～ 280 nm）の方が DNA 損傷に対する影響が強いが，そのほとんどが成層圏上層で吸収されてしまい地上には届かない．

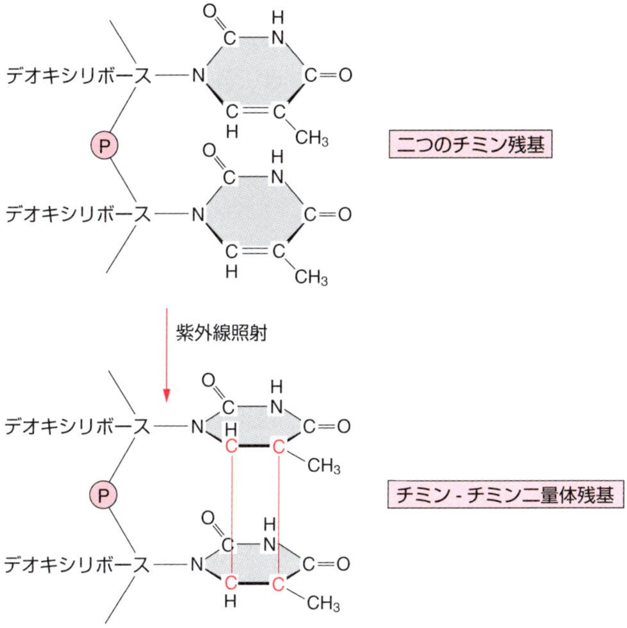
デオキシリボース
P
デオキシリボース
二つのチミン残基
紫外線照射
デオキシリボース
P
デオキシリボース
チミン - チミン二量体残基

図 10.3 代表的なピリミジン二量体であるチミン - チミン二量体の構造

X線を含む電離放射線は，DNA二本鎖に直接作用し，塩基の損傷やDNA主鎖の切断を引き起こす（直接作用）．一方，電離放射線は生体の主成分である水と反応し，ヒドロキシルラジカル，水素ラジカルなどのフリーラジカルや過酸化水素などを生成する．これらがDNAと化学反応を起こし損傷を引き起こす（間接作用）．

電離放射線によるDNA主鎖の切断は，一本鎖切断と二本鎖切断に分けられる．一般に，一本鎖切断は二本鎖切断より5～6倍の高頻度で起こるが，正確に修復される．一方，二本鎖切断は，生体内に複数の修復経路が準備されているにもかかわらず，修復に伴う遺伝情報の変化や修復不能を起こしやすく，突然変異や細胞死[*4]（cell death）を起こしやすい．

10.3 修　復

10.3.1 DNA修復と突然変異

DNA損傷は，放置すれば突然変異としてゲノム上に固定されてしまう．絶え間なく発生していると考えられるDNA損傷の数に比べて，突然変異の数が極端に少ないのは，細胞がこれらの損傷を絶えず監視し，修復する機構を備えているからである．なお，DNAの二本鎖構造は，壊れた遺伝情報の正確な修復に大きく寄与している（→10.3.6項）．

一方で，このような監視を逃れ修復されなかった損傷は，突然変異として固定され，それが生殖細胞に生じた場合には，後代へと伝達される．変異には塩基数の増減がない塩基置換（点突然変異）のようなものから，数塩基の欠失および挿入を伴うもの（欠失変異および挿入変異，→8.2.4項），さらには，染色体レベルで観察されるほどの広域の変化を伴うものまである．染色体異常の例としては，**欠失**（染色体の一部が切断され失われる），**重複**（染色体の一部に同じ配列が付着する），**転座**（染色体の一部が切断され，同じ染色体，または他の染色体に付着する），**逆位**（染色体の一部が切断され，本来の向きとは逆方向に付着する）を挙げることができる．これらの多くは致死的であるが，変異をもつ個体が生存できる場合もある．ゲノム上の変異は何らかの機能欠損を伴う場合と伴わない場合がある．

＊4　細胞死：細胞は，自己のもつ修復能力よりも過剰な損傷が生じた場合，能動的に自己を死に導く機構をもっている．DNA損傷時に誘導される細胞死の多くはアポトーシスであり，その機構は多細胞真核生物においてよく発達している．

10.3.2 DNA 損傷に対する応答機構

損傷をもつ DNA は，細胞内の監視システムにより認識され，その大部分は正確に修復される． 損傷 DNA に対する細胞内センサーは非常に高感度であり，発生した損傷シグナルに対して細胞はさまざまな応答機構を備えている．また，損傷の種類に応じた多様な損傷認識機構があり，ダメージの程度により，修復に必要な遺伝子の発現を誘導したり，細胞周期を停止[*5]させたりする．さらに，損傷が重篤な場合にはアポトーシスを誘導し，細胞死を引き起こす．

10.3.3 損傷塩基の修復

DNA の損傷塩基の修復は，二つに大別される．ひとつは，損傷塩基の直接修復であり，もうひとつは，**塩基除去修復**（base excision repair：BER）や**ヌクレオチド除去修復**（nucleotide excision repair：NER）のように損傷部位を取り除いた後，改めて正常な DNA 鎖を合成するやり方である．直接修復の一つである光回復[*6]（photoreactivation）では，フォトリアーゼがピリミジン二量体に結合し，300 ～ 400 nm の光によりシクロブタン環を開裂する．一方，グアニンのメチル化で生じるメチルグアニンは，メチルグアニン DNA アルキルトランスフェラーゼで脱メチル化される．

塩基除去修復は，脱アミノ化した塩基や酸化損傷を起こした塩基など比較的小規模の修飾塩基の修復に働く経路で，複製時に誤って取り込まれた修飾塩基などもこの経路により修復される（**図 10.4**）．小規模の修飾塩基は，それぞれの異常塩基に対応した基質特異性の異なる DNA グリコシラーゼ群により認識される．DNA グリコシラーゼは，塩基とデオキシリボース間の N-グリコシド結合を加水分解し，脱塩基された部位，いわゆる脱プリンあるいは脱ピリミジン部位（apurinic/apyrimidinic site, AP 部位）を作り出す．AP 部位が生じると，それを認識する AP エンドヌクレアーゼにより 5' 側上流のホスホジエステル結合が切断される．酸化

*5 細胞周期の停止：細胞核 DNA に過剰の損傷が生じた場合，監視システムは細胞周期の進行を一時停止し，修復に要する時間を獲得する．細胞周期の停止はどこでも起こりうるが，G_2 → M など各細胞周期の移行期でのチェックポイントがよく研究されている．修復が完了すれば，停止していた細胞周期は再開する．

*6 光回復：ピリミジン二量体のような損傷に働く酵素には，長波長紫外線のエネルギーを利用して修復を行うものがあり，これを光回復という．ヒトやマウスにはこのような光回復酵素はないが，構造的に似た酵素は存在し，光受容や日周リズムの形成など別の機能を有している．

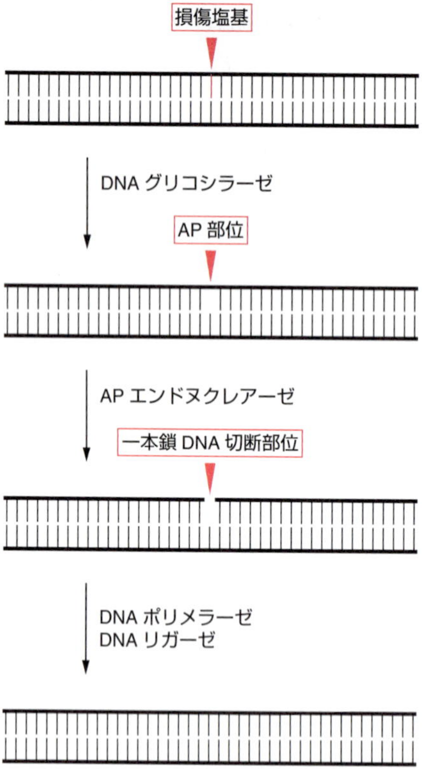
損傷塩基
DNA グリコシラーゼ
AP 部位
AP エンドヌクレアーゼ
一本鎖 DNA 切断部位
DNA ポリメラーゼ
DNA リガーゼ

図 10.4　塩基除去修復による修復機構

比較的小規模の損傷塩基（赤線で示した部分）は，それぞれの異常塩基に対応した DNA グリコシラーゼにより認識され，塩基部分のみが切り出される．その結果生じた AP 部位は AP エンドヌクレアーゼにより切断される．その後，この部位は修復に特異的に働く DNA ポリメラーゼと DNA リガーゼ により修復される．

損傷塩基を認識する DNA グリコシラーゼの多くは，AP 部位の切断も併せて行うことが知られている．片方の DNA 鎖上に塩基除去によるヌクレオチドの欠損が生じた場合は，相補鎖の情報をもとに DNA ポリメラーゼが正しいヌクレオチドを補填し，DNA リガーゼがニック（切れ目）をつなぎ合わせる．一般に，修復に関わる酵素は複製酵素に比べて DNA 鎖の伸長能（processivity）が低く，忠実度（fidelity）の低いものが多い．

ヌクレオチド除去修復は，ピリミジン二量体のように架橋した塩基や大規模な修飾を受けた塩基など，局所的に DNA 二本鎖に歪みを生じさせる損傷の修復に働く機構である（**図 10.5**）．ヌクレオチド除去修復では，認識された損傷部位においてDNA 二重らせんの巻き戻しが起こり，次いで，損傷を含む 25 ～ 30 塩基程度のオリゴヌクレオチドが DNA から切り取られる．生じた一本鎖の隙間を DNA ポリメラーゼが埋め，DNA リガーゼが DNA 鎖をつなぐ．なお，色素性乾皮症は，ヌクレオチド除去修復に異常が生じたために起こる疾病である（→ 10.3.7 項）．

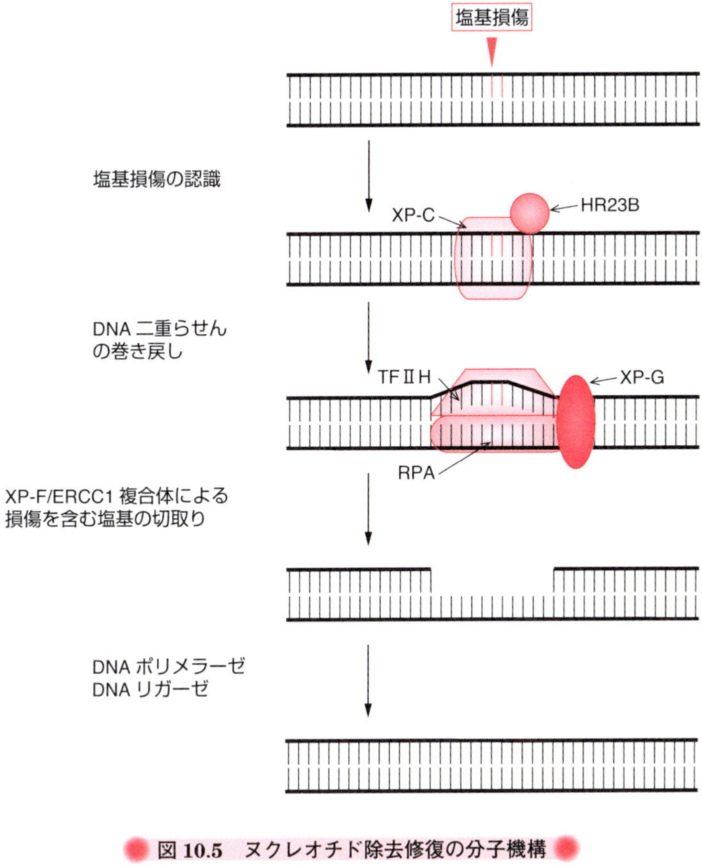
塩基損傷
塩基損傷の認識
XP-C
HR23B
DNA 二重らせん
の巻き戻し
TFⅡH
XP-G
RPA
XP-F/ERCC1 複合体による
損傷を含む塩基の切取り
DNA ポリメラーゼ
DNA リガーゼ

図 10.5　ヌクレオチド除去修復の分子機構

ピリミジン二量体のような比較的大きな損傷部位（赤線で示した部分）は，XP-C/HR23B 複合体（損傷部位結合タンパク質）により認識され，次いで，TFⅡH（ヘリカーゼ）を中心とするタンパク質群が損傷部位を含む二重らせんを巻き戻す．その後，エンドヌクレアーゼである XP-F/ERCC1 複合体が，損傷を含む 25 ～ 30 塩基程度のオリゴヌクレオチドを DNA から切り取る．生じた一本鎖のギャップを DNA ポリメラーゼが埋め，DNA リガーゼが DNA 鎖をつなぐ．

10.3.4 ミスマッチ修復

ミスマッチ修復（mismatch repair）は，DNA 複製の誤りによって生じたミスマッチ塩基対を修正する機構である（**図 10.6**）．DNA 複製におけるエラーの大部分は，DNA ポリメラーゼの校正機能[*7]［プルーフリーディング（proofreading）機能］により取り除かれるが，取り残されたミスマッチ塩基対は，大腸菌では

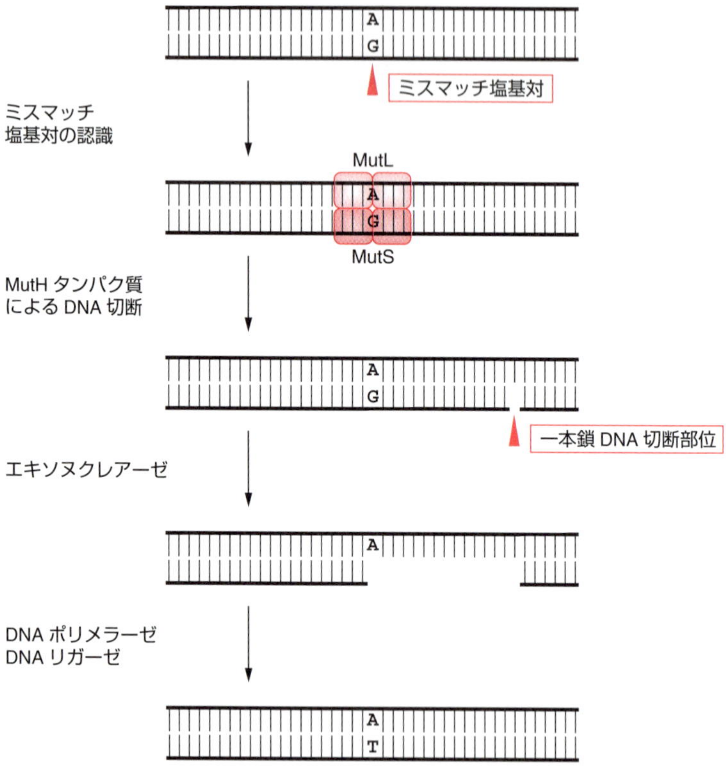

A
G
ミスマッチ塩基対
ミスマッチ
塩基対の認識
MutL
A
G
MutS
MutH タンパク質
による DNA 切断
A
G
一本鎖 DNA 切断部位
エキソヌクレアーゼ
A
DNA ポリメラーゼ
DNA リガーゼ
A
T

図 10.6　ミスマッチ分子修復の分子機構（大腸菌）

ミスマッチ塩基対（ここでは A-G 塩基対）は，大腸菌では MutS-MutL 複合体，真核生物ではそのホモログである Msh(2-6)-(Mlh1-Pms1) 複合体が認識する．MutS-MutL 複合体はエンドヌクレアーゼ活性をもつ MutH タンパク質を新生（非メチル）鎖側に呼び込み，損傷部位付近に切れ目を入れる．その後，エキソヌクレアーゼがミスマッチ塩基を含む数ヌクレオチドを取り除く．一方，真核生物では，ミスマッチ塩基を含むオリゴヌクレオチドがエキソヌクレアーゼ(ExoI)で除去される．いずれの場合も生じた一本鎖の隙間を DNA ポリメラーゼが埋め，DNA リガーゼ が DNA 鎖をつなぐ．

MutS-MutL 複合体，真核生物ではその相同遺伝子産物（ホモログ）により認識される．ミスマッチ塩基対においては各塩基は正常であるので，エラーによって取り込まれた塩基を修復酵素が判別するための機構として大腸菌ではDNAのメチル化が利用されている．DNA複製において，親鎖のDNAがメチル化されている場合，新生の娘鎖のメチル化は複製に遅れて起こる．そのため，修復酵素は非メチル化鎖を新生鎖とみなしてMutHタンパク質などが損傷部位に切れ目を入れた後，エキソヌクレアーゼがミスマッチ塩基を取り除く．一方，真核細胞では，新生鎖の認識機構は明らかではないが，修復すべきDNA鎖を見分け，ミスマッチ塩基を含むオリゴヌクレオチドがエンドヌクレアーゼで除去され，DNAポリメラーゼがギャップを埋める．一部の損傷塩基を含むミスマッチ塩基対もミスマッチ修復により修正される．

10.3.5 複製後修復と損傷乗り越え修復

架橋した塩基や損傷した塩基が除去修復される前にDNAの複製が起きると，損傷部位でDNA複製が停止してしまい，結果としてDNA鎖の切断を引き起こすことになる．切断回避のために，細胞には**損傷乗り越えDNA合成**（translesion DNA synthesis：TLS）や**複製後修復機構**と呼ばれる機構が備わっている．

TLSでは，特殊なDNAポリメラーゼやさまざまな制御因子が作用し，DNAの複製を完結させる．チミン二量体の場合，これを鋳型にDNAポリメラーゼηがアデニンを取り込む．チミン二量体は，DNAポリメラーゼζによっても修復されるが，しばしば誤った塩基を挿入する（**誤りがちな乗り越え修復**と呼ばれている）．損傷塩基による複製フォークの進行阻害を乗り越えることができず片鎖のみが複製を完了してしまった場合には，損傷を含む新生鎖が巻き戻り，損傷塩基部位を修復することもある．この場合には，中間体としてチキンフット状の構造をとる（**図10.7**）．

一方，複製後修復機構は，損傷部位を残して停止した複製を再開する機構で，進行にともない損傷DNA部位にはギャップが生じる．このギャップは，損傷のない他方の鎖との**相同組換え**（→ 10.3.6項）で補充され，損傷のないDNAに生じたギャップはDNAポリメラーゼにより埋められる．

＊7　校正機能：ゲノムの複製に働くDNAポリメラーゼは，ミスマッチ塩基を取り込む割合が低く，仮に誤って異常塩基を取り込んだ場合でも，酵素のもつ3'→5'エキソヌクレアーゼ活性により異常塩基を取り除き，校正する機能を有している．

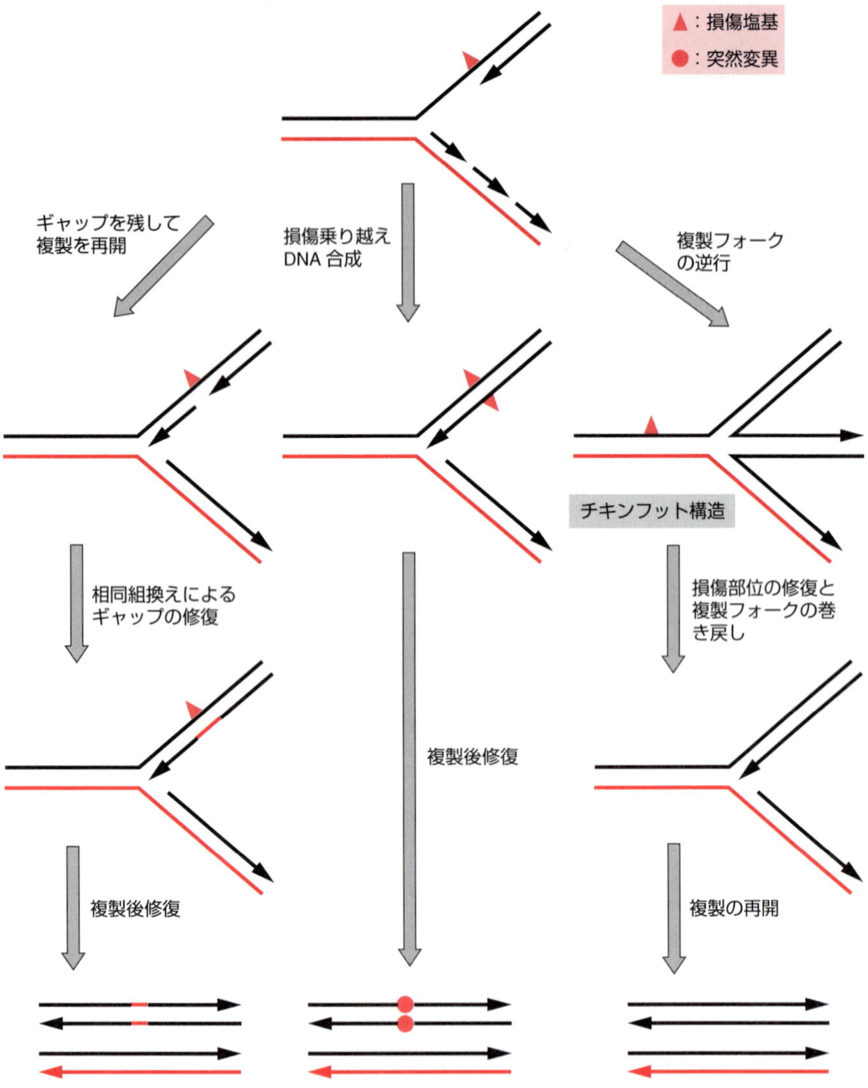
▲：損傷塩基
●：突然変異
ギャップを残して
複製を再開
損傷乗り越え
DNA 合成
複製フォーク
の逆行
チキンフット構造
相同組換えによる
ギャップの修復
損傷部位の修復と
複製フォークの巻
き戻し
複製後修復
複製後修復
複製の再開

図 10.7　複製後修復の分子機構

（左）損傷部位でギャップを残して複製を再開し，相同組換えによりギャップを修復した後，損傷塩基（▲）を修復する．（中）誤りがちな DNA ポリメラーゼによる損傷乗り越え複製では，修復後突然変異（●）を伴うことがある．（右）損傷部位で停止した複製フォークが逆行し，新生鎖同士が塩基対を形成する（チキンフット構造）．損傷部位を修復した後，複製フォークを再び巻き戻し，複製を再開する．

10.3.6 DNA 二本鎖切断の修復経路

電離放射線の照射やDNA構造に歪みを生じるような損傷は，直接，DNAの主鎖に切断を起こす．そのほとんどは一本鎖切断であるが，高線量の電離放射線照射は**二本鎖切断**（DNA double-strand break：DSB）も引き起こす．抗がん剤として使用されているブレオマイシンのような化学物質の中にも塩基配列特異的にDNA鎖を切断するものがある．また，一本鎖切断が修復されないまま複製期に進入すると二本鎖切断に至ることがある．

DNA二本鎖切断はDNA損傷の中でも，もっとも修復が難しい損傷である．DSBの修復経路は，**相同組換え**（Homologous Recombination：HR）修復と，非**相同末端結合**（Non-Homologous End Joining：NHEJ）修復に大別される．HRは姉妹染色分体（sister chromatid）が存在するS，G_2 期の主な修復経路で，姉妹染色分体や相同染色体（homologous chromosome）を鋳型とすることで損傷を修復することができる．

HR修復では，まず初めに，切断部位がセンサータンパク質により認識される．次いで，MRN複合体（DNAエンド/エクソヌクレアーゼ）が切断末端の5′側をけずり，その結果3′側が突出した一本鎖DNA（ssDNA）が形成される．この一本鎖領域は，いったんRPA（ssDNA結合タンパク質）により覆われるが，後に原核生物ではRecA，真核生物ではRad51とDmc1が一本鎖結合タンパク質と入れ替わり**ヌクレオフィラメント**（核酸とタンパク質からなるらせん）と呼ばれる構造を形成する．ヌクレオフィラメントは自身の塩基配列と相補的な塩基配列を持つDNA鎖を探し出し，対合して鎖交換反応を行う．次いでDNA修復合成によって失われたヌクレオチド部分が合成される．DNA複製が終了すると組換え中間体であるホリデイ（Holliday）構造が形成される．次いで，リゾルベース（解離酵素）により二重鎖DNAがホリデイ構造から解離されDNAリガーゼによる結合が行われれば反応は終了する．なお，高等真核生物ではこの反応を触媒するリゾルベースは同定されていない（**図10.8**）．

NHEJは，DNA間の相同性を必要とせず切断末端同士を直接結合させる修復機構で，姉妹染色分体が存在しない G_1 期にもこの経路で修復が起こる．NHEJの分子機構は次のように理解されている．まず，DNA二本鎖切断部位がKu70/80複合体により認識され，NHEJに必要なタンパク質群が呼び集められる．この間，DNA切断末端はヌクレアーゼ，DNAポリメラーゼ，ヌクレオチドキナーゼなどの働きにより結合可能な形状に整えられる．その後，DNA リガーゼが末端を結合する（**図 10.9**）．

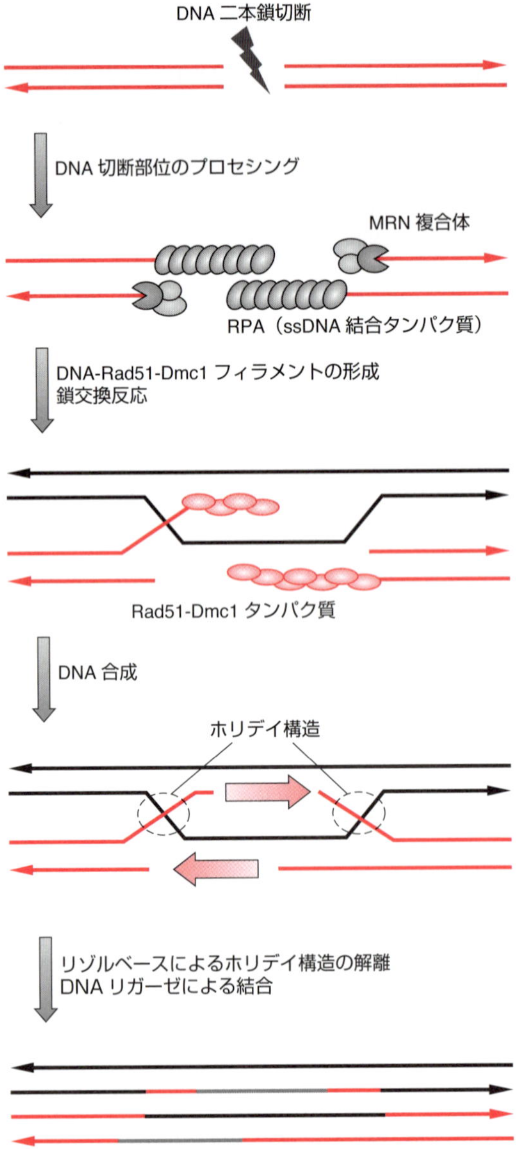

DNA 二本鎖切断
DNA 切断部位のプロセシング
MRN 複合体
RPA（ssDNA 結合タンパク質）
DNA-Rad51-Dmc1 フィラメントの形成
鎖交換反応
Rad51-Dmc1 タンパク質
DNA 合成
ホリデイ構造
リゾルベースによるホリデイ構造の解離
DNA リガーゼによる結合

図 10.8 相同組換えの分子機構

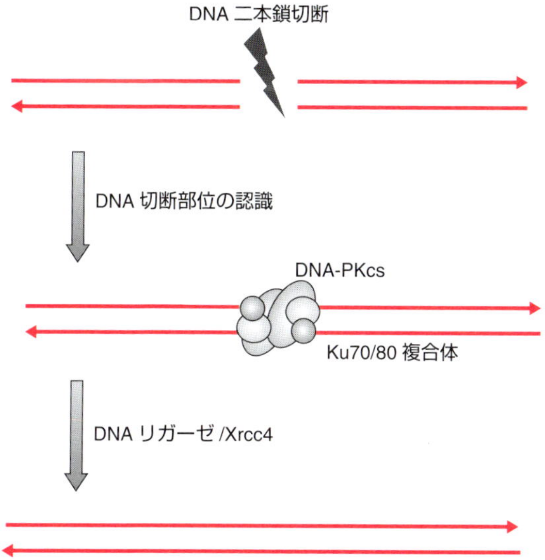
DNA 二本鎖切断
DNA 切断部位の認識
DNA-PKcs
Ku70/80 複合体
DNA リガーゼ /Xrcc4

図 10.9　非相同末端結合（NHEJ）の分子機構

Ku70/80 複合体（DNA の切断末端を保護するタンパク質）が，DNA 二重鎖の切断部位を認識して結合し，DNA-PKcs（DNA 依存性タンパク質キナーゼ）を呼び込む．そのままの末端形状では結合できない場合には，DNA 切断末端がヌクレアーゼ，DNA ポリメラーゼ，ヌクレオチドキナーゼなどの働きにより結合可能な形状に整えられる．ここに Xrcc4（DNA リガーゼの機能を助ける因子）と DNA リガーゼ IV が結合し，末端を結合する．

10.3.7　損傷修復システムの破たんが引き起こす遺伝病

ここまで述べてきたように，DNA 損傷修復経路はゲノムの安定・維持に重要な役割を担っており，その機能不全はゲノム不安定性の疾患を引き起こす．ヒトの場合，色素性乾皮症，コケイン症候群，ナイミーヘン症候群，血管拡張性失調症，あるいはファンコニー貧血症などが知られている．これらの各疾患について以下に解説する．

〔1〕色素性乾皮症

ヌクレオチド除去修復に異常が生じており，悪性腫瘍や神経障害を多発する．そのため，色素性乾皮症の患者は，紫外線照射を受けた部分が高効率でがん化する恐れがあり注意を要する．

〔2〕コケイン症候群

転写と共役したヌクレオチド除去修復の異常により起こる．幼児期に成長の遅延や発育障害が起こり，その後，網膜色素変性や聴力障害など，老人性変化が現れる．紫外線に対して高い感受性を示すことから，色素性乾皮症と間違われることがある．

〔3〕**ナイミーヘン症候群**

細胞内にできたDSBは，3種のタンパク質Mre11，Rad50，Nbs1から成るMRN複合体により検知される．この症候群では，Nbs1タンパク質の欠損によりDSB修復に異常が生じ，放射線感受性や高発がん性を示す．

〔4〕**血管拡張性（小脳，運動）失調症**

DSBを認識するATMというセンサータンパク質の欠損により生じる進行性の疾患．神経系，免疫系などの多くの組織に障害を与える．

〔5〕**ファンコニー貧血症**

多発奇形を伴う先天性再生不良性貧血で染色体異常などを多発する．15の原因遺伝子が知られており，いずれもHR修復に関連していると考えられているが，それらの役割はあまり解明されていない．

演習問題

Q.1 5-メチルシトシンが損傷修復機構により突然変異として固定される場合，どのような経路が考えられるか．

Q.2 生体の主要な成分である水もDNA損傷の要因となる．水がどのような損傷を引き起こし，その損傷はどのように修復されるのか述べよ．

Q.3 DNA複製時に誤って取り込まれたミスマッチ塩基の大部分は，DNAポリメラーゼの校正機能により取り除かれるが，一部は取り残される．T-G塩基対などの正常な（損傷を受けていない）塩基どうしのミスマッチ塩基対の修復において，誤って取り込まれた塩基は鋳型となった塩基よりも優先的に修復される．修復酵素群はどのようにして，どちらがエラーによって取り込まれたものなのかを判別しているのか説明せよ．

Q.4 DNAの二本鎖構造は遺伝情報の正確な修復にどのように役立っているのか述べよ．

Q.5 細胞は，DNAの複製を行うDNA合成酵素に加えて多くの修復用DNA合成酵素を有しているが，複製用DNA合成酵素の特徴を簡潔に述べよ．

Q.6 非相同末端結合修復の結果として，塩基の欠失変異が生じる可能性がある．その変異が導入される理由を簡潔に述べよ．

Q.7 細胞は，染色体 DNA 上に多くの DNA 損傷が生じた場合，細胞周期の進行を停止する場合がある．細胞周期の停止は，個体の維持にどのように役に立つのか述べよ．

Q.8 バイオテクノロジー分野では，Zinc finger ヌクレアーゼや TAL エンドヌクレアーゼのような DNA 配列を狙った部位で切断できる人工酵素がデザインされ，特に遺伝子破壊に利用されている．人工ヌクレアーゼによる切断は DNA 主鎖のホスホジエステル結合を加水分解するため，DNA リガーゼによる末端結合により速やかに修復された場合，遺伝子破壊は起こらないはずである．しかし，多くの生物で人工ヌクレアーゼ導入により，高頻度で遺伝子破壊が起こることが報告されている．どのような機構が考えられるか．

Q.9 DNA 損傷修復システムの破綻が引き起こす遺伝病では，1 つの病態に多数の原因遺伝子が報告されている．たとえば，ヒトのファンコニ貧血症原因遺伝子として 15 遺伝子が報告されている．1 病態に複数の原因遺伝子が存在する理由を簡潔に述べよ．

参考図書

1. 花岡文雄編：いま明かされるゲノム損傷応答システム，実験医学 24-3，羊土社（2006）
2. 花岡文雄編：DNA 複製・修復がわかる　わかる実験医学シリーズ–基本 & トピックス，羊土社（2004）
3. 花岡文雄編：ゲノムの修復と組換え–原子レベルから疾患まで，シュプリンガー・フェアラーク東京（2003）
4. 安井明，田中亀代次，花岡文雄編：DNA 修復ネットワークとその破綻の分子病態，共立出版（2002）
5. 花岡文雄，永田恭介編：ゲノム機能を担う核・染色体のダイナミクス–複製，修復，組換え，転写機構からエピジェネティクス，高次生命機能・医学とのかかわりまで，羊土社（2002）
6. 松影昭夫編：DNA の複製と修復，実験医学増刊 16-8，羊土社（1998）
7. 松影昭夫編：DNA 複製・修復と発癌，New メディカルサイエンス，羊土社（1997）

クロスワードパズル 3

ヒントから連想される，マス目の数に合う英単語を記入してください．

注）複数の英単語のからなる用語の英単語間のスペース，「－」等は無視
Covalent bond → COVALENTBOND
Co-repressor → COREPRESSOR

横（Across）のヒント

1：DNA ポリメラーゼが誤って取り込まれたヌクレオチドを除去すること

4：転写の活性化や不活性化作用の波及を妨げる制御領域

6：複製フォークの進行と同じ方向に，連続的に合成される DNA 鎖

7：クローン化した遺伝子を培養細胞に導入すること

8：シスエレメントに作用するタンパク質因子

14：DNA 鎖を切断して DNA 分子のひずみを解消する

17：F. Jacob と J. Monod により命名された

18：複製フォークの進行とは逆方向に，不連続的に合成される DNA 鎖

19：転写レベルを上昇させる DNA の一領域で，最初 SV40 に見つかった

縦（Down）のヒント

2：複製の中間体として合成される短い DNA 鎖

3：DNA 複製が進行中の分岐点付近の構造

5：DNA を合成する酵素

9：転写に影響を及ぼす DNA の塩基配列

10：オペレーターに結合して転写を抑制するタンパク質

11：RNA を合成する酵素

12：DNA から RNA が合成される反応

13：ひとつの複製起点から複製される DNA の範囲（複製単位）

15：鋳型 DNA の正しい点からの転写を指定する DNA 配列

16：日本語では転写減衰

（解答は巻末参照）

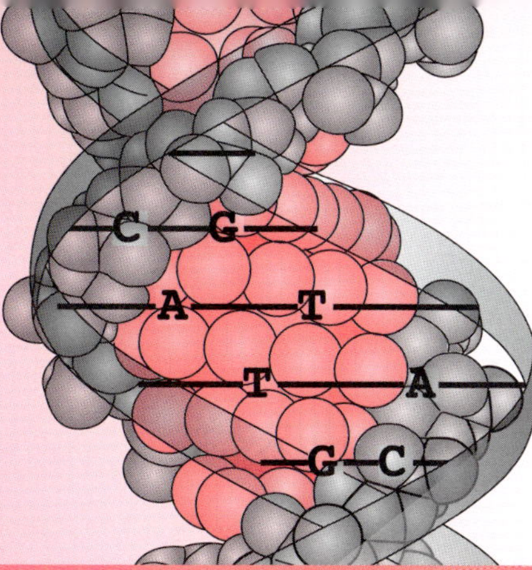
C G
A T
T A
G C

Chapter 11
ウイルスとファージ

Chapter 11

ウイルスとファージ

11.1 ウイルスとは？

ウイルス（virus）は細胞としての構成をもたない．すべてのウイルスは細胞（宿主）に感染し，その細胞に完全に依存して転写や翻訳を行い増殖する寄生性の微小構造体である．ウイルスゲノムはDNAかRNAのどちらかであり，両方をもつことはない．ウイルスという語は‘毒素’（virus）を意味するラテン語に由来する．1790年代にはE. Jennerにより牛痘と天然痘を発症させる病原体を表わす語として用いられた．ウイルスの発見は，① 1888年，F. LoefflerとP. Froschによる口蹄疫が細菌濾過器を通過した濾液で感染すること，② 1892年，D. I. Ivanovskiによるタバコモザイク病が細菌濾過器を通した濾液で感染することなどの観察に基づき，1898年，M. Beijerinckがこれらの濾過性病原体は細菌とは別の未知物体であると主張したことによる．ウイルスは宿主の違いによって動物ウイルス，植物ウイルス，昆虫ウイルス，細菌ウイルスに分類される．細菌に感染するウイルスのことをバクテリオファージ（bacteriophage）またはファージ（phage）と呼ぶ．

11.1.1 ウイルスの構造

ウイルス粒子のことをビリオン（virion）と呼ぶ．ビリオンは，基本的には一本鎖か二本鎖の核酸（DNAまたはRNA）からなるゲノムと，このゲノムによってコードされる殻タンパク質（キャプシド，capsid，コートあるいは外被ともいう）との複合体である．ゲノムとキャプシドの複合体はヌクレオキャプシド（nucleocapsid）と呼ばれる．ヌクレオキャプシドを細胞膜に由来するエンベロープ[*1]（外皮膜，envelope）が覆っているウイルスも存在する（**図 11.1**）．

＊1　エンベロープ：エンベロープは増殖したウイルスが細胞外に出る際に，細胞膜の一部を覆ったまま出ることにより獲得される．脂質二重膜から成り，その上にウイルス特異的タンパク質が存在している．

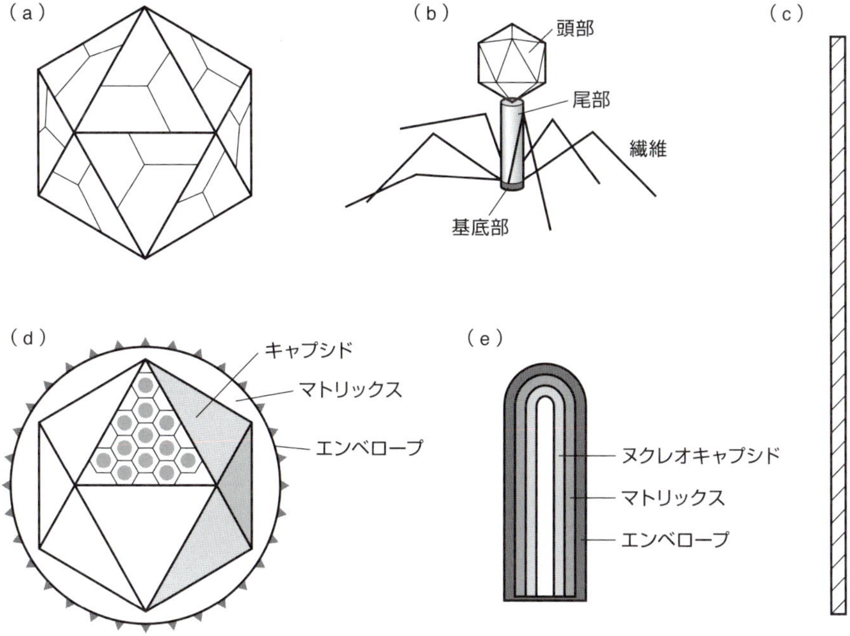
(a)
(b)
頭部
尾部
繊維
基底部
(c)
(d)
キャプシド
マトリックス
エンベロープ
(e)
ヌクレオキャプシド
マトリックス
エンベロープ

図 11.1　ウイルスとファージの構造

(a)　正二十面体のビリオン（例：ポリオウイルス），（b）頭部と尾部をもつバクテリオファージ（例：バクテリオファージ T4），（c）らせん状ビリオン（例：バクテリオファージM 13），（d）エンベロープをもつ正二十面体ビリオン（例：ヘルペスウイルス），(e) エンベロープをもつ弾丸形ビリオン（例：ラブドウイルス）［P. C. Turner, et al., 田之倉優他訳：分子生物学キーノート，p 326，図 1，シュプリンガー・フェアラーク東京，2002］

11.1.2　ウイルスゲノム

ウイルスゲノムはふつうの生物のゲノムと異なり，DNA だけではなく RNA の場合もある．一本鎖か二本鎖で，また線状か環状であり，そのサイズは 1 kb から 300 kb までさまざまである．1 分子の DNA または RNA からなるもの，いくつかに断片化されているもの，また，二倍体ゲノムをもつものもある（**図 11.2**）．一本鎖核酸のゲノムには，センス（＋）鎖（mRNA と同じ配列），ネガティブセンス（－）鎖，アンビセンス鎖（ambi-sense: 一本のゲノムがセンス（＋）鎖とネガティブセンス（－）鎖の両者をもつ）がある．

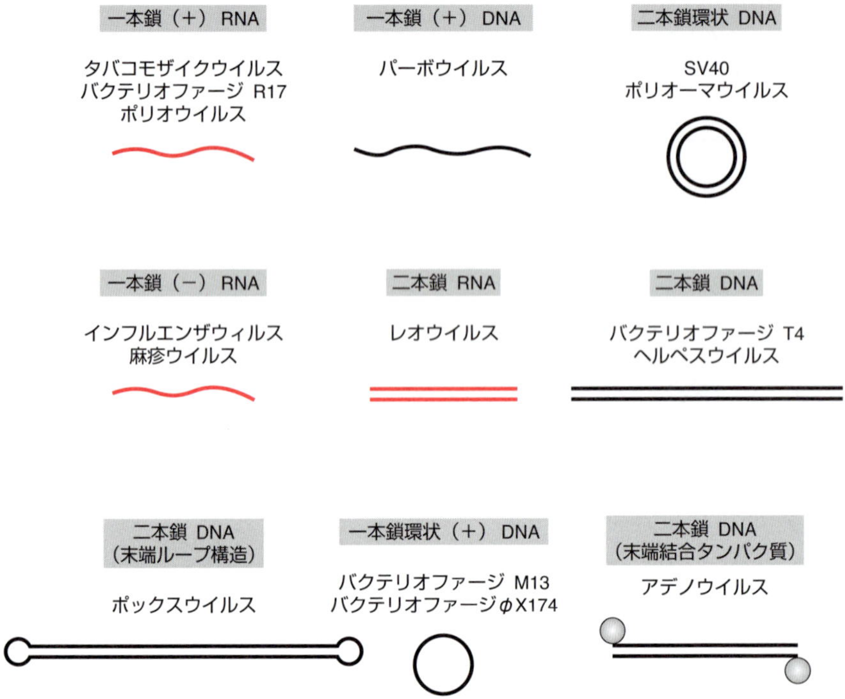
一本鎖（＋）RNA
タバコモザイクウイルス
バクテリオファージ R17
ポリオウイルス
一本鎖（＋）DNA
パーボウイルス
二本鎖環状 DNA
SV40
ポリオーマウイルス
一本鎖（−）RNA
インフルエンザウィルス
麻疹ウイルス
二本鎖 RNA
レオウイルス
二本鎖 DNA
バクテリオファージ T4
ヘルペスウイルス
二本鎖 DNA
（末端ループ構造）
ポックスウイルス
一本鎖環状（＋）DNA
バクテリオファージ M13
バクテリオファージφX174
二本鎖 DNA
（末端結合タンパク質）
アデノウイルス

図 11.2　ウイルスとファージのゲノム

DNA ゲノムを黒，RNA ゲノムを赤で表す．

11.1.3　ウイルスの生活環

図 11.3 に示すように，ウイルス感染においてウイルスは宿主細胞に吸着し侵入する．次いで，ウイルスゲノムがビリオンから脱出（脱殻，uncoating）し，転写，翻訳，複製を盛んに行い子孫ビリオンを構築するための材料を作る．このプロセスの戦略はウイルスの種類によって著しく多様である．注目すべきは，ウイルスの増殖は分裂により一つから二つになるのではなく，サブユニットのアセンブリーという方式で行なわれるので，ある場合には一挙に何百倍にも増えることができる点である．

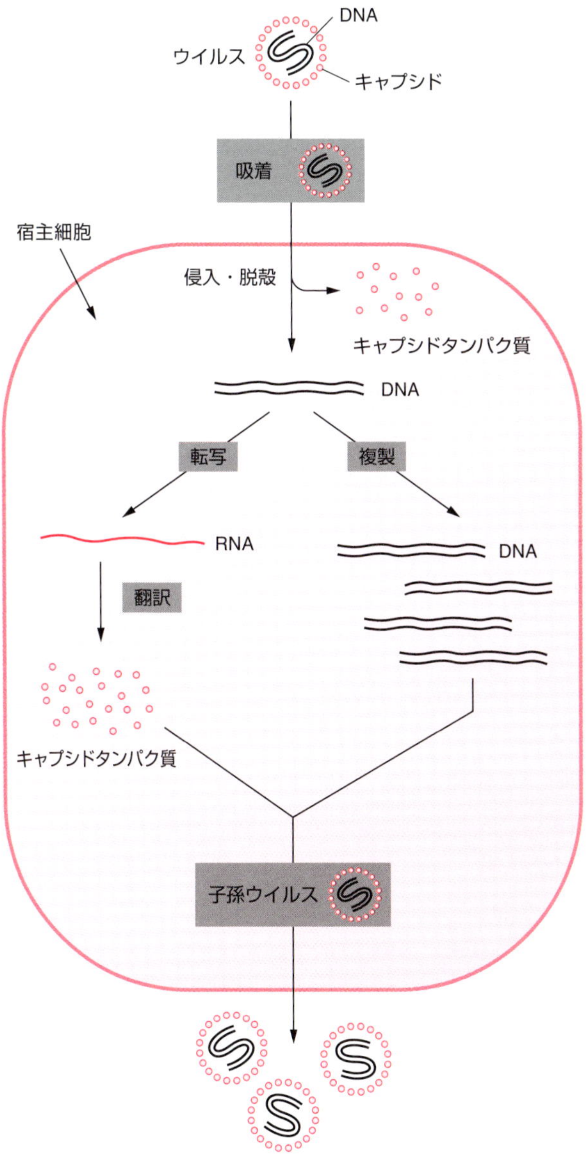
DNA
ウイルス
キャプシド
吸着
宿主細胞
侵入・脱殻
キャプシドタンパク質
DNA
転写
複製
RNA
DNA
翻訳
キャプシドタンパク質
子孫ウイルス

図 11.3　DNA 型ウイルスとファージの一般的ライフサイクル

［B. Alberts, et al., 中村桂子・松原謙一監訳：細胞の分子生物学（第 4 版），ニュートンプレス，2004］

11.1.4 ウイルスと宿主

ウイルス感染は，宿主にさまざまな影響を与える．多くの場合，ウイルスが病原体として宿主にダメージを与える．ダメージを与える能力をビルレンス（virulence）という．

〔1〕細胞レベル

ウイルスの増殖により，宿主の生産した遺伝子産物はウイルス粒子形成のために奪われてしまう．これに対して，宿主はタンパク質などの合成を抑制することで抵抗し，一方，ウイルスは自身の遺伝子産物によって宿主の生理機能を制御しようとする．増殖したウイルス粒子を放出するときは細胞膜や細胞壁を破壊する．このような過程で見られる特徴的な形態変化を**細胞変性効果**（cytopathic effect：CPE）と呼ぶ．これらの生理機能や形態的変化により感染細胞は最終的に以下のような運命をたどる．

細胞死　ウイルスの大量増殖により，細胞機能の破たんや細胞膜や細胞壁の破壊などにより宿主細胞は死に至る．ファージによる溶菌現象もこれに相当する．真核生物では，細胞周期を停止させたり，細胞障害性 T 細胞*2 を活性化してアポトーシスを起こす．

持続感染　ウイルスによっては，大量増殖せず，少量のウイルスを長期間細胞内に維持する．これを持続感染という．λファージの溶原化はこれに相当する．ウイルス粒子の複製がほとんど見られない状態を**潜伏感染**という．

細胞の不死化とがん化　ウイルスの中には，細胞を不死化したりがん化したりするものがある．このようなウイルスを腫瘍ウイルス，またはがんウイルスという．そのメカニズムはさまざまである．DNA がんウイルスのように，宿主が感染に対抗して細胞周期停止やアポトーシスを起こすのに対抗して，細胞周期を進行させたり，アポトーシスを抑制したりする場合，あるいはレトロウイルスでは宿主のゲノムに取り込まれる際に，がん抑制遺伝子（→ 12.2.7 項）を破壊してがん化させることもある．

〔2〕個体レベル

ウイルス感染は，多細胞生物の個体レベルでもさまざまな病気を引き起こす．こ

*2　細胞障害性 T 細胞：リンパ球 T 細胞の一種で，同一個体内細胞でありながら，がん化した細胞や感染細胞を，また他個体からの移植細胞などを認識して破壊する．

のような病気をウイルス感染症という．しかし，ウイルスは病気を引き起こすために存在しているのではなく，自己の複製の過程で結果として宿主に病気を起こすのである．

11.2 バクテリオファージ

11.2.1 一般的特徴

細菌に感染するウイルスをバクテリオファージ（bacteriophage）あるいは単にファージ（phage）と呼ぶ．1915 年と 1917 年に F. W. Twort と F. d'Herelle によりそれぞれ独立に発見された．ファージゲノムは，二本鎖線状 DNA（T2 などの T 偶数系ファージ，T3 などの T 奇数系ファージ，λ ファージなど）や，一本鎖環状 DNA（ϕX174，M13 など），または RNA（MS2 や Qβ）である．生活環は，感染菌内で増殖し細菌を溶かして子孫ファージを放出する**溶菌経路**（lytic pathway）を示すもの，条件によって溶菌経路から**溶原化経路**（lysogenic pathway）をとるものがある．溶原化経路では，自己のゲノムを宿主ゲノムへ組み込み（integration）宿主ゲノムとともに複製させる．

ファージの感染は，細菌のファージレセプターへの結合から始まる．次いで，ゲノムが菌体内に注入される．DNA ファージの場合，ファージタンパク質を供給するためファージゲノムからの転写が必要である．そのために一本鎖 DNA 型ファージでは，ゲノムの二本鎖化が必要である．転写に引き続いてゲノムが複製される．一方，RNA ファージの場合，ゲノムは（＋）極性であり，それ自身が mRNA として機能する．複製過程では，**RNA 依存 RNA ポリメラーゼ**（**RNA replicase** ともいう）により，いったん（－）極性 RNA に読み替えられ，これを鋳型に子孫ファージ RNA ゲノムが増幅される．複製されたファージゲノムは粒子を構成するタンパク質と結合し，子孫ファージが形成される．

11.2.2 バクテリオファージ λ

〔1〕構造

バクテリオファージ λ（ラムダ）は，最もよく研究されているバクテリオファージである．成熟ビリオンは 48.5 kb の線状二本鎖 DNA を包み込んでいる正二十面体の頭部（head）と非収縮性の尾部（tail）からなる（**図 11.4**）．ゲノム DNA の

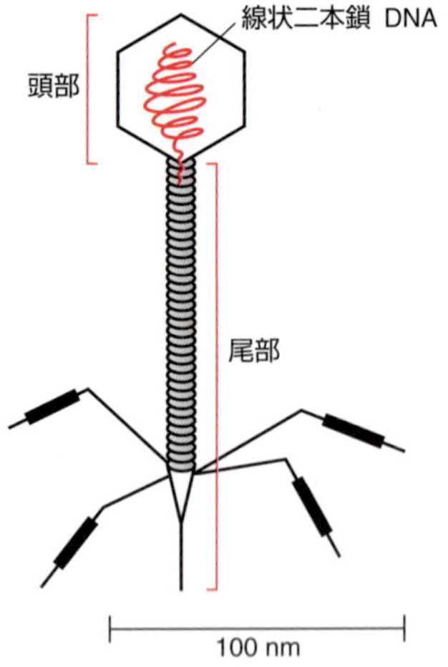
線状二本鎖 DNA
頭部
尾部
100 nm

図 11.4　バクテリオファージ λ の構造

全塩基配列はすでに決定されており，約 50 の遺伝子が同定されている．ゲノム DNA の両端には 12 塩基からなる互いに相補的な一本鎖部分が突出しており，***cos* 末端**（*cos* end，または粘着末端）と呼ばれる．

〔2〕 λ ファージの生活環と転写制御

λ ファージ感染後，尾部を通して注入された DNA は *cos* 末端がその相補性によりつながり**環状化**する．感染後数分以内に，ファージは溶菌経路か溶原化経路のどちらの生活環をとるかを決定する．細菌の生育状態が良い場合には，溶菌経路に入る．溶菌経路では，ファージ DNA が複製されファージ粒子タンパク質が合成される．次いでファージ粒子が形成され溶菌（lysis）により放出される．一方，細菌増殖の条件が悪い場合，溶原化経路が選択され，**部位特異的組換え**（site-specific recombination）により，環状 λDNA は宿主 DNA に組み込まれる（integration という）．この状態をプロファージ（prophage）と呼ぶ．ファージの遺伝子発現は抑えられ，ファージ DNA は宿主 DNA とともに複製される．プロファージは宿主とともに増殖するが，紫外線など宿主の存続を脅かす要因にさらされると，溶菌性増殖が誘発（induction）される．この場合は，組込みとは逆方向の部位特異的組換えによりプロファージゲノムが切り出され環状化する（**図 11.5**）．

溶菌経路と溶原化経路のスイッチは精緻な転写制御によって行われる．その大要は以下のとおりである（*cI*，*cII*，*cro*，*N* などの斜体文字は遺伝子を，cI，cII，cro，N などの文字はタンパク質を意味する）．

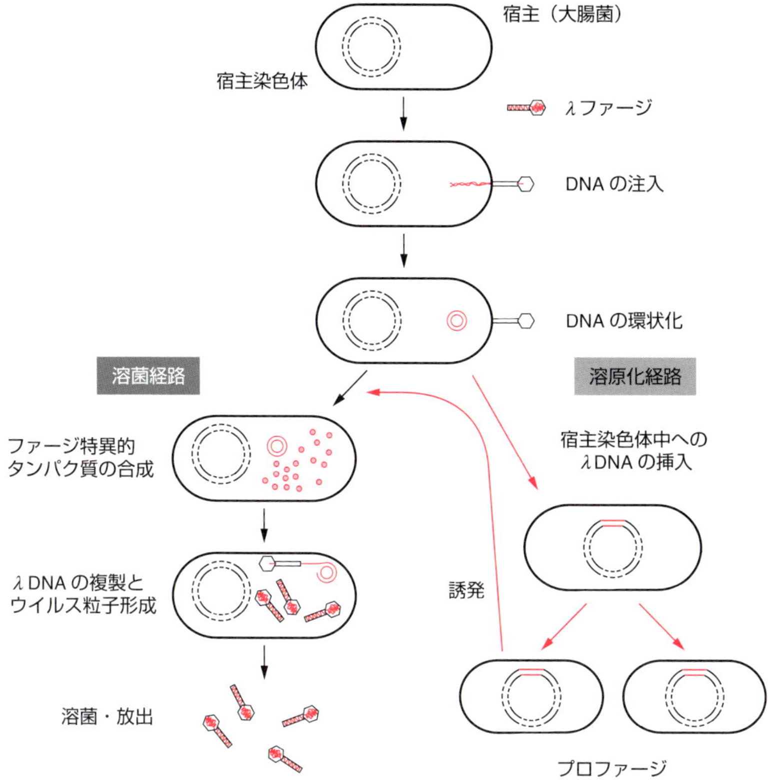

宿主（大腸菌）
宿主染色体
λファージ
DNA の注入
DNA の環状化
溶菌経路
溶原化経路
ファージ特異的
タンパク質の合成
宿主染色体中への
λDNA の挿入
λDNA の複製と
ウイルス粒子形成
誘発
溶菌・放出
プロファージ

図 11.5　バクテリオファージ λ の生活環

ファージ感染後，まず 3 段階の転写が起こる．第 1 段階：プレ初期遺伝子と呼ばれる遺伝子群の転写が P_L，P_R，$P_{R'}$ の 3 つのプロモーターから開始され，それぞれ t_{L1}，t_{R1}，$t_{R'}$ で終結する（**図 11.6**）．第 2 段階：P_L からつくられた N タンパク質がプレ初期遺伝子群の抗転写終結因子として t_{R1}，$t_{R'}$ での転写終結を解除する．これにより，P_L からは *int* まで，P_R からは *cro*，*O*，*P*，*Q* までの初期遺伝子と呼ばれる遺伝子群の転写が進行する．ここで，cro はリプレッサーとして P_{RM} からの *cI* の転写を抑え，cII は P_{RE} および P_I プロモーターの活性化に働く．第 3 段階：初期遺伝子産物 Q は抗転写終結因子として，$t_{R'}$ での転写終結を解除し，溶菌に必要なタンパク質，ファージ粒子の構成タンパク質などをコードする後期遺伝子が転写される（宿主内では λDNA は環状になっていることに注意）．前述のように，宿主細菌の生育状態が良い場合はこの状態が維持される．

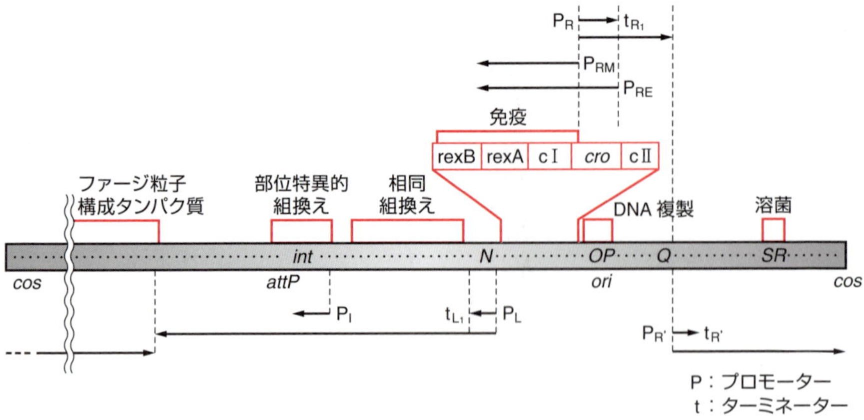

PR
tR1
PRM
PRE
免疫
rexB
rexA
cⅠ
cro
cⅡ
ファージ粒子
構成タンパク質
部位特異的
組換え
相同
組換え
DNA 複製
溶菌
int
N
OP
Q
SR
cos
attP
ori
cos
PI
tL1
PL
PR'
tR'
P：プロモーター
t：ターミネーター

図 11.6　バクテリオファージ λ の遺伝地図

一方，溶原化状態のプロファージでは，cI と int の 2 つのタンパク質しかつくられない．cI（λリプレッサーともいう）は P_L と P_R の両方からの溶菌のための遺伝子発現を抑える．Int は λDNA の染色体への組込みに関与する酵素である．

溶菌状態から溶原化経路へのスイッチは以下のように起こる．前述のように cro はリプレッサーとして P_{RM} からの cI の転写を抑え，cII は P_{RE} プロモーターの活性化に働き，cI の合成を促進する．ここで溶原化経路に入るかどうかのカギを握るのが cII の量である．細菌の増殖条件が良いと，宿主由来の特異的プロテアーゼによって cII が分解され，P_{RE} および P_I プロモーターの活性化は起こらないが，細菌の増殖性が悪くなると，その特異的プロテアーゼの活性が低下し，cII が分解されずに残る．こうして cII の濃度が十分に高くなれば，P_{RM} の上流にある P_{RE} からの転写を促進して cI リプレッサーの濃度を増やす．また，cII による P_I の活性化により int が合成され，ゲノムの組込み（溶原化）が起こる．cI がさらに増加すると，P_L と P_R からの転写抑制と，P_{RM} からの転写活性化が連続的に起こり，cI の供給が続き，溶原化経路が確立される．

要約すれば，cII の分解の程度，つまりその結果としての *cro* と *cI* の転写調節のバランスによって溶菌性と溶原性への分岐が調節されていることになる．紫外線などで溶菌性が誘発されるが，これは宿主細胞で RecA（大腸菌の DNA 組換えに働くタンパク質）が活性化され，それに応答して cI が分解され，溶原化が解消されることによる．

11.2.3 バクテリオファージM13

バクテリオファージM13のゲノムは6.4 kbの一本鎖環状DNA（+鎖）である．感染後，宿主の酵素により複製型（replicative form：RF）の二本鎖DNAに変換される．複製の開始がRNAプライマーによるのではなく，M13ファージのエンドヌクレアーゼによる（+）鎖上のニックの3'-OHの伸長によることを除けばRFの複製は普通の二本鎖DNAの複製様式による．新しいファージ粒子に包み込まれる一本鎖（+）は,（−）鎖の合成が妨害されるRFの複製様式により作られる．（+）鎖を含む新しいビリオンは細胞の表面から溶菌を伴わずに放出される．M13に感染した細胞はそのまま増殖し，何世代にもわたってM13ファージを放出する．このような生活環のためM13ファージはクローニングベクターとして適している．また，RFはあたかもプラスミドのように扱うことができる．ビリオンゲノムは一本鎖なので部位特異的突然変異の導入に便利である（→ Chapter 3）．

11.3 DNAウイルス

11.3.1 SV40ウイルス（Simian Virus 40）

SV40ウイルスは，1960年アカゲザルから分離された小型ウイルスのひとつである．ゲノムは5,243 bpの二本鎖環状DNAからなり，超らせん構造をもち，細胞のヒストンと結合してヌクレオソームを形成し（**SV40ミニクロモソーム**と呼ばれる）直径約45 nmの正二十面体のウイルス粒子に収納されている．遺伝子はDNAの両方の鎖に重複した転写単位として存在し，タンパク質は重複した読み枠（reading frame）とスプライシング（splicing）の組合わせで作られる（**図11.7**）．遺伝子は初期遺伝子群と後期遺伝子群に分けられ，初期遺伝子群からウイルスゲノムの複製に必須である2種類の**T抗原**（large Tおよびsmall T）*3が作られる．T抗原は，ハムスター，ヒト，マウス，ウサギ，サルなどの細胞のトランスフォーメー

*3 T抗原（T-antigen）：ウイルス感染による細胞のトランスフォーメーションにおいて発現する特異抗原の総称．アデノウイルスによる腫瘍細胞から発見され，ウイルス粒子を構成するタンパク質ではなく腫瘍（tumor）に関与するというところからこのように命名された．SV40ウイルスの初期遺伝子の産物としてT抗原（large T, small T抗原）がよく調べられている．ポリオーマウイルスではmiddle T抗原が知られている．多機能タンパク質で，ウイルス増殖においてはゲノムDNAの複製起点（*ori*）を含む領域に結合してウイルスゲノムの複製開始とウイルス遺伝子発現制御に関与している．

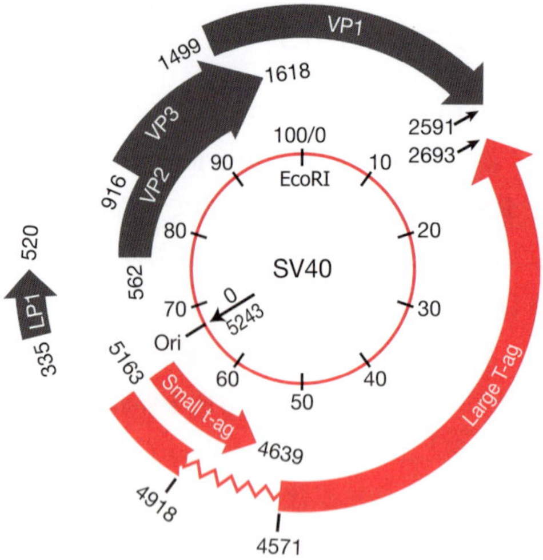
VP1
1499
1618
VP3
VP2
916
562
2591
2693
100/0
90
10
EcoRI
80
20
SV40
0
70
5243
30
Ori
60
50
40
520
LP1
335
5163
Small t-ag
4639
Large T-ag
4918
4571

図 11.7　SV40 ウイルスのゲノム

ション（transformation：がん化）に関与する．複製後に後期遺伝子群からウイルス粒子構成タンパク質 VP-1, VP-2, VP-3 が合成される．複製開始起点（*ori*）からの DNA 複製は，真核生物の DNA 複製モデルとして *in vitro* 再構成系が樹立されている．ゲノムは真核細胞への遺伝子導入のベクター（SV40 ベクター）としてよく用いられる．

11.3.2　アデノウイルス（Adenovirus）

アデノウイルスは大型 DNA ウイルスに属し，正二十面体，直径約 80 nm のキャプシドに二本鎖 DNA ゲノムを含む．エンベロープはもたない．ヒトに感染するアデノウイルスは現在 49 種類が知られており，A ～ F の 6 群に分類され各ウイルスに番号が付けられている．また，アデノウイルスは「風邪症候群」を起こす主要病原ウイルスのひとつと考えられ，ウイルス型により肺炎，「夏のインフルエンザ」と呼ばれる咽頭結膜熱（プール熱），流行性角結膜炎などを引き起こす．感染すると，ウイルスは扁桃腺やリンパ節の中で増殖する（アデノとは扁桃腺やリンパ節を意味する）．組換え DNA 実験ではアデノウイルス 5 型がよく用いられる．このウイルスは疾患の原因とならず，サイズの大きな遺伝子を組み込むことができるので，遺伝子治療に用いられている．

11.3.3 単純ヘルペスウイルス1（Herpes Simplex Virus，HSV）

ヘルペスウイルスの一種で，成熟粒子は100～150 nmの大きなウイルス．宿主の細胞膜をエンベロープとして保有し，その内側に正二十面体のキャプシド，キャプシド内にウイルスDNAが詰め込まれている．150 kbのゲノムをもち，80種類以上の一部重複した遺伝子をもつ．エンベロープを宿主細胞膜と融合させることにより皮膚や粘膜を介してヒトに感染し，単純疱疹（風邪・高熱を伴う口のまわりの発疹）を引き起こす．初感染のあとも神経節に潜み，終生ヒトと共生し大きな病気やストレスで発症する．ふつう「ヘルペス」と呼ばれる痛みを伴う帯状疱疹は，単純ヘルペスウイルス1とは別のヘルペスウイルス（水ぼうそうを起こすウイルスと同じ）によって引き起こされる．

11.4 RNAウイルス

11.4.1 一般的性質

RNAウイルスは，一本鎖RNAか二本鎖RNAをゲノムとしてもつ．一本鎖RNAウイルスはさらに（+）鎖RNAウイルスと（−）鎖RNAウイルスに分類される．ポリオウイルスやSARSウイルスなどの（+）鎖RNAウイルスのゲノムは細胞内でmRNAとして働き，ウイルスタンパク質が合成され子孫ウイルス粒子が作られる．インフルエンザウイルスやおたふくかぜウイルスなどの（−）鎖ウイルスの場合は，（−）鎖RNAが（+）鎖RNAに転写される必要があるため，粒子内にRNA依存RNAポリメラーゼをもつ．**RNA依存性RNAポリメラーゼ**は相補的RNAを作る正確さにおいてDNAポリメラーゼに比べて劣る．突然変異誘発率は10^{-3}～10^{-4}（1,000～10,000塩基にひとつの突然変異という意味）で，DNAウイルスの突然変異誘発率10^{-8}～10^{-11}に比べてきわめて高い．したがって，ウイルスの複製サイクルが早い場合にはウイルスの抗原性や病原性が著しく変化する可能性がある．

典型的RNAウイルスのmRNAには，複数のタンパク質がポリタンパク質としてコードされている場合がある．これらはひと続きの前駆体タンパク質として翻訳されたのち，タンパク質分解酵素により切断される．なお，核で増殖するインフルエンザウイルスなどの少数の例を除いて，多くのRNAウイルスは細胞質で増殖する．

11.4.2 レトロウイルス（Retrovirus）

レトロウイルスは，一本鎖のRNA（＋鎖）をゲノムとし，ひとつのウイルス粒子内にこのRNAを2コピーもつ．逆転写酵素によってゲノムRNAから二本鎖DNAを中間体として複製させ増殖する[*4]．DNA中間体はプロウイルス（provirus）と呼ばれ宿主のゲノムに組み込まれる．プロウイルスDNAからはRNAが転写されmRNAとして機能するとともに，一部はウイルス粒子のウイルスゲノムとなる．レトロウイルスは，*gag*，*pol*，*env*の三つの遺伝子からポリタンパク質をコードする．*gag*遺伝子はウイルス粒子のキャプシドタンパク質を，*pol*遺伝子は逆転写酵素やゲノムへの挿入に関わる酵素を，*env*遺伝子はウイルス粒子の外殻タンパク質をコードする．レトロウイルスの複製はウイルスRNAの5'近傍に結合したtRNAをプライマーとした逆転写から開始され，環状化した3'末端にジャンプするという特異な様式で行われる．レトロウイルスは酵母のTyエレメントのような真核細胞のレトロトランスポゾンと多くの特徴を共有する（→ Chapter 13）．

トリに感染するラウス肉腫ウイルス（RSV）やヒト免疫不全ウイルス（HIV）などはレトロウイルスに属する．エイズの原因ウイルスであるHIVは，免疫系を制御するある種のT細胞に感染し，個体全体の免疫を低下させ，感染から発病までの期間が長い．エイズは不治の病と考えられてきたが，多剤併用療法により劇的に死亡率が低下した．

11.5 ウイルスとがん

がんは細胞の増殖制御が異常になり，細胞が無制限に増殖し正常組織に浸潤し，その機能を阻害するために生じる病気である．化学物質や放射線などとともにある種のウイルスががんを引き起こすことが知られていた．1911年，P. Rousはニワトリの肉腫がウイルスによって発生することを明らかにした．そのウイルスはラウス肉腫ウイルス（Rous sarcoma virus：RSV）として知られている．RSVはRNAをゲノムとしてもつが，DNAをゲノムとしてもつウイルスの中にも個体に感染してがんを生じたり，培養細胞をがん細胞に変化させるウイルスの一群が見出され

*4　ウイルス粒子に付帯した逆転写酵素はゲノムRNAを鋳型として相補鎖（マイナス鎖）DNAを合成し，さらに相補一本鎖DNAを用いて二本鎖cDNAを合成する．

た．これらをがんウイルス（または腫瘍ウイルス）と呼ぶ．

がんウイルスの発見は，単にがんの原因のひとつが明らかになるだけにとどまらなかった．1970年代のRSVの研究を通じて，最初のウイルスがん遺伝子 *v-src* が発見された．次いで，*v-src* に相同な配列が正常細胞のゲノム中に存在することが確認され（→ Box，次頁参照），このウイルス性がん遺伝子はレトロウイルスが正常細胞の増殖関連遺伝子を取り込み，増殖を恒常的に促進するように変化したものであるという画期的発見につながった．*v-src* に相同な細胞側遺伝子を *c-src* と呼ぶ（**図11.8**）．一般的には，ウイルス性がん遺伝子を *v-onc*，それに相同な細胞側遺伝子をプロトがん遺伝子（proto-oncogene），あるいは ***c-onc*** と呼ぶ［*onc* は oncology（がん学）に由来する］．プロトがん遺伝子は細胞の増殖制御に関わることから，がんは正常な増殖制御からの逸脱であることが分子レベルで証明された．ちなみに，SV40，アデノウイルスなどのDNAをゲノムとするがんウイルスはプロトがん遺伝子をもたない．ウイルスがん遺伝子およびプロトがん遺伝子の発見は，非ウイルス性がんについても細胞遺伝子の突然変異により発症するという，包括的ながん遺伝子説に導いた．1980年代には，NIH3T3細胞（正常細胞）のトランスフォーメーションをアッセイ系として点突然変異により活性化された *ras* 遺伝子が単離されたのをはじめとして，これまでにヒトにがんを誘起すると考えられているがん遺伝子の候補は100近くにのぼる．

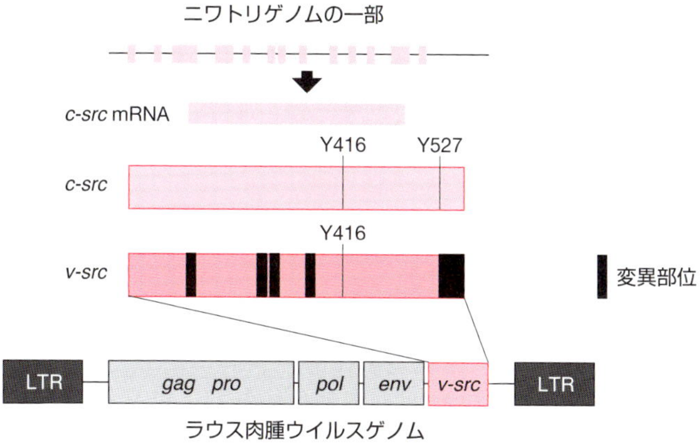
ニワトリゲノムの一部
c-src mRNA
Y416
Y527
c-src
Y416
v-src
変異部位
LTR
gag pro
pol
env
v-src
LTR
ラウス肉腫ウイルスゲノム

図11.8　*v-src* と *c-src*

基本的な構造としては、*v-src* と *c-src* は類似している．ただし，*v-src* にはウイルスゲノムの変化に伴い *c-src* とは異なる変異が導入されている．そのため，*v-src* の方が細胞増殖シグナルに繋がるチロシンキナーゼ活性が高い．

Box ▶ プロトがん遺伝子 *c-src* の発見

1976 年, D. Stehelin らは RSV の *v-src* に相同な配列が正常細胞中にあることをハイブリダイゼーション実験で示した．まず，RSV の全 RNA より一本鎖 cDNA を合成し放射性標識した．この cDNA と，1.5 kb の欠失をもちがん誘起能をもたない RSV 突然変異体の RNA 過剰量とをハイブリダイズさせた．その結果一本鎖として残る cDNA はがんを誘起する *src* 配列に相当することがわかった．これをプローブとして，ニワトリ，ウズラ，アヒルのゲノム DNA とハイブリダイゼーションを行った．図に示すように，正常細胞が *src* に相同な配列を持つことが示され，レトロウイルスのがん遺伝子が細胞遺伝子に由来することが確認された．

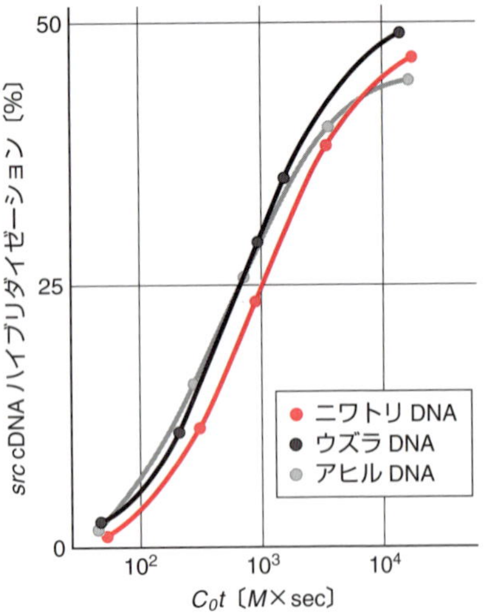

50
25
0
src cDNA ハイブリダイゼーション〔%〕
10²
10³
10⁴
C₀t〔M×sec〕
ニワトリ DNA
ウズラ DNA
アヒル DNA

演習問題

Q.1 次の空所に適当な語句を書け．

1）ウイルスは宿主のちがいにより分類される．細菌を宿主とするウイルスのことを________と呼ぶ．

2）ウイルス RNA の相補鎖が m RNA としてタンパク質をコードするウイルスは________ウイルスと呼ばれる．

3）正常な動物細胞がウイルスによりがん化状態に変化したとき，その動物細胞はウイルスにより________されたという．

4）ウイルスの病気を起こす能力を________という．

5）ウイルスゲノムを囲むタンパク質の殻は________と呼ばれ，ゲノムとそのタンパク質の複合体を________という．

6）________は「風邪症候群」を起こす主要病因ウイルスのひとつと考えられている．

7）ウイルス性がん遺伝子に相同な細胞側遺伝子を________という．

8）ウイルス粒子のことを________と呼び，ウイルスゲノムがウイルス粒子から脱出することを________という．

9）ウイルスの外被（エンベロープ）は宿主の________に由来する．

10) λファージは部位特異的組換えにより，宿主ゲノムに取り込まれる．この状態を＿＿＿＿＿＿＿＿という．

Q.2 次の文章の誤りを正せ．「ウイルスは宿主細胞に侵入後，ゲノムの複製や転写を行い，新たに合成したゲノムやウイルスタンパク質と集合して，細胞から出ていく」．

Q.3 λファージの溶菌性増殖と溶原性増殖のスイッチは，*cI* と *cro* の遺伝子からつくられるλリプレッサー (cI) と cro リプレッサーによる転写制御によってなされる．下図を利用して，このメカニズムについて説明せよ．P_L と P_R は，図中で，それぞれ左向きと右向きのプロモーターを表す．P_{RM} は左向きに *cI* 遺伝子だけを転写するプロモーターである．

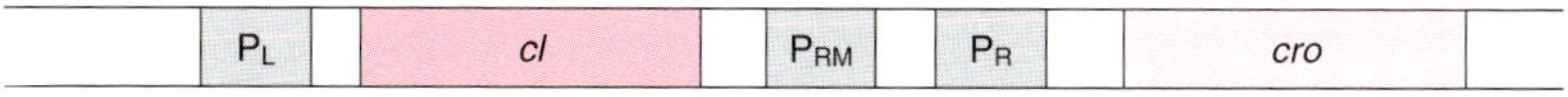

PL
cI
PRM
PR
cro

Q.4 プラス鎖 RNA ウイルスのゲノム核酸を抽出して，細胞に導入した場合，子孫ウイルスは出現するかしないか．また，その理由は何か．

Q.5 マイナス鎖 RNA ウイルスが細胞に感染して，最初に起こる核酸代謝反応は何か．

Q.6 マイナス鎖 RNA ウイルスをゲノム cDNA から回収するためにはどうしたら良いだろうか．その方法を考案するとともに，理由を述べよ．

Q.7 ヒトに投与することができるポックスウイルスを用いて作成した組換えワクチンが実際には適用できない場合がある．どのような場合か．

Q.8 レトロウイルスゲノムの複製には逆転写酵素が中心的な役割を果たしている．この逆転写酵素は，レトロウイルスだけがもつ酵素という概念は過去のものである．我々の体の中に存在し，機能している逆転写酵素を挙げて，その役割について説明せよ．

Q.9 ウイルス疾患の防御に最も効果的な手段のひとつはワクチンである．一方，治療について考えると困難な面が多い．抗ウイルス薬の開発方法について考案せよ．また，HIV に対するよいワクチンが作られていないのはなぜか．

Q.10 ウイルスは重篤な疾病をもたらす．一方，われわれはウイルスに対抗する手段を持っている．抗体を産生する B 細胞や T 細胞による獲得免疫系，あるいはインターフェロン系に代表される自然免疫系などである．それでは，究極の対抗手段は何か．

参考図書

1. S. J. Flint et al.：Principles of Virology, 3rd Edition, ASM Press (2008)
2. B. N. Fields, D. M. Knipe and P. M. Howley：Fields Virology, 5th Edition, Lippincott Williams & Wilkins (2007)
3. 永田恭介著：ウイルスの生物学，羊土社 (1996)
4. D. Baltimore：Expression of animal virus genome. Bacteriol. Rev., **35**, 235-241 (1971)
5. M. Ptashne 著（堀越正美訳）：図解　遺伝子の調節機構　λファージの遺伝子スイッチ，オーム社 (2006)

ウェブサイト紹介

1. Wong's Virology　http://virology-online.com/
   ウイルス学の概論ページと個々のウイルスの説明および電顕写真が掲載されている．
2. All the virology on the www　http://www.virology.net
   インターネット上のウイルス関連情報サイトを集結している．

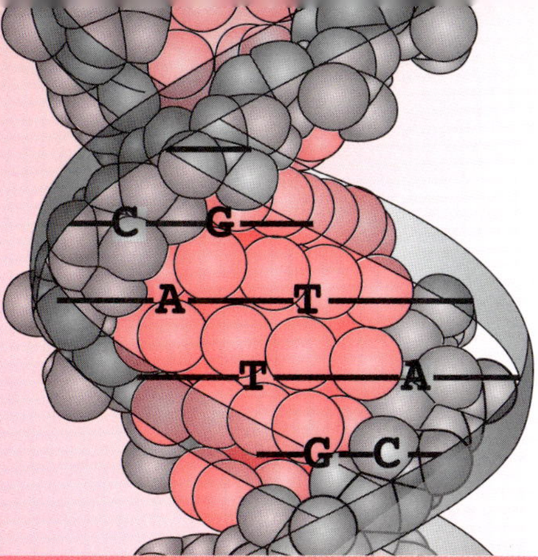
C G
A T
T A
G C

Chapter 12
細胞周期と細胞分裂

Chapter 12

細胞周期と細胞分裂

12.1 細胞周期

12.1.1 細胞周期とは

1個の親細胞から2個の娘細胞（daughter cell）ができるとき，DNA複製とそれに続く細胞分裂はきちんと順序だって行われる．娘細胞がさらに次の世代の娘細胞をつくるために分裂し続けることは，DNA複製を伴った細胞分裂の周期的繰り返しとみることができる．したがって，この過程を細胞周期（cell cycle）という．細胞がDNA複製を伴わずに分裂したり，あるいは，分裂以前にDNA複製をもう一度進行させたら細胞は破滅するであろう[*1]．このように，細胞周期の進行は順序だった，かつ正確に制御された過程である．

12.1.2 細胞周期の各時期

動物や植物の組織を染めて観察すると，濃染した染色体（chromosome）が見える細胞と，見えない細胞があることに気付く．かつて人々はこれは細胞が一定の時間間隔で分裂するためだと考えた．細胞周期のなかで細胞が分裂するのに要する時間は**M期**（M phase, mitotic phase）と呼ばれる．M期以外の時期は，**間期**（interphase）または**静止期**（quiescent phase）と呼ばれる．細胞は分裂せず，休んでいるようにみえたからであろう．しかし，この時期の細胞は，決して静止しているわけではなく，細胞の体積を2倍にしたり，DNAを複製したりして（→ Chapter 5），分裂するための準備をしている．このDNA複製は，間期のあいだずっと連続的に起こるものだろうか．それとも特定の時期にのみ集中的に起こるものだろうか．1950年代に開発されたオートラジオグラフィー[*2]（autoradiography）という方法によっ

*1　多様性のある生物の中には，正常状態でDNA複製が起きても細胞が分裂しない例が見られる．Chapter 2で見たショウジョウバエ幼虫の唾液腺細胞では，細胞分裂も染色体分離もないままDNA複製が10回起きるため多糸染色体として観察される．細胞分裂が起こらず多核細胞になる例としては，ショウジョウバエ卵割期胚，筋肉形成における筋管細胞，真正粘菌などがある．

て，DNA 複製は間期の特定の時期にだけ起こることが明らかになった．この時期は DNA 合成の Synthesis から S 期（S phase）と呼ばれる．タンパク質や他の生体高分子は間期を通して合成されるのに対して，DNA の複製はこの S 期にのみ起こる．これらの実験結果から，細胞は一定のリズムで M 期と S 期の間を繰り返し，あたかも円周上を一定の速度で周期的に回るようにイメージされる．M 期と S 期の間の時期は，間（あいだ）という意味の gap から G_1 期（G_1 phase）と G_2 期（G_2 phase）と呼ばれる．M 期終了後すぐの gap が G_1 期，もうひとつの gap が G_2 期である（**図 12.1**）．

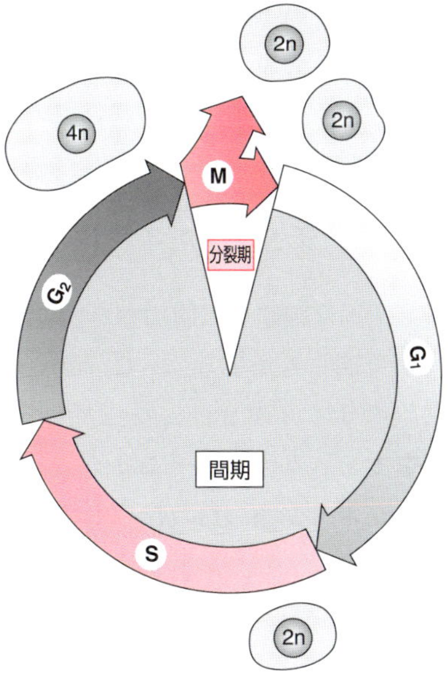

2n
4n
2n
M
分裂期
G2
G1
間期
S
2n

12.1　細胞周期の 4 つの相

細胞周期は M 期と間期からなり，間期は G_1 期，S 期，G_2 期からなる．

細胞あたりの DNA 量は細胞周期においてどのように変動するだろうか．図 12.1 のように，M 期直後の G_1 期の細胞当たりの DNA 量を 2n とすると，細胞周期の進行により S 期に入ると DNA 量は徐々に増加し，S 期の終わりには 4n になる．これはすべての DNA の複製が完了したことを意味する．続く G_2 期では 4n の状態を維持したまま，M 期に入り，その終わりに 2n に戻る．このことを利用して，細胞あたりの DNA 量から，個々の細胞の細胞周期上の時期を知ることができる．

12.2　細胞周期の制御機構

細胞は細胞周期を回ることにより増殖する．では，細胞の増殖は細胞周期の各段

*2　オートラジオグラフィー：放射線には写真乳剤を感光させる作用がある．これを利用して，あらかじめ放射性同位元素（ラジオアイソトープ）で前駆体を標識し，組織，細胞，タンパク質，核酸などに取り込ませたのち，切片標本，電気泳動転写メンブレンなどに乳剤乾板を密着させて露出を行い，試料中の放射性同位体を含む分子などの位置や量を記録する方法．RNA を放射性標識して組織内での RNA の分布を調べる手法は *in situ* ハイブリダイゼーションと呼ばれ，よく用いられるオートラジオグラフィーの一手法である．本 Chapter に記載された S 期の検出のためには，チミジンのアナログである BrdU（ブロモデオキシウリジン）を取り込ませ，その抗体で検出する方法が一般的である．

階を通じてどのように制御されているだろうか．多くの細胞は，増殖してもよい状態かどうかを外界の状況から判断し，そのシグナルを核に伝えることにより増殖するかどうかを決定する．もし外界の状況が増殖に適さない場合，細胞は G_1 期あるいは G_2 期（多くの場合 G_1 期）に留まることにより増殖をいったん停止する．

12.2.1 チェックポイント（check point）

さて，正常細胞が細胞周期を回る時にどのような制御が働いているだろうか．図 12.1 より明らかなように，G_2 期から M 期に進むためには DNA 複製が完了し，かつ細胞のサイズが 2 倍になっている必要がある．そこで M 期に進んでよいかどうかをチェックするポイントが G_2 期のどこかにあると考えられる．これを G_2 期チェックポイント（G_2 check point）と呼ぶ（**図 12.2**）．同様に G_1 期から S 期に進むためには，細胞は十分な大きさでなくてはならない．何よりも DNA 上に傷があってはならない．たとえば放射線は DNA に塩基の欠失や変異をもたらすし（→ Chapter 10），DNA 複製を行う DNA ポリメラーゼは 10^7 塩基に 1 回ほどの頻度で間違った塩基を取り込む．もし DNA がこのような傷をもったまま S 期に入ると，その変異が固定されてしまいがん化など細胞の異常化の引き金になりかねない．これらのミスをチェックするポイントが G_1 期にあると考え，**G_1 期チェックポイント**（G_1 check point）と呼ぶ．細胞は自らの状態を判断して，条件が整わな

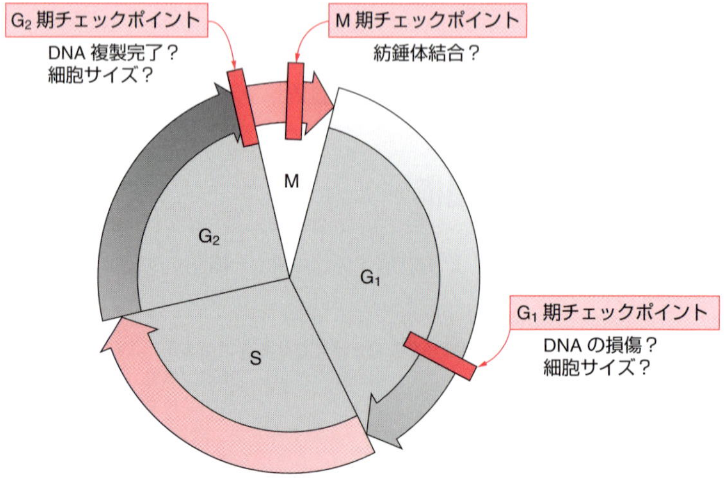

G₂ 期チェックポイント
DNA 複製完了？
細胞サイズ？
M 期チェックポイント
紡錘体結合？
M
G₂
G₁
S
G₁ 期チェックポイント
DNA の損傷？
細胞サイズ？

図 12.2　細胞周期のチェックポイント

ければこれらのチェックポイントで一時停止する．つまりDNA修復機構でDNAの変異をもと通りにする時間を細胞に与える．DNAの傷がある閾値を越えていて修復不能な場合には，いわゆるアポトーシス（apoptosis）（→ Box アポトーシス，314頁参照）と呼ばれる細胞死により自爆する．

またM期は，全部の染色体に紡錘体（spindle）が結合したかをチェックする**M期チェックポイント**（M check point）が存在する．もしこの機能が働かなければ，M期の後期に染色体が両極に引っ張られるときに，染色体が積み残され染色体異常を生じる．

12.2.2 M期促進因子の発見

細胞周期を動かしている装置は**細胞周期エンジン**（cell cycle engine）ともいわれる．このエンジンの分子的仕組みについて多くの研究がなされてきた．歴史的にみてみよう．

〔1〕Johnson と Rao の実験

細胞融合法（cell fusion）という面白い方法がある．この方法によれば，同種の細胞どうしはもちろん，異種どうしの細胞（たとえば動物細胞と植物細胞）であろうとも融合させることができる．融合により細胞膜がひとつになり，1個の細胞のなかで二つの細胞の内容物が混ざり合う．今日では，電気刺激や薬品で細胞を融合させる方法が一般的であるが，以前はセンダイウイルスというウイルスが用いられた．1971年，R. T. Johnson と P. N. Rao はM期の細胞とM期以外の時期にある細胞を融合させた（**図12.3**）．この実験では驚いたことに，融合の相手方であるM期以外の細胞も，強制的にM期の状態にされてしまった．これは，M期の細胞には核をM期にする何らかの因子が入っていることを示唆している．もちろん，融合相手となる細胞はM期になる準備が整っていないので，染色体はM期

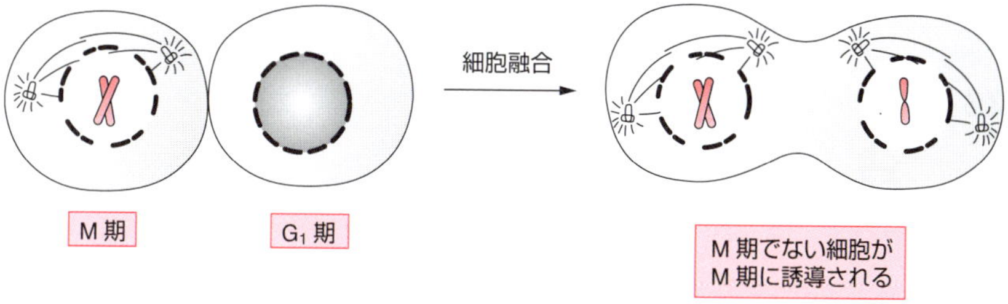
細胞融合
M期
G_1期
M期でない細胞が
M期に誘導される

図12.3　細胞質のある物質が細胞周期の制御に関わることを細胞融合により示した実験

M期細胞の細胞質はM期を誘導した．

染色体としては一部異常な形状を示した．この実験はM期の細胞に**M期促進因子**（M-phase Promoting Factor：**MPF**）があることを初めて示唆したものである．しかし，この実験ではそのM期促進因子が細胞質にあるのか，核の中で染色体から出されているのか，については不明であった．

〔2〕増井禎夫らの実験

Johnson と Rao とほぼ同じ頃，増井禎夫らはカエルの初期胚を使ってこのM期促進因子が細胞質にあることを明瞭に示した（**図 12.4**）．彼らが用いたのはマイクロインジェクション（顕微注入法，microinjection）という職人芸的な器用さが要求されるテクニックである．マイクロマニピュレータ[*3]（micromanipulator）という特殊な精密機械を使って，カエルの未成熟卵母細胞（細胞周期でいうと G_2 期で停止している）に，髪の毛より細いガラスピペットでM期の細胞の細胞質を注入した．その結果，未成熟卵母細胞がM期に進むことが示された．M期の細胞質にM期促進因子が含まれることが示されたのである．MPFの存在が増井によって示された当初は，卵母細胞を成熟させるので**卵成熟因子**（Maturation Promoting Factor）と命名されたが，のちに体細胞のM期に含まれていて，M期を誘導する**M期促進因子**（MPF）と同一のものであることが明らかとなった．

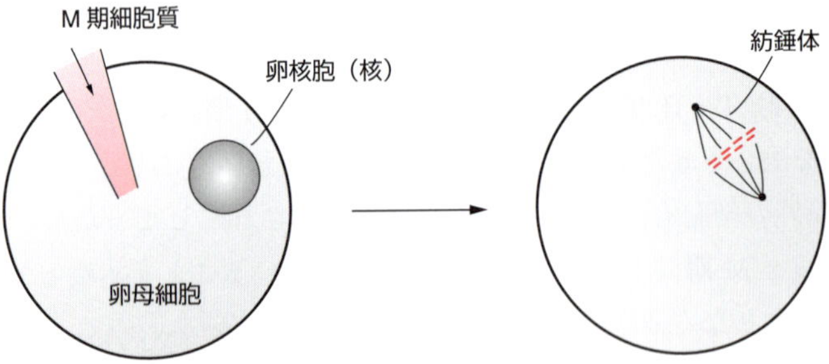
M期細胞質
卵核胞（核）
卵母細胞
紡錘体

図 12.4　細胞質の微小注入によるMPFの存在の証明

12.2.3　サイクリンの発見

MPFの研究とは独立に，ウニなどの受精卵，初期胚のタンパク質の変化を調べ

＊3　マイクロマニピュレータ：手や指による操作（粗動）を，油圧系などを介して機械的に顕微鏡下での動き（微動）に変換する装置．カエル卵へのMPFの注入（本Chapter）における，培養細胞への遺伝子導入，トランスジェニック動物の作製，受精卵での核交換（→ Chapter 15）など多くの顕微操作において用いられる．

ていたT. Huntらは，1982年，ある奇妙な挙動をするタンパク質に注目した．このタンパク質はM期に存在するが，M期の終了とともに突然消えてしまう．そして次のM期が近づくと，また徐々に増加してM期にピークを迎え，そしてM期の終了とともにいきなり消える．これを周期的に繰り返すことから，このタンパク質はサイクリン（cyclin）と名付けられた．やがて，このサイクリンは高等動物でも存在することが判明したが，その機能は不明であった．

〔1〕MPFの正体

1987年に転機が訪れた．J. L. MallerとM. J. LohkaはカエルのM卵母細胞からM期促進因子（MPF）を精製した．MPFの構造を調べたところ，驚いたことに，サイクリンこそMPFの二つのコンポーネント（構成成分）の片方であることが判明した（**図12.5**）．もうひとつのコンポーネントは，リン酸化酵素（タンパク質キナーゼ）であった．このリン酸化酵素は，サイクリンと結合してはじめて活性が出るのでサイクリン依存性キナーゼ（cyclin dependent kinase：Cdk）と呼ばれる．これらの研究により，MPFはCdkという酵素とその活性を制御するタンパク質であるサイクリンの複合体であることが明らかになった．

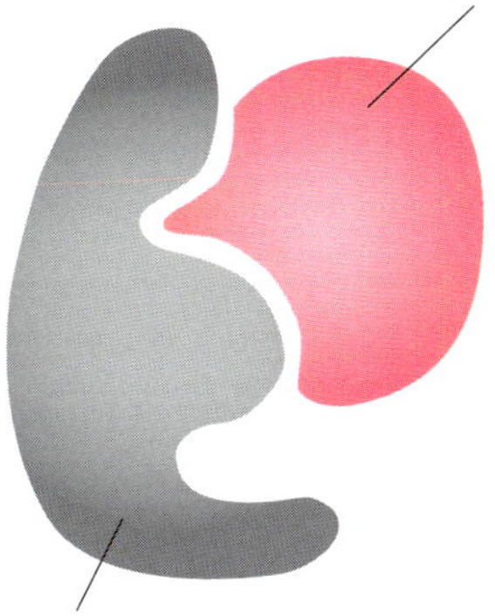
サイクリン
サイクリン依存性キナーゼ
（Cdk）

図12.5　Cdk－サイクリン複合体

MPFはCdk-サイクリン複合体である．

図12.6は卵割期でのサイクリン濃度とMPF活性の関係を示す．MPF活性はM期に対応して上下するが，サイクリン濃度は間期に徐々に上昇を続け，M期に最高になるが，急激に低下する．M期が終わる頃にサイクリンにユビキチン（ubiquitin）という小さなタンパク質が結合し，それを目印として細胞内タンパク分解装置であるプロテアソーム*4（proteasome）によって急激に分解される（→図9.4参照）．サイクリン依存性キナーゼ自体の濃度は細胞周期を通じて変わらないが，サイクリンが結合しないと活性を発揮できず，サイクリンが激減するM期末には活性は消失する．

＊4　プロテアソーム：酵母からヒトに至る真核生物に普遍的に存在するタンパク分解装置．28個のサブユニットから構成される，分子量70～80万の巨大なタンパク複合体である．全細胞タンパクの約1%を占める．

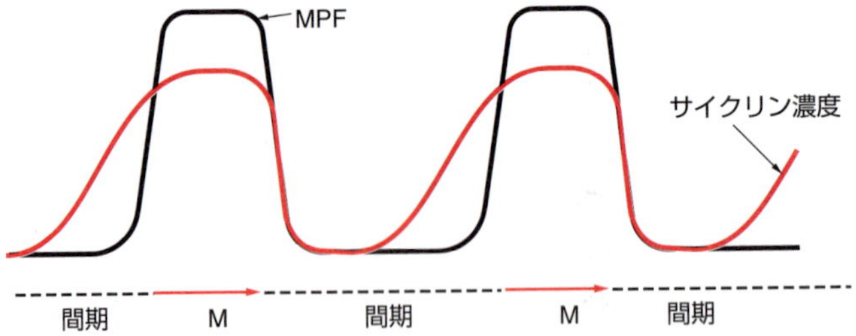
MPF
サイクリン濃度
間期
M
間期
M
間期

図 12.6　細胞周期におけるサイクリンと MPF 活性の変動

12.2.4 cdc 突然変異株

増井ら，および Hunt らの研究の流れにもうひとつの研究の流れが結びついて，M 期促進因子の解明をはじめとする細胞周期の基本的な仕組みが明らかにされた．これら別々の源流から発した三つの小さな流れは，合流してついに大河になるがごとく，今や分子生物学，基礎医学を支える重要なコンセプトのひとつとなっている．この 3 番目の流れとは，遺伝学的な研究が容易な酵母の細胞周期進行の突然変異株を駆使する遺伝学的な研究である．

この一連の研究の底流にあるのは，細胞周期の制御のような生命にとって基本的な機構は進化的に保存されていて，酵母などの下等真核生物からヒトまで共通である，という考え方である．そして実際にその考え方が概略において正しいことが実証された．

L. H. Hartwel らと P. Nurse らは，酵母を材料に取り上げ，細胞周期の途中で停止する **cdc**（cell division cycle）突然変異株を数多く単離した．これらの突然変異の原因遺伝子のひとつは，タンパク質をリン酸化する酵素，すなわち前述の MPF の正体であるサイクリン依存性キナーゼの遺伝子であった．このタンパク質は，酵母からヒトまでアミノ酸配列が高度に保存されており **cdc2** キナーゼと名付けられた．特筆すべきは，ヒトの正常な cdc2 キナーゼ遺伝子を分裂酵母の突然変異株に入れたところ，変異株の表現型が消えて野生型に戻ったという実験である．この結果は，ヒトと分裂酵母で共通の細胞周期制御機構が働いており，しかも部品まで非常によく似ていることを意味している．

12.2.5 他の Cdk－サイクリン複合体

最近の研究によると，M 期を誘導する Cdk-サイクリンばかりでなく，細胞周期のそれぞれの時期に対してCdk-サイクリンが存在することがわかっている．MPFの構成成分であるCdkとサイクリンはそれぞれCdk1とサイクリンBと呼ばれ，Cdk-サイクリン複合体はM-Cdkと呼ばれる（**表12.1**）．現在では，表12.1に示すように，脊椎動物には，S期に進ませるS-Cdk，G_1期に進ませるG_1-Cdkなどの組合わせが多数存在することがわかってきた．

表12.1　脊椎動物の主要なサイクリンとCdk

Cdk-サイクリン複合体	サイクリン	相手のCdk
G1-Cdk	サイクリンD*	Cdk4，Cdk6
G1/S-Cdk	サイクリンE	Cdk2
S-Cdk	サイクリンA	Cdk2
M-Cdk（MPF）	サイクリンB	Cdk1**

*　哺乳類には3種類のサイクリンDが存在する（サイクリンD1，D2，D3）．

**　脊椎動物ではcdc2と呼ばれていた．

12.2.6　Cdkの制御：タンパク質キナーゼの働き

Cdkはサイクリンの結合により初めて活性を示すので，サイクリンの量がCdk活性の調節を行う重要な因子となる．しかし，サイクリン量だけでCdkの活性が調節されているわけではない．図12.6に示すように，サイクリンの濃度は間期を通して徐々に上昇するのに対して，MPF（M-Cdk活性，つまりM期に誘導する活性）は間期の終わりに急激に上昇する．このギャップはどう説明されるだろうか．

図12.7に示すように，M-Cdkが最大の活性をもつためには，別のタンパク質キナーゼによって，M-Cdk自身の複数の箇所がリン酸化され，かつ別の箇所が別

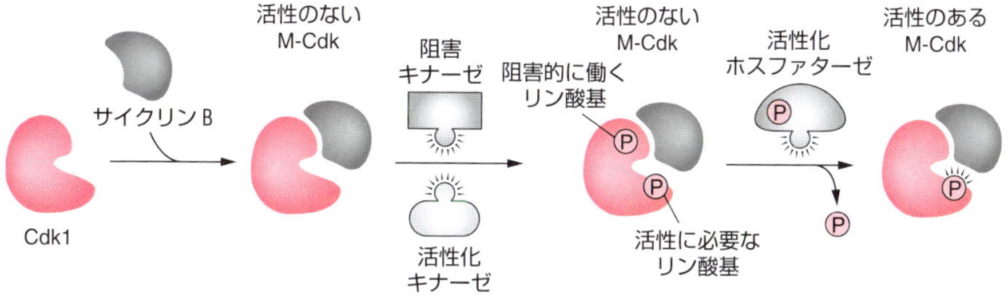

活性のない
M-Cdk
サイクリンB
Cdk1
阻害
キナーゼ
活性化
キナーゼ
活性のない
M-Cdk
阻害的に働く
リン酸基
P
活性に必要な
リン酸基
活性化
ホスファターゼ
活性のある
M-Cdk

図12.7　Cdk-サイクリン複合体活性のリン酸化と脱リン酸化による制御

の脱リン酸化酵素（ホスファターゼ：キナーゼとは逆にリン酸基を外す酵素）によって，脱リン酸化（dephosphorylation）されなければならない．この最後の脱リン酸化が引き金となって M-Cdk の活性化が引き起こされる．また，活性化された M-Cdk は自分自身を脱リン酸化するホスファターゼをリン酸化により活性化し，さらにこのホスファターゼが多くの不活性 M-Cdk を活性化する，という正のフィードバック（feedback）が働く．これにより M-Cdk 活性は爆発的に上昇し，細胞はただちに M 期に突入する．

タンパク質キナーゼによりリン酸基をつけたり外したりという制御は，遺伝子から mRNA を合成する転写レベルの制御などと比べると圧倒的に早く，また可逆的でもある．細胞周期の制御のような迅速な反応が必要な局面においては，最適な機構であろう．同様に，S 期を開始させる S-Cdk や G_1/S-Cdk も重要な働きをしている．

12.2.7 細胞周期とがん化

細胞周期エンジンには，サイクリンとそれに制御されるタンパク質キナーゼ以外に，外界の状況に応じてそのエンジンを制御する多くの装置が存在する．前述の，タンパク質キナーゼをリン酸化したり，脱リン酸化したりする酵素群もその範疇に属する．

〔1〕Cdk 活性阻害タンパク質

Cdk の活性は対応するサイクリンがないと低く抑えられる．また，さらに Cdk に結合して直接その活性を阻害する Cdk 活性阻害タンパク質によっても制御される．これらのタンパク質は細胞周期のチェックポイントと深く関わる．そのひとつが p21 タンパク質である．このタンパク質は，細胞周期を S 期に進行させる G_1/S-Cdk および S-Cdk に結合して活性を阻害するので細胞は G_1 チェックポイントで停止する．たとえば，放射線や薬物などにより DNA に障害が生じた場合，DNA の変異が残ったままで DNA 複製をするとがん化など細胞の異常化につながる可能性がある．そこで，細胞を G_1 期にとどめ，S 期への進行を止めることにより細胞に DNA を修復する時間を与える．

〔2〕p53 タンパク質

p53 タンパク質は，多くの遺伝子の転写を活性化する転写因子のひとつである．通常は作られるとすぐに MDM2（Murine Double Minute2）と呼ばれるタンパク質によってユビチキン化を受けてプロテアソームによって分解されるので，細胞内にはほとんど検出されない．ところが核の DNA に傷ができると，核内のリン酸化酵素が活性化されp53タンパク質はリン酸化されてMDM2によるユビチキン化を受けなくなるのでプロテアソームに分解されないように変化する．その結果，細胞内のp53タンパク質の量が増大し，転写因子として下流の遺伝子に結合し活性化する．活性化される遺伝子のひとつは，すでに述べたG_1チェックポイントの制御に働くCdk阻害タンパク質のひとつであるp21の遺伝子である．ところが，放射線や発がん物質によってp53遺伝子に変異が生じ，DNA結合能を失うとG_1チェックポイントで停止させるという機能がなくなり，細胞は高率でがん化する．事実，ヒトのがんの約半分でp53遺伝子の異常が見つかっており，実験的にこの遺伝子を欠失したノックアウトマウス[*5]（knock-out mouse）は高率にがんを発症する．このような事実から，正常なp53タンパク質はがんを抑制する働きをもつので，そのような遺伝子はがん抑制遺伝子（tumor suppressor gene）と呼ばれる．また，ゲノムDNAの障害から細胞を守るタンパク質という意味で"ゲノムの守護神"とも呼ばれる．

〔3〕Rbタンパク質

細胞周期の制御機能をもつもうひとつの重要なタンパク質は**網膜芽細胞腫**［レチノブラストーマ（retinoblastoma）：**Rb**］タンパク質である．p53タンパク質がすでに回っている細胞周期を一時的に止める役割を果たすのに対して，このタンパク質は，細胞周期が回らないようにする「分子ブレーキ」である．自動車に2種類のブレーキがあるように，細胞周期エンジンを制御するブレーキにも，一時的にブレーキをかけるp53タンパク質と，サイドブレーキのように細胞周期が回らないように細胞を眠らせているRbタンパク質が存在する．Rb遺伝子が突然変異を起こすと，ブレーキがきかなくなり常に細胞周期が回り続けるのでがんになる．このRbタンパク質の遺伝子も，p53と同じ意味でがん抑制遺伝子である．

成体の細胞の多くはG_1期で止まって増殖を一時休止しており，その状態をとくに**G_0期**（G_0 phase）と呼ぶ．G_0期は言い換えると，G_1チェックポイントで止まっている状態ともいえる．G_0期にある細胞は，他の細胞が出す**分裂促進因子**（マイトジェン，mitogen）の刺激を受けるとふたたび細胞周期を回るようになる．たとえば，皮膚の傷の治癒の際に，血液中の血小板由来成長因子（platelet derived growth factor）に反応して傷周辺の繊維芽細胞が増殖を始める．G_0期との関連，

---

*5　ノックアウトマウス：マウスのゲノム中にある特定の遺伝子を人工的に相同組換えによって，欠損させたマウス．通常は父方，母方両方の遺伝子を欠損させて，その表現型にどういう異常が出るかを解析することで，その遺伝子の役割を調べる．通常，胚性幹細胞（ES細胞）の遺伝子をノックアウトした後に，それと正常初期胚とのキメラ動物を作製，交配して子孫を得る．

その仕組みにこのRbタンパクが関わっている．細胞が老化すると，いくら分裂促進因子があってもそれに反応する能力が低下するためにG_0期から脱出できない．

〔4〕がん幹細胞

がんの組織は，正常の増殖系組織と同様に，分化した細胞だけで構成されているのではなく幹細胞と呼ばれる細胞集団を含んでいる．一般に幹細胞は，ある頻度で分化細胞を生み出しつつ，自らは未分化状態を保っていることが知られている．細胞周期の観点からいうと，多くの幹細胞は，通常はG_0期で静止していて，必要に応じて細胞周期を回り出す．がん幹細胞も同様に考えられている．そして抗がん剤の多くはS期やM期に働くので，活発に増殖する細胞，つまり細胞周期を回る細胞をターゲットにしており，G_0期で留まっているがん幹細胞にはあまり効かないことが多い．そこで考えられているのが，ひとつはがん幹細胞をG_0期から引っ張り出して細胞周期を回させて，抗がん剤で叩こうという戦略と，もうひとつはがん幹細胞をそのまま攻めようという戦略である．このように細胞周期の観点は，臨床医学においても重要性を増しつつある．

12.3 細胞分裂

12.3.1 体細胞分裂

19世紀の後半から始まった組織を色々な色素で染色しそれを顕微鏡で観察するという研究を通じて，細胞の核の内容物が凝縮し，いわゆる染色体の形になり，やがて二つの細胞に分裂することが明らかになった．細胞分裂において，染色体は糸状の構造体である紡錘体によって両極に引っ張られ娘核（daughter nucleus）に等分されるので，この一連の出来事を**有糸分裂**（mitosis）と呼び，有糸分裂をする時期のことを**分裂期**（M期）と呼ぶ．有糸分裂には体細胞分裂と減数分裂（meiosis）がある（ただ有糸分裂という時は，体細胞分裂を指すことが多い）．これに対して無糸分裂（amitosis）という特殊なものがある．無糸分裂は染色体は形成されず核が二つにくびれて分裂する現象である．かつて有糸分裂と並ぶ重要な細胞分裂の2つの型の1つとされたが，現在では原生動物など，ごく一部でのみ見られる特殊なものとされている．

ここで，M期の中身を詳しくみてみよう（**図12.8**）．

前　期（prophase）：　間期のG_2期からM期に入った状態を前期という．この時期には核膜がまだ存在するが，各染色体は複製されており凝縮しはじめて二つの姉妹染色分体になる．**中心体**（centrosome）はすでに複製されて分離している．この二つの中心体の間に紡錘体が形成されている．中心体は後に紡錘体極となる．

前中期（prometaphase）：　この時期の特徴は，核膜の分散・消失である．また染色体のセントロメア（centromere）領域に形成された**動原体**（kinetochore）に，極から伸びた紡錘糸（spindle fiber）が結合する．

中　期（metaphase）：　染色体は細胞の中央の赤道板に徐々に集まる．それぞれの動原体に付いた微小管（microtubule）は紡錘体極につながる．

後　期（anaphase）：　染色分体（chromatid）が分かれて2個の娘染色体になり，紡錘体極に向かってゆっくり引っ張られていく．この力のもとは，動原体微小管が短くなり，さらに紡錘体極が互いに離れるためである．

終　期（telophase）：　有糸分裂の最終ステージ．2組の染色体が両極に到着し，核膜が再形成され，細胞内に2個の核が出現して有糸分裂が完成する．

細胞質分裂（cytokinesis）：有糸分裂（核分裂）が終わったのち細胞質が分裂する．アクチンフィラメントからなる**収縮環**（contractile ring）の収縮によって細胞質がくびれ切られて，細胞質分裂が起こり2個の娘細胞となる．ただし，細胞壁（cell wall）で覆われている植物細胞では，細胞質分裂の仕組みは全く異なる．アクチンフィラメントの収縮によるのではなく，もとの赤道板付近に新しい細胞壁が形成されることによって，2個の娘細胞に分かれる．なお植物細胞では，細胞質分裂のみならず有糸分裂においても動物と異なり，中心体が存在せず代わりに極帽という構造が紡錘体の起点となる．

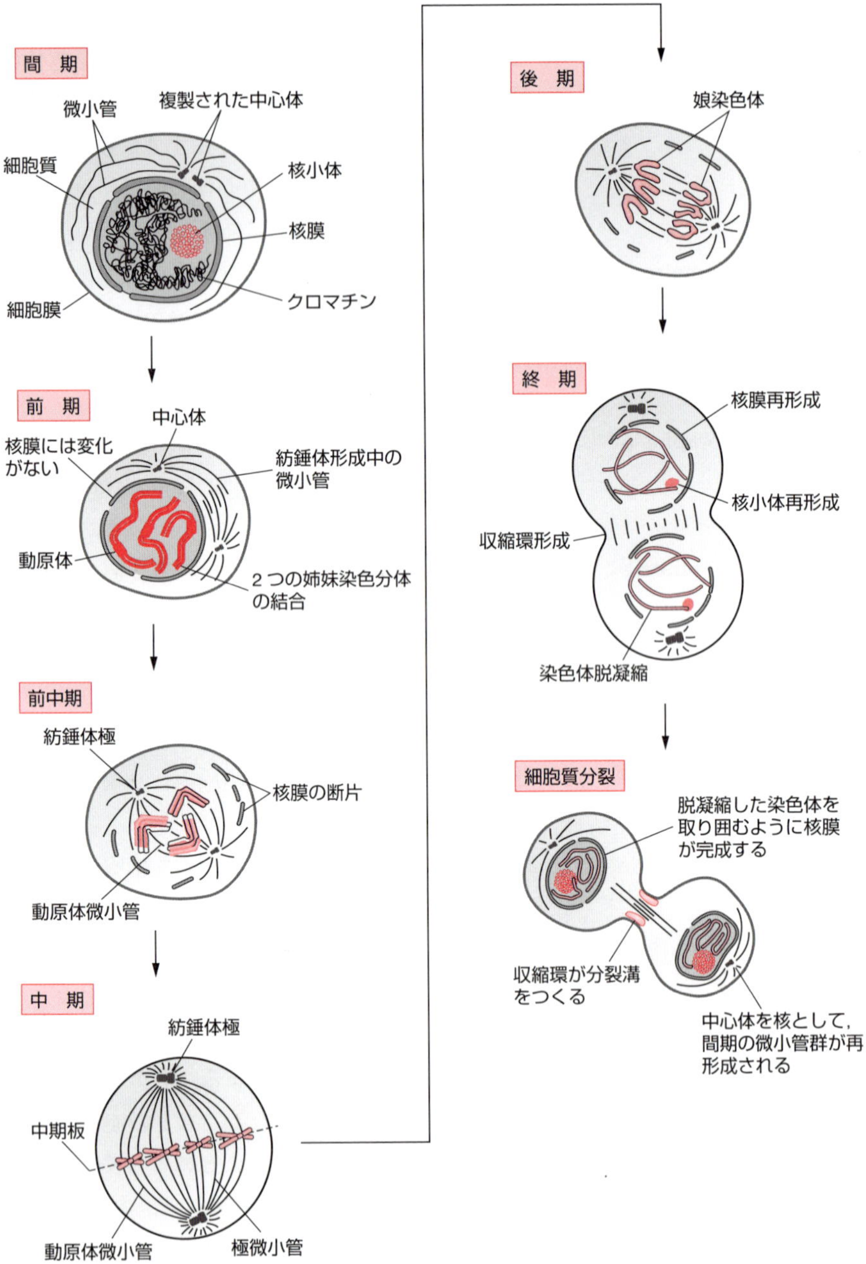

間　期
微小管
複製された中心体
細胞質
核小体
核膜
細胞膜
クロマチン
前　期
中心体
核膜には変化がない
紡錘体形成中の微小管
動原体
2 つの姉妹染色分体の結合
前中期
紡錘体極
核膜の断片
動原体微小管
中　期
紡錘体極
中期板
動原体微小管
極微小管
後　期
娘染色体
終　期
核膜再形成
核小体再形成
収縮環形成
染色体脱凝縮
細胞質分裂
脱凝縮した染色体を取り囲むように核膜が完成する
収縮環が分裂溝をつくる
中心体を核として，間期の微小管群が再形成される

図 12.8　動物細胞における有糸分裂

12.3.2 減数分裂

本来，真核生物は両親の遺伝情報を受け継ぐので，同じ遺伝情報を2セットずつもつ．この状態のことを**二倍体**（diploid）と呼ぶ．真核生物の中でも，とりわけ多細胞生物では，発生のある時期に，次世代にその遺伝情報を受け渡す**生殖細胞系列**（germ line）とそれ以外の細胞（**体細胞**，somatic cell）の二つの細胞系列に分岐する．体細胞は，常に二倍体を維持する．一方，生殖細胞系列の細胞は，二倍体のまま細胞分裂を繰り返して増殖した後に，減数分裂という生殖細胞に特有の有糸分裂により最終完成品である一倍体の**配偶子**（gamete）［精子（sperm）または卵子（egg）］を形成する．

二倍体は，父方，母方それぞれから受け継いだ染色体を1本ずつ計2セットもつが，一倍体では，父方か母方かどちらかの染色体を1本ずつしかもたない．一倍体の配偶子の形成にあたり，染色体ごとに父方，母方どちらの染色体を受け継ぐかは全くの偶然で，それぞれの染色体上の遺伝情報がその配偶子に伝わるかは，2分の1の確率である．したがって，ヒトの配偶子の染色体構成には 2^{23} 通りの組合せがある．ただし，後ほど述べる**相同乗換え機構**（crossing over）によりこの状況にさらに多様性が加わる．

減数分裂では，連続した2回の有糸分裂が起こる．体細胞分裂と同様に，減数分裂の前のS期でのDNA複製によりDNAは倍加する．この後，細胞は第一減数分裂の前期に入るが，この時点で体細胞分裂ではみられない不思議なことが起こる．相同染色体どうし，たとえば父方の第一染色体の姉妹染色分体と母方の第一染色体の姉妹染色分体が集合して，合計4本の姉妹染色分体が全長にわたりくっつきあう．この構造を**二価染色体**（bivalent）と呼び，互いにくっつきあった状態を**対合**（synapsis）と呼ぶ．そして，この対合において相同乗換えが起こる．つまり染色体1本あたり平均2～3カ所で父方と母方の相同染色体が入り混じる．組換えにより染色分体が交差している箇所を染色体の交差，または**キアズマ**（chiasma）と呼ぶ．キアズマにおいて染色分体が外れないように支えているのが**シナプトネマ構造**（synaptonemal complex）である（**図 12.9**）．遺伝学的な観点からみると，この相同乗換えにより配偶子の遺伝子の組合わせのバラエティーが増す（問題3参照）．

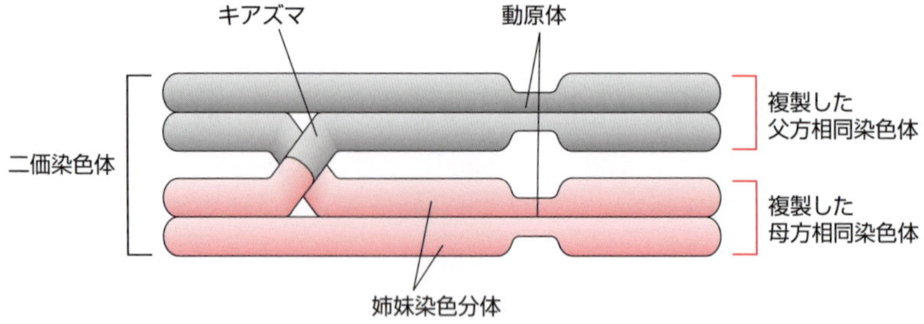
キアズマ
動原体
二価染色体
複製した
父方相同染色体
複製した
母方相同染色体
姉妹染色分体

図 12.9　二価染色体

第一減数分裂の前期の過程を細かく分けると以下のようになる（**図 12.10**）.

細糸期（leptoten）：　クロマチン凝縮が起こり，細い糸状の染色糸ができる.
合糸期（zygotene）：　対合期ともいう．糸が太くなり，相同染色体間の対合が始まる.
太糸期（pachytene）：厚糸期ともいう．対合が完了．シナプトネマ構造ができキアズマ形成が起こる.
複糸期（diplotene）：　部分的にシナプトネマ構造が消失．キアズマがない部分で対合が離れる.
移動期（diakinesis）：相同染色体どうしがキアズマ部分で結合したまま，赤道板上に移動する.

この結果，ヒトでは姉妹染色分体が 4 本からなる 23 セットの二価染色体が赤道板に並ぶ．この時点が第一減数分裂の中期である.

第一減数分裂の後期では，キアズマがはずれて相同染色体が別々の極に移動する．終期のあと，細胞質分裂を経ていったん間期に戻るが DNA 合成は行わずそのまま第二減数分裂に入る.

第二減数分裂は，染色体のセットが半分である（ヒトでは 23 本）ことを除けば体細胞分裂と同じである.

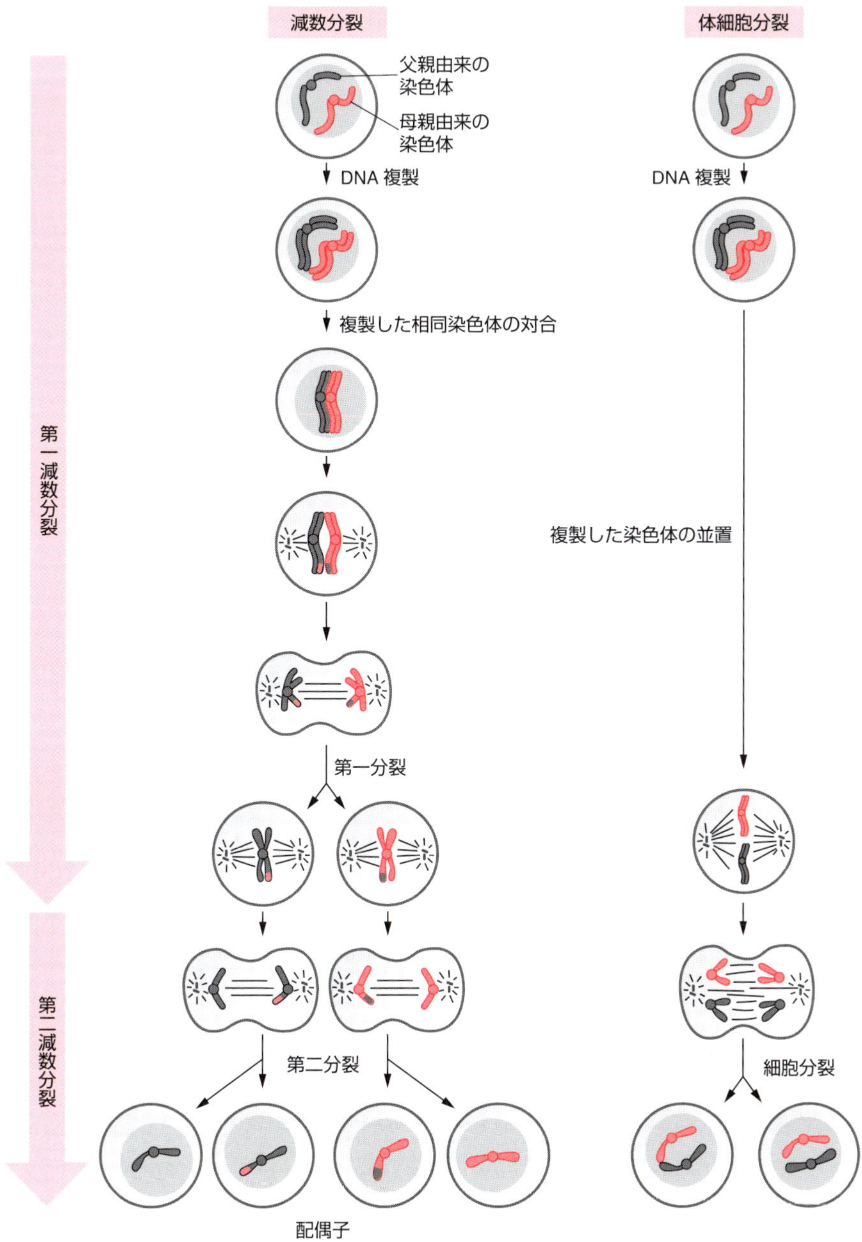

減数分裂
体細胞分裂
父親由来の
染色体
母親由来の
染色体
DNA 複製
DNA 複製
複製した相同染色体の対合
複製した染色体の並置
第一減数分裂
第一分裂
第二減数分裂
第二分裂
細胞分裂
配偶子

図 12.10　体細胞分裂と減数分裂の比較

演習問題

Q.1 MPF の実験で，成熟したカエル卵母細胞の細胞質を未成熟卵母細胞に注射した．この結果，卵母細胞が成熟したので，またこの細胞質を未成熟卵母細胞に注射した．これを 10 回繰り返しても，卵母細胞を成熟させることができた．なぜ MPF は薄まってしまわないのか？

Q.2 細胞周期の各時期における核当たりの DNA 量（相対値）の変化を示す以下のグラフを完成させよ．

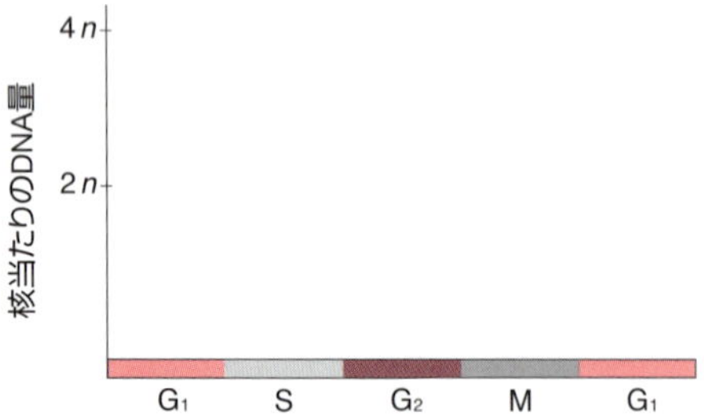

4n
2n
核当たりのDNA量
G1
S
G2
M
G1

Q.3 染色体を 5 本もつ高等動物がいて，交差（相同組換え）が起こらないとすれば遺伝的に異なる精子は何種類作れるか？

Q.4 子供の目にできるレチノブラストーマ（網膜芽細胞腫）というがんが遺伝する家系がある．さて，どのような仕組みでレチノブラストーマに罹患するのだろうか？　ヒント：通常，ヒトはレチノブラストーマ（Rb）遺伝子を 2 個もっているが，この家系の個体の多くはその遺伝子のうちの 1 個が変異しており，もとから細胞周期のブレーキ機能を失なっている．健常な家系では，正常な Rb 遺伝子を 2 個もっているために，レチノブラストーマを発症するためには両方の Rb 遺伝子が機能を喪失しないと罹患しない．

Q.5 図 12.6 は初期発生（卵割期）での細胞周期の進行における，サイクリンの濃度と MPF の活性の変化を示すグラフである．何故サイクリンは徐々に上昇するのに，MPF 活性は急に上昇するのか？

Q.6 S 期にある細胞は，放射性チミジンを含む培地で培養するとその放射性チミジンが細胞の核の DNA に取り込まれて，図 (a) のオートラジオグラフィーにより検出できる．細胞を 10 分間ほど放射性チミジン存在下で培養し，その後，放射性チミジンを含まない培地で培養した．1 時間おきに細胞を取り出して，オートラジオグラフィーにより，M 期でかつ放射性チミジンで標識されている細胞数の全 M 期細胞数に対する割合を縦軸，放射性チミジンによる標識後の経過時間を横軸にプロットした［図（b）］．

a）放射性チミジン標識が終わった直後に細胞を取り出して調べたら，すべての細胞が標識されているか？

b）始めの 1，2 時間は標識された分裂細胞は 0 であった．これは何故か？

c）このグラフから G2 期の長さを推定せよ．

（a）

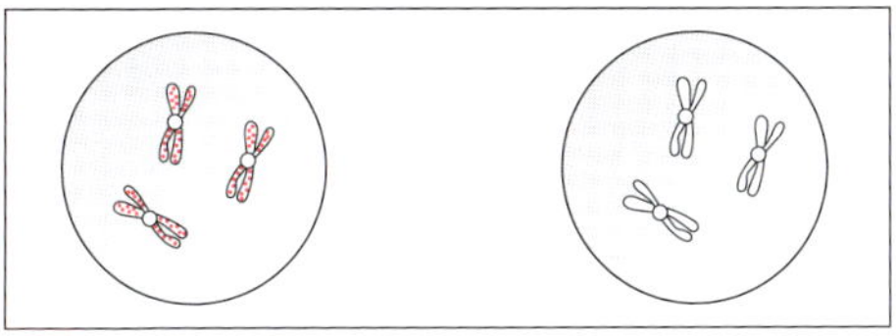

標識 M 期細胞
非標識 M 期細胞

（b）

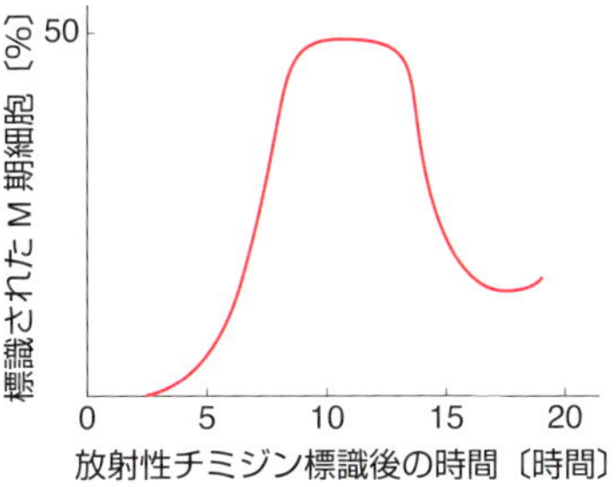

標識された M 期細胞〔%〕
50
0
5
10
15
20
放射性チミジン標識後の時間〔時間〕

Q.7 下図は p53 タンパク質の 4 個の機能ドメインとがん細胞での変異のホットスポットの位置を示している．このことから，p53 遺伝子の変異が p53 のどのような機能不全をもたらすのかを説明せよ．

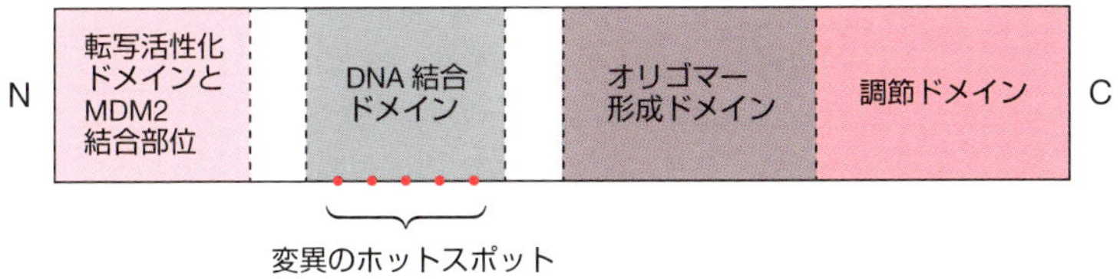

N
転写活性化
ドメインと
MDM2
結合部位
DNA 結合
ドメイン
オリゴマー
形成ドメイン
調節ドメイン
C
変異のホットスポット

参考図書

1. 柳田充弘編：細胞周期の制御とメカニズム，実験医学増刊号，羊土社（1992）

2. 中山敬一編：細胞周期 2013，実験医学増刊号，羊土社（2013）

Box ▶ アポトーシス

細胞は自ら分裂して増殖する装置をもっているのみならず，自殺する装置をも内蔵していることが，ここ 20 年ほどの研究で明らかになってきた．

オーストラリアからスコットランドに留学していた病理学者の J. F. Kerr らは 1972 年，多くの病理標本を観察し，細胞死には二つのタイプがあることに気付いた．これまでに言われてきた，細胞が膨潤し細胞膜が破裂して死ぬ**ネクローシス**の他に，細胞膜は破れずに核が凝縮し，細胞が縮小，断片化する細胞死を見つけ**アポトーシス**と呼ぶことを提唱した．このアポトーシスとは，ギリシャ語で「離れる」の意味の“apo アポ”と「落ちる」の意味の“ptosis トーシス”の合成語であり，有糸分裂のマイトーシスと同等の生物学的に重要な現象であるという意味をこめて，かつ語感をあわせた言葉である（ところで“ptosis”の始めの p は無声音とするようになっている）．事実その後の研究で，このアポトーシスという現象は，細胞が受動的に死ぬのではなく，積極的に死ぬ現象であり，多くの生物学的現象に深く関わっていることが次第に明らかになってきた．ホメオスタシスの維持のために，多くの細胞（たとえば小腸上皮細胞，皮膚上皮）が決まったタイミングで死んでいくが，それらの多くは，このアポトーシス型の死に方をする．さらに胚発生において多くの細胞が決まった場所で決まったタイミングで死ぬように**プログラムされた細胞死**をするが，その多くはこのアポトーシスのタイプである．手足が形作られる動物の胚発生において，はじめ指は分かれておらず，指の間に水かきのような組織がある．しかし，ある定められた時期（たとえばニワトリでは発生開始後 7 日目）になると，指間の細胞は自らの運命を知っているがごとくに，死滅して指が分かれる．このような細胞死においてもアポトーシスが中心的な役割を果たしている．さて最近では，こういった細胞死のメカニズムにも分子のメスが入り，アポトーシスの仕組みが分子の言葉で語りうるようになってきた．アポトーシスを促進したり，抑制するタンパク質も多数見つかっている．またアポトーシスに特徴的なものとして，タンパクの特定のアミノ酸配列のところで限定分解するプロテアーゼ，**カスパーゼ**の果たす役割について明らかにされてきた．最近では，アポトーシスではない細胞死，ネクローシス，またそれ以外の第 3，第 4 の細胞死の仕組みの解明も進んできている．アポトーシスやネクローシスなどの細胞死のメカニズムの解明は，これらが関係する疾病の原因解明につながり，その知見が創薬に応用される日も近いと考えられる．

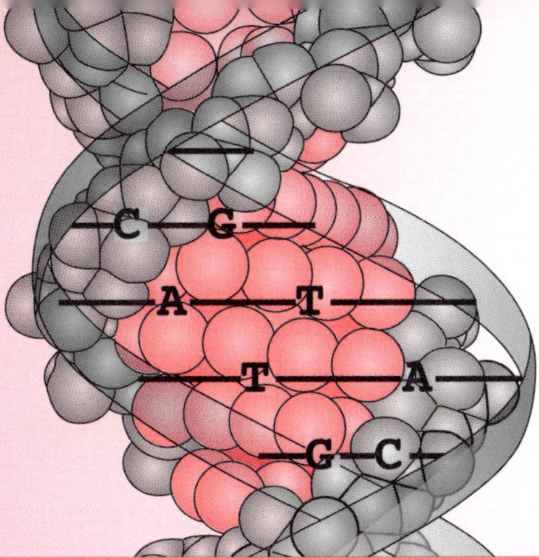
C
G
A
T
T
A
G
C

Chapter 13
動く DNA

Chapter 13

動く DNA

13.1 ゲノム DNA は変化する

Chapter 5「DNA 複製」で解説したように，一般にはゲノム DNA は細胞分裂を経ても変化することなく，分裂前と同じ DNA セットが各娘細胞に安定に引き継がれる．このゲノムの安定性を支持する実験的証拠は多い．ドリー（Dolly）など体細胞（somatic cell）の核由来のクローン個体の作製も，個体の各細胞が発生における細胞分裂の過程でゲノム DNA を安定に保持していることを示すものである．

しかし一方，ゲノムが変化する例として，ウマカイチュウの生殖細胞（germ cell）が全ての染色体を保持しているのに対し，体細胞では染色体の一部が失われる**染色質削減**（chromatin diminution）という現象が古くから知られていた．DNA のクローニングが可能になり DNA についての知識が蓄積されてくると，生物にはゲノム DNA を変化させる特別な機構も備わっていることが明らかになってきた．その最も顕著な例は**免疫グロブリン**（immunoglobulin）遺伝子の再編成（rearrangement）である．

13.2 転移性遺伝因子

最初に「動く DNA」，つまり転移性遺伝因子の存在に気付いたのは，20 世紀の半ば，アメリカの遺伝学者 B. McClintock であった．彼女はトウモロコシの粒の色がモザイク[*1]状に変化する**斑入り**（variegation，**図 13.1**）という形質が不安定であることに着目し，その調節機構を研究していた．そして，その不安定性が「DNA の動き」によるという説を提唱した．しかし，その先駆的な業績が正しく評価されるには，原核生物の転移性遺伝因子やトウモロコシの斑入りを調節する因子の分子

*1　モザイク：寄せ木細工のような模様を指す言葉だが，生物学的には 1 個の胚に由来しながら複数の異なる遺伝子型をもつ細胞によって構成されている個体のことである．トランスポゾンの転移は遺伝子型の変化を引き起こす．ちなみに，キメラも複数の異なる遺伝子型の細胞から構成された個体であるが，それらが 2 個以上の胚に起因する場合に用いる言葉．

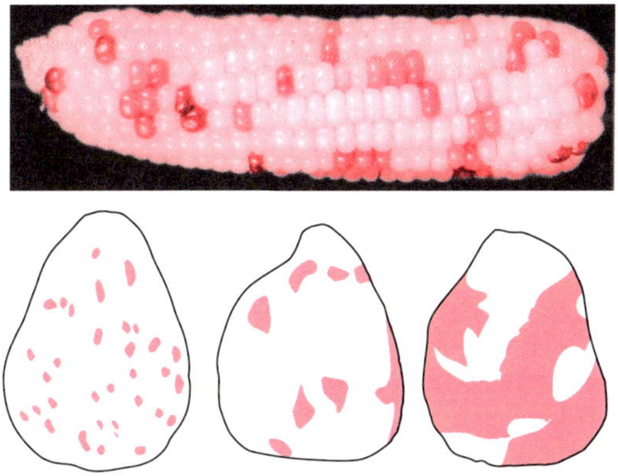

図 13.1　トウモロコシの粒にみられる斑入り現象

トランスポゾンの転移の時期と頻度などにより斑入りの程度が粒ごとに異なる.

レベルでの実体の解明を待たねばならなかった．今日では，原核生物にも真核生物にもゲノム DNA 上を「動く」ことのできる多数の遺伝因子がみつかっている.

13.2.1 大腸菌の IS（Insertion Sequence）と Tn（Transposon）

1970 年代になり，大腸菌において突然変異の表現型が不安定になる原因が，大腸菌ゲノム上のオペロン中に挿入されたある DNA 配列によることが明らかになった．この DNA 配列を挿入配列（insertion sequence：IS）と呼ぶ．いくつかの IS が知られているが共通する構造的特徴としては，両末端に短い逆方向反復配列（inverted repeat：IR）があり，それらに挟まれて中央部には転移に必要なトランスポゼース（transposase）をコードする遺伝子をもつ．サイズは 750 ～ 1,500 bp である（**図 13.2**）．トランスポゼースをコードする遺伝子に突然変異が起きて転移酵素の活性が失われたり，両端にある逆方向反復配列に突然変異が起きると転移す

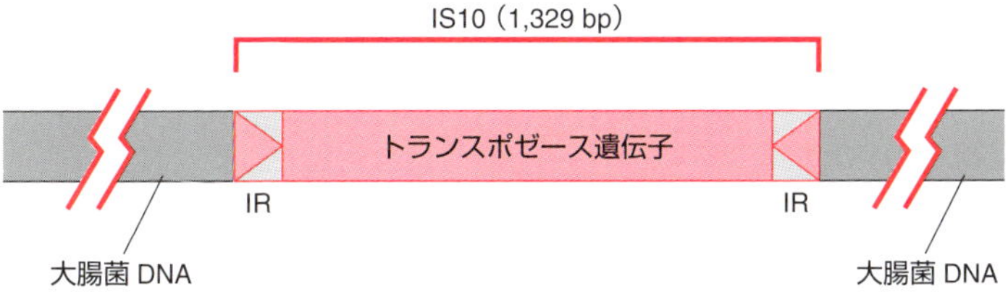

IS10（1,329 bp）
トランスポゼース遺伝子
IR
IR
大腸菌 DNA
大腸菌 DNA

図 13.2　挿入配列（IS）の構造

Box ▶ DNAは組換わる，動く，また，組換えられる

"All DNA is recombinant DNA"[*1]……ずいぶん思い切った表現である．が，至言でもある．減数分裂における相同乗換えやトランスポゾンがもたらす遺伝子変化を見てはいたが，1970年初頭までは何と言ってもゲノムは「かたい」ものとして捉えていたと思われる．組換えDNA技術は，この見方を一変しつつある．「動くDNA」のChapterを学ぶにあたり，DNAがいかに「やわらかい」か，をオーバービューしてみよう．

相同組換え（homologous recombination）

同一または類似の塩基配列をもつDNA分子間の組換え反応のこと．相同組換えは，交差（crossing over）型と遺伝子変換（gene conversion）型に分けられる．交差型は2本のDNA間の相互入換え反応を伴い，典型的には，減数分裂の二価染色体における相同乗換え（→ Chapter 12），DNA二重鎖切断の修復（→ Chapter 10）において見られる．遺伝子変換型は，供与側から受容側への一方向的なDNAの移動が起こり，二本の染色体上の遺伝情報のどちらかが増減する．酵母の接合型遺伝子の変換（→ Chapter 13），トリパノソーマの表面抗原遺伝子の変換などにその例が見られる．

非相同組換え（nonhomologous recombination）

DNA間の相同性によらない組換えのこと．ふたつのDNA分子間の入れ換え部分に数塩基の相同性が見られることもある．元の配列が失われる場合が多い．DNAはランダムに受容側DNAに組み込まれる．トランスフェクションなどによる外来DNAはこの様式で受容側DNAに挿入される（→ Chapter 6）．DNA二重鎖切断の修復における非相同末端結合（NHEJ）（→ Chapter 10）はその例のひとつである．免疫グロブリン遺伝子再編成におけるDNA断片の連結にもNHEJが関与している（→ Chapter 13）．

部位特異的組換え（site-specific recombination）

二つのDNA分子間に見られる数十塩基の決まった配列間で起きる組換え反応である．二つの配列は同一，あるいは相同な場合がある．これらの配列を認識するタンパク質が必要である．λファージの溶原化におけるファージDNAのホストゲノムへの組込みはその例である（→ Chapter 11）．

トランスポジション（transposition）

ゲノム内を動きまわる転移性遺伝因子（トランスポゾンと総称される）により起こるゲノムの変化のこと．トランスポゾンには，DNAが切り出されて他の部位に移るDNAトランスポゾンと，一度転写によりRNAが作られ，それが逆転写された相補的コピーがゲノムに組み込まれるレトロトランスポゾンとがある．Chapter 13に多くの例を示した．免疫グロブリン遺伝子再編成の初期過程は，トランスポゾンの切り出しに似た機構で起こる．

＊1　Molecular Biology of the Gene, 6th ed, J.D.Watson et al. p283（2008）

遺伝子増幅（gene amplification）

組換えがDNA配列のゲノム内の位置を変えるのに対して，ある遺伝子のみのコピーが増えることを遺伝子増幅という．その遺伝子の複製が何度も繰り返された結果，多コピー化が起こる．増幅したDNA配列は，アフリカツメガエル卵母細胞のrRNA遺伝子のように染色体外に独立したDNA鎖として，あるいは，ショウジョウバエのコリオン遺伝子のように染色体上に並んだ配列として見出される（→Chapter 13）．遺伝子増幅では特定の遺伝子のみが増幅するのであって，ゲノムが全体として増える倍数性（polyploidy）とは異なることに注意（→Chapter 2，ショウジョウバエ唾腺の多糸性）．

その他

このChapter（13.4.3項）で紹介した遺伝子スクランブルでは，小核アクチン遺伝子の各エキソンの両側に同方向および逆方向反復配列が存在する．これらの配列間には大核アクチン遺伝子のエキソン順を指定するような相同性が認められている．このような小核アクチン遺伝子の構造が如何にして大核におけるスランブル状態を作り出すかについてはいくつか仮説が提唱されている．このようにまだ機構の明らかでないDNAの組換えも見出されている．実際，この遺伝子スクランブルが報告された学会の参加者は，異口同音に「世の中にはまだまだ不思議なことがあるものだ．」とつぶやいているのを耳にした．

DNAは組換えることもできる

これまでのChapterには，人為的にDNAを組換えた例がいくつもある．触れられてないケースも含めて，ここで，「DNAは組換えることもできる」ことを改めて見てみよう．

Chapter 3の遺伝子クローニングおよび関連技術は，DNAを化学物質として取り出し，試験管内で組換えたり，任意の塩基を変換したりする（ミュタジェネシス）ことを可能にした．このように組換え，あるいは，改変したDNAをホストに戻せば，それはミュータント（突然変異体）の作製となる．DNAをマウス受精卵の核に注入すると，DNAはゲノムにランダムに組込まれ，いわゆるトランスジェニックマウスが誕生する．遺伝子発現機構の解明や疾患モデルマウスとして治療法の開発に貢献した．マウス以外の動物，植物でも方法は異なるがトランスジェニック生物が得られる．遺伝子組換え農産物はその例である．トランスジェニック生物では明らかにDNAが組換わっている．Chapter 6でのトランスフェクションにおいて安定株が得られる場合には，導入DNAはほとんどランダムにゲノムに取り込まれる．遺伝子ターゲティング（遺伝子ノックアウト）は，ES細胞という特別な細胞を用いて，確率的には低いが相同組換えによってターゲットした部位に目的のDNAが組込まれたES細胞を選別し，発生工学的技術により狙ったDNA領域を欠失，あるいは，改変したマウスを作製する技術である．

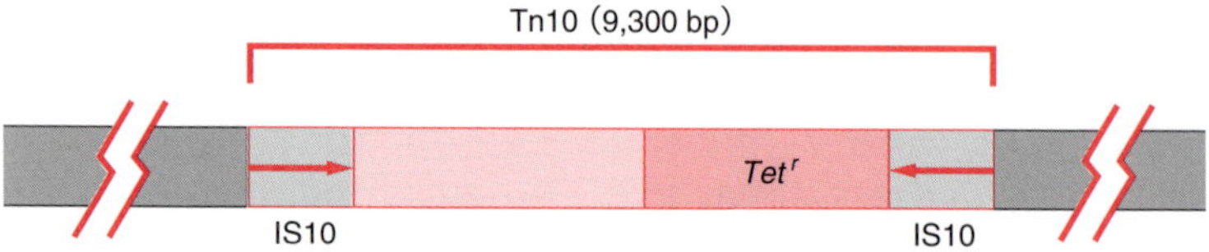
Tn10 (9,300 bp)
Tet^r
IS10
IS10

図 13.3　バクテリアトランスポゾン（Tn）の構造

る能力を失う．このことから，トランスポゼースは逆方向反復配列に働きかけて転移を引き起こしていることがわかる（図 13.2）．

二つの IS が近接して存在すると，それらに挟まれた DNA が転移することが明らかになった．これらはトランスポゾン（transposon：Tn）と呼ばれる．IS に挟まれた DNA 部分に含まれる薬剤耐性遺伝子によりその転移が確認された．たとえば，Tn10 は二つの IS10 がテトラサイクリン耐性遺伝子を挟んでいる（**図 13.3**）．トランスポゾンの転移の頻度（あるトランスポゾンに着目して，次世代のゲノムにおいてその因子がもとの位置に認められなくなる頻度）は一因子で一世代当たり 10^{-3} ～ 10^{-4} 程度である．

13.2.2　トウモロコシのトランスポゾン

細菌のトランスポゾンが同定されてから約 10 年後の 1983 年，N. Fedoroff がトウモロコシの斑入り現象を分子生物学的に研究し，調節因子として **Ac**（activator）と **Ds**（dissociation）を同定した．そして，斑入り現象は色素合成に関わる遺伝子の働きがトランスポゾンの転移によって変化することが明らかになった．同年，その存在を示唆した McClintock がノーベル賞に輝いた．

トウモロコシのトランスポゾンには自律的に転移するものと，非自律的に転移するものがある．ここでは代表例として Ac エレメントと Ds エレメントを紹介する．Ac エレメントのサイズは約 4,300 bp で，5 つのエキソンにコードされたトランスポゼース遺伝子が両端の 11 bp の逆方向反復配列（IR）により挟まれている．この構造から期待されるように，Ac エレメントは自律的に転移することができる（**図 13.4**）．それに対して Ds エレメントはトランスポゼース遺伝子の一部を欠失しているので自律的に転移することができず，かつサイズに多様性がみられる．構造的には末端に Ac エレメントと同様の逆方向反復配列（IR）をもち，サイズの多様性はトランスポゼース遺伝子領域の欠失のサイズの違いによる．Ds エレメントが

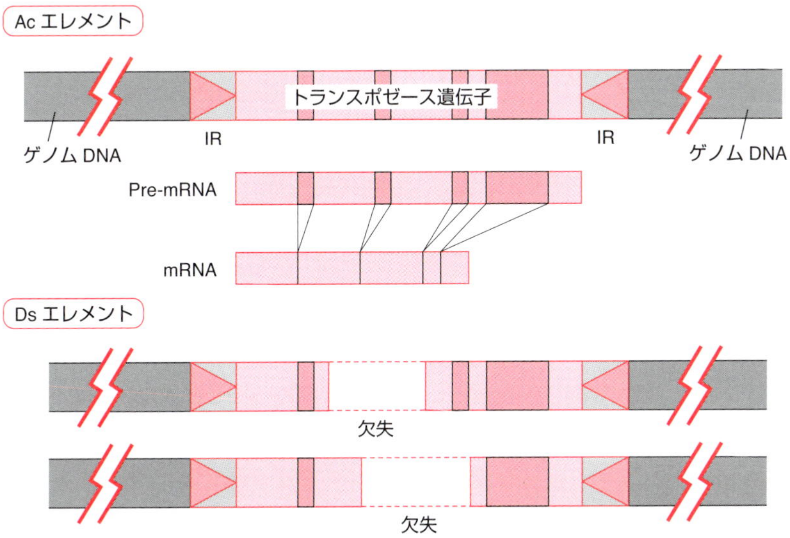
Ac エレメント
トランスポゼース遺伝子
IR
IR
ゲノム DNA
ゲノム DNA
Pre-mRNA
mRNA
Ds エレメント
欠失
欠失

図 13.4　とうもろこしのトランスポゾンの構造

転移するためには Ac エレメントでコードされる完全なトランスポゼースの供給が必要である．このことは，Ac/Ds エレメントの転移が，大腸菌の IS と同じように，末端の逆方向反復配列とそこに作用するトランスポゼースによって調節されていることを示している．

13.2.3 キイロショウジョウバエのトランスポゾン

遺伝学や発生生物学，近年では生物時計や動物行動学の研究モデルとしても重要なキイロショウジョウバエ（*Drosophila melanogaster*）にも，後述するレトロトランスポゾン（retrotransposon）などを含む多種類のトランスポゾンが知られている．なかでもよく研究されたトランスポゾンのひとつが **P エレメント**（P element）である．P エレメント発見の発端となったのは，研究室において長期間飼育維持されていたキイロショウジョウバエの雌に，野外で新たに採集した雄を交配すると子孫が得られないという現象（**交雑発生異常**，hybrid dysgenesis）であった．Ac/Ds エレメントの構造が明らかになった 1983 年，P エレメントの構造も解明された．P エレメントの構造も IS 因子と似ており，両端の 31 bp の逆方向反復配列がトランスポゼースの遺伝子を挟む全長約 2,900 bp の DNA 断片である．87 kDa のトランスポゼースをコードする遺伝子は 4 つのエキソンを含むが，3 番目と 4 番目のエ

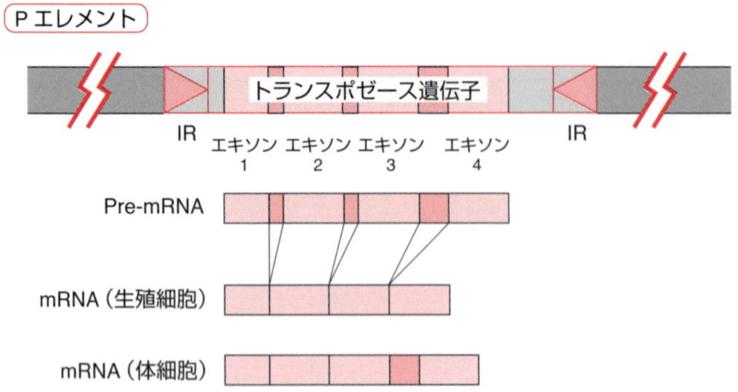
P エレメント
トランスポゼース遺伝子
IR
エキソン 1
エキソン 2
エキソン 3
エキソン 4
IR
Pre-mRNA
mRNA（生殖細胞）
mRNA（体細胞）

図 13.5　ショウジョウバエの P エレメントの構造

キソンの間のイントロンは生殖系列の細胞でのみスプライシングにより除去される．体細胞では除去されないイントロンに終止コドンがあるため体細胞で作られるタンパク質はトランスポゼースの活性をもたず，むしろ転移を抑制するタンパク質が産生される（**図 13.5**）．このため，体細胞では P エレメントの転移は起こらない．トウモロコシの Ac/Ds エレメントの場合と同様に，トランスポゼースが別ルートで供給されれば，トランスポゼース遺伝子の機能が失われている不完全な P エレメントでも転移することができる．前述の交雑発生異常は，活発に転移する多数の P エレメントによって，多くの遺伝子に引き起こされる突然変異が原因である．

13.2.4　レトロポゾン

トランスポゾンは，狭義では DNA 断片の切り出しと挿入によって転移する因子を指すが，広義のトランスポゾンには，ゲノム DNA から転写された RNA が逆転写酵素（reverse transcriptase）によって DNA に変換され，再びゲノム DNA に飛び込む様式で転移（レトロポジション，retroposition）するレトロポゾン（retroposon）あるいはレトロトランスポゾンと呼ばれるものも含まれる．

〔1〕レトロトランスポゾン

酵母の Ty エレメントとショウジョウバエのコピア（copia）がその例である．これらは逆転写酵素やインテグラーゼ[*2]（integrase）の遺伝子をもち，両末端に同方向反復配列（direct repeat）をもつなど，レトロウイルス[*3]（retrovirus）と似た構造をもつ因子である（→ Chapter 11）．出芽酵母（*Saccharomyces cerevisiae*）には複数のレトロトランスポゾン Ty がみつかっている．Ty 因子には末端の同方

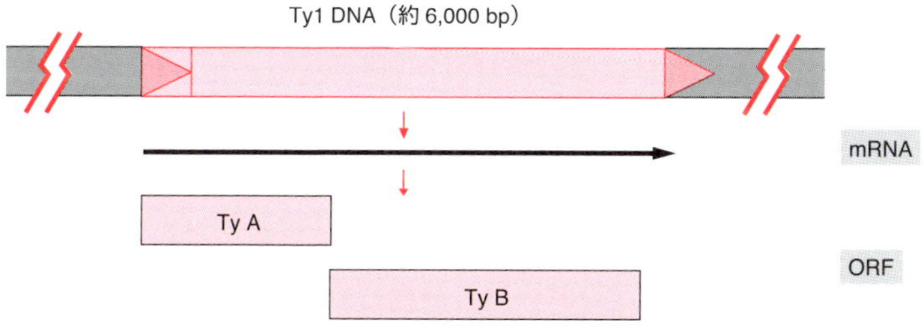
Ty1 DNA（約 6,000 bp）
mRNA
Ty A
Ty B
ORF

図 13.6　酵母の Ty エレメントの構造

向反復配列に挟まれて，二つの ORF が存在する．ひとつは DNA 結合タンパク質をコードし，もうひとつは逆転写酵素と相同性の高いタンパク質をコードする（**図 13.6**）．一倍体のゲノム当たり約 30 コピーと最も多いのが Ty1 で，そのサイズは約 6,000 bp である．ショウジョウバエのコピアはサイズが 5,000 bp で，ゲノムあたり 50 コピー存在する．構造的には Ty エレメントに似ている．

〔2〕LINE と SINE

多くの真核生物に見られる分散型反復配列は **LINE**（long interspersed nuclear element, 長い散在性核内反復配列）と **SINE**（short interspersed nuclear element, 短い散在性核内反復配列）に分けられる．LINE は 1,000 から 5,000 bp，SINE は数百 bp のサイズをもち，それぞれ数千回反復している．LINE はレトロウイルスゲノムとよく似ているが SINE は構造的にレトロウイルスとの共通点はない．ヒトの ***Alu*** ファミリー[*4] は約 300bp の SINE が 30 万回から 50 万回繰り返したものである．これらの配列はおそらく転移によって広くゲノム中にひろがったものと考えられる．多くの LINE や SINE において突然変異が起きており，自律的に転移するものは少ない．

*2　インテグラーゼ：レトロウイルス感染細胞で生産され，逆転写酵素により DNA に変換されたウイルスゲノムの宿主ゲノムへの組み込みを触媒する．また，λファージの部位特異的組換えを触媒する Int タンパク質のことも指す．

*3　レトロウイルス：RNA をゲノムとし，感染細胞では逆転写酵素の働きで DNA に変換されて宿主細胞のゲノムに組み込まれる性質をもつウイルス．その結果，ウイルスのゲノムは増幅して発がん作用をあらわすことがある．

*4　*Alu* ファミリー：ヒトゲノム中に散在する約 300 bp を単位とする反復配列．最初に発見された配列がすべて *Alu* I 制限酵素部位をもっていたことに由来する．ヒトゲノムのマーカーとして，また，DNA クローニングにおいてヒト DNA のプローブとして有用である．

〔3〕プロセス型偽遺伝子（processed pseudogene）

イントロンをもたずにエキソンが連続し，ポリ（A）配列をもつ因子である．プロセシング（スプライシング）された mRNA が逆転写された後に，ゲノム DNA に挿入したものと考えられる．最初に発見されたのはグロビン偽遺伝子[*5]［→ 2.1.2 項（2）］である．ほかに，多くの種類が見つかっている．このグループの因子が転移することはないが，「DNA が動いた」証拠とみることができる（**図 13.7**）．

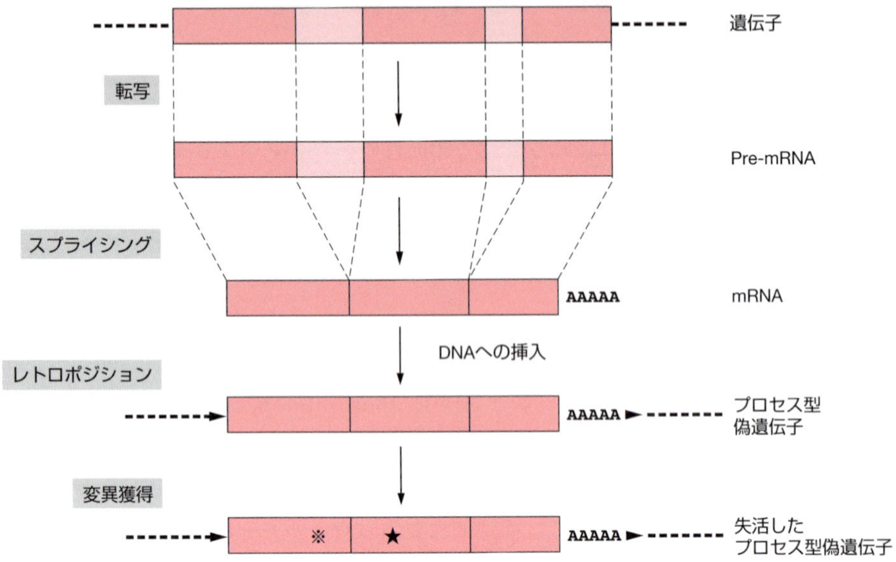
遺伝子
転写
Pre-mRNA
スプライシング
mRNA
AAAAA
DNAへの挿入
レトロポジション
AAAAA
プロセス型
偽遺伝子
変異獲得
※
★
AAAAA
失活した
プロセス型偽遺伝子

図 13.7　プロセスされた偽遺伝子

13.2.5　トランスポゾンが生物に及ぼす影響

〔1〕突然変異

トランスポゾンが飛び込む先が遺伝子領域であれば，その遺伝子に突然変異が誘発される．これを挿入突然変異[*6]（insertional mutation）という．トランスポゾンの転移による突然変異には，挿入とは別にトランスポゾンの一部を残して，あるいは隣接する DNA を伴って飛び出すことによる場合もある．さらに，挿入部位が遺伝子の近傍である場合には，遺伝子の発現調節に影響を与えることもある．これらを利用して遺伝子を単離することができる（→ 13.2.6 項）．

〔2〕組換え

ヒトゲノムDNAの解析により，ゲノム全体の約50%がトランスポゾン，あるいはそれに関係する塩基配列で占められていることが明らかになった［→2.1.2項(2)］．植物では一般にその割合がさらに高く，トウモロコシや小麦ではゲノムの80%ほどがトランスポゾンと考えられている．多くのトランスポゾンの存在のために，ゲノムの異なる部位の同じ種類のトランスポゾン間での**組換え**（recombination）も引き起こされる．このような非相同的なゲノム領域間での組換えは，ゲノムの構造に大きな変化を与える原因になったと想像される．

13.2.6 トランスポゾンの利用

〔1〕ベクター

ゲノムDNA上を転移するトランスポゾンは，生物に人為的に遺伝子を導入するためのベクター（vector）として利用される．たとえば，Pエレメントのトランスポゼース遺伝子を他の遺伝子と組み換え，これを完全なトランスポゼース遺伝子を含むヘルパープラスミドと共にショウジョウバエの生殖細胞に導入すると，任意の遺伝子を高い効率でゲノムDNAに導入することができ，トランスジェニックショウジョウバエ*7を作製することができる．食用植物についても，よい形質を示す遺伝子を効率良く導入するために，トランスポゾンを利用したベクターの開発が進められている．

Chapter 13 動くDNA

〔2〕トランスポゾンタッギングによる遺伝子分離

ある遺伝子にトランスポゾンが挿入されるとその遺伝子は失活する．これを利用して遺伝子分離が可能である．いま，Y遺伝子にトランスポゾンが挿入されY^-となった突然変異体からゲノムライブラリーを作製する．次いで，トランスポゾン

*5　偽遺伝子：機能している遺伝子と塩基配列はよく似ているが，発現していない遺伝子配列．5S rRNA遺伝子で初めて見出された．

*6　挿入突然変異：ゲノムに外来性のDNA断片が組み込まれれば，その領域の塩基配列は変化し突然変異が起きたことになる．トランスポゾンの性質を利用した挿入突然変異を意図的に起こして，スクリーニングにより有用な突然変異体を得ることもできる．

*7　トランスジェニックショウジョウバエ：ゲノムに人為的に外来性の遺伝子を導入した形質転換ショウジョウバエのことである．効率良く形質転換個体を作製するための手法は生物の種類によって異なるが，その生物において転移する性質をもつトランスポゾンは，任意の遺伝子をゲノムに導入するためのベクターとして有用である．マウスでは全能性のES細胞に外来性の遺伝子を取り込ませて，それがゲノムに組み込まれた細胞だけを選ぶことによって，トランスポゾン由来のベクターを用いることなく形質転換個体を作製することができる．

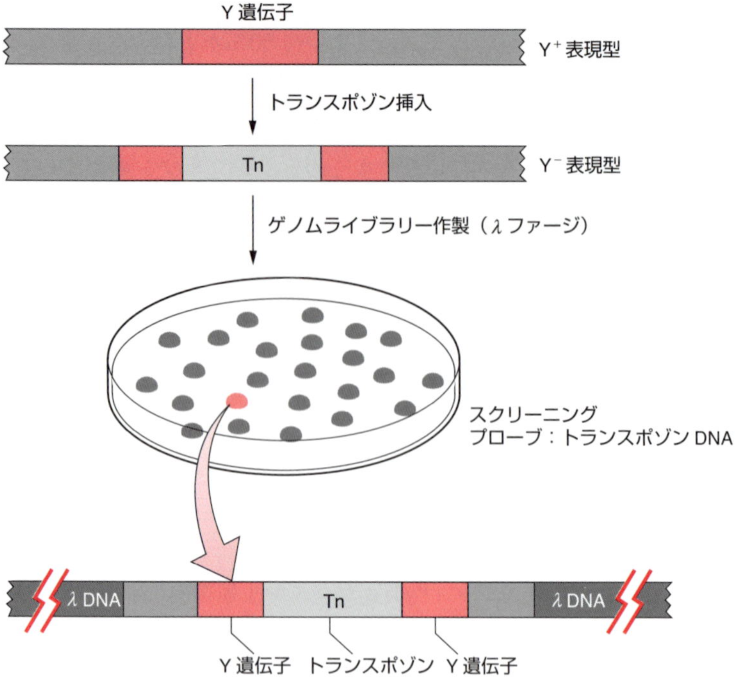
Y遺伝子
Y⁺表現型
トランスポゾン挿入
Tn
Y⁻表現型
ゲノムライブラリー作製（λファージ）
スクリーニング
プローブ：トランスポゾンDNA
λDNA
Tn
λDNA
Y遺伝子
トランスポゾン
Y遺伝子

図 13.8　トランスポゾンタッギングによる遺伝子単離

DNA をプローブとしてスクリーニングすると，Y 遺伝子にトランスポゾンが挿入されたクローンをピックアップすることができる．Y 遺伝子を得るには得られたクローン中の Y 遺伝子部分の断片をプローブとして，野生型ゲノムライブラリーをスクリーンすればよい（**図 13.8**）．

〔3〕生物の類縁関係の解析

ゲノム中に反復して存在する転移性の遺伝因子は個体ごとに挿入部位や数が異なるので，生物種間の系統関係や個体間の関係を解析する指標として利用される．ヒトの DNA 鑑定にも用いられる．

13.3 遺伝子増幅

特定の遺伝子のみその数が増えることがあり，これを遺伝子増幅（gene amplification）という．アフリカツメガエル[*8]（*Xenopus laevis*）やハマグリの卵母細胞（oocyte）では体細胞に比べて rRNA 遺伝子のみが 1,000 倍以上にも増えていることが知られている（**図 13.9**）．これは受精後に必要とされる多くのタンパク質を卵形成過程で合成し準備するためと考えられる．ショウジョウバエの発生のある時期には濾胞細胞（follicle cell）の卵殻タンパク質（chorion protein）遺伝子が約 60 倍に増幅する．ある種の薬剤に耐性を獲得した培養細胞では，その薬剤を代謝する酵素の遺伝子が増幅している例も知られている．

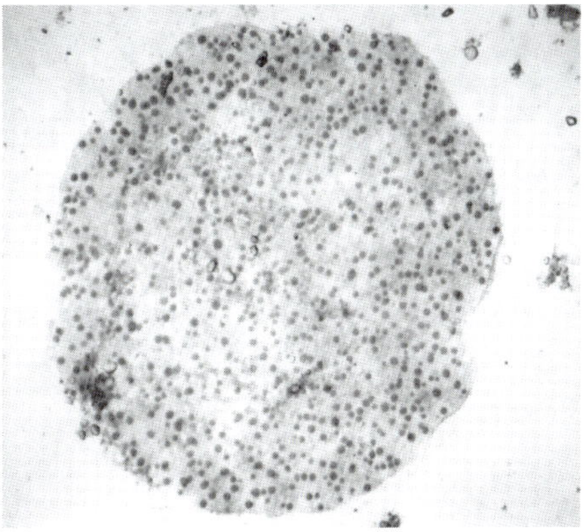

図 13.9　ゼノパス卵母細胞の核小体像

13.4 遺伝子再編成

13.4.1 免疫グロブリン遺伝子の再編成

免疫グロブリン（immunoglobulin）は生体防御反応の一翼を担う抗体（antibody）の実体である．すべての抗体は可変領域（variable region）と定常領域（constant region）をもつ 2 本の **H 鎖**（heavy chain）と 2 本の **L 鎖**（light chain）からなる基本構造をもつ．抗原－抗体反応の多様性がどのようにして分子レベルで説明できるかは長い間の謎であった．これに解明の糸口を与えたのが穂積信道と利根川進の実験であった（→ Box，329 頁参照）．その後の研究によりこの**遺伝子再編成**（gene rearrangement）の詳細が明らかになった．今日では，ヒトの H 鎖の可変領域をコードするゲノム領域には 50 個以上の *V*（variable segment）遺伝子，27 個前後の *D*（diversity segment）遺伝子，6 個の *J*（joining segment）遺伝子があることがわかっている．発生において **B 細胞**が形質細胞（plasma cell）に分化する過程での遺伝子再編成によって，*V*，*D*，*J* 各遺伝子がひとつずつ選ばれる組み合わせを考えただけでも（*V* - *D* - *J* joining），ひとつの B 細胞が産生す

*8　アフリカツメガエル：一生を水中で飼育することができ，生物学の研究において重要なモデル生物の一つ．染色体の構成は偽 4 倍体である．近年，少し小型で 2 倍体のツメガエル（*Xenopus tropicalis*）も研究に用いられるようになった．

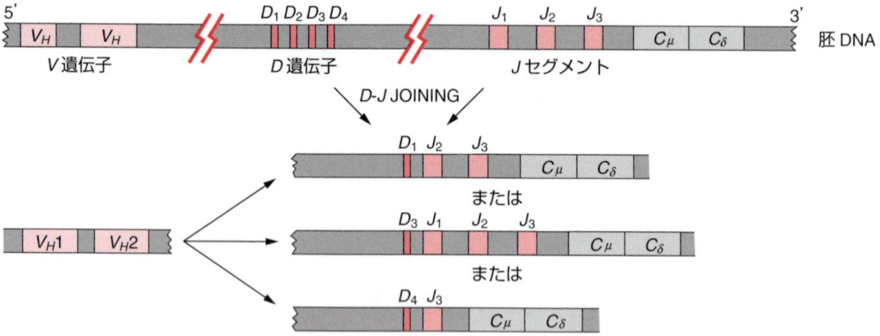
5'
3'
V_H
V_H
D_1 D_2 D_3 D_4
J_1
J_2
J_3
$C\mu$
$C\delta$
胚 DNA
V 遺伝子
D 遺伝子
J セグメント
D-J JOINING
D_1 J_2 J_3
または
D_3 J_1 J_2 J_3
または
D_4 J_3
V_H1
V_H2

図 13.10　免疫グロブリン遺伝子における遺伝子再編成

るH鎖の可変領域には8,000種類以上（50×27×6）の多様性が生じ得る．引き続き，抗体の定常領域をコードする5つの*C*（constant segment）遺伝子からひとつが選ばれて組み合わされる（**図13.10**）．一方，L鎖にはκとλの2種類があり，それぞれについて数十個の*V*遺伝子，数個の*J*遺伝子と定常領域をコードする二つの遺伝子がある．H鎖と同様に考えると200種類以上の多様性が生まれ得る．利根川はこの功績によって1987年にノーベル賞を授与された．

13.4.2 酵母の接合型（mating type）変換

出芽酵母（*Saccharomyces cerevisiae*）は一倍体でも二倍体でも増殖できる単細胞生物である．一倍体では劣性突然変異の表現型も顕わになることから，遺伝学的な研究のために有用なモデル系である．二倍体は減数分裂を伴う胞子形成（sporulation）により一倍体となり，一倍体は接合（mating）によって二倍体となる．接合は**a**接

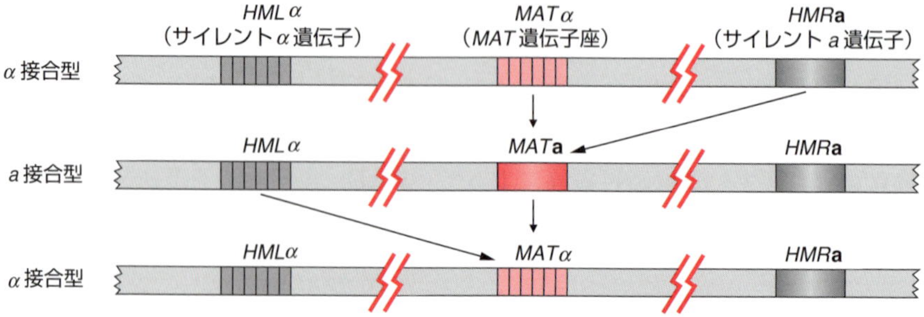
HML α
（サイレント α 遺伝子）
MAT α
（*MAT* 遺伝子座）
HMR **a**
（サイレント a 遺伝子）
α 接合型
a 接合型
α 接合型
HML α
MAT **a**
HMR **a**
HML α
MAT α
HMR **a**

図 13.11　酵母における接合型スイッチの機構

Box ▶ 免疫グロブリン遺伝子における遺伝子再編成の発見

1976 年，穂積と利根川はマウス胚および L 鎖を合成する**ミエローマ細胞**（B リンパ球腫瘍）から DNA を抽出し，*Bam*HI で消化した．得られた DNA 断片をそれぞれ電気泳動したのちゲルをスライスした．各スライスから DNA を溶出し，変性したのちミエローマ細胞から抽出した L 鎖全体をコードする放射性 RNA プローブとハイブリダイズさせた．また，同じサンプルに対して，L 鎖 C 領域をコードする放射性 RNA プローブ［図（a）では RNA の 3' 側半分に相当］をハイブリダイズさせた．マウス胚 DNA で 2 種，ミエローマ細胞 DNA で 2 種，合計 4 種のハイブリダイゼーションの結果を一枚の図にまとめたものが図（a）である．各 RNA 部分が *Bam*HI 消化後，どのサイズの DNA 断片に由来するかを問う実験である．

（a）

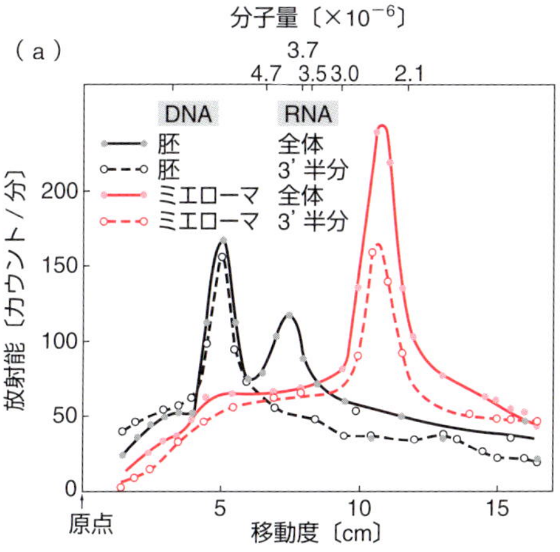

分子量〔×10⁻⁶〕
3.7
4.7 3.5 3.0 2.1
DNA RNA
胚 全体
胚 3' 半分
ミエローマ 全体
ミエローマ 3' 半分
放射能〔カウント／分〕
0
50
100
150
200
原点
5
10
15
移動度〔cm〕

その結果，マウス胚の場合，L 鎖 RNA 全体は分子量 600 万と 390 万の二つの DNA 断片に，また L 鎖 C 領域 RNA（RNA の 3' 側半分）は分子量 600 万の DNA 断片と結合した．この結果から，マウス胚では L 鎖 V 領域をコードする RNA は分子量 390 万の DNA 断片によりコードされていることを示す．

次に同様の実験をミエローマ RNA についても行った．もし，マウス胚とミエローマで L 鎖 RNA をコードする DNA 領域に変化がないとすれば，マウス胚と同じ結果が出るはずであった．ところが，全く異なる結果が得られた．L 鎖 RNA 全体も L 鎖 C 領域 RNA もともに分子量 240 万の DNA 断片と結合した．つまり，ミエローマでは L 鎖 V 領域 RNA と L 鎖 C 領域 RNA が同じ DNA 断片によりコードされていることが明らかになった．

この結果は，マウス胚の発生において，L 鎖を合成する細胞が分化する過程で，*V* 領域遺伝子部位と *C* 領域遺伝子部位が「**新しい遺伝子を形成するように**」連結していることを示している．そのモデル図を図（b）に示す．

（b）

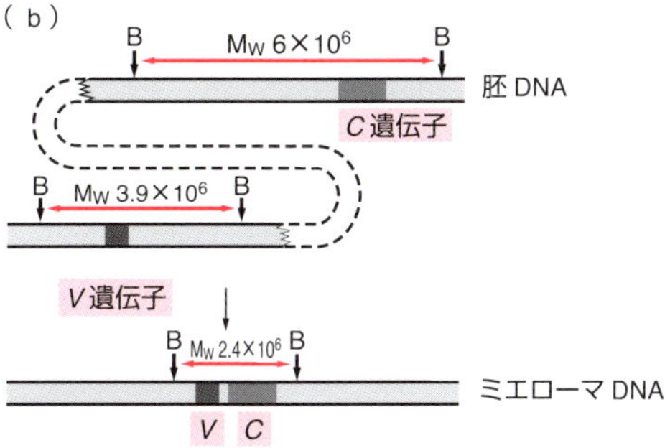

B
Mw 6×10⁶
B
胚 DNA
C 遺伝子
B
Mw 3.9×10⁶
B
V 遺伝子
B
Mw 2.4×10⁶
B
ミエローマ DNA
V
C

Chapter 13 動く DNA

合型と α 接合型の細胞間で起こる（**図 13.11**）．細胞の接合型の決定はカセットモデルとして次のように説明されている．細胞には接合型を決定する *MAT* 遺伝子座があり，その右側には **a** 型の情報をもつがサイレントな遺伝子座 *HMR***a**，左側には α 型の情報をもつがサイレントな遺伝子座 *HML*α がある．*MAT* 遺伝子座に *HMR***a** がカセットのように挿入されると **a** 接合型，*HML*α が挿入されると α 接合型となる．この変換には **HO** エンドヌクレアーゼが関与していることがわかっており，優性の *HO* 対立遺伝子をもつ細胞では，この接合型変換が高い頻度で起こる．

13.4.3 繊毛虫における遺伝子スクランブル

ゾウリムシ（*Paramecium*）やテトラヒメナ（*Tetrahymena*）などの繊毛虫類は，1 個の細胞が，生殖に必要な小核と生存に必要な大核の 2 つの核をもつ．大核は異なる接合型の細胞が接合したのち，分裂した小核から大核原基を経て生成する．小核のゲノムは次世代に伝えられるため完全な遺伝子セットをもつが，大核形成過程では多くの DNA 部分が失われ，大核の機能に必要な DNA 部分にのみテロメア配列が付加され数十倍にも増幅される．つまり，大核では DNA の量は多いが複雑度（complexity）（→ 47 頁，脚注参照）が減少している．また，**図 13.12** に示すような大幅な DNA の再編成（スクランブル）が見られる例も知られている．

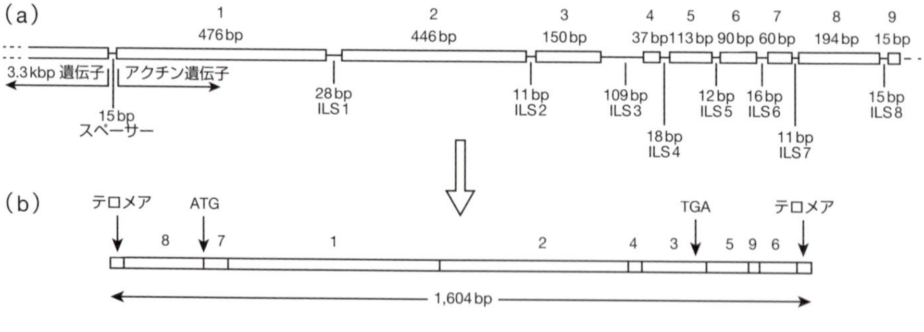
(a)
1
476bp
2
446bp
3
150bp
4
37bp
5
113bp
6
90bp
7
60bp
8
194bp
9
15bp
3.3kbp 遺伝子
アクチン遺伝子
15bp
スペーサー
28bp
ILS1
11bp
ILS2
109bp
ILS3
18bp
ILS4
12bp
ILS5
16bp
ILS6
11bp
ILS7
15bp
ILS8
(b)
テロメア
ATG
8
7
1
2
4
3
TGA
5
9
6
テロメア
1,604bp

図 13.12　オキシトリカ（*Oxytricha*）大核形成におけるアクチン遺伝子のスクランブル

大核形成過程で小核のアクチン遺伝子の各部分（1 ～ 9）が，大核ではスクランブルされ全く別のオーダーでつながっている．

演習問題

Q.1 このChapterでは，ゲノムDNAが変化する例を見たが，一般にはゲノムDNAは発生過程を通じて不変であると考えられている．このゲノムの安定性を支持する実験的証拠を列挙せよ．

Q.2 ヒトの正常な発生過程において，遺伝情報を担うDNAに変化が起きていることが期待される細胞の例を挙げよ．

Q.3 ゲノムDNAの中に転移性のDNAが含まれているために引き起こされると考えられる現象について解説せよ．

Q.4 レトロトランスポゾンは転移のたびにゲノム内のコピーが増える．はたして，ゲノムがトランスポゾンでいっぱいになる可能性はないだろうか．

Q.5 次の一文は正しいか，誤っているか．
「トランスポゼースは組み込み部位の逆方向反復配列を認識するので，トランスポゾンはこの配列を持たない遺伝子の中央などに組み込まれることはない．なぜなら，遺伝子の分断は細胞にとり致命的であるから．」

Q.6 *white* 遺伝子の突然変異によって白眼になったキイロショウジョウバエは，正常な *white* 遺伝子を含む改変P因子を持つと赤眼に戻る．さらに「ある操作」を加えて右図に示す眼色の固体を得た．眼色が改変P因子の有無に依存することを念頭に,「ある操作」について考察せよ．

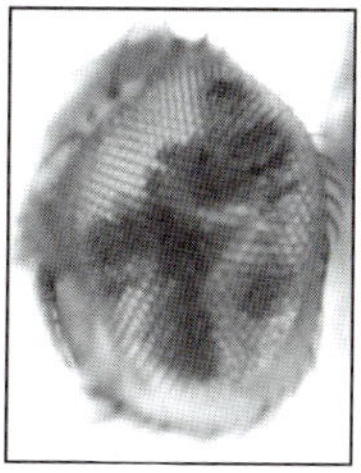

Q.7 花屋で購入した紫色の花の咲くアサガオの種をまいて育てた所，すべての花は全体が紫色であった．友人が白色の花が咲くといって分けてくれた種をまいて育てたところ，全体が白い花に混じって，いくつかの花では花弁の付け根から先端に扇状に紫色の部分があらわれた．トランスポゾンの関与を念頭に，この現象を説明せよ．

Q.8 ヒトは莫大な種類の抗原に対して抗体を産み出すことができる．その多様性をもたらす機構について説明せよ．

Q.9 酵母の接合型を調節する機構を説明するカセットモデルにおいては，*MAT* 遺伝子座と置換するのが *HML*（*HMR*）遺伝子座そのものではなく，コピーであることを想定している．このことを示すにはどのような実験結果があればよいか説明せよ．

Q.10 がんの化学療法剤メトトレキセート（MTX）存在下でマウス細胞を培養しMTX耐性細胞を得た．耐性細胞ではジヒドロ葉酸還元酵素（DHFR）が増加していた．はたしてDHFRのmRNAは増えているだろうか．また，*DHFR*遺伝子は増えているだろうか．それぞれを確かめる実験をデザインせよ．DHFRのcDNAはクローン化され塩基配列も決定されている．

Q.11 Boxに記した穂積と利根川の実験を今日の分子生物学的手法で行うとしたら，どのようなデザインが考えられるか．

参考図書

1. 菊地韶彦，榊佳之，水野猛，伊庭英夫訳：遺伝子（第8版），東京化学同人（2006）
2. 笹月健彦監訳：免疫生物学－免疫系の正常と病理（第5版），南江堂（2003）
3. トランスポゾンによる進化，変異導入の生物学的意義，タンパク質核酸酵素，共立出版（2004）

ウェブサイト紹介

1. Genetics Home Reference　http://ghr.nlm.nih.gov/
遺伝学を理解するためのガイド
2. 国立遺伝学研究所「遺伝学電子博物館」　http://www.nig.ac.jp/museum/
「遺伝学の歴史」の項の「近代遺伝学の流れ」に「トランスポゾン」の解説がある．
3. バーバラ・マクリントック博士紹介ページ
http://nobelprize.org/nobel-prizes/medicine/laureates/1983/index.html
ノーベル財団の1983年度医学生理学賞受賞者，バーバラ・マクリントック博士の紹介ページである．業績の紹介や自伝など．
4. http://www.jst.go.jp/pr/announce/20051212/index.html
http://www.nature.com/ng/journal/v38/n1/full/ng1699.html
レトロトランスポゾンに由来する，インプリンティング遺伝子Peg10（胚発生において父親由来の遺伝子のみが発現する）が哺乳類の発生に不可欠の胎盤の形成に重要な働きを持つことを示した論文の紹介．
5. 利根川進博士紹介ページ
http://nobelprize.org/nobel-prizes/medicine/laureates/1987/index.html
ノーベル財団の1987年度医学生理学賞受賞者，利根川進博士の紹介ページである．業績の紹介や自伝など．

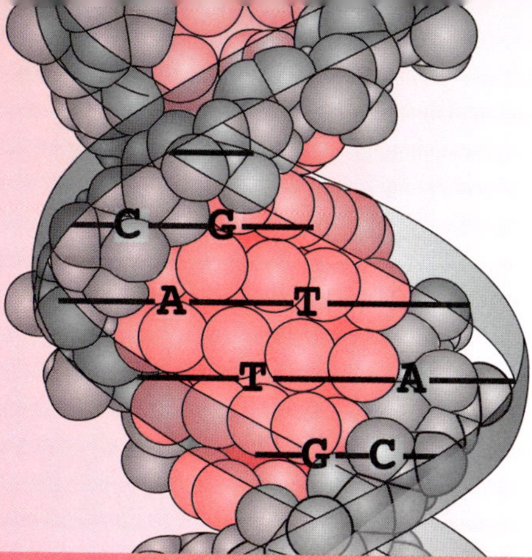
C G
A T
T A
G C

Chapter 14
機能性 RNA

Chapter 14

機能性 RNA

14.1 はじめに

私たちはRNAと聞くと，まずmRNA，ついでtRNA，rRNAを思い出すだろう．遺伝情報がタンパク質へと流れるメインストリームで活躍するプレイヤー達である．さらに，スプライシングに働く核内低分子RNA（small nuclear RNA：snRNA）を挙げることもあるだろう．しかし，これまでのChapterで見てきたように，これらの主役以外にもいくつかのRNAが生命プロセスの諸相のあちらこちらに顔をのぞかせていた．例を挙げよう．テロメラーゼのRNA成分（→ Chapter 2および5），プライマーRNA（→ Chapter 5），guide RNA（→ Chapter 7）などである．一方，21世紀に入って，新しいタイプのRNAが，しかも想像を絶するほどのおびただしい数において次々と報告されている．近年，これらのRNAを「**機能性 RNA**[*1]」という新たなカテゴリーとして捉え研究の焦点が絞られている．「機能性RNA」とは，タンパク質に翻訳されることなくRNA分子のままで機能を発揮するもの（**ノンコーディングRNA**，non-coding RNA：ncRNA）で，上記の古典的ともいうべきtRNAやrRNAに加え，さまざまな低分子RNA，リボザイム，**マイクロRNA**（microRNA：miRNA），**長鎖ncRNA**などがこれにあたる．

＊1　機能性RNA：RNAはタンパク質をコードするmRNAと，コードしないncRNAに大別される．これまでにも，ncRNAとして古典的なrRNAやtRNA，さらにはsnRNA，snoRNAが知られていた．一方，近年，ゲノム領域の大半が転写されていることが明らかになるにつれ，翻訳されず，RNAのままで何らかの機能を遂行するRNAを「機能性RNA」と総称するようになった．「機能性RNA」とは，真核生物のmiRNAや長鎖ncRNA，原核生物のsmall RNAやCRISPR RNAなど新たなカテゴリーのRNAを指すことが多いが，上述の古典的なncRNAも含まれる．さらにこれを拡大解釈して，mRNA上に存在する機能性のRNAドメイン（リボスイッチ，IRES等）を「機能性RNA」に含める論文も多い．そうなると，アンチセンスRNAのようにセンス側の機能を抑えるだけを機能といえるかとか，転写されるが，その配列そのものに意味はなく，該当するクロマチンを広げる役割があるものはどうするか，さらに，ncRNAとしては明確だが，機能のわかっていないものはどうかということになるが，多くの場合はこれらも総称して「機能性RNA」とか「機能性RNAの候補」とされる．一方で，テロメラーゼのRNA成分，プライマーRNA，guide RNAなどは，基本的にはプライマーや鋳型として核酸の合成時に働くだけで，調節機能にあたっていないので，本Chapterでは「機能性RNA」の範疇に含めてはいない．

その機能は遺伝情報発現の流れの中で，多くの重要なステップに関与している（**図 14.1**）．本 Chapter では，この新しい「機能性 RNA」の多様な働きについて概説する．

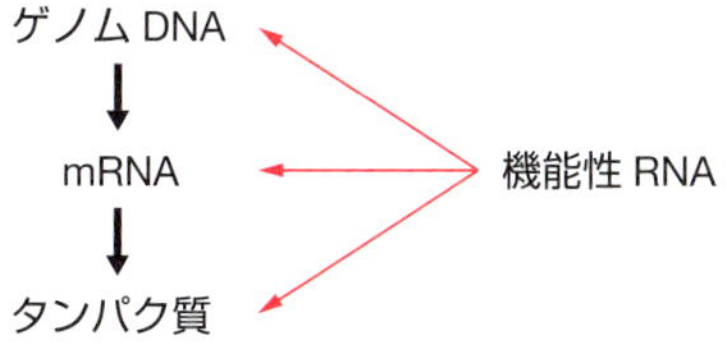

ゲノム DNA
mRNA
タンパク質
機能性 RNA

図 14.1　機能性 RNA は遺伝情報の流れの各ステップに対し調節的な働きを行う

14.2 機能性 RNA の種類

機能性 RNA はバクテリア，アーキア（古細菌）のような原核生物に，また，酵母からヒトに至るまでのすべての真核生物に存在する．このことは，すべての生物種が翻訳されない RNA を調節分子として使用していることを意味している．**図 14.2** は真核生物の全 RNA がどのように分類されるのかを示したものである．RNA は大きくタンパク質をコードする RNA（mRNA）と，しない RNA（ncRNA）に分けられる．タンパク質をコードする mRNA は，RNA の絶対量からすると全 RNA 中の 1 ～ 2%に過ぎず，ほとんどの RNA はタンパク質をコードしない RNA，つまり ncRNA である．mRNA と ncRNA はそれぞれ異なるゲノム領域から転写されると考えられるが，なかには mRNA のイントロン領域から核小体低分子 RNA（small nucleolar RNA：snoRNA）や miRNA がコードされているという興味深い報告もある．図 14.2 から明らかなように，ncRNA には何らかの機能をもつ「機能性 RNA」が数多く存在しており，私たちの RNA の「はたらき」に関する従来の考え方を大きく転換する状況が生まれている．

表 14.1 に代表的な機能性 RNA についてまとめた．tRNA や rRNA 以外の機能性 RNA については，便宜的にそのサイズで分類するとわかりやすい．

まず，微小サイズのものとして，真核生物に存在するわずか 20 ～ 25 塩基程度の **miRNA** がある．これらは，発生，分化，細胞増殖，癌化，生体防御から細胞死までの幅広い現象に関与する．miRNA 情報のデータベースである miRBase（http://www.mirbase.org/）には，ヒトに約 2,000 種の，マウスで約 1,300 種の miRNA が登録されている（リリース 19，2012 年 8 月）．miRNA より少し大きい 26 ～ 31 塩

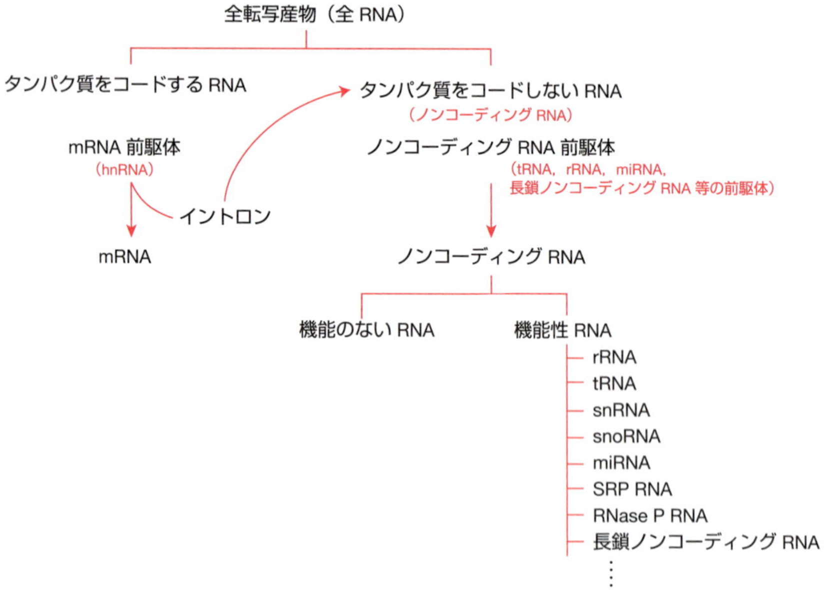
全転写産物（全 RNA）
タンパク質をコードする RNA
タンパク質をコードしない RNA
（ノンコーディング RNA）
mRNA 前駆体
（hnRNA）
ノンコーディング RNA 前駆体
（tRNA，rRNA，miRNA，
長鎖ノンコーディング RNA 等の前駆体）
イントロン
mRNA
ノンコーディング RNA
機能のない RNA
機能性 RNA
rRNA
tRNA
snRNA
snoRNA
miRNA
SRP RNA
RNase P RNA
長鎖ノンコーディング RNA

図 14.2　真核生物の全転写産物の分類

転写産物は大きくタンパク質をコードする RNA としない RNA に二分される．hnRNA：ヘテロ核 RNA，snRNA：核内低分子 RNA，snoRNA：核小体低分子 RNA，SRP RNA：シグナル認識粒子 RNA.

基の **piRNA**（PIWI-interacting RNA）は，おもに生殖系列で発現しており，ゲノムに内在するトランスポゾンの転移を抑える（遺伝子のサイレンシング）ことが知られている．

微小サイズの ncRNA より大きい 50 ～ 500 塩基くらいの RNA を低分子 **RNA**（small RNA：sRNA）と呼ぶ．このカテゴリーには原核生物の機能性 RNA，真核生物のスプライシングに関与する snRNA や，rRNA のプロセシングや塩基修飾に関与する snoRNA が含まれる．原核生物の生体防御に関わるクリスパー **RNA**（Clustered Regularly Interspaced Short Palindromic Repeat RNA：CRISPR RNA）は 25 ～ 50 塩基なので，サイズ的には微小 RNA と低分子 RNA の間くらいである．微小サイズの RNA というと大半が真核生物由来の 30 塩基以下の miRNA をさし，原核生物の ncRNA は一般に sRNA と呼ばれているので，ここでは低分子 RNA に分類している．CRISPR RNA は，外来ファージのゲノムなどに対して攻撃的に働く．したがって，この現象は原核生物の **RNA** 干渉とも見ることができる．また，

表 14.1　機能性 RNA（機能性ノンコーディング RNA：ncRNA）の実例

	一般名称	具体例，ゲノムや RNA 上の位置	（予想される） 機能	主な生物種 （生物ドメイン）
古典的 ncRNA	tRNA	$tRNA^{Gly}$ $tRNA^{Ala}$	リボソームにアミノ酸を運ぶ． 翻訳に関与．	すべて
	rRNA	23S rRNA（原核生物） 16S rRNA（原核生物） 28S rRNA（真核生物） 18S rRNA（真核生物） 他	リボソームの構成成分． 翻訳に関与．	すべて
微小 ncRNA	miRNA （注）	*let-7* *miR-1* *miR-34*　他	標的 mRNA と結合し，その mRNA の翻訳抑制，分解に関与．その結果として細胞分化，発生などを制御する．	真核生物
	piRNA	ゲノム上の piRNA クラスター	生殖細胞のゲノムをトランスポゾンによる変異誘導から保護する．	真核生物
低分子 ncRNA	small RNA （sRNA）	DsrA（大腸菌） CsrB（大腸菌）他	タンパク質をコードする mRNA に対して翻訳の阻害や分解を行う．タンパク質と結合して，その機能を阻害する．機能が不明なものが多い．	バクテリア アーキア
	CRISPR RNA	ゲノム上の CRISPR 領域	原核生物の生体防御に関与（原核生物の RNA 干渉と呼ばれる）．	バクテリア アーキア
	SRPRNA	SRP 4.5S RNA（大腸菌） SRP 7S RNA（真核生物）	シグナル認識粒子中の RNA 成分． タンパク質の分泌に関与する．	バクテリア アーキア 真核生物
	snRNA	U1，U2，U4，U6　など	RNA スプライシング	真核生物
	snoRNA	boxC/D タイプと boxH/ACA タイプがある	主に rRNA における部位特異的な修飾に関与する． 真核生物では核小体に存在する．	真核生物 アーキア
長鎖 ncRNA	lncRNA	*H19* *Xist* *Tsix* *HOTTIP* 他	ゲノムインプリンティング，クロマチンの制御等に関与．マウスやヒトのトランスクリプトームにはこの種の ncRNA がたくさん存在するが，ほとんどの機能は不明である．	真核生物
その他	リボザイム	リボヌクレアーゼ P rRNA　　など	酵素活性を有した RNA．RNA の分解，ペプチドの連結など．	すべて
	IRES	主としてウイルスの 5’ 上流非翻訳領域に存在	RNA の内部からリボソームが結合（侵入）する領域．	主にウイルス， 真核生物の mRNA にも存在する．
	SECIS	mRNA の 3’ 非翻訳領域に存在	セレノシステインの導入，翻訳終止コドンの読み飛ばしに関与．	すべて
	リボスイッチ	mRNA の 5’ 非翻訳領域に存在 TTP リボスイッチ SAM リボスイッチ グリシンリボスイッチ　他	さまざまな代謝物質と結合することで，該当する mRNA の翻訳等を制御する．	主にバクテリア

（注：論文によれば，miRNA を small RNA と呼ぶことがある．）

このRNAは，他の生物種からの遺伝子の水平伝播を抑制するという報告もある．

次に，長鎖ncRNA（long ncRNA：lncRNA）と総称されるカテゴリーがある．lncRNAは通常のmRNAのようにキャップ構造を有していたり，スプライシングを受けたりするので，当初はmRNA様ncRNAと呼ばれていた．これらのncRNAは，マウスやヒトの**完全長cDNAプロジェクト**（→ Chapter 16）のいわば予期せぬ大成果として見出されたものである．cDNAプロジェクトの当初の目的は，タンパク質をコードするmRNAの全ぼうを高等真核生物で明らかにすることであった．これらの生物種では，ゲノム上でタンパク質をコードする領域が少ないばかりか，イントロンにより分断されているため，ゲノムの配列情報からタンパク質に対応する領域を推定するのが困難であったからである．研究者をも驚かせたことには，マウスcDNAの解析を行う過程で，タンパク質をコードする遺伝子と同程度（2万種以上）のlncRNAが見出されたのである．これらlncRNAの多くについてはその機能がまだ明らかではないが，ゲノムのインプリンティングや遺伝子の発現制御等において重要な役割を担っていることを示唆する知見が刻々と蓄積されている．

最後に，RNAの特定ドメインが機能性を有する場合をまとめた．これにはmRNAに存在する制御ドメイン（IRES, SECISの他，さまざまなリボスイッチ[*2]など）が含まれる．さらに，tRNA前駆体のプロセシングに働く酵素リボヌクレアーゼPはタンパク質とRNAの複合体として知られているが，このうちのRNA成分は酵素活性をもつリボザイムであり，これも機能性RNAとして取り扱われる（→ 14.3節）．一方で，テロメラーゼのRNA成分，プライマーRNA, guide RNAなどは，基本的にはプライマーや鋳型として核酸の合成時に働くだけで調節機能にかかわっていないので，本Chapterでは「機能性RNA」の範疇に含めてはいない．

14.2.1 真核生物のmiRNAと長鎖ncRNA

代表的な機能性RNAについて少し詳しく見ていこう．miRNA研究は21世紀になってから爆発的に発展した．しかし，その最初の物質的な同定は，1990年代はじめの線虫の発生研究にさかのぼる．線虫の発生では，卵から1〜4齢（L1〜L4と呼ぶ）の幼虫を経て成虫になるが，*lin-4*や*let-7*と呼ばれる遺伝子に変異があると発生のタイミングに異常をきたすことが知られていた．**図14.3**（a）で示す

*2　リボスイッチ：mRNA上の主に5′非翻訳領域に存在する機能性RNAドメインの一種．さまざまな代謝物質と結合することで，RNAの高次構造を変化させ，その結果，下流に存在するmRNA読み枠（ORF）の翻訳を制御する．

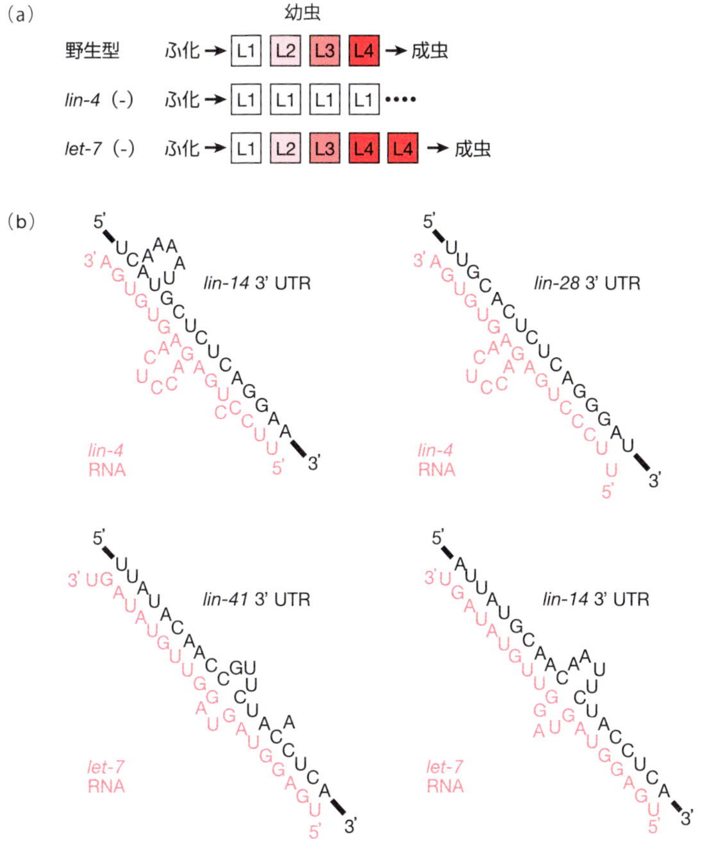
(a)
幼虫
野生型
ふ化
L1
L2
L3
L4
成虫
lin-4 (-)
let-7 (-)
(b)
lin-14 3' UTR
lin-28 3' UTR
lin-41 3' UTR
lin-4 RNA
let-7 RNA

図 14.3　線虫の発生に関する変異株の表現型と miRNA

(a) 線虫の発生過程における野生型と変異株の表現型．(b) *lin-4* および *let-7* miRNA と標的 mRNA との結合様式．詳細は本文を参照のこと．

ように，*lin-4*（−）では L1 を繰り返し，*let-7*（−）では L4 を 2 回行う．これらの責任遺伝子をクローニングしてみたところ，その実体は 22 塩基程度の極めて短い，タンパク質としての ORF をもたない RNA 遺伝子であることが明らかとなった．これらの RNA は図 14.3（b）のように特定の mRNA と不完全なハイブリッドを形成し，その mRNA の働きを抑えること（詳細な制御機構については後述）で発生のタイミングを調節していたのである．今日，この研究が優れたオリジナリティを持っていることは誰の目にも明らかであるが，当時は，どちらかといえば線虫という特殊な生物の，しかも特別な例であると捉えた研究者が多かったように感じられる．そのような見方が根底から覆されたのが，2001 年，Science 誌に発表された大量の miRNA 発見に関する 3 つのグループからの論文であった．前述のように，現在ではヒトで 2,000 種以上の miRNA が報告され，その機能は多岐に及んでいる．

miRNA の機能は，基本的には標的となる mRNA の翻訳を抑制したり，また，分解したりすることで遂行される．したがって，生物学的な機能は標的となる mRNA がコードするタンパク質が担っているといってもよい．制御機構を模式的に表したのが**図 14.4** である．miRNA は単独で働くのではなくさまざまな制御タ

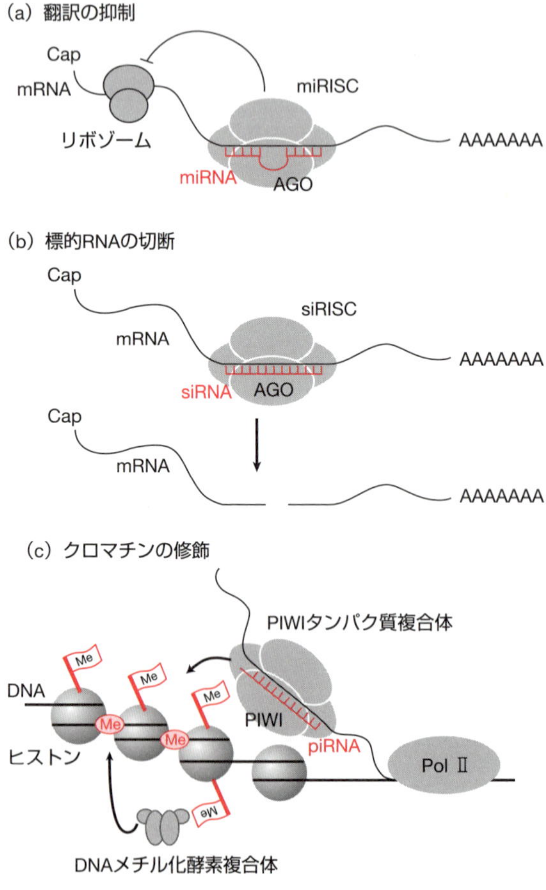

(a) 翻訳の抑制
Cap
mRNA
miRISC
リボゾーム
AAAAAAA
miRNA
AGO
(b) 標的RNAの切断
Cap
siRISC
mRNA
AAAAAAA
siRNA
AGO
Cap
mRNA
AAAAAAA
(c) クロマチンの修飾
PIWIタンパク質複合体
Me
DNA
Me
Me
PIWI
Me
Me
piRNA
ヒストン
Pol Ⅱ
Me
DNAメチル化酵素複合体

図 14.4　マイクロ RNA（miRNA）の主な機能

詳細は本文を参照のこと．

ンパク質（AGOと呼ばれる因子が主体）と複合体を構成していることに留意してほしい．ここで，多くのmiRNAは標的となるmRNAと部分的なハイブリッドを形成する［図14.4（a）］，標的RNAと塩基配列が完全に相補の関係にある時，そのmiRNAを特に**small inhibitory RNA（siRNA）**と呼ぶ［図14.4（b）］．また，前者のタンパク質複合体を**miRISC**（miRNA-induced silencing complex），後者の複合体を**siRISC**（siRNA-induced silencing complex）と呼ぶ．制御機構としてはmiRNAごとにいろいろな例が報告されている．大まかにはmiRNAの場合には，標的mRNAの翻訳の阻害（分解も起こる）を，また，siRNAの場合には標的mRNAの分解を介して行なわれる．21～25塩基程度の合成2本鎖RNAを，人為的に細胞に導入することにより，標的遺伝子のノックダウン（mRNAの分解）を引き起こすことを**RNA干渉**（RNA interference：**RNAi**）というが，RNAiはsiRNAの経路を利用しているのである．

2006年になるとmiRNAより少し大きい24～32塩基のRNAが複数のグループにより報告された．このRNAは生殖細胞に特異的な発現がみられる．miRNAやsiRNAがRISC中のAGOと相互作用するのに対して，このRNAはPIWIと呼ばれるタンパク質と相互作用するので**PIWI-interacting RNA（piRNA）**と呼ばれる［図14.4（c）］．進化的にはAGOもPIWIも同じAGOファミリーの中のサブファミリーを形成している．piRNAの働きもまた，遺伝子の働きを抑えることにあるが，それはDNAをパッケージしているヒストンのメチル化や，ヒストンがメチル化することでリクルートされる酵素複合体によるDNAのメチル化を介して行われる．この時の主たるターゲットはゲノムに内在しているトランスポゾンである．生殖細胞においてトランスポゾンが動き回れば，次世代への影響は最悪となる．これを防ぐのがpiRNAの役割と考えられている．

さて，miRNAやpiRNAは第一次転写産物から一連のRNAプロセシングを経て成熟型のRNAになることが解明されている．**図14.5**はmiRNA遺伝子が核で転写されて第一次転写miRNA（primary-miRNA：pri-miRNA）から，主にドローシャという酵素によってプロセスされ前駆体miRNA（pre-miRNA）となり，その後，細胞質で主にダイサーという酵素によりさらにプロセスされmiRISCを形成するまでを描いている．機能性RNAというと，RNAだけで機能を遂行しているように受け取られがちだが，機能性RNAが働くためにはその生合成や調節に関わるさまざまなタンパク質との共同作業が必要である．

最後に長鎖ncRNAについて簡単にまとめておきたい．前述のように，膨大な数

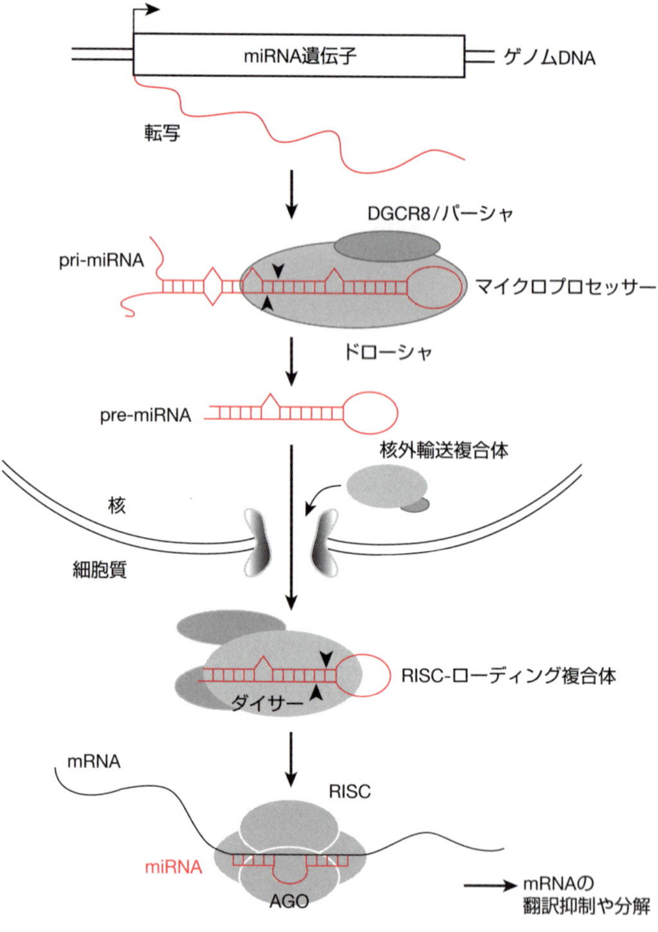
miRNA遺伝子
ゲノムDNA
転写
DGCR8/パーシャ
pri-miRNA
マイクロプロセッサー
ドローシャ
pre-miRNA
核外輸送複合体
核
細胞質
RISC-ローディング複合体
ダイサー
mRNA
RISC
miRNA
AGO
mRNAの
翻訳抑制や分解

図 14.5　マイクロ RNA（miRNA）のプロセシング

miRNA は段階的な RNA のプロセシング過程を経て，機能を有した RNA になる．まず，核内にて特徴的な RNA の二次構造をもつ pri-miRNA として転写され，次に，ドローシャを代表とする RNA 分解酵素複合体で前駆体 miRNA（pre-miRNA）にプロセスされる．pre-miRNA は細胞質にて，ダイサーを主とするこれも RNA 分解酵素複合体で成熟型の miRNA にプロセスされる．成熟 miRNA は RISC と呼ばれる複合体中で標的 mRNA の翻訳抑制や分解にかかわる（図 14.4 も参照のこと）．

の長鎖 ncRNA の存在はマウスやヒトの cDNA プロジェクトからもたらされた．現在では，長鎖 ncRNA は酵母，ショウジョウバエ，線虫，シロイヌナズナをはじめとしたすべての真核生物種に存在すると考えられる．一方，長鎖 ncRNA でその機能が明らかになっているものは限られているのが現状である．しかし，明らかにされ，報告された機能からは，このRNA分子が重要な生体機能に直結していることがわかる．まず，これらのRNAの一部はX染色体不活性化の制御に関与している（→Chapter 15）．また，**図14.6**は長鎖ncRNAが遺伝子の転写促進機能（エンハンサー活性）を有する例を示している．*HOX*は生物の発生に重要な転写因子をコードする遺伝子であるが，その転写活性化に，同遺伝子の近傍にある*HOTTIP*と呼ばれる長鎖ncRNA遺伝子が必要である．転写された*HOTTIP* RNAは，特定のDNA/RNA結合タンパク質等と，*HOX*遺伝子の近傍でゲノムDNAのループを作るように複合体の形成に関与する．この複合体がヒストンの修飾（ヒストンH3の4番目のリジン残基のトリメチル化）を促進することで，転写を活性化するのである．その他の機能として，RNAの安定性（分解）に関与するもの，転写の制御や遺伝子量補償に関与するもの，核の中の構造体形成に関与するもの，などがある．最近では大腸がん等と関連する長鎖ncRNAの例も報告され疾病との関連研究も進展している．

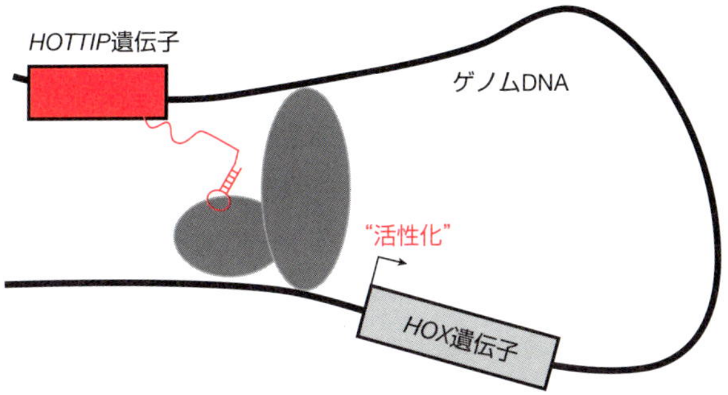
HOTTIP遺伝子
ゲノムDNA
"活性化"
HOX遺伝子

図14.6　エンハンサー機能を有する長鎖ncRNA

*HOX*遺伝子は生物の発生に重要な働きをもつが，この遺伝子の活性化に*HOTTIP*と呼ばれる長鎖ncRNAが関与している（詳細は本文参照）．

14.2.2　原核生物の低分子RNA

原核生物のゲノムにはタンパク質をコードする遺伝子が，ほとんど隙間なく並んでいて，機能性RNAの遺伝子はそんなに多くはないと考えられていた．遺伝子の発現をゲノムレベルで解析する，タイリングアレイ[*3]や**RNA-seq**技術[*4]の発展は，これまで遺伝子間領域として転写物が想定されていなかった領域や，タンパク質をコードするRNAとは逆鎖側のRNA（アンチセンス**RNA**）に相当する数多くの機能性RNAを見出すこととなった．これらは前述のようにsRNAと呼ばれる．大腸菌を例にとってもその数は100種以上になると考えられているが，その全体像は未だに明らかとはいえない．

大腸菌などで見出されたsRNAのうち，制御機構が比較的良く解明されているものの例を**図14.7**に示した．この種のsRNAは**RNA**シャペロン*5として知られるHfqタンパク質に依存してその機能を発揮する．Hfqタンパク質はホモ六量体

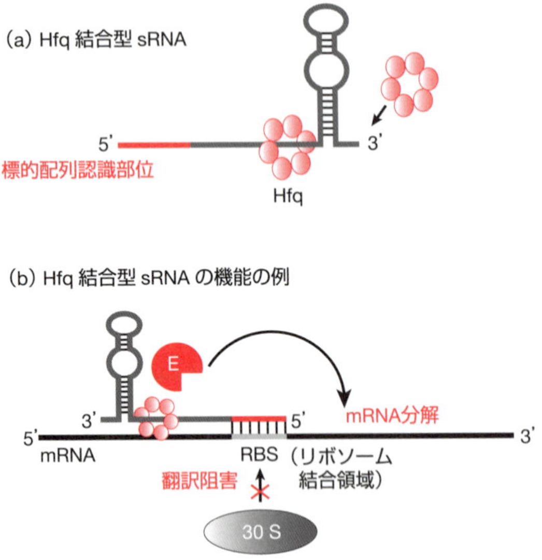

(a) Hfq 結合型 sRNA
5'
3'
標的配列認識部位
Hfq
(b) Hfq 結合型 sRNA の機能の例
E
3'
5'
mRNA分解
5'
3'
mRNA
RBS（リボソーム
結合領域）
翻訳阻害
30 S

図14.7　バクテリアの低分子RNA（sRNA）とその働き

（a）バクテリアのsRNAとRNAシャペロンであるHfqタンパク質の結合．（b）バクテリアのsRNAの働き．標的となるmRNAに対してsRNAの一部が塩基対をつくり，標的mRNAの分解やリボソームのとの結合阻害を通して，翻訳の抑制を行う．

---

*3　タイリングアレイ：ゲノムレベルで高密度にプローブをタイルのように敷き詰めたマイクロアレイの一種．通常のマイクロアレイはmRNAとして知られている領域のみのプローブを作成するが，タイリングアレイではゲノム上を定間隔にプローブを作成するので，未知の転写産物が見出されることがある．

*4　RNA-seq技術：RNAを対象にした次世代シークエンサーによる解析．マイクロアレイのようにハイブリダイゼーションを介してRNAを同定するのでなく，cDNAに変換した後で，数多くの配列を決定する．未知のRNA配列が同定される可能性がある．

*5　RNAシャペロン：RNAの構造変化を助け，RNAに安定性をもたらすタンパク質．機能性RNAが標的を認識するのにも必要と考えられている．大腸菌のHfqタンパク質など．

のドーナッツ型構造を形成し，sRNA と結合することで sRNA の構造を変え，標的となる mRNA に対する特異的な結合に関与すると考えられている．ここで，一部の sRNA は mRNA のリボソームの結合サイト（Ribosome Binding Site：RBS）にハイブリダイズし，標的 mRNA がリボソームと結合するのを阻害することで翻訳を制御している．また，他の sRNA は，RNA 分解酵素であるリボヌクレアーゼ E（RNase E）をリクルートすることで標的 mRNA の分解に関与している．このような sRNA にはストレス応答や環境順応にかかわるものが数多くある．

14.3 RNA と酵素活性そして RNA ワールド仮説

RNA には特定の酵素活性を有したものがあり，それをリボザイム（ribonucleic acid + enzyme → ribozyme）と呼ぶ．リボザイムの提唱以前は，すべての酵素はタンパク質であると考えられていた．1980 年代に，T. Cech が原生動物テトラヒメナを用いた rRNA 前駆体のプロセシングを研究中，この前駆体からイントロンを切り出すのに，タンパク質の因子はいらず，精製してきた rRNA 前駆体のみでイントロンの除去が進行してしまうことを見出した（→ Chapter 7，セルフスプライシング）．また, S. Altman は tRNA 前駆体のプロセシングを行うリボヌクレアーゼ P という酵素，これは RNA と複数のタンパク質の複合体であるが，その研究の過程で本酵素の活性も RNA 分子のみで再構成可能であることを見出した．これらリボザイムの発見により，両博士は 1989 年のノーベル化学賞を受賞している．

現在，リボザイムには前述の例のほかに，23S rRNA のペプチドを結合する活性や RNA を連結する活性等が知られている．また，人工的なリボザイムも数多く作成されている．**図 14.8** は RNA 分解活性をもったリボザイムを模式的に示したものである．リボザイムには RNA に特徴的なきわめて特異的な高次構造を有するものが多い．そのような構造が基質との相互作用や酵素反応に関する特異性をあげることに役立っている．また，反応には Mg^{2+} イオンなどの 2 価金属イオンが必要である．リボザイムの発見により，「酵素反応はタンパク質によってなされる」というそれまでの概念が打ち破られ，生命の起源における「RNA ワールド仮説」の提唱に繋がった．

RNA ワールド仮説とは，原始の遺伝情報は DNA ではなく RNA による自己複製系により担われており，後に DNA に取って代わられた，とする仮説である．この主たる根拠は，①ある種の RNA は酵素活性を持つことが示されたこと，②

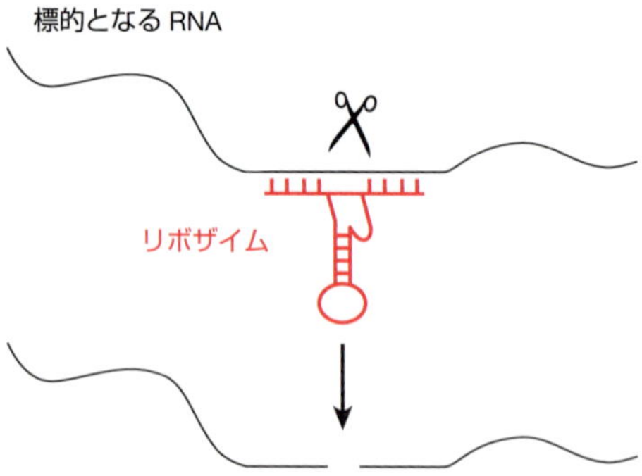
標的となる RNA
リボザイム

図 14.8　リボザイムは RNA 酵素である！

図は核酸の切断活性を有するリボザイムを模式的に示したものである．この他，核酸やペプチドを連結したりする活性等が報告されている．

RNA は塩基配列なので遺伝情報を担えること，さらに，③レトロウイルスの逆転写酵素の発見によって，RNA 分子から DNA 分子への転換が示されたこと，などが挙げられる．一方，RNA は DNA に比べて安定性が悪いこと，あるいは，そもそも RNA 分子の構成単位であるヌクレオチドを自然界で合成するのは困難であることなどから，生命の起源と RNA ワールドを結びつける議論にはまだまだ反論も多い．RNA ワールド仮説と平行して，タンパク質ワールド仮説，RNA- タンパク質ワールド仮説等を提唱する研究者もいる．

14.4 RNA テクノロジー

これまで述べてきたように，機能性 RNA 分子は遺伝子発現にかかわる制御系のさまざまなステップ，すなわち DNA（クロマチン）レベル，転写レベル，翻訳レベルで働いている（図 14.1 参照）．さらに，機能性 RNA 分子の中には代謝物質と結合し，制御を行うリボスイッチなどがある．したがって，これらのステップにかかわる RNA をうまく使えば人工的に遺伝子の情報発現をコントロールすることが可能となる．

現在，RNA テクノロジーにかかわる主たる技術には，アンチセンス RNA，siRNA や miRNA，リボザイム，**RNA** アプタマーなどが挙げられる．これらすべての技術は，基本的に標的分子と特異的に結合し，その抑制や活性化を介して生物学的に重要な制御を行うことに基づいている．つまり，標的をうまく選ぶことで，薬学，医学，農学分野等への応用が可能となる．たとえば，標的分子が特定の疾病と関連が深ければ，標的分子を介した創薬への道が拓かれることになる．

アンチセンス**RNA**はその名前の通り，通常のmRNA（センスRNA）と相補的な配列を有したRNAである．mRNAとハイブリッドを形成することにより，その翻訳を阻害することが期待される．RNA分子は分解しやすいので，アンチセンスRNAにさまざまな化学修飾を施したもの，あるいは，RNAのホスホジエステル結合を別の構造に変え，その安定性を高めたものなどが作られている．また，二重らせんの熱力学的安定性を高めることで，結合親和性を高めた人工核酸もある．

RNA干渉の発見により，遺伝子のノックダウンがきわめて簡便に行えるようになった．特定の遺伝子を相同組換え技術等を用いて破壊することをノックアウト，遺伝子の破壊はせず，そこから転写されるRNA分子の分解や翻訳の抑制を引き起こし，その遺伝子の機能を低下させることをノックダウンという．siRNAの項で言及したように，特定のRNAの配列と完全に一致するような短い合成二本鎖RNAを真核生物細胞に導入することで，標的RNAの分解を引き起こすことが期待される．最近，特定のmiRNAが癌の進行やウイルスの感染，増殖と密接な関係があることがわかってきた．すなわち，特定の疾病と関連する内在的なmiRNAの発現を制御することができれば，それは疾病の予防や治療につながる．

さらに最近注目されている技術の1つに**RNAアプタマー**がある．RNAアプタマーとは，標的となるタンパク質や低分子の化合物と高親和性で結合するRNA分子のことである．通常はランダムなRNA配列等の中からSELEX法*6を介して選別される．アプタマーが認識する領域が標的分子のみに存在するような領域であれば，それだけ特異性の高いものになり，この点では抗体とよく似ている．また親和性はその結合定数にして，数十pM（ピコモル）～nM（ナノモル）のオーダーになるので，極めて優れたものといえる．RNAアプタマーの中には，たとえば，ATPや特定の色素などに結合するもの，ウイルスの増殖に必要なウイルス由来のタンパク質に結合するものなどがある．この場合，RNAアプタマーの投入でウイルスの増殖阻害が期待できる

＊6　SELEX法：Systematic Evolution of Ligands by EXponential enrichment法．ランダムな配列を有するリガンドから特定の活性を有する配列を選び出す方法で，ポリメラーゼ連鎖反応（PCR）を利用することにより微量サンプルからも指数関数的に特定の活性を有した配列を増幅し，選別できる．

演習問題

Q.1 ノンコーディング RNA とはどのような RNA であるか.

Q.2 真核生物で発現しているノンコーディング RNA について具体例をあげなさい.

Q.3 miRNA と siRNA の違いについて簡単に説明しなさい.

Q.4 遺伝子のノックアウトとノックダウンの違いについて簡単に説明しなさい.

Q.5 21 世紀になってから数多くの機能性 RNA が発見されたのは，いくつかの技術革新によるところが大きい. どのような技術だろうか.

Q.6 RNA テクノロジーとは何か. 具体例を挙げ説明しなさい.

Q.7 機能性 RNA が RNA の二次（高次）構造に富んでいるのはなぜだろうか.

参考図書

1. 河合剛太，金井昭夫編：機能性 Non-coding RNA，クバプロ（2006）
2. 河合剛太，清澤秀孔編：機能性 RNA の分子生物学，クバプロ（2010）
3. 菊池 洋編：ノーベル賞の生命科学入門 RNA が拓く新世界，講談社（2009）
4. 中村義一編：遺伝子医学 MOOK 4　RNA と創薬，メディカルドゥ（2006）
5. Gunter Meister 著：RNA Biology, Wiley-VCH（2011）
6. John F. Atkins, Raymond F. Gesteland, Thomas R Cech 編　集：RNA Worlds, Cold Spring Harbor Laboratory Press（2011）

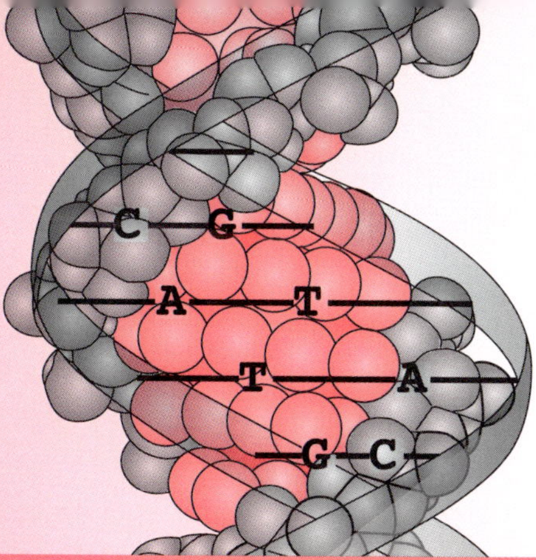
C G
A T
T A
G C

Chapter 15
エピジェネティクス

Chapter 15

エピジェネティクス

15.1 エピジェネティクスとは

それぞれの生命現象は，遺伝子の働きによって制御されている．これらの遺伝子，あるいはその制御配列の正常な機能が塩基配列の置換や欠失によって損なわれると，その影響は遺伝子機能の不可逆的な変化として細胞分裂を通して，あるいは世代を超えて受け継がれていく．このような遺伝的変化に対し，**DNA** の塩基配列の変化を伴わずに遺伝子発現を変化させ，しかもその状態を細胞分裂を経ても安定に伝える機構があり，それをエピジェネティクス（epigenetics），あるいはエピジェネティック（epigenetic）な制御という．その分子的実体は，DNA メチル化やヒストンのアセチル化，メチル化といったクロマチン修飾である．エピジェネティクスは，ゲノムに刻まれた塩基配列の情報を時と場合に応じて適切に引き出すためにきわめて重要な役割を果たしており，それによって組織の多様性あるいは表現型の多様性を生み出している．

15.2 エピゲノム

胚発生過程においては，未分化な細胞がさまざまな機能を持った細胞へと分化を遂げる．胚を構成する細胞はすべて同一の遺伝子セットを有しているが，細胞分化の過程で働く遺伝子の種類は細胞種ごとに大きく異なる．そのような遺伝子発現パターンの形成に重要な役割を果たしているのが，DNA メチル化，ヒストンのアセチル化やメチル化など（詳細は 15.3.1 参照）のエピジェネティックな修飾で，その制御には，しばしばタンパク質をコードしないノンコーディング **RNA**（non-coding RNA：ncRNA）が重要な役割をはたしている．このような，細胞種ごとに異なるエピジェネティック修飾によって規定されるゲノムの状態はエピゲノムと呼ばれる．したがって，異なる種類の細胞はそれぞれ異なるエピゲノムを持つことになる．未分化な細胞のエピゲノムは分化に応じて多様に変化し，最終的に組織特異的なエピゲノムを形成する．逆に，分化した組織の細胞を人工多能性幹（**iPS**）細胞のような未分化な細胞へ引き戻すリプログラミングの過程では，分化した細胞のエピゲノムが未分化細胞のエピゲノムへとリセットされる．

エピゲノムの制御は遺伝子発現だけでなく，ゲノムの安定性維持にも重要な役割を果たす．ゲノムを安定に維持するには，細胞分裂に際し染色体を娘細胞に等しく分配することが重要であり，その過程で中心的な役割を果たすのがセントロメア（centromere）である．セントロメア近傍のDNAは高度反復配列で構成され，それに含まれるCpG配列は高度にメチル化されている．また，この領域のヌクレオソームを構成するヒストンの特定のリジン残基もメチル化の修飾を受け，ヘテロクロマチン化している（→ Chapter 2）．DNAメチル化酵素やヒストンメチル化酵素を阻害すると，染色体分配やセントロメアの構造が異常になることから，これらのエピジェネティック修飾がセントロメアの機能に重要な役割を果たしているがわかる．

ゲノム中には進化の過程で蓄積されてきたおびただしい数のトランスポゾン（→ Chapter 13）が散在している．もし，一部のトランスポゾンがゲノム中の別の場所に転移すると，その挿入によって遺伝子の働きを損ないかねない．そのような危険を回避するのにもエピジェネティック修飾が重要な役割を果たしている．実験的にエピジェネティック修飾を阻害したマウスの胚や細胞では，正常なものに比べトランスポゾンの発現が著しく上昇することが知られている．

ゲノム全体に渡るヒストン修飾の状態やクロマチンタンパク質の分布を調べる技術の発展により，さまざまな組織や細胞でエピゲノムの解析が行えるようになった．ゲノムプロジェクトの結果明らかとなったDNAの一次配列だけではわからない遺伝子発現制御やゲノム機能制御の詳細を理解するためには，こうしたエピゲノムの網羅的な解析が大きな力を発揮する．

15.3 ヘテロクロマチンと遺伝子サイレンシング

15.3.1 クロマチン構造とヒストンコード

DNA，ヒストン，非ヒストンタンパク質からなるクロマチンは，細胞周期を通じて高度に凝縮した構造を保つヘテロクロマチン（heterochromatin）と，それ以外の比較的弛緩した構造をもつユークロマチン（euchromatin）に大別される．転写活性がほとんど認められないヘテロクロマチンは，おもにはセントロメア近傍やテロメア（telomere）に見出されるが，それ以外の領域にも存在する．セントロメア近傍やテロメアを構成的ヘテロクロマチン（constitutive heterochromatin）と呼ぶ．これに対し，活性な状態としても存在しうるクロマチンが哺乳類の不活性X染色体のようにヘテロクロマチン化したものを条件的ヘテロクロマチン（facultative heterochromatin）と呼ぶ．

クロマチン構造の構築にはヒストンのN末端領域（ヒストンテール）の修飾が重要な役割を果たす．ヒストンテールに含まれる特定のアミノ酸残基が受けるアセチル化，メチル化，リン酸化などの化学修飾（**図15.1**）は，クロマチンの基本単位であるヌクレオソームの構造に直接影響する．さらに，これらの修飾部位は，さまざまな非ヒストンタンパク質が結合する際の標的としても機能すると考えられ

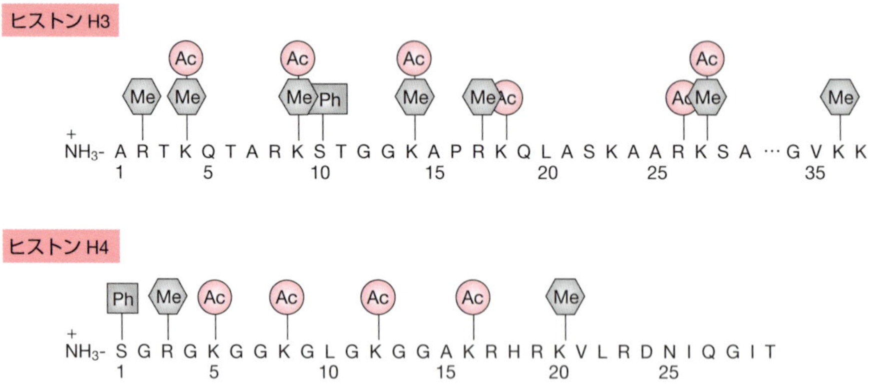

ヒストン H3
Ac Ac Ac Ac
Me Me Me Ph Me Me Ac Ac Me Me
$^{+}NH_3$- A R T K Q T A R K S T G G K A P R K Q L A S K A A R K S A …G V K K
1 5 10 15 20 25 35
ヒストン H4
Ph Me Ac Ac Ac Ac Me
$^{+}NH_3$- S G R G K G G K G L G K G G A K R H R K V L R D N I Q G I T
1 5 10 15 20 25

修飾を受ける残基	修飾の種類	機　能
H3-K4	メチル化	転写活性化
H3-K9	メチル化	転写制御・ヘテロクマチン化
H3-K14	アセチル化	H3-K9のメチル化阻害
H3-K27	メチル化	転写制御・X染色体不活性化
H3-K36	メチル化	転写制御・mRNAのプロセシング
H4-K16	アセチル化	転写活性化
H4-K20	メチル化	転写抑制・X染色体不活性化

図15.1　ヒストンテールの化学修飾

ヒストンH3，H4のN末端領域の各修飾を受けうるアミノ酸残基とその位置，およびそれによるクロマチンへの効果の一例を示す．Me：メチル化，Ac：アセチル化，Ph：リン酸化．

る．一般に転写活性の高い領域では，ヒストン H3，H4 のヒストンテールに存在する特定のリジン残基がアセチル化されているのに対し，転写活性の低い領域あるいは転写活性の認められない領域ではアセチル化の程度は低い．メチル化についてはどのリジン残基が修飾を受けるかにより，転写の活性化やその維持に働く場合もあれば，転写の抑制やヘテロクロマチン構築に働く場合もある．アセチル化やメチル化の状態は，ヒストンアセチル化酵素とヒストン脱アセチル化酵素，あるいはヒストンメチル化酵素とヒストン脱メチル化酵素の働きによって制御されている．さらに，ヒストンテールのさまざまな修飾は，別のヒストンテールの修飾とも相互作用し，それらの組合せによってさらに多様性を増し，最終的にさまざまな効果をクロマチンに及ぼすと考えられる．ヒストン分子の修飾パターンの組合せを暗号と見る立場から，この考え方はヒストンコード仮説（histone code hypothesis）と呼ばれている．DNA に記された遺伝暗号（genetic code）に，ヒストン修飾の組合せからなるエピジェネティックな暗号（ヒストンコード）が加わることで遺伝情報の発現はより一層の多様性をもつことになる．

15.3.2 ポジションエフェクトバリエゲーション

ユークロマチン領域で活発に転写されている遺伝子が，染色体の転座や逆位によりヘテロクロマチン領域，あるいはその近傍に置かれると，その遺伝子の発現が抑えられることがある．これは，ポジションエフェクト（位置効果，position effect）のひとつの例で，遺伝子の活性が染色体上の位置により変わりうることを示す．

ショウジョウバエの複眼は多数の個眼の集合体である．色素合成に関わる遺伝子 *white* がすべての個眼で正常に機能すると赤い色素が作られ赤眼となる．この遺伝子がすべての個眼で働かないと赤い色素が作られず白眼となる．ところが，複眼が均一な赤もしくは白ではなく，両者が混ざった斑入りの複眼をもつ個体を生じる場合がある．これは，*white* 遺伝子が逆位により**図 15.2** のようにヘテロクロマチンの影響下に置かれることに起因する．野生型では，ヘテロクロマチンの影響は境界領域によって遮蔽され，*white* 遺伝子までクロマチンの凝縮が伝播することはない．しかし，逆位により *white* 遺伝子とヘテロクロマチンとの間の境界領域がなくなると，*white* 遺伝子にまでクロマチンの凝縮が及ぶことになる．その凝縮の程度は複眼を構成する個眼の前駆細胞ごとに異なるため，*white* 遺伝子の発現が抑制されるものとされないものが生じ，複眼は赤い個眼からなるパッチと白い個眼からなるパッチのモザイクとなる．すべての個眼が同じ遺伝情報をもっているにもかかわら

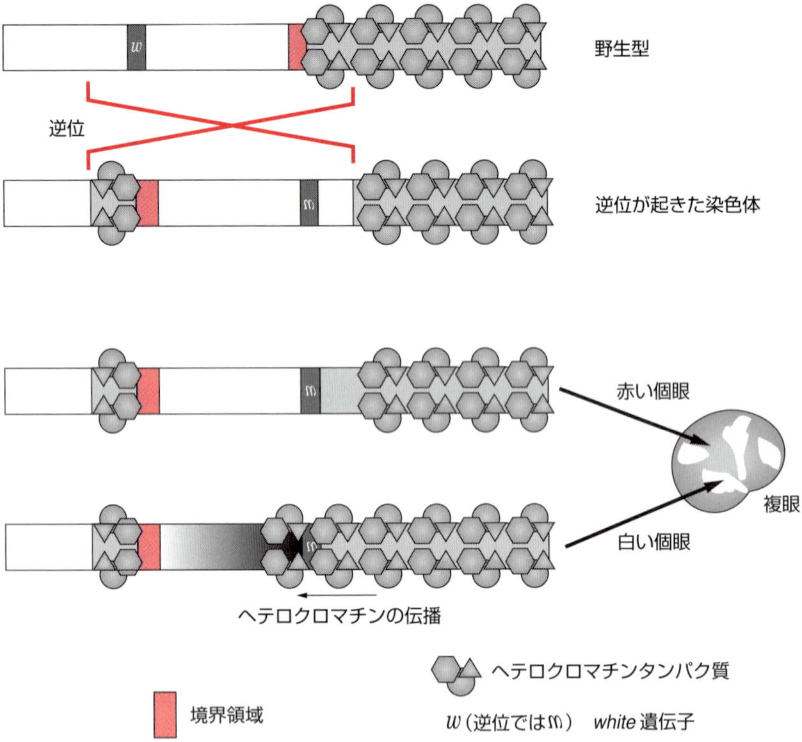

野生型
逆位
逆位が起きた染色体
赤い個眼
複眼
白い個眼
ヘテロクロマチンの伝播
ヘテロクロマチンタンパク質
境界領域
w（逆位ではɯ） white 遺伝子

図 15.2　ショウジョウバエの複眼におけるポジションエフェクトバリエゲーション

染色体の逆位によって *white* 遺伝子座が境界領域を失ったヘテロクロマチン領域近傍へ置かれると，*white* を含む本来ユークロマチンである領域へもヘテロクロマチン化の効果が及び得るようになる．その結果，個眼の前駆細胞では *white* 遺伝子座までヘテロクロマチン化が及んだものと及ばないものが生じ，それらから形成される複眼は赤と白のパッチのモザイクとなる．

ず，ヘテロクロマチン状態の伝播の程度が異なることによってこのような表現型の違いを生じるわけである．このエピジェネティックな現象は，ポジションエフェクトバリエゲーション（position effect variegation：PEV）として知られ，酵母やマウスなどさまざまな生物でも認められる．

15.3.3 テロメアサイレンシング

テロメアは特有の反復配列が 100 ～ 1,000 回繰り返された染色体末端のヘテロクロマチン様の構造である（→ Chapter 2）．ショウジョウバエで観察される PEV と同様の遺伝子サイレンシングが，出芽酵母（*Saccharomyces cerevisiae*）のテロメア近傍に置かれた遺伝子でも認められる．この現象には4種類の**SIR**（Silent Information Regulation）タンパク質が関与する．一連のSIRタンパク質は複合体を形成し，テロメア領域を配列特異的に認識するDNA結合タンパク（Rap1）との相互作用によってテロメア領域に集積する．SIRタンパク質の変異はいずれもテロメアサイレンシング（telomeric silencing）を解除し，テロメア近傍に置かれた遺伝子の発現を招く．

15.4 ゲノムインプリンティング

哺乳類では，母由来ゲノムと父由来ゲノムは機能的に等価ではない．つまり，一部の遺伝子についてはそれが母由来か父由来かに応じて発現の有無が異なることが知られる．遺伝子の由来を区別し，発現を制御するこのような機構はゲノムインプリンティングと呼ばれる．二倍体生物の一部において見られる単為発生が哺乳類では決して観察されないのはこのためと考えられる．

15.4.1 前核移植

母由来半数体ゲノムをもつ卵と，父由来半数体ゲノムをもつ精子が受精することで哺乳類の発生は開始する．マウス受精卵を用いた前核（pronucleus）移植の実験（**図15.3**）から，これら配偶子のもつ半数体ゲノムは機能的に等価ではないことが証明された．前核期の受精卵から雄性前核（male pronucleus）を除去し，別の受精卵の雌性前核（female pronucleus）を移植することで発生させた**雌性発生胚**（gynogenone），あるいは未受精卵を人為的に活性化することで発生を開始させた**単為発生胚**（parthenogenone）は，まれに妊娠中期まで発生するが，ほとんどの場合着床後間もなく致死となる．逆に，雌性前核を除去した後に別の受精卵より雄性前核を移植した**雄核発生胚**（andorogenone）も妊娠初期で致死となる．しかし，雌性前核を除いた後に再び別の受精卵の雌性前核を，あるいは雄性前核を除いた後に再び別の受精卵の雄性前核を移植した再構築胚は出生に至る．これらのことから，母由来ゲノムと父由来ゲノム両者の寄与が哺乳類の正常発生に不可欠であることがわかる．こうした前核移植の実験から，配偶子形成過程にゲノムインプリンティング（genomic imprinting）によってその個体の性に応じたインプリント（imprint）が配偶子ゲノムに刷り込まれると考えられるようになった．

二倍体の動植物では通常一対の対立遺伝子（アリル，allele）からの発現量はほ

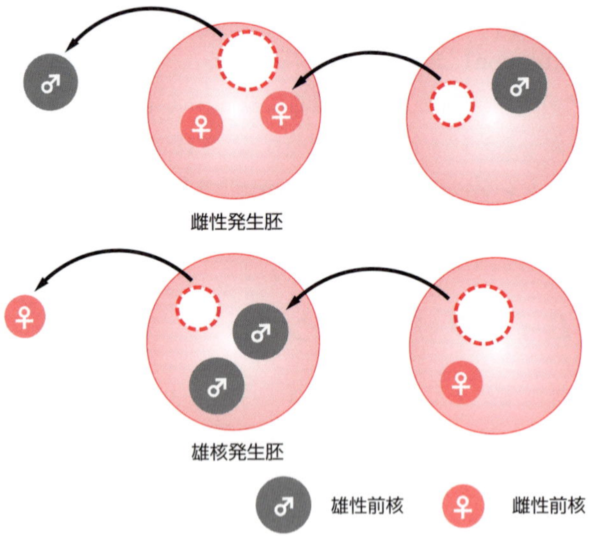

♂
♀
♀
♂
雌性発生胚
♀
♂
♂
♀
雄核発生胚
♂ 雄性前核
♀ 雌性前核

図 15.3 前核移植実験による雌性発生胚と雄核発生胚

前核期の受精卵より雄性前核を除去し，他の受精卵より雌性前核を移植して発生させたものが雌性発生胚で，逆に受精卵より雌性前核を除去し，雄性前核を移植して発生させたものが雄核発生胚である．

ぼ同等でアリル間に機能的な差はないと考えられる．しかし，哺乳類ではこのインプリントのために父由来か母由来かに応じてその発現の有無が異なる，いわゆるインプリント遺伝子（imprinted gene）が存在する．マウスではこれまでに 150 種類あまりが同定されている．

15.4.2 DNA メチル化とインプリンティング

一般に DNA メチル化は遺伝子発現に抑制的に働くエピジェネティックな修飾で，ヘテロクロマチン領域のほか，遺伝子のプロモーター領域や発現制御領域に見出される．インプリント遺伝子の近傍には，しばしばアリル間で DNA のメチル化レベルが異なる領域が見出され，**DMR**（differentially methylated region）と呼ばれる．DMR には受精に先立って配偶子特異的に確立されるものと，受精後の胚発生過程で形成されるものとがあり，前者を一次 DMR（primary DMR），後者を二次 DMR（secondary DMR）と呼ぶ（**図 15.4**）．DNA メチル化は化学的にきわめて安定な修飾で，哺乳類の場合はもっぱら **CpG** 配列のシトシンがメチル化される．そして，DNA の半保存的複製（→ Chapter 5）の結果，メチル化された CpG

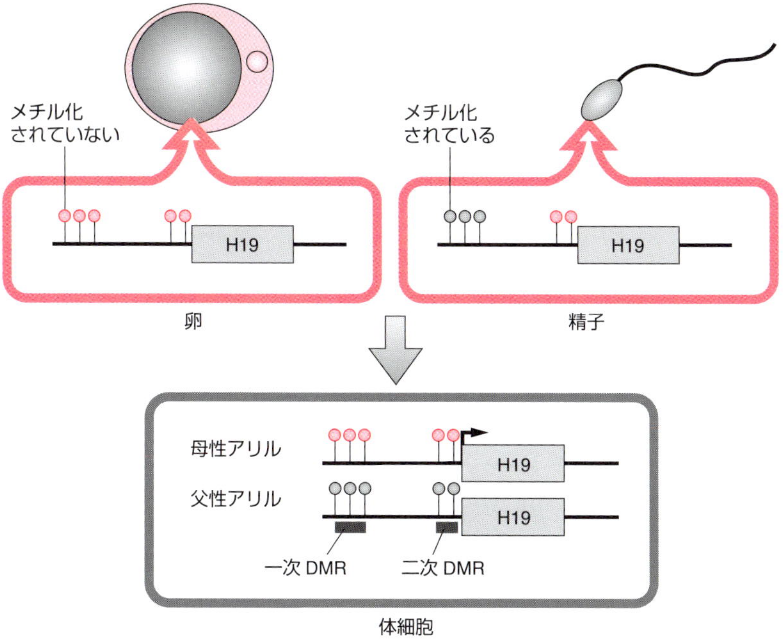
メチル化
されていない
H19
卵
メチル化
されている
H19
精子
母性アリル
H19
父性アリル
H19
一次 DMR
二次 DMR
体細胞

図 15.4 インプリント遺伝子近傍に見出される DMR

母性アリルからのみ発現されるインプリント遺伝子 H19 の上流領域には，精子ではメチル化され卵ではメチル化されていない領域が存在し，受精後の胚発生を通じてそのメチル化の差は維持される．H19 プロモーター領域は両配偶子ともにメチル化されていないが，胚発生過程で父性アリルが特異的にメチル化され発現が安定に抑制される．配偶子間でメチル化が異なる前者のようなものを一次 DMR，胚発生過程で確立される後者のようなものを二次 DMR という．●がメチル化された CpG，●がメチル化されていない CpG を示す．

配列が一時的にヘミメチル化状態（片鎖にメチル基が入った状態）になっても，新生鎖が速やかにメチル化されることで，その部位のメチル化は安定に維持される（**図 15.5**）．アリルを区別するインプリントが胚発生過程を通じて安定に維持されるものでなければならないことを考えると，一次 DMR のメチル化状態の差はその候補として非常に魅力的なものであった．

インプリンティングにおける DNA メチル化の重要性をはじめて明確に示したのは，ゲノムのメチル化パターンの維持に働く**維持型 DNA メチル化酵素**（Dnmt1）の機能欠損マウス胚の解析であった．Dnmt1 欠損胚（*Dnmt1*$^{-/-}$）では，ゲノム全体が低メチル化を示し，DMR のメチル化も著しく低下していた．その結果，インプリント遺伝子は両アリル性の発現あるいは抑制を示すようになった．このことか

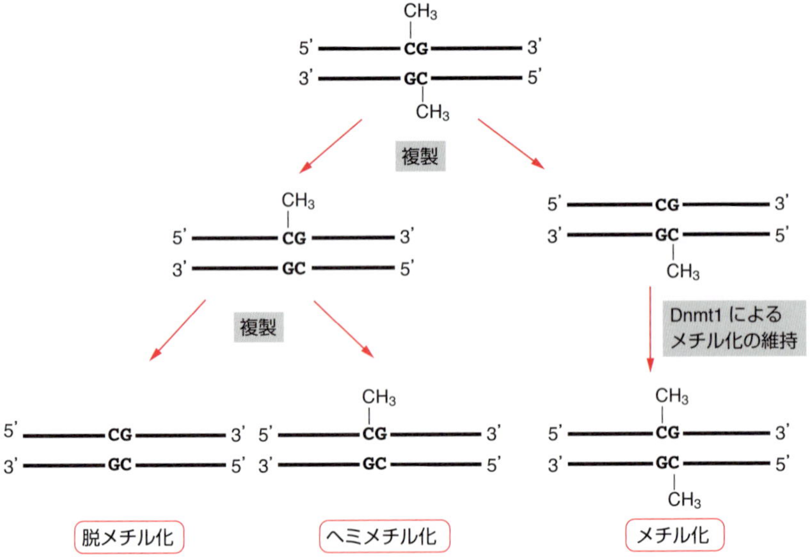
CH3
5' CG 3'
3' GC 5'
CH3
複製
Dnmt1 による
メチル化の維持
脱メチル化
ヘミメチル化
メチル化

図 15.5　DNA 複製にともなうメチル化部位の維持と脱メチル化

両鎖ともにメチル化された CpG 部位は，DNA の複製にともなう新生鎖合成過程では未修飾のシトシンが取り込まれるため，メチル化された親鎖とメチル化されていない新生鎖からなるヘミメチル化の状態になる．その後速やかに維持型 DNA メチル化酵素 Dnmt1 によって新生鎖がメチル化されれば，再び複製前と同じ状態になり，この部位のメチル化状態は安定に維持されることになる．一方，その Dnmt1 によるメチル化が行われずに再び DNA 複製が起こると，もともとメチル化されていた CpG 部位からメチル化が完全に失われた分子とヘミメチル化状態の分子を生じることになる．これが繰り返されると，ヘミメチル化分子は 1/4, 1/8, 1/16・・・と希釈され，最終的にこの部位がメチル化された分子は失われてしまう．このような複製にともなう脱メチル化を受動型脱メチル化と呼ぶ．

ら DMR のメチル化がインプリント遺伝子の正常な発現パターンの維持に重要な役割を果たしていることが示唆された．しかし，$Dnmt1^{-/-}$ 胚は，Dnmt1 欠損アリル（$Dnmt1^{-}$）のヘテロ接合体（$Dnmt1^{+/-}$），つまり正常なアリルから作られる機能的な Dnmt1 タンパク質をもつ親どうしの交配から得られるので，配偶子特異的なメチル化はともに正常な状態で $Dnmt1^{-/-}$ 胚に受け継がれると考えられる．したがって，$Dnmt1^{-/-}$ 胚におけるインプリンティングの異常は，胚発生過程で DMR のメチル化を維持できなかった結果と考えられ，アリルを区別するためのインプリントが一次 DMR のメチル化であるかについてはこの解析からは不明であった．

その後，ゲノムの新規メチル化を担う ***de novo*** **DNA** メチル化酵素として Dnmt3a, Dnmt3b が同定されると，それらの機能阻害によるインプリンティングへの影響が調べられた．その結果，配偶子形成過程における一次DMRの確立にはDnmt3aが不可欠で，これが確立されていない配偶子に由来する胚では二次DMRも正常に形成されずインプリント遺伝子の発現も異常になることがわかった．このことから，アリルを区別するインプリントはDnmt3aによって形成される一次DMRのメチル化であることが強く示唆された．

15.4.3 インプリントの消去と確立

両親からそれぞれ受け継いだ母性インプリントと父性インプリントはその個体の性に応じて配偶子形成過程で書き換えられ，母由来あるいは父由来として新たに次世代へ伝えられる．つまり，この書き換えの過程でインプリントの消去と確立が行われる．生殖細胞の前駆細胞である始原生殖細胞（primordial germ cell：PGC）は，体細胞同様それぞれのアリルに特異的なDMRのメチル化を有するが，それは配偶子形成過程でいったん失われる．その後，その個体の性に応じて配偶子特異的な一次DMRが新たに確立されるが，その時期は雌雄配偶子形成過程で異なる．生まれてすぐの雌の卵は第一減数分裂前期にあり，その後細胞質を増大させる卵成長期を経て第一減数分裂中期に移行するが，この卵成長期に母性インプリントは確立される．それに対し父性インプリントは，胎仔期の精巣内でPGCが分裂・増殖を繰り返しその数を増大させている時期に確立される．

15.5 X染色体不活性化

哺乳類の雌（XX）は2本のX染色体のうち一方を不活性にすることで雄（XY）との間のX染色体連鎖遺伝子量の差を解消している．胚発生過程で起こるこの1本の染色体全域にわたる大規模な活性制御は，ゲノムインプリンティングとともに哺乳類における典型的なエピジェネティック制御として知られる．

15.5.1 遺伝子量補償

二倍体生物にとっては，適切な遺伝子量の維持は正常発生にきわめて重要で，ある染色体を1本余分にもつトリソミー（trisomy）や1本欠失したモノソミー（monosomy）は通常深刻な発生異常を招く．これは哺乳類のX染色体についても同様で，雌雄間におけるX染色体連鎖遺伝子量の不均衡を是正するために，雌はX染色体不活性化という機構を進化させた．こうしたX染色体の遺伝子量補償（dosage compensation）は哺乳類ばかりではなく，他の生物種でも存在するが，その手法はそれぞれ異なる．つまり，ショウジョウバエ（*Drosophila*）では，雄（XY）のX染色体の転写活性が雌（XX）のX染色体の2倍に高められ，線虫（*Caenorhabditis elegans*）では雌雄同体（XX）の各々のX染色体の転写活性を雄（XO）のX染色体の半分に低下させていることが知られている．いずれの生物においても，この機構に破綻をきたした場合致死となることから，X染色体連鎖遺伝子量の補償が正常発生にきわめて重要であることがわかる．

15.5.2 胚発生過程におけるX染色体不活性化

哺乳類の胚は受精後，2細胞，4細胞，8細胞と卵割を繰り返したのち，**胚盤胞**（blastocyst）を経て子宮壁に着床する．着床した胚には大きく分けて二つの組織系列が存在する．ひとつは将来の胎仔になる**胚体組織**で，もうひとつは胎盤などになる**胚体外組織**である．マウスの発生においては，4細胞期ごろまでは卵と精子に由来するそれぞれのX染色体はともに活性をもつが，4－8細胞期になると各割球で父性X染色体が選択的に不活性化される（インプリント型X染色体不活性化，imprinted X-inactivation）（**図15.6**）．胚体外組織系列では，このインプリント型

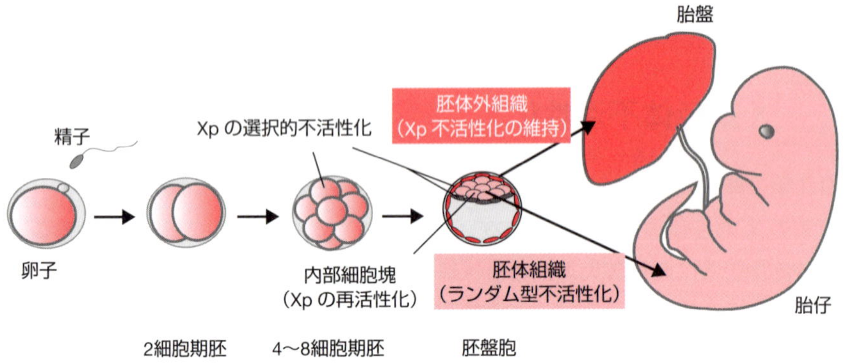

胎盤
胚体外組織
（Xp不活性化の維持）
Xpの選択的不活性化
精子
卵子
内部細胞塊
（Xpの再活性化）
胚体組織
（ランダム型不活性化）
胎仔
2細胞期胚
4〜8細胞期胚
胚盤胞

図15.6 マウス胚発生過程におけるX染色体不活性化

受精後間もない胚では卵および精子に由来するX染色体はともに活性を有するが，4〜8細胞期になると父性X染色体（Xp）が選択的に不活性化される（ただし，不活性状態は体細胞に比べ不完全といわれる）．胚盤胞になると，将来の胎仔のすべての組織の起源である内部細胞塊（ICM）の細胞でXpの再活性化が起こる一方，それ以外の細胞ではインプリント型の不活性化が維持される．その後，ICMの細胞が分化するとき改めてX染色体不活性化が起こるが，この時不活性化されるX染色体は由来に関わらずランダムに選ばれる．

X 染色体不活性化がその後も安定に維持される．しかし，胚体組織の起源である胚盤胞の**内部細胞塊**（inner cell mass：ICM）では，不活性化されていた父性 X 染色体が一時的に再活性化される．その後，着床した胚の胚体組織で，組織分化とともに再び X 染色体不活性化が起こるが，この時は由来にかかわらずどちらか一方の X 染色体がランダムに不活性化される（**ランダム型 X 染色体不活性化**，random X-inactivation）．

15.5.3 不活性 X 染色体の特徴

不活性化した X 染色体は染色体全域にわたってヘテロクロマチン化し，**Barr 小体**（Barr body）と呼ばれる核内構造体として核辺縁部に観察される．不活性 X 染色体は他のヘテロクロマチン領域と同様細胞周期の S 期のごく後半に複製される（**後期複製**）．また，遺伝子の制御領域にしばしば見いだされる CpG アイランド（CpG island）も不活性 X 染色体上では高度にメチル化されている．ヒストンテールのアセチル化，メチル化などの化学修飾についても，不活性 X 染色体は特異的な修飾をもつ．さらに，後述する ***Xist*** と呼ばれる X 染色体不活性化に必須なノンコーディング RNA（ncRNA）によって染色体全域が覆われている（→ 15.6 節　エピジェネティクスと RNA）．

15.6 エピジェネティクスと RNA

さまざまな生物で見いだされるタンパク質をコードしない ncRNA のうちの一部は，エピゲノム制御に重要な役割を果たしていることがわかってきた．タンパク質をコードしないという点では tRNA や rRNA も ncRNA ということになるが，通常 ncRNA というと，20 ～ 30 塩基長程度の小分子 RNA と長鎖 ncRNA（long non-coding RNA, lncRNA）を指すことが多い．前者には 21 ～ 25 塩基長の siRNA（small interfering RNA）および miRNA（micro RNA），そしてそれらより少し長い 24 ～ 31 塩基長の piRNA（PIWI-interacting RNA）の 3 つが含まれる．lncRNA には 200 塩基長程度のものから 100 kb を超えるものまである．

15.6.1 *Xist* RNA による X 染色体不活性化

X 染色体不活性化は染色体一本をまるごと不活性化するというエピジェネティック大事件である．これを引き起こすのが X 染色体にマップされる *Xist* 遺伝子の転写産物である約 17 kb の ncRNA である．この *Xist* RNA は不活性化の開始に際し，一方の X 染色体から発現され，その X 染色体全体を覆い（コーティング），染色体全域にわたる不活性化を引き起こす．ジーンターゲティングによって *Xist* の機能を阻害すると，その X 染色体は決して不活性化されなくなることから *Xist* が X 染色体不活性化の開始に必須であることがわかる．*Xist* RNA がどのように染色体全域に及ぶ不活性化を誘導するのかはよくわかっていないが，RNA の 5' 近傍に存在する反復配列を含む領域がそれに不可欠であることが示唆されている（**図 15.7**）．*Xist* 遺伝子座にはその転写単位を完全に含むアンチセンス RNA をコードする ***Tsix*** 遺伝子が存在する（図 15.7）．つまり，*Xist* RNA を転写する鋳型と相補的なもう一方の鎖も，ある状況下では RNA ポリメラーゼによって転写される．*Xist* の発現は，そのプロモーター領域のヒストン修飾や CpG メチル化によって制御されることがわかっているが，それらエピジェネティックな修飾の構築に *Tsix* が深く関与していることがわかってきている．

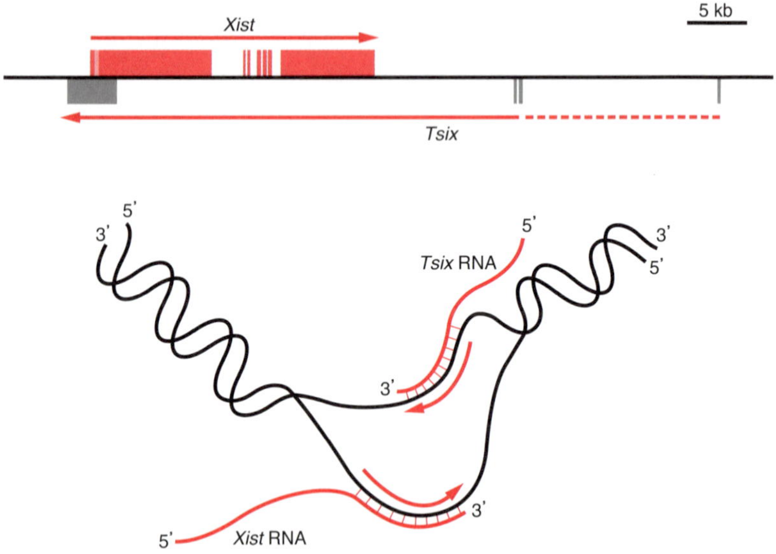

Xist
5 kb
Tsix
5'
3'
5'
Tsix RNA
3'
5'
3'
3'
5'
Xist RNA

図 15.7　*Xist* 遺伝子とアンチセンス遺伝子 *Tsix*

上図：*Xist/Tsix* 遺伝子座のエクソン - イントロン構造を模式的に示した．■が *Xist* のエキソン，■が *Tsix* のエキソンを示す．また，*Xist* 第一エキソン内の薄赤の部分は，*Xist* が不活性化を引き起こすのに必要とされるリピート配列を含む領域．下図：同一遺伝子座におけるセンス - アンチセンス転写のイメージ．

15.6.2 エピジェネティック修飾を担う ncRNA

Xist RNA は，もっとも古くから知られる機能性 lncRNA のひとつで，RNA 自体がヒストンメチル化酵素を含むタンパク質複合体などのエピジェネティック制御因子と相互作用し，クロマチンに作用すると考えられる．一方，アンチセンス RNA の *Tsix* については RNA が機能分子として重要なのか，その転写が重要なのかはこれまでのところ不明である．*Xist* RNA 以外にも哺乳類のエピジェネティック制御にかかわる lncRNA はいくつか知られ，マウスではゲノムインプリンティングの制御にかかわる *Airn* や *Kcq1ot1*，ヒトでは *HOX* 遺伝子群をコードする染色体領域の制御にかかわる *HOTAIR* などがよく研究されている．これらの lncRNA は，ヒストン修飾を触媒するタンパク質複合体，あるいは別のエピジェネティック制御因子と相互作用し，ヘテロクロマチン形成に寄与することが示唆されている．また，ショウジョウバエでは，メスの X 染色体の 2 倍の活性を発揮するオスの X 染色体において，ヒストンをアセチル化し，X 染色体の転写を増大させるのに不可欠なタンパク質複合体の構成因子として *roX* と呼ばれる lncRNA が重要な役割を果たしている．

15.6.3 コサプレッション

植物では，ある遺伝子の働きを増大させようとしてその遺伝子をトランスジーンとして導入すると，増大どころかもともと発現していた内在性遺伝子の発現さえも抑えてしまうというケースが珍しくない．コサプレッション（cosuppression）と呼ばれるこの現象には siRNA が重要な役割を果たしていることがわかってきた（**図 15.8**）．植物には **RNA 依存性 RNA ポリメラーゼ**（→ 155 頁，脚注参照）が存在し，これがトランスジーンから過剰に発現される mRNA を鋳型として相補的な RNA を合成する．その結果形成される二本鎖 RNA は，特殊な RNA 分解酵素によって 21 〜23 塩基長に切断され siRNA となる．これがいくつかのタンパク質と複合体を形成し，内在性遺伝子とトランスジーンの発現抑制を引き起こす．その機構は siRNA とタンパク質の複合体が配列の相補性を利用して，転写された標的 mRNA をとらえ，分解する転写後レベルの発現抑制（posttranscriptional gene silencing：PTGS）と標的 mRNA をコードする遺伝子の転写自体を阻害する転写レベルの発現抑制（transcriptional gene silencing：TGS）の 2 つに分けられる．PTGS による mRNA 分解の効果は，通常細胞分裂を経て安定に維持されるものではなくエピ

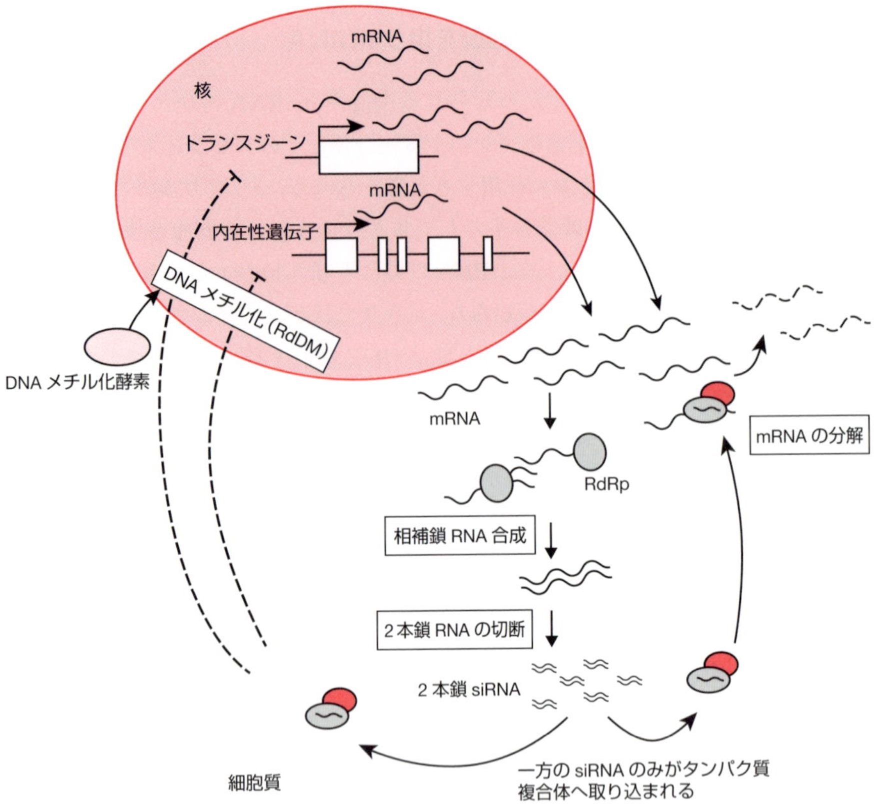
mRNA
核
トランスジーン
mRNA
内在性遺伝子
DNA メチル化（RdDM）
DNA メチル化酵素
mRNA
mRNA の分解
RdRp
相補鎖 RNA 合成
2 本鎖 RNA の切断
2 本鎖 siRNA
細胞質
一方の siRNA のみがタンパク質
複合体へ取り込まれる

図 15.8　コサプレッション

トランスジーンから発現した過剰の mRNA を鋳型に RdRp が二本鎖 RNA を合成する．この二本鎖 RNA は二本鎖 siRNA へと切断され，二本鎖の一方の鎖がタンパク質複合体に取り込まれ，その相補性を利用して mRNA を分解する（PTGS）．また，siRNA を取り込んだタンパク質複合体は RdDM により内在性遺伝子とトランスジーンをともにメチル化し，それらの転写を抑制する（TGS）．

ジェネティック制御とはいえないが，TGS は DNA メチル化が深くかかわる転写抑制機構で，これを**RNA 依存的 DNA メチル化**（RNA dependent DNA methylation：RdDM）と呼ぶ．TGS では siRNA のもとになる mRNA の配列には含まれていない遺伝子のプロモーター領域がメチル化されることから，siRNA を取り込んだタンパク質複合体は DNA メチル化酵素をはじめとした RdDM にかかわるタンパク質を標的となる遺伝子領域に運び，そこを起点としてプロモーター領域にDNAメチル化を導入するものと考えられる．興味深いのは，mRNAの分解は細胞質で起こるのに対し，そのmRNAをコードする遺伝子プロモーターのDNAメチル化は核内で起こる点である．

線虫で最初に報告され，その後さまざまな生物でも同様の効果が確認された**RNA干渉**（RNA interference：RNAi）は，遺伝子機能を阻害するための簡便な手法として広く用いられている．これは人工的に合成した2本鎖のsiRNAを細胞に導入することで，標的mRNAを分解し，遺伝子発現を抑制するというもので，植物のPTGSでsiRNAが内在性遺伝子やトランスジーンから発現するmRNAを分解し，遺伝子発現を抑制するのと同様の機構を利用したものといえる．PTGSやTGS，あるいはRNAiなどsiRNAを介した遺伝子発現抑制は，ウィルスなどの外敵の侵入に対して，生物が獲得した防御機構の一つと考えられる．

15.6.4 トランスポゾンのサイレンシング

減数分裂過程で生殖細胞のエピゲノムが書き換えられる際にある程度転写されるレトロトランスポゾン由来のRNAを分解するのに重要な役割を果たしているのがpiRNAである．主にショウジョウバエやマウスで研究されている．マウスの場合，さらにレトロトランスポゾンの活発な転写を抑え込むためのDNAメチル化の確立にも関与している．piRNAはゲノム中にいくつか存在する特定の領域（piRNAクラスター）から転写されるトランスポゾンと相同な配列を多数含む1本の長い前駆体RNAに由来する．これが，種々のタンパク質との相互作用によって24～31塩基長に分断されたものがpiRNAである．piRNAも他の小分子RNA同様，配列の相補性を利用して標的となるトランスポゾン由来のRNAやゲノム中のレトロトランスポゾン配列を見つけ出す．注目すべきは，コサプレッション同様レトロトランスポゾン由来のRNAの分解は細胞質で起こるのに対し，レトロトランスポゾン配列のDNAメチル化は核内で起こる点である．詳しい分子機構はよくわかっていないが，細胞質で生成された24～31塩基長のpiRNAとタンパク質の複合体は核へ移行し，DNAメチル化酵素と共役的に，標的配列をメチル化とすると考えられる．マウスでpiRNAの生合成にかかわるタンパク質の機能を阻害すると，オスの生殖細胞でpiRNA量の減少とともに，レトロトランスポゾンをコードするDNA配列の低メチル化とレトロトランスポゾンの発現上昇が観察される．トランスポゾンの活性化とその転移は，次世代に遺伝情報を伝える生殖細胞にとって大きな脅威となるため，生殖細胞には減数分裂期にトランスポゾンが活性化した細胞を排除する機構があると考えられる．そのため，生殖細胞でpiRNA量が著しく減少したオスでは，減数分裂の途中で生殖細胞が死滅し，そのようなオスは不妊となる．

15.7 リプログラミング

15.7.1 クローン動物

1個の受精卵から出発した胚の細胞は，すべてが同じ遺伝情報を持つにもかかわらず，形態や機能が異なるさまざまな細胞に分化する．この分化の進行とともに細胞の可塑性は制限され，容易に分化を遡ることはない．これはエピジェネティック制御により分化段階に応じた適切な遺伝子発現状態が安定に維持されているからである．1960年代，J. B. Gurdonは紫外線照射により核を失活させた未受精卵にオタマジャクシの体細胞核を移植し，発生させることでクローンカエルを作り出した．この実験は，分化した細胞の核も受精卵と同じ遺伝情報を保持していることを示しただけでなく，卵細胞質には分化した細胞のエピゲノムを未分化な状態へ引き戻すリプログラミング因子が存在することを示したものといえる．その後，1990年代になってクローン羊ドリーの誕生が報告され，哺乳類の成体細胞のエピゲノムもリプログラミング可能なことが示された．

しかし，クローン動物の成功率は低く，誕生に至ったものもそのリプログラミングが正確に行われたというよりは，「正常発生を可能にする程度には行われた」と考えた方がよさそうである．クローン動物や一卵性双生児でもエピゲノムの状態は個体間で必ずしも同じとは限らず，遺伝子発現にある程度の差があると予想される．遺伝的に全く同じと考えられるもの同士の間でも，その生育環境によってある程度の個体差が認められるのはそのためかもしれない．

15.7.2 人工多能性幹細胞（iPS細胞）

哺乳類において，分化した細胞を未分化状態に変えることが可能であることを示した最初の実験は，1970年代に行われたマウスの胚性腫瘍（Embryonal Carcinoma：EC）と呼ばれる多能性幹細胞と脾臓細胞の細胞融合であった．融合細胞は4倍体であるが，形態的にはEC細胞様の未分化状態を示し，さまざまな細胞へ分化する能力を備えていた．興味深いことに，分化した細胞として不活性X染色体をもつメスの体細胞を用いると，融合細胞では不活性X染色体の再活性化が認められた．すなわち，リプログラミングによって不活性X染色体のエピジェネティック修飾はランダム型X染色体不活性化が起こる前の未分化細胞の状態に戻されたと解釈できる．2000年代にはマウス胚性幹（Embryonic Stem：ES）細胞を細胞融合に用いることで分化した細胞を未分化細胞へリプログラミングできることも示され，これが**iPS細胞**の樹立を手繰り寄せることとなった．すなわち，S. Yamanakaらは，ES細胞には分化した細胞のリプログラミングを可能にする因子が存在するという仮説のもと，ES細胞特異的に発現し，多能性維持に関与していると考えられる遺伝子をデータベースから選び出した．それらをさまざまな組合せで分化したマウス胚線維芽細胞に導入した結果，*Oct4*，*Sox2*，*Klf4*，*c-Myc*という4つの転写因子を組み合わせた場合にES細胞様の未分化細胞，すなわちiPS細胞へのリプログラミングを誘導できることを見出した（→ Box 山中因子，371頁参照）．その後，ヒトを含むさまざまな動物種においても同じ4因子の導入によりiPS細胞を誘導できることが示された．

転写因子を線維芽細胞に導入し，異なる細胞へ運命転換をさせた例はiPS細胞が最初というわけではない．1980年代にはすでに***MyoD***という筋細胞特異的な転写因子をただ一つ導入するだけで線維芽細胞を筋細胞へ転換できることが示されていた．しかし，分化した細胞を別のタイプの分化した細胞へ直接運命転換させるダイレクトリプログラミングは，他の系ではうまくいかず，当時はあまり発展しなかった．ところが，iPS細胞の樹立後，さまざまな細胞で特異的に発現している遺伝子の情報が蓄積されていたのと相まって，さまざまな系でダイレクトリプログラミングが試みられた．これまでに特定の転写因子を組み合わせることにより，iPS細胞を経由せずに心筋細胞，神経幹細胞，肝細胞などへダイレクトリプログラミングできることが示されている．

15.8 エピジェネティクスと疾患

エピジェネティック制御の異常はさまざまな疾患を引き起こす．それは環境や老化に起因するエピゲノムの異常によって引き起こされる場合もあれば，エピジェネティクスにかかわる制御因子の機能欠損によって引き起こされる場合もある．

細胞の「がん化」は環境や老化によってエピジェネティック制御が破たんし，正常な細胞機能を維持できなくなった状態といえる．がん細胞のエピゲノムを正常細胞のものと比べると，一般にDNAメチル化レベルが低い．一方，がん抑制遺伝子ではメチル化の亢進が見られる．がん細胞で頻繁に観察される染色体の数や形態の異常には，ゲノムの全体的な低メチル化が深くかかわっていると考えられる．

DNA メチル化酵素のひとつである DNMT3B の機能欠損は **ICF 症候群**というヒトの遺伝病の原因となる．この患者では，特定の染色体のセントロメア近傍の反復配列の DNA メチル化レベルが顕著に低下し，ヘテロクロマチンの形成が異常になっている．患者由来の培養細胞では，このヘテロクロマチン形成の異常によって，しばしば特定の染色体同士がセントロメアで融合した異常な染色体が観察される．

メチル化 CpG 結合タンパク質は，メチル化された CpG 配列に特異的に結合し遺伝子の発現を制御する一群のタンパク質である．そのひとつで X 染色体にコードされる MECP2 の機能欠損は，ヒトで **Rett 症候群**という女性のみにみられる神経疾患を引き起こす．*MECP2* 遺伝子の変異に関してヘテロ接合体の女性では，ランダム型 X 染色体不活性化によって正常な X 染色体と変異を持つ X 染色体のどちらか一方が不活性化される．その結果，機能的な MECP2 をつくれる細胞とつくれない細胞がモザイクに存在することになり，その割合により症状の重篤さに差が生じる．両方の X 染色体の *MECP2* 遺伝子に異常がある女性や，X 染色体を 1 本しか持たない男性が *MECP2* 遺伝子に変異を持つと，機能的な MECP2 がつくられないため胎生致死となっている可能性が高い．

インプリンティングの異常やインプリント遺伝子の変異がヒトの疾患の原因になっている例も知られている．通常，常染色体上の遺伝子については父由来と母由来のアリルのどちらかに突然変異が生じても，もう一方のアリルが正常に機能するので，多くの場合表現型の異常は認められない．しかし，インプリント遺伝子の場合，発現すべきアリルが突然変異によって機能しなくなれば，その影響は直ちに疾患として現れることになる．別の言い方をすれば，ヘテロ接合体であっても，その変異をどちらの親から受け継いだかによって病気を発症するか否かが左右される．

15.9 さまざまな現象

15.9.1 雄の三毛猫

三毛猫の毛色はオレンジ，黒，白である．このうちオレンジの色素を作るか，黒の色素を作るかは X 染色体に乗っている一対のアリルによって決まっている．したがって，オレンジと黒のアリルをヘテロにもつ雌では，体細胞におけるランダム型X染色体不活性化のため毛色がオレンジと黒のモザイクになる．白い部分はまた別の制御を受けており，結果として三毛の雌が誕生する．一方，X染色体を1本しかもたない雄は，オレンジか黒のどちらか一方のアリルしかもたないので，オレンジと白あるいは黒と白の毛色となり三毛にはならない．ところが，ごく稀に三毛の雄が見出されることがある．これは，親の配偶子形成過程の減数分裂時に性染色体の不分離（non-disjunction）が起こった結果，X染色体を2本もつ卵，あるいはX染色体とY染色体をともにもつ精子が作られ，それらが正常な精子もしくは卵と受精したことによって誕生したものであり，XXYの性染色体構成をもつ．通常，染色体数の異常は重篤な影響をもたらすが，X染色体に限っては，たとえXXXやXXYのような場合でも，X染色体は1本を除きすべてが不活性化されてしまうため，あまり大きな影響はでない．したがって，XXYの猫はY染色体をもつため雄になる一方で，X染色体不活性化がランダムに引き起こされるため，雌同様三毛になるわけである．

15.9.2 パラミューテーション

以前よりトウモロコシでは，ある単一遺伝子座において，ある組合せの場合に限ってアリル間の相互作用により一方のアリルが他方のアリルに影響を及ぼし，次世代へ伝達される機能阻害を引き起こす現象が知られパラミューテーション（paramutation）と呼ばれている．このパラミューテーションを引き起こす原因となる前者のようなアリルをparamutagenic allele，後者のようなアリルをparamutable alleleという．パラミューテーションによって機能阻害を受けたアリルは，後代でその原因となったアリルと分離しても表現型を回復しない．しかし，稀にその機能を回復するケースが観察されることから，機能阻害の原因はDNA配列の遺伝的な変異ではなくエピジェネティックな異常であることがわかる．パラミューテーションの分子機構はほとんどわかっていないが，同様の現象が他の植物やマウスでも報告されている．

演習問題

Q.1 エピジェネティクスとは何か.

Q.2 エピゲノムとは何か.

Q.3 ポジションエフェクトバリエゲーションとはどのような現象か.

Q.4 哺乳類で母由来ゲノムと父由来ゲノムが等価ではないことを示した実験はどのようなものか. またゲノムインプリンティングとはどのような現象か.

Q.5 X 染色体不活性化とはどのような現象か.

Q.6 三毛猫のオスが珍しいのはなぜか.

Q.7 分化した細胞に山中因子を導入することでリプログラミングを誘導するとき, 細胞の中でどのようなことが起きていると予想されるか.

参考図書

1. 平岡泰, 原田昌彦, 木村宏, 田代聡 共編：細胞核－遺伝情報制御と疾患, 実験医学増刊, Vol.27, No.17 (2009)
2. 牛島俊和, 塩田邦郎, 田嶋正二, 吉田稔 共編：エピジェネティクスと疾患, 実験医学, Vol.28, No.15 (2010)
3. D. アリス, T. ジェニュワイン, D. ラインバーグ 共編, 堀越正美 監訳：エピジェネティクス, 培風館 (2010)

Box ▶ 山中因子

2006 年, K. Takahashi and S. Yamanaka により iPS (induced Pluripotent Stem) 細胞の樹立が報告された. その方法は, 胚線維芽細胞 (MEF) に Oct3/4, Sox2, Klf4, c-Myc の 4 つの転写因子を導入するという単純なものであった. このニュースは瞬く間に世界中に広がり, 今や再生医療や創薬研究に大きなインパクトを与えている. 山中伸弥教授は, 2012 年ノーベル生理学・医学賞を受賞した.

彼らは, 分化した細胞を未分化な細胞へ戻すリプログラミング因子は, ES 細胞特異的に発現し, ES 細胞の未分化状態維持にもかかわるものであろう, という仮説のもとに実験を計画した. まず, ES 細胞を含むさまざまな種類の細胞で発現している全遺伝子 (cDNA) のデータベースから 24 個の候補因子を選び出し, それらすべてを MEFs に導入した. その結果, ES 細胞様の細胞集団 (コロニー) がいくつも出現し, 期待通りリプログラミング因子がこれら 24 因子に含まれることが示唆された.

これら 24 因子の中から, 山中因子と呼ばれることになる 4 つのリプログラミング因子に絞り込むためにかれらは実にうまい方法をとった. それは 24 因子から 1 因子だけ除いた 23 因子を MEFs に導入する実験を 24 セット行い, リプログラミングが起こるかを見るというものであった. もし, 除いた 1 因子がリプログラミングに必須なものであれば, たとえ残りの 23 因子を導入してもリプログラミングは起こらないと予想される. 逆に除いた因子がリプログラミングに必須でなければ, それなしでもリプログラミングは起こるはずである. その結果, それを除くとリプログラミングが起こらなくなるという因子が 10 個見出された. 実際, それら 10 個をすべて MEF に導入すると 24 因子を導入した場合よりも高い頻度で iPS 細胞のコロニーが得られた. そこで再び同様に, 10 因子のうち 1 因子だけを除き, 残りの 9 因子を MEF に導入する実験を 10 セット行った. 結果は, Oct3/4, Klf4 を除いた場合は iPS 細胞のコロニーが 1 つも得られず, Sox6 を除いた場合はわずかながらコロニーは認められたものの iPS 細胞の出現頻度は著しく低下した. また, c-Myc を除いた場合は, 比較的多くのコロニーが得られたものの, その形態は ES 細胞様のものではなかった. そして残りの 6 因子については, iPS 細胞のコロニーの出現効率に大きな影響を及ぼさなかった. これらのことから, Oct3/4, Klf4, Sox6, c-Myc の 4 因子が iPS 細胞の樹立に重要な役割を果たすと考えられた. その後の解析から, c-Myc を除く 3 因子だけも iPS 細胞は得られるが, 4 因子を導入する場合に比べ効率が低下することが示されている.

山中因子によるヒト iPS 細胞樹立の成功は, ヒト ES 細胞作製において胚を壊すことを余儀なくされることから生じる倫理問題を一気に払拭した. その波及効果は再生医療に留まらず創薬研究にも革新的な道を開いている. すなわち, 遺伝性疾患の患者の細胞から iPS 細胞を樹立し, それを経由して疾患部位の組織の細胞をつくり, 解析に用いることで, 病態発症の分子機構やその病気に対する薬の効果および作用機序の解明に向けた研究が急速に進むと期待されている.

クロスワードパズル 4

ヒントから連想される，マス目の数に合う英単語を記入してください．

注）複数の英単語のからなる用語の英単語間のスペース，「－」等は無視

Covalent bond → COVALENTBOND

Co-repressor → COREPRESSOR

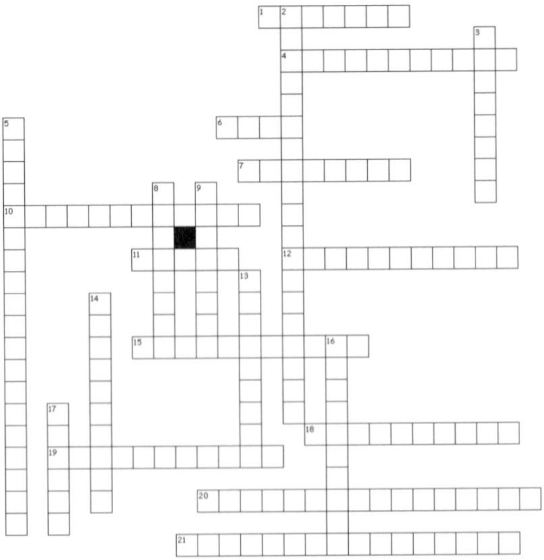

1
2
3
4
5
6
7
8
9
10
11
12
13
14
15
16
17
18
19
20
21

横（Across）のヒント

1：メッセンジャー RNA 前駆体の 5' 末端を保護する構造

4：mRNA の塩基配列の情報をタンパク質のアミノ酸配列に変換する過程

6：RNA の最終産物に残る DNA 領域

7：DNA の塩基配列上に起こった遺伝的変化

10：RNA 分子のみでスプライシングが起こること

11：mRNA においてアミノ酸を指定するトリプレット

12：RNA スプライシング装置

15：DNA の塩基配列がアミノ酸に変換される際の暗号

18：RNA レベルでヌクレオチドの挿入や欠失が起こること

19：mRNA の情報とアミノ酸を結ぶアダプター的 RNA

20：開始コドンから終止コドンまで続くひとつながりの読み枠

21：tRNA による mRNA の認識において，クリックが提唱した仮説

縦（Down）のヒント

2：mRNA 前駆体のエキソンを異なる組み合わせでつなぐ様式

3：ひとつの mRNA 上において複数のリボソームが結合した複合体

5：RCOOR'＋R"OH → RCOOR"+R'OH という反応

8：酵素活性をもつ RNA

9：細胞内におけるタンパク質合成の場

13：tRNA 分子中で相補的塩基対によって mRNA を認識する 3 つの塩基部分

14：生物種によって特定のコドンの使用に偏りがみられること

16：一つのアミノ酸に複数のコドンが対応すること

17：RNA の最終産物には残らない DNA 領域

（解答は巻末参照）

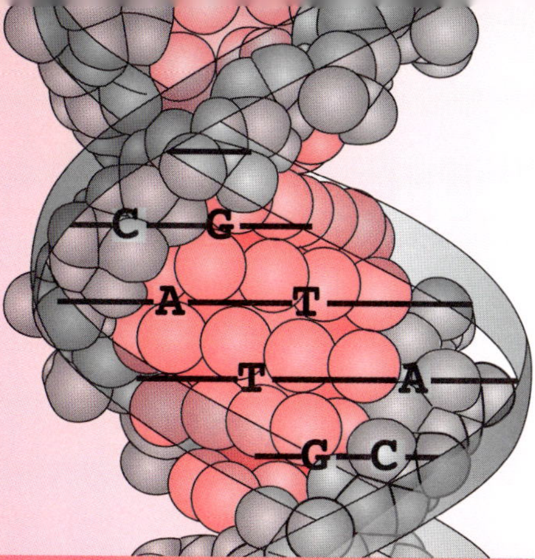
C G
A T
T A
G C

Chapter 16
ゲノミクス

Chapter 16

ゲノミクス

16.1 ゲノムプロジェクト

遺伝子研究において，ある遺伝子の機能を正しく理解するには，その遺伝子を他の多数の遺伝子群とともにシステムとして研究することが重要である．加えて最近では，従来は，ほとんど注目されていなかった遺伝子間のゲノム部位も多様な機能を持つことが刻々と明らかになりつつある（→ Chapter 14）．このような観点から，多くの生物についての全ゲノムの配列決定（解読）が重要と考えられた．ゲノム解読には多額の経費と人員を要し，かつ複数のグループの共同によりなされるのでゲノムプロジェクトと呼ばれる．ヒトゲノムの場合，世界の 20 チームが共同プロジェクトとして進めた結果，2005 年に解読を完了した．ヒトばかりでなく，すでに多くの生物のゲノムが解読されている．モデル生物については遺伝子機能の解明のための実験が行われ，その成果がデータベース（DB と略す）で公開されている．今日，DB の使用は必須となっているが，多くの DB のどれを使うか迷うことがある．その際には，ポータルサイトと呼ばれる入り口（玄関口）サイトを活用すると良い．

ゲノム研究の進展は速く，教科書の内容も時代遅れになりやすい．この難点を補う目的もあり，本 Chapter ではいくつかの便利なポータルサイトを紹介する．広い分野をカバーし，日本語と英語の両方での検索が可能で，日本語の文献や DB も収録しているポータルサイトとしては，バイオサイエンスデータベースセンター（NBDC）が作成している「生命科学系データベースを一覧から探す」（http://integbio.jp/dbcatalog/）が便利である［**図 16.1**（a）］．また，NBDC が作成している「統合 TV：http://togotv.dbcls.jp/ja/」では，多数の DB や情報解析ソフトの使用法を日本語の動画で解説している［図 16.1（b）］．

16.1.1 ゲノム配列解読

DNA の塩基配列解読のためサンガー法（→ Chapter 3）やマクサム・ギルバート法（→ Chapter 3）が開発された．サンガー法については自動化機器が開発され解読スピードが高速化した．最近では次世代シークエンサーが開発され，超高速に

(a)

- 生命科学系データベースを一覧から探す -
Integbioデータベースカタログ
全条件をリセット
一覧内を検索する
一覧を絞り込む
対象を選ぶ
データベースのレコード一覧
1292 件
最初へ 前へ 1 2
追加
感染症の情報（疾患名で探す）
運用機関: 厚生労働省 国立感染症
生物種: Homo sapiens | Viruses |

(b)
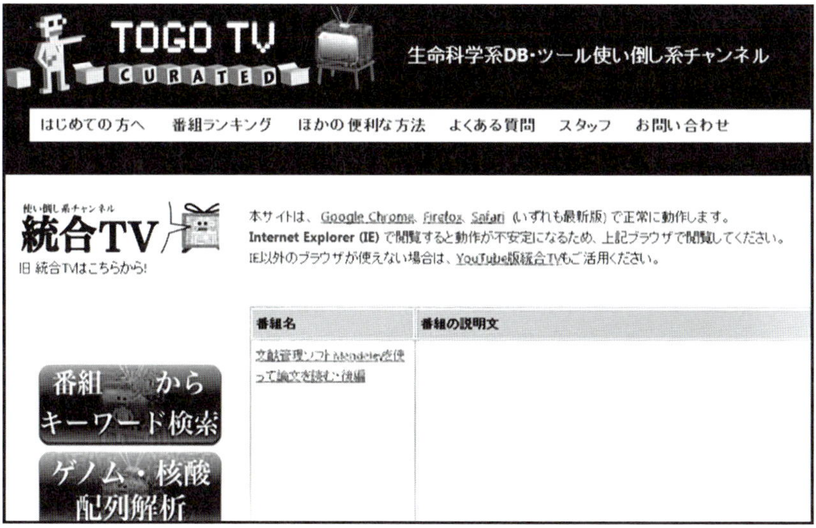
TOGO TV
CURATED
生命科学系DB・ツール使い倒し系チャンネル
はじめての方へ 番組ランキング ほかの便利な方法 よくある質問 スタッフ お問い合わせ
使い倒し系チャンネル
統合TV
旧 統合TVはこちらから!
本サイトは、Google Chrome、Firefox、Safari（いずれも最新版）で正常に動作します。
Internet Explorer (IE) で閲覧すると動作が不安定になるため、上記ブラウザで閲覧してください。
IE以外のブラウザが使えない場合は、YouTube版統合TVもご活用ください。
番組名
番組の説明文
番組 から キーワード検索
ゲノム・核酸 配列解析

図 16.1 ポータルサイト紹介

(a) Integbio のホームページ．「一覧内を検索する」のボックスへ関心のあるキーワードを，日本語または英語で入力する．(b) 統合 TV のホームページ．DB 側の画面が変更になっている場合でも，基本的な操作は理解できる．

DNA 配列が解読できるようになり，テラバイト（10^{12} バイト）やペタバイト（10^{15} バイト）級のビッグデータが集積している（→ Box 次世代シークエンサー，390 頁参照）．ゲノム解読法の中心はショットガンシークエンス法と呼ばれ，大量なゲノム断片の配列を決定した後，断片間の相同性検索を行い重複部分を見つけて順次配列を伸ばし［コンティグ（contig）配列の作成］，最終的にゲノム全体の配列を得る．この操作をゲノムアッセンブルと呼ぶ．

16.1.2 遺伝子位置と遺伝子構造の決定と cDNA プロジェクト

ゲノム配列が解読されると，次にどの位置にどのような機能を持つ遺伝子が存在するかを知る必要がある．この問題は現在では，情報解析の手法で行われており，この過程をゲノムアノテーション（注釈づけ）と呼ぶ．原核生物のタンパク質遺伝子については，十分に長い ORF（→ Chapter 8）を探すことが基本となる．しかし，真核生物の場合にはイントロンが存在するため，タンパク質遺伝子の領域であっても長い ORF が存在する可能性は低く，遺伝子を探し出すことは困難である．さらに，選択的スプライシングのために 1 個の遺伝子が複数の成熟 mRNA，したがって複数のタンパク質を生成する．情報解析によりこれらのタンパク質を特定することは不可能であり，ゲノム解読と平行して **cDNA プロジェクト**が行われた．cDNA にはイントロンは含まれないので，原核生物のゲノム配列と同様に長い ORF を探し出すことで，タンパク質をコードする配列を特定することが可能となる．

RNA は不安定な分子であり，タンパク質の全長に対応する完全な cDNA（完全長 cDNA）を得るのは容易ではない．そこで分解前の mRNA の 5' 末端のキャップ構造を利用して cDNA の作成を行う**完全長 cDNA プロジェクト**が登場した．一方，mRNA を鋳型にして合成した大量の cDNA 断片を解読する **EST**（Expressed Sequence Tag）プロジェクトも進められた．この方法では大量の断片配列間の重複部分を利用して長い mRNA の配列を決定する．

16.1.3 遺伝子機能の特定

遺伝子の塩基配列は，進化の過程で少しずつ変化している．同一の祖先遺伝子に由来する同一機能を持つ遺伝子の配列を調べると，近縁種間であれば配列の相同性（ホモロジー）は高く，系統的に遠くなれば差異が増す．そこで，系統学的に重要な位置にある**モデル生物種**の遺伝子機能についての実験データが得られれば，大半の他の生物種について高い配列相同性を指標に遺伝子機能を推定できる．タンパク質遺伝子を例にとれば，十分に長い ORF をアミノ酸配列に翻訳後，その配列とモデル生物の機能既知のタンパク質の配列との相同性から着目遺伝子の機能を推定できる．実際の解析では，16.1.5 項で説明する **COG** と呼ばれる DB を対象に，アミノ酸配列の相同性検索で機能を推定する例が多い．配列相同性の検索には，下記の

DDBJ や EMBL や，GenBank が提供している BLAST 等のソフトを使用する．

長い ORF についてアミノ酸配列レベルでの相同性検索を行い，多数の近縁生物種で相同性の高い ORF が見出された際は，それらはタンパク質遺伝子の候補と考えられるが，機能が未知の例も多い．原核生物では大腸菌や枯草菌，真核生物では酵母，線虫，シュウジョウバエ，マウス，シロイズナズナのようなモデル生物について，遺伝子破壊等の方法で機能を解明する実験が進行している．

16.1.4 遺伝子やゲノムの塩基配列を収録した DB

遺伝子やゲノムの塩基配列は，遺伝子の構造や機能に関するアノテーションが付加されて，国際的な DB である DDBJ（日本で運営），EMBL（欧州）および GenBank（米国）より公開されている．実験系の研究者が塩基配列を解読し，その結果を用いた論文を発表する際には，塩基配列を上記の国際 DB のいずれかに登録することが義務付けられている．これらの DB では配列相同性検索を含む多様な解析ソフトがインターネットを介して無料で利用可能で，遺伝子やゲノムやタンパク質の最新の配列データを解析できる．DDBJ（http://www.ddbj.nig.ac.jp/）には日本語の説明があり便利である．ゲノムの配列だけの場合は，ゲノム配列に関するポータルサイトである GOLD（http://www.genomesonline.org/cgi-bin/GOLD/index.cgi）（**図 16.2**）を利用する方が便利である．

注意しておくべき点は，国際塩基配列 DB に収録された塩基配列の総量は，2013 年の時点でも約 200 Gbp（2,000 億塩基対）に達しており，典型的なビッグデータである．これらの大規模 DB の利用には十分な予備知識が必要となる．これ

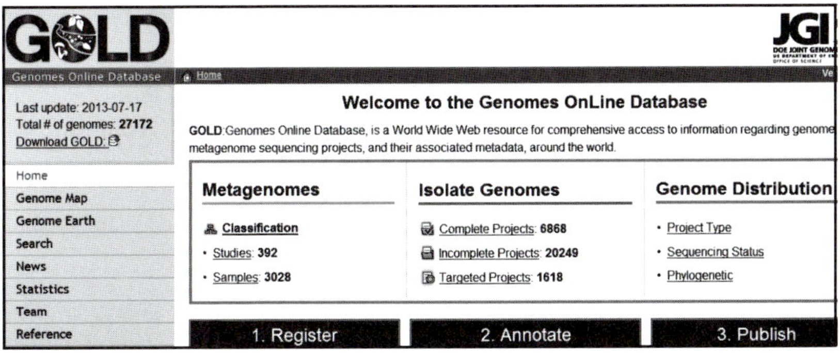
GOLD
Genomes Online Database
Home
Welcome to the Genomes OnLine Database
Last update: 2013-07-17
Total # of genomes: 27172
Download GOLD:
GOLD:Genomes Online Database, is a World Wide Web resource for comprehensive access to information regarding genome
metagenome sequencing projects, and their associated metadata, around the world.
Home
Genome Map
Genome Earth
Search
News
Statistics
Team
Reference
Metagenomes
Classification
Studies: 392
Samples: 3028
Isolate Genomes
Complete Projects: 6868
Incomplete Projects: 20249
Targeted Projects: 1618
Genome Distribution
Project Type
Sequencing Status
Phylogenetic
1. Register
2. Annotate
3. Publish

図 16.2 GOLD のホームページ

らおよびGOLDの使用方法は統合TVを利用すると理解しやすい．Googleで「統合TV　GOLD」と検索すれば，動画「GOLD-Genomes Online Databaseを使い倒す」を利用できる．

16.1.5 KEGG，COG等の遺伝子機能に関わるDB

KEGG（生命システム情報総合データベース，http://www.kegg.jp）は，我が国で作成されている世界的なDBである．高次な生命システムとゲノムを統合的に理解するために多様なDBから構成されており，KEGGパスウェイマップと呼ばれる代謝マップはその代表例で，統合TVにその内容や使用法の説明がある．COG（Clusters of Orthologous Groups）はオルソロガス遺伝子（→ Chapter 2）を集めたDBで，NCBIより公開されている（http://www.ncbi.nlm.nih.gov/COG/）．

16.1.6 環境中の生物集団を対象にした解析

各自然環境や生体内に生息する微生物類の全体をマイクロバイオーム（microbiome）や**微生物叢**と呼ぶ．これらの微生物類の90％以上は培養できず，通常の実験的な研究が困難なため，科学的にも産業的にも未開拓なゲノムとして残されてきた．しかし，これら微生物類のゲノムには，新規な遺伝子が多数存在する可能性が高い．そこで，培養を行わずに環境より直接回収したゲノムDNAの混合物が解析されている．マイクロバイオーム解明のための解析方法の概要を**図16.3**に示す．そのひとつは，進化的に保存性の高い16S rRNAの遺伝子（16S DNA）配列をPCRで増幅し，配列相同性解析でその微生物叢に存在する微生物の系統推定を行う研究である（**16S解析**）．最近では，微生物叢のゲノムDNA全体（メタゲノム）を対象に，膨大な数の断片配列を解読する**メタゲノム**（metagenome）解析が普及している．この方法では，その微生物叢にどのような遺伝子が存在するか，言い換えれば機能情報を得ることができる．存在する微生物の系統推定において，既知配列との配列相同性に基づくと，新規性の高い微生物由来の新規遺伝子については正確な推定が困難である．連続塩基の出現頻度に基づく**一括学習型自己組織化マップ**（BLSOM）解析など配列アラインメントに依存しない方法が活用されている（http://bioinfo.ie.niigata-u.ac.jp/?PEMS_Soft）．

メタゲノム解析や16S解析により，生物の共生や集団形成における微生物群の役割の実態が明らかになってきた．これらの成果は，地球環境の変動や環境保全における微生物群の役割の研究や，バイオレメディエーション（bioremediation）と

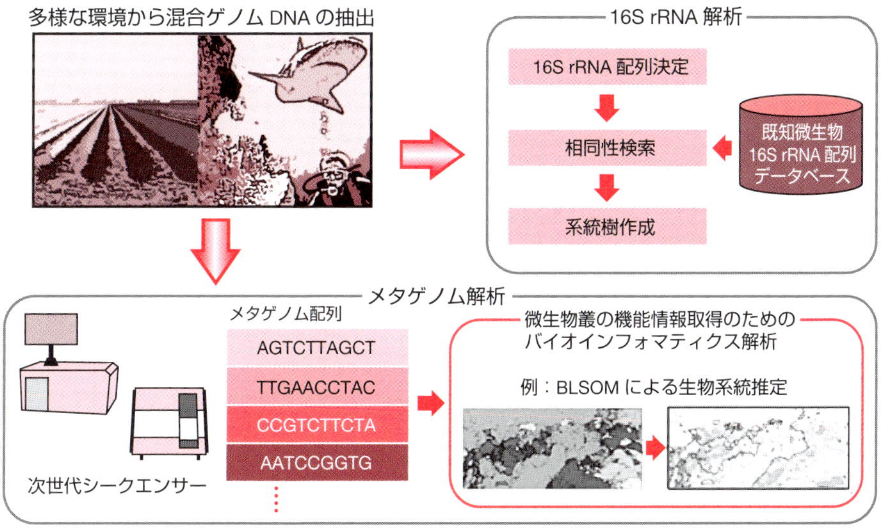
多様な環境から混合ゲノムDNAの抽出
16S rRNA 解析
16S rRNA 配列決定
相同性検索
系統樹作成
既知微生物
16S rRNA 配列
データベース
メタゲノム解析
メタゲノム配列
AGTCTTAGCT
TTGAACCTAC
CCGTCTTCTA
AATCCGGTG
次世代シークエンサー
微生物叢の機能情報取得のための
バイオインフォマティクス解析
例：BLSOMによる生物系統推定

図 16.3　マイクロバイオーム解明のための解析方法の概要

呼ばれる環境浄化への微生物利用にも役立っている．腸内細菌叢を初めとする生物体内に生息する微生物群についてのメタゲノム解析や16S解析は医学的に重要である．これらの研究についての最新の情報は16.1.4項で説明したGOLDに収録されている．

16.2 ポストゲノム研究

ポストゲノム研究とは，ゲノム塩基配列解読後に行われるゲノムの多様な機能を解明する研究であり，1つの生物の生命活動を丸ごと理解するための研究が中心といえる．ゲノム（genome）という語の遺伝情報の全体を表わすための「-ome」は総体を意味する．同様に，細胞内のタンパク質の全体をプロテオーム（proteome），転写されるRNAの全体をトランスクリプトーム（transcriptome），代謝産物の全体をメタボローム（metabolome）などは全体を表す言葉として使われており，生命システムの全体像を理解するための解析をオミクス解析と呼ぶ．情報処理や統計解析が重要となる．

16.2.1 トランスクリプトームと RNA-seq 解析

細胞内での mRNA の存在量は，遺伝子の発現レベルを反映して遺伝子間で大きく異なる．トランスクリプトーム解析の初期には，**DNA チップ**（**DNA マイクロアレイ**）法が主に用いられた．組織や細胞から mRNA を調製し，蛍光色素で標識した cDNA に変換し，スライドガラス上に固定したゲノム由来の多数の断片 DNA とハイブリダイズさせる．このようにして，発生や分化に伴う遺伝子発現の様子が解析された．最近では，細胞由来の RNA から合成した大量の cDNA 断片を次世代シークエンサーで解読し，配列相同性検索でゲノム配列上へマッピングする **RNA-seq** 解析（transcriptome shotgun sequencing）が普及している．マップされる cDNA 配列の多寡により細胞や組織における遺伝子発現の全体像を把握できる．

この RNA-seq 解析の過程で，mRNA，rRNA や tRNA 等の遺伝子が存在しない領域からも RNA が多量に転写されていることが判明した．これらの RNA は **non-coding RNA** と呼ばれ，遺伝子発現制御を含む多様な機能が徐々に明らかになっている．従来，高等生物ゲノムの大半は機能のない **junk DNA** からなると考えられていたが，多量な non-coding RNA の発見により，ゲノムの大半の領域にも機能が存在するという考えが提唱されている．このような状況のもとで，遺伝子の定義や機能の意味がいささか曖昧になってはいるものの，これまで考えられていたよりは遥かに多様な機能に関する情報がゲノム配列に潜んでいることは明らかである（→ Chapter 14）．

16.2.2 プロテオーム解析とタンパク質や核酸の立体高次構造解析と DB

微量タンパク質の解析における質量分析計の威力は絶大である．まず，クロマトグラフィーや電気泳動を組み合わせて分離・精製された微量タンパク質を断片化し，その質量を正確に測定する．一方，ゲノム配列から得られる各タンパク質の断片類についてあらかじめ質量を算出しておけば，両データを照合することで着目タンパク質を特定できる．このような手法を用いて，1 つの生物のタンパク質を網羅的に研究するプロテオーム解析が行われている．ゲノムの解読だけでは，修飾を受けたタンパク質や選択的スプライシングにより生じた多種類のタンパク質を特定できないので，このアプローチはポストゲノム研究の重要な一環である．

タンパク質はポリペプチド鎖の折り畳みにより複雑な立体高次構造（三次元構造）を形成し機能する．したがって，タンパク質の立体構造の解明はその機能の推定に役立つ．X線結晶構造解析，NMR（核磁気共鳴）や電子顕微鏡により多数のタンパク質やその複合体の立体構造が解明され，**PDB**（http://www.rcsb.org/pdb/）に収録されており，**PDBj**（http://pdbj.org/#!home）では日本語でこのDBを利用できる．

核酸も多様な立体構造をとり，その構造は機能において重要な意味を持つ．X線結晶構造解析やNMRでその高次構造が決定されており，**ndb**（http://ndbserver.rutgers.edu/）がポータルサイトとして有用である．このサイトには，核酸とタンパク質との複合体，リボソームやウイルスのような大型な複合体に関するデータも収録されている．

16.2.3 ENCODEプロジェクト

遺伝子発現の制御機構を担うゲノム配列上のシグナルを特定することは重要なポストゲノム研究である．国際共同プロジェクトである**ENCODE**（Encyclopedia of DNA Elements）では，ヒトゲノム上のすべての機能要素を解明し，そのすべてを書き込んだ百科事典を作成することを目指している．転写領域や転写因子結合部位に加えて，「クロマチン構造やDNAのメチル化やヒストン修飾」といったエピジェネティックな要素を，ヒトゲノム上で網羅的に探し出した成果が収録されている．ヒトゲノムを対象にしたENCODEプロジェクトが先導的に開始された後に，マウスや線虫に関するENCODEプロジェクトも進行している．ENCODEデータは下記のGenome Browserを用いて利用するのが便利であり，統合TVにENCODEデータの内容や利用方法が解説されている．

16.2.4 Genome Browser

ゲノムプロジェクトにおけるアノテーションによる遺伝子の位置やエキソンとイントロン等の遺伝子構造の知識と，ポストゲノム研究におけるENCODEプロジェクト等から得られた多様な情報とを関連付けることにより，新しい知見が得られる．この目的には，多様な情報を，画像を用いて統合的に表示することが有効である．UCSC（http://genome.ucsc.edu/）やENSEMBL（http://www.ensembl.org/index.html）の**Genome Browser**はその例である．たとえば，UCSCではヒトゲノムについて［**図16.4**（a）］，すでに100を超える項目についての情報が表示可能なので，自分の関心のある項目を選択して表示させる必要がある［図16.4（b）］．

(a)
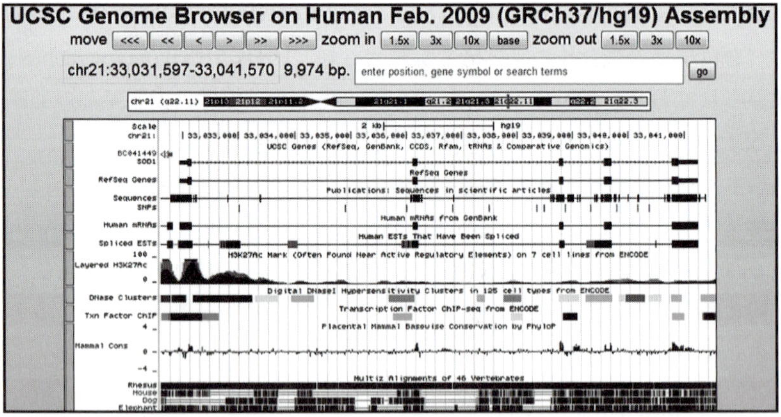

(b)
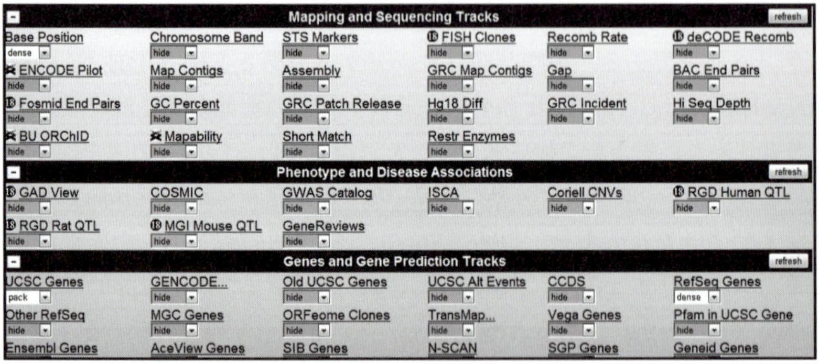

図 16.4　UCSC Genome Browser

(a) UCSC の Genome Browser の画面の例．染色体番号と塩基配列の位置を指定したり，遺伝子名で検索することで，着目ゲノム領域の多様な情報が画像データで得られ，塩基配列も表示やダウンロードできる．(b)Genome Browserの画面の下に続く部分の一部．各々のボックスで，対応するデータの表示条件を選択できる．

16.2.5 遺伝子ネットワーク，システム生物学

核酸やタンパク質などの生体分子の構造や機能を知るだけでは生命現象を理解したことにはならない．生体内では，多様な遺伝子産物がネットワークを作り上げている．遺伝子ネットワークの実態を解明するには，ある遺伝子の発現量の変化が，他の遺伝子にどのように影響するかを知る必要がある．現実的には限定された条件の細胞を使い，限定されたタンパク質や基質の実験データを測定することになる．

これらの限定された実験データを基に，計算機上に作成した遺伝子ネットワークのモデルについて数値シミュレーションを繰り返すことで正しいモデルを作定する．いったん正しいモデルが得られれば，実験がなされていない条件下でのタンパク質や基質の量が推定できるので，計算機実験とも呼ばれる．生命現象を，多様な機能を持つ多数の分子が相互に関係しつつ，全体としての機能を発揮するシステムとして捉え，システム工学の方法で生命現象を研究する分野をシステム生物学と呼ぶ．

16.3 ゲノム医学，個人ゲノム解析，ゲノム創薬

最近では医学との関連から，ヒトやそのモデル動物としてのマウス等を対象にした研究が先導的となっている．最近のこの動向を踏まえ，以下においてはヒトゲノムを対象に解説するが，多くの事項は広範な高等生物にも当てはまる．

16.3.1 ヒトゲノムの標準配列と個人ゲノム解析

ヒトゲノム解析においてはプライバシーへの配慮が重要である．DBに登録されているヒトゲノムの標準配列は，複数の国の複数の人のゲノムDNAの混合試料を対象にした解析である．各塩基部位について多数決的に決められた配列であり，ヒト集団での標準的な配列といえる．データは，染色体ごとにATGCとN（塩基が不明な箇所）からなる一本の配列で表現されている．一方，個人のゲノム配列の場合，父親と母親に由来する配列間で平均的には，1,000塩基に1か所程度の差異があることから，1本の配列としては表示できない．個人ゲノム配列を解析する際は，標準配列からの差として取り扱うのが一般的である．配列として表示する場合には，両親の配列が同じ箇所はATGCの4文字で，異なっている箇所はR（AとG），Y（TとC），M（AとC），K（GとT），S（GとC），W（AT）で表現する．個人のゲノム配列は医学研究に重要であることから，個人が特定できない形式で多数の配列がすでに公開されている（http://www.1000genomes.org/）．

16.3.2 病因遺伝子の特定

「病気の遺伝子（たとえば，がんの遺伝子）」といっても病気（がん）を引き起こすための遺伝子があるわけではない．通常は生命活動に必要な遺伝子の内部，あるいは，その発現の制御領域に変異が生じて病気になった場合，その遺伝子を病因遺伝子と呼ぶ．たとえば，タンパク質遺伝子のエキソンに非同義変異が入ってアミ

ノ酸配列が変化して病気を引き起こすことがある．病因遺伝子を探すには，病気を発症している多数の患者と，患者ではない多数の人のゲノム配列を比較することが必要になる．たとえば，がんの原因遺伝子を探索する国際プロジェクト ICGC（http://icgc.org/）では，2 万 5 千人のがん患者のゲノム配列を解読する計画である．なぜ，これほど多数の患者のゲノム配列が必要なのだろうか．それはどの個人のゲノム配列であっても，標準ゲノム配列と比較した場合，平均 1,000 塩基に 1 個程度の差異があり，ゲノム全体では 300 万個程度の差異があることがその理由である．300 万個の大半は生存や生育に有利でも不利でもない**中立変異**である．患者のゲノム配列であっても疾患に関係している変異は極めて少数であり，多数の患者のゲノム配列を統計学的に解析して初めて対象とする疾患に関係する遺伝子やその変異が浮かび上がってくる． 糖尿病や高血圧などの生活習慣とも関係する病気の場合，いくつもの遺伝子が関係しあって発病する例が多い．これらは**多因子病**と呼ばれゲノム全体を解析する必要がある．病気に関係する遺伝子やそこに見出された突然変異については，OMIM（http://www.omim.org/）DB に収録されている．

16.3.3 個体差を知るための SNP（一塩基多型）と CNV（コピー数多型）

ある生物種集団（たとえば人類集団）のゲノム塩基配列中で，特定の一塩基変異が存在し，その変異が集団内で 1％以上の頻度（この％の値は研究の進展段階につれて変更されることがある）で見られる時，これを**一塩基多型**（Single Nucleotide Polymorphism：**SNP**，スニップと呼ぶ．複数形は SNPs と表し，スニップス）と呼ぶ．したがって，その頻度が 1％以下の変異については，正確には一塩基多型ではなく，突然変異と呼ぶべきであるが，それらを rare SNP と呼ぶ例もある．近接した位置に存在する（正確には遺伝的に連鎖している）SNP のグループはハプロタイプと呼ばれ，親から子へ引き継がれる傾向にあるので，特定の疾患を持つ患者の家系調査から，その遺伝的な因子を探しだす上で重要な指標となる．遺伝的に近い集団（ヒト集団では同じ人種や家系）では似たハプロタイプを持ち，遠い集団になるにしたがって大きく異なってくる．病気になりやすさや薬剤への感受性が人種により異なる原因を知る目的等で，日本人を対象にした SNP 解析も行われている．遺伝子多型として，その他にも，繰り返し配列の繰り返し回数の個人差を示すマイクロサテライト多型がある．SNP と合わせ，マイクロサテライトの長さや組合せは個体差を知る重要な指標であり，**遺伝子プロファイル**（→ Chapter 2）として疾患の診断の参考情報として，あるいは犯罪捜査における DNA 鑑定などに用いられる．

塩基の欠失や挿入の変異はindel（insertion-deletion）と呼ばれる．個人のゲノムが解読されるにつれ，従来から知られていた通常のindelに比べて大型で，1 kbや10 kb程度の範囲について，コピー数が標準配列とは異なる例が多数見出された．父母に由来する2つずつあるべき配列部位が，1コピーしかなかったり，3コピー以上存在する例が多数見いだされたので，1 kb以上の例についてはindelではなくコピー数多型（Copy Number Variation：**CNV**）と呼ぶようになった．疾患や薬剤に対する感受性と関係するCNVも知られている（**図16.5**）．

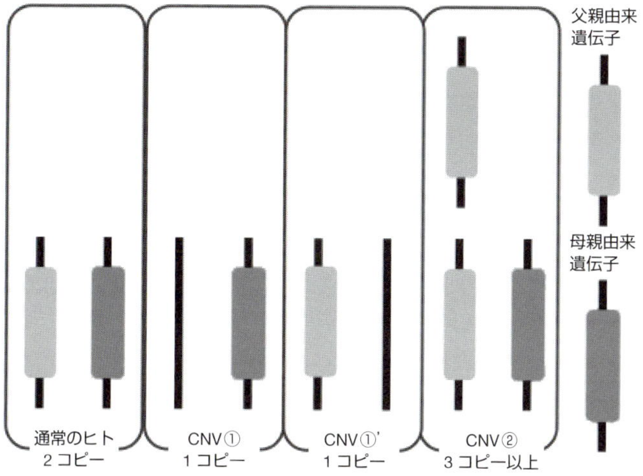

父親由来
遺伝子
母親由来
遺伝子
通常のヒト
2コピー
CNV①
1コピー
CNV①'
1コピー
CNV②
3コピー以上

図16.5　コピー数多型（CNV）の概要

両親は健常者であるが，近年精神疾患などで報告されている 子供の代で初めて生じる *de novo* CNVと呼ばれるものもある．

16.3.4 個人ゲノム（パーソナルゲノム）とシークエンスビジネス，ゲノム創薬

個人のゲノムが比較的安価に解読できる時代となっている．病気の原因となる可能性の高い遺伝子が特定でき，個人がどのような病気にかかる可能性があるのかを調べる「リスク診断」が可能となってきた．同じ疾患であっても，薬剤の効果や副作用が患者ごとに異なることがあり，それが患者の遺伝子配列に起因する例も多い．このような背景の下に，個人に最適な治療を施す個別医療（テーラーメイド医療または，オーダーメイド医療と言う）へと医療の質が向上しつつある．国内外の

バイオ企業でも，個人ゲノムを解読するサービスが始まっておりシークエンスビジネスと呼ばれている．ヒトゲノム解読で得られた情報を基に，新薬の開発を行うゲノム創薬も進行している．

16.3.5 感染症に関する研究

日々流行が報じられる感染症を引き起こすウイルスや細菌についても多数のゲノム配列が解読されており，感染症研究もゲノム解析の時代となった．病原性を持つ遺伝子類が pathogenic island と呼ばれる遺伝子クラスターを形成し，微生物間で伝播することも明らかになった．病原菌のゲノム解析は，薬剤の開発にも有効である．ヒトを含む動物体内には多様な微生物が生息しているが，そのほとんどは実験室での培養が困難である．病原菌だけでなく，常在菌がヒトの健康状態に関わっている例も多く知られており，臨床検査試料を含むヒト由来試料について 16.1.6 項で紹介したメタゲノム解析等が進行している．

16.4 バイオインフォマティクス

ゲノム解析に限らず，分子生物学の研究においてコンピュータによる情報解析が不可欠となっている．生命科学と情報科学が融合した分野として，バイオインフォマティクス（生命情報学）が発展してきた．便利なソフト類が多数開発され，インターネットを介して無料で利用できる．大半の分子生物学者にとってソフトの作成は必要でなく，世界で普及している良質なソフト類を探し，利用することで十分である．しかし，データ量が膨大になっている現状においては注意も必要である．100 件程度のデータの解析であれば，手動で解析を繰り返すことも可能であろう．しかし，数千や数万の解析となれば，ソフトを自分の計算機にダウンロードして多数のデータを自動的に解析する必要がある．次世代シークエンサーから得られる大量なデータの解析では，UNIX や Linux を習得しておくべきである．

16.4.1 世界で普及しているバイオインフォマティクスのソフト類

多数のバイオインフォマティクスのソフト類は，EMBOSS と呼ばれるソフトウェア・パッケージで公開されている．EMBOSS（http://emboss.sourceforge.net/）には 200 に近いソフトが収録されているが，統合 TV では 20 件程度の解説と，ソフトのダウンロード法が紹介されている．BioPerl（http://www.bioperl.org/

wiki/Main_Page）はperlで書かれたソフト類のセットであり，統合TVにその説明がある．EMBOSSやBioPerlを自分の計算機で利用するためにも，UNIXやLinuxを学んでおくことが必要となる．

16.4.2 共同研究の重要性

利用可能なソフト類が多数作成されているとはいえ，それらを利用するだけでは新しい視点での研究を行うには不十分である．データ量の膨大さや情報解析技術の発展を考えると，情報科学分野の専門家との共同研究が重要になる．このような共同研究を行うためにも，現在普及しているソフトにおいて，分子生物学のどのような知識が，どのように解析ソフトへ組み込まれているのかを，分子生物学側の研究者も理解しておく必要がある．バイオインフォマティクスのソフト類では，本書に出てくる分子生物学の多様な知識を，計算機が処理できる形式で表現してあり，かつ解析可能である．これは分子生物学と情報科学の分野の研究者の緊密な連携作業の産物といえる．分子生物学を学ぶ者としてバイオインフォマティクスの考え方を理解しておくことは，情報科学の専門家との共同研究に役立つ．

16.4.3 比較ゲノム解析，分子進化学

多数の生物種のゲノム配列を比較することで生物進化に関する多くの知見が得られる．たとえば，1つの遺伝子に着目して，複数の生物種からの配列をClustalWのような多数本の配列の類似度を比較できるmultiple allignment（多重整列化）のソフトで解析し系統樹を作成することで，進化の過程で起きた着目遺伝子の配列の変化（**分子進化**）を知ることができる．大半の遺伝子についての分子進化の系統樹は生物の**進化系統樹**を反映している．現在では，生物系統上の位置が不明のまま残されてきた生物種についても，分子系統樹から生物系統上の位置を特定することが一般的になってきた．ClustalWやそれを基にした分子系統樹の作成はDDBJ等で行えるが，その使用法は統合TVに解説がある．

1つの遺伝子の塩基配列を異なった生物種間で比較すると，アミノ酸の配列を変えない「同義置換」がアミノ酸を変える「非同義置換」よりも頻度高く起きることが一般的に見られる．木村資生博士の提唱した**分子進化の中立説**（neutral theory）の予言どおりに，機能のある領域よりも機能のない領域の方が分子レベルでの進化速度（分子進化速度）が速い．多数のゲノム配列を比較する「比較ゲノム」の研究において，遺伝子の存在しない領域についても広範な生物種間で塩基配

列が顕著に保存されている領域が見出され **UCE**（ultra-conserved element）と呼ばれている．分子進化の中立説から考えると，機能を持つ領域と推定される．ゲノムには多様な未知の機能が潜んでいることの根拠の 1 つとなっている．

演習問題

Q.1 自分の住んでいる地域に有名な湖や山があれば，その湖や山に関係した生物について，DNA の塩基配列が DNA データベースに登録されているかどうかをインターネットを介して，「DDBJ の SRS や ASRA システム」を用いて検索せよ．DNA データベースでは英語のみが用いられているので，SRS や ASRA の要求するキ－ワードには英文字を入れる必要がある．興味のある地名でも良いが，人名にも使用されている名称だと，塩基配列を決定した研究者が検索されてしまう可能性が高い．もし適当な名称が思いつかない場合，あるいは名前を入れても何も配列が見つからない際には，例題として Lake Biwa を試みよ．

Q.2 Q.1 で見出した DNA 配列と似た配列がデータベースに登録されているかどうかを，「DDBJ の検索・解析の欄にある BLAST」プログラムを用いて調べよ．自分が選択した単語では配列が見つかっていない場合には，Lake Biwa で見つかった配列を用いよ．ただし，見出された配列が長い場合（たとえば 5,000 塩基以上）であれば，計算時間がかかるので，今回はその一部（たとえば 1,000 塩基程度）を用いよ．

Q.3 DNA の塩基配列が決定された場合，タンパク質をコードする領域が存在するかどうかを知る際に重要となる点を，原核生物と真核生物の場合について述べよ．Q.2 で見出した配列にタンパク質の遺伝子が乗っている可能性を，インターネットを介して「GeneMark」システムを用いて調べよ．

Q.4 UCSC の Genome Browser を用いて，ヒト 21 番染色体の短腕側テロメアより 33,020,001 番目の塩基から 20 kb の間に位置する遺伝子や，ENCODE 計画で得られている転写因子やアセチル化したヒストンの結合部位を表示し，その領域に存在する遺伝子を調べよ．

Q.5 病因遺伝子を特定する際には，多数の患者と多数の健常人のゲノム配列を比較する必要がある理由を述べよ．

Q.6 PDBj のホームページから，「今月の分子」の欄の「今月の分子のリスト」に入り，関心のあるタンパク質の高次構造と機能の関係を調べよ．

参考図書

1. 有田正規 編：使えるデータベース・ウェブツール，羊土社（2011）
2. 藤 博幸 編：はじめてのバイオインフォマティクス，講談社（2006）
3. 郷 通子，高橋健一 編：基礎と実習　バイオインフォマティクス，共立出版（2004）
4. David W. Mount 著，岡崎康司，坊農秀雅 監訳：バイオインフォマティクス　Bioinformatics（第2版），メディカル・サイエンス・インターナショナル（2005）
5. T. A. Brown 著，村松正實 監訳：ゲノム（第3版），メディカル・サイエンス・インターナショナル（2007）
6. Arthur M. Lesk 著，坊農秀雅 監訳：ゲノムミクス，メディカル・サイエンス・インターナショナル（2009）
7. 菅野純夫，鈴木 穣 監修：次世代シークエンサー目的別アドバンストメソッド，秀潤社（2012）

Box ▶ 次世代シークエンサー

次世代シークエンサーとは，サンガーシークエンス法を利用した蛍光キャピラリーシークエンサーを「第 1 世代シークエンサー」と呼び，それと対比させて作られた用語である．サンガーシークエンス法は，さまざまな生物システムの遺伝情報の解読を可能にし，現在でも世界の多くの研究室で使われている．しかし，日進月歩の勢いで進展する研究プロジェクトに対して，データのスループット，拡張性，スピード，解像度，コストといった点で制限があり，十分に対応するのが困難になっている．これらの制限を打開するため，ほぼ 5 年前，次世代シークエンサーが誕生した．

次世代シークエンサーは，サンガー法とは全く異なる新しい原理に基づくシークエンサーで，多様な技術が次々に登場しており，DNA 解読のスピードが飛躍的に高速化している．次世代シークエンシング技術の開発は，米国を中心に 50 以上のベンチャー企業や研究組織によって行われており，その結果，多様な機器や技術が誕生した．これらの機器や技術の特徴を比較するために，次世代シークエンサーに加えて**次々世代シークエンサー**など，新たなカテゴリーを設けようという試みもなされている．また，次世代シークエンサーを第 2 世代，第 3 世代，第 4 世代の 3 つに分類する動きも見られる．

次世代シークエンシングの迅速性を見てみよう．サンガー法では 1 ～ 96 の DNA 断片を同時処理するのに対し，次世代シークエンサーでは数千万から数億の DNA 断片に対して並列処理が可能である．これによりシークエンス解析のスピードは飛躍的に上昇した．次世代シークエンサーが誕生した 2007 年には 1 回のランで 10 億塩基（1 Gb）のデータを得ることができた．それが，わずか 4 年後の 2011 年には一兆塩基（1 Tb）ものデータを産出し，1,000 倍のスピードアップを達成した．現在，次世代シークエンサーを使えば 1 回のランで 5 名のヒト全ゲノム解析を約 10 日間，70 万円で行うことが可能である．ちなみに，2003 年に終了したヒトゲノムプロジェクトでは，第 1 世代のキャピラリー電気泳動のサンガーシークエンス法を用い，配列情報の産出に 10 年，さらに解析に 3 年を要した．また，このプロジェクトに投じられた予算は約 3,000 億円（30 億ドル）近くにも上ったことを考えるとその進歩がケタ違いであることがわかる．

次世代シークエンサーは上に述べたように大規模なデータをスピーディーに産出する能力がある一方，その適用において柔軟性も有している．研究者のニーズに応じて，バクテリアやウイルスなど小さなゲノムの解析，あるいはエキソンにターゲットを絞ったようなプロジェクトではデータ量を押さえた小型の次世代シークエンサーを用いた解析を行うことができる．また，次世代シークエンシングはゲノム解析だけではなくエピゲノム，トランスクリプトーム解析などの分野においても大きな可能性を有している．

この解説を書いている時点でも，技術は日々進歩している．統合 TV や研究者コミュニティサイト（http://ngs-field.org/）などで最新動向をチェックすることをお薦めする．

演習問題解答

Introduction

A.1 生物には統一性と多様性という二つの特徴がある．一般的には，問題にしている現象がそのどちらに属するかは一義的には言えない．遺伝のしくみは統一性に属すると言ってよいだろう．しかし，性決定という基本過程は哺乳類，鳥類，ハ虫類で異なる．もちろん，外皮の形や色は多様性に属するだろう．それが生物の面白さでもある．さて，遺伝物質の問題であるが，学生の質問は極めて妥当である．先生は統一性の観点から，肺炎双球菌やファージでの実験からヒトの遺伝物質もDNAである，と説いたのであろう．遺伝子というものはそれだけ生物にとり基本的なものだから，統一性を前提にすることは妥当であるからである．実は，学生の質問への正確な答えとしては，1974年のDNAクローニング技術の開発以降に，クローン化したDNAを哺乳動物細胞に導入するトランスフェクション実験により哺乳動物でもDNAが遺伝物質であることが確認されたのである．

A.2 Averyらの結果に対する主な反論は「精製した形質転換中の真の有効成分は微量に存在するタンパク質であろう」というものであった．ラジオアイソトープが使えるならば，Hershey-Chaseの実験のようにDNAを^{32}Pで，タンパク質を^{35}Sで標識し，精製を進めつつ^{35}S / ^{32}P比が減少するのに，^{32}Pあたりの形質転換能は減少しない，というデータを取ればよさそうである．しかし，今日からみるとバクテリアにおいてもタンパク質の中にもリン酸化されるものがあることがわかっており，もしそのようなタンパク質がDNAに強固に結合していたとすると，^{35}S/ ^{32}P比をモニターするだけでは反論に答えられないであろう．したがって，ラジオアイソトープの使用が可能であっても有効ではなかったと思われる．

Chapter 1　核酸とタンパク質

A.1 ①糖が異なる（DNA：デオキシリボース，RNA：リボース）．②1種類の塩基が異なる（DNA：チミン，RNA：ウラシル）．③修飾塩基の種類の多寡（DNA：少ない，RNA：多い）．

A.2 見分けられる．一本鎖 DNA の場合，4 種の塩基の組成に特別な関係はみられないが，二本鎖 DNA の場合，グアニンの数とシトシンの数，アデニンの数とチミンの数がそれぞれ等しくなる．

A.3 4 塩基対の場合，一方の鎖の最初の 2 塩基の配列が決まれば，ひとつのパリンドロームの配列が決まる．したがって，異なるパリンドロームは，全部で $4 \times 4 = 16$ 種類ある．

A.4 4 塩基からなる一本鎖 DNA の配列は全部で $4^4 = 256$ 種類ある．この中の 16 種類は，相補鎖を加えて二本鎖にした時にパリンドローム構造になる（A.3 参照）．残りの 240 種類の配列は，たとえば，5'-ATGC-3' と 5'-GCAT-3' のように，一本鎖の配列としては異なるが，二本鎖にした時には同じ構造になる $240/2 = 120$ 組の配列からなっている．つまり，二本鎖でみた場合，異なるものは，120 種類となる．したがって，$120 + 16 = 136$ が答え．

5'-**ATGC**-3'
3'-**TACG**-5' と 5'-**GCAT**-3'
3'-**CGTA**-5' は同じ DNA

A.5

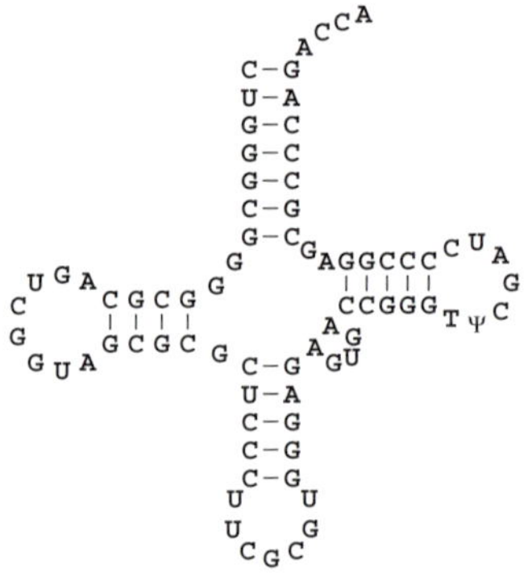

tRNA（→Chapter 7）

A.6 ヒトの DNA の長さ：$30 \times 10^8 \times 0.34 \times 10^{-9} \times 2 \fallingdotseq 2$ m
ヒトの DNA の体積：$\pi(1 \times 10^{-9})^2 \times 2$ m^3 …… A
核の体積：$(4/3)\pi(5 \times 10^{-6})^3$ m^3 …… B
核の中で DNA が占める割合〔%〕：$(A/B) \times 100 = 1.2$ %

A.7 温度を変えて（上昇させながら）溶液の吸光度を測定し，サンプルが熱変性するかどうかを調べる．熱変性すれば tRNA，しなければ mRNA．熱変性させてもサンプルにダメージを与えることはない．常温に戻れば，変性前の構造に戻る．また，サンプルを消費することもない．

A.8 DNA を変性させる性質か，分解する性質をもっている（→ 1.4 節）．

A.9 -H，-COOH，$-NH_2$ のどれかで置換した場合．

A.10 1 らせんに含まれるアミノ酸残基は 3.6．したがって，$(120/3.6)5.4 = 180$ Å

A.11 一般に，親水性側鎖を持つアミノ酸残基はタンパク質分子の表面に存在し，疎水性側鎖を持つアミノ酸残基は逆にタンパク質分子の内部に存在する．タンパク質分子におけるこのようなアミノ酸残基の配置は，水分子との相互作用の難易で決まる．酸性側鎖または塩基性側鎖を持つアミノ酸残基は強い親水性を示す．一方，芳香族側鎖や非極性側鎖を持つアミノ酸残基は疎水性である．

分子表面：Glu，Lys，Arg

分子内部：Leu，Phe，Val

Chapter 2　ゲノム

A.1　ヒトの体細胞（二倍体）にはゲノムが2組含まれているので，その塩基対数の合計は $3.25\times10^9\times2$〔bp〕となる．二重らせんの周期 10.5 bp で，体細胞中の DNA の塩基対の総数を割ると，二重らせんの巻数となる．二重らせんの1巻におけるらせん軸方向の長さ（ピッチ）は $34Å=34\times10^{-8}$ cm である．したがって，$[(3.25\times10^9\times2)/10.5]\times34\times10^{-8}$〔cm〕= 210.5 cm　約 2.1 m になる．

A.2　断片化した DNA を一本鎖 DNA に変性させたときの，二本鎖の再会合は，コピー数が多い（反復配列が多い）ものほど速く（C_0t 値は小さく），非反復配列は遅く（C_0t 値は大きく）なり，C_0t 曲線からゲノムの複雑度がわかる（→ Box　C_0t 解析）．したがって，(a)～(e) の曲線は以下の試料に対応する．(a) poly (dA)・poly (dU)，(b) マウスのサテライト DNA，(c) T4 ファージ DNA，(d) 大腸菌 DNA，(e) 反復配列を除いた子ウシ胸腺 DNA

A.3　本文 2.1.2 項をよく読み，以下の観点から論じてまとめて欲しい．

	真核生物	原核生物
ゲノム DNA の性状	一般に，複数の線状 DNA から構成される．	一般に，1本の環状 DNA から構成される．
ゲノム DNA の存在様式	ヒストンタンパク質と結合しヌクレオソームを形成し，クロマチンとして存在する．細胞分裂期には中期染色体となる．	ヒストン様タンパク質と結合し，核様体として存在する．
ゲノムサイズ	原核生物に比べるとゲノムサイズは大きい．生物の体制が複雑になるほど基本的にはゲノムサイズは大きくなる傾向にあるが，C-value パラドックスも見られる．	真核生物に比べるとゲノムサイズは小さい．
遺伝子数	遺伝子数は 6,000 ～ 40,000 くらいで，高等真核生物になるにつれて，基本的には遺伝子数が多くなる傾向にある．	遺伝子数は 500 ～ 4,000 くらいで真核生物に比べると遺伝子数は少ない．
遺伝子の分布	酵母などの下等真核生物では，大腸菌のようにゲノム上で遺伝子が密に詰まっている．高等真核生物では遺伝子領域以外の部分が多く遺伝子の密度が低く，イントロン，偽遺伝子が存在する．遺伝子はゲノム上に均一に分布しているのではなく，遺伝子砂漠も存在する．	ゲノム上にタンパク質をコードする遺伝子の密度が高く，遺伝子間の間隔も短い．

A.4 rRNAは，リボソーム（→ Chapter 8）と呼ばれるタンパク質合成の場となる粒子の構成要素である．増殖中の細胞では，何万個もの新しいリボソームが必要となるので，多数のrRNAが要求される．rRNA遺伝子が複数コピー存在することで，多量のrRNAの合成に対応できる．ゲノムDNAが複製する際に，クロマチン（ヌクレオソーム）として複製されるので，ヌクレオソームの構成要素であるヒストンも，同様に多量に要求されるためと考えられる．

A.5 偽遺伝子は進化の過程で生じた遺伝子の遺物であり，大きく2種類に分けられる．通常の偽遺伝子は，変異によって塩基配列が変化し不活性化した遺伝子である．もう一つは，プロセシングを受けた偽遺伝子であり，進化の過程で生じるのではなく，遺伝子発現の異常によって生じる．この偽遺伝子はそのmRNAが逆転写されてできた相補的DNAに由来し，これがゲノムに挿入されたものである．遺伝子の上流を含んでいないので，不活性となる．

A.6 ミクロコッカスヌクレアーゼは，リンカーDNA部位を優先的に切断するので，クロマチンを消化すると，いくつかのヌクレオソームが連なったオリゴヌクレオームの混合物が得られる．消化が進むと，モノヌクレオソームにヒストンH1が結合した構造体（クロマトソームとも呼ばれる）となり，さらにはヌクレオソームコアから出ているDNA部分が消化され，H1がはずれたヌクレオソームコア粒子となる．したがって，165 bpのDNAバンドは，クロマトソーム（H1を含むモノヌクレオソーム）由来のものであり，145 bpのDNAバンドはヌクレオソームコア粒子由来のものであると考えられる．

A.7 ミクロコッカスヌクレアーゼがリンカーDNA部位を優先的に切断するのに対して，DNase IはヌクレオソームコアA表面のDNAのminor grooveにも切断を入れる．ヌクレオソームコア表面に露出している部位が切断され，コアの内側でヒストン八量体と接している部位はほとんど切断されない．したがって，DNA分子の片側からDNase Iが切断することになり，図で観察されているDNAバンドの間隔は，ヌクレオソームコアにおけるDNAのらせん周期に対応する．

A.8 本文の2.3.3項〔1〕セントロメアをよく読み，まとめて欲しい．

A.9 本文の2.3.3項〔2〕テロメアをよく読み，まとめて欲しい．

A.10 ミトコンドリアや葉緑体は独自の遺伝子をもち，転写・翻訳装置の性質が細菌に類似していることが挙げられる．また，ミトコンドリアが二重膜であるのは，好気性細菌や藍藻が細胞外から取り込まれて，それらの膜が残ったと考えれば，機能の点からも説明しやすい．共生説は，現在，広く受け入れられているが，膜進化説という反対説もある．

Chapter 3　組換え DNA 技術

A.1　(1) 誤．平滑末端をつくるように切断する制限酵素もある．
例）*Sma* I（5'‐CCC↓GGG‐3'）
(2) 誤．DNA あるいは RNA の内部を切断する．
(3) 誤．肝臓で発現している遺伝子のイントロン，肝臓で発現していない遺伝子，遺伝子以外の DNA 領域などは肝臓の cDNA ライブラリーに含まれない．
(4) 正．RT-PCR（reverse transcription PCR）により検出可能である．
(5) 誤．[γ‐^{32}P] ATP を用いる．
(6) 誤．2' 位ではなく 3' 位である．
(7) 誤．プローブと呼ぶ．
(8) 誤．反応はやがて進まなくなる．Taq ポリメラーゼの失活は大したことはないだろうが，プライマーや材料の dNTP が枯渇する．また，ホスホジエステル結合ができるごとにピロリン酸が放出され，それが溜まって反応を阻害する．
(9) 誤．一般にはあり得ない．考えられるのはその DNA 断片が大腸菌で働く複製起点（*ori*，→ 5.5.1 項）をもっている場合である．
(10) 正．異なる細菌から単離された制限酵素であるが，その認識配列が互いに一致しているものをイソシゾマー（isoschizomer）という．例として，*Sau*3AI と *Mbo*I，*Msp*I と *Hpa*II などがある．認識配列のメチル化が切断反応に及ぼす影響が isoschizomer 間で異なる場合がある．

A.2　*Eco*RI の場合，5' 突出末端の 3'G をプライマー端として TTAA が取り込まれ平滑末端となる．リガーゼにより平滑末端どうしが結合する．その結果，*Eco*RI 部位はなくなる．*Pst*I 消化の場合，3' 突出末端ができるため Klenow 断片による反応では何も起こらない．リガーゼにより粘着末端どうしが結合し，*Pst*I 部位が回復する．

A.3　*Eco*RI 末端を「のり（糊）しろ」と考えて，ありとあらゆる「くっつき」が可能である．ベクター DNA どうし，ヒト DNA 断片どうし，しかも何個もつながるようなことまで考えられる．

A.4　もう一個の *Hin*dIII 部位が Amp^r 遺伝子内にあると，*Hin*dIII 消化のあとのライゲーションのときに Amp^r 遺伝子が回復しないことが十分考えられる．したがって，トランスフォーマント（形質転換体）を選別できなくなる．*ori* にあると *ori* が回復しないためプラスミドは複製しない．

A.5　(1) この環状 DNA は分子量 29 kb と計算されるから，1 分子の重さは，
$(600 \times 29 \times 10^3) / (6 \times 10^{23}) = 29 \times 10^{-18}$ g，したがって，1 μg に含まれる分子数は，
$(1 \times 10^{-6}) / (29 \times 10^{-18}) = 3.4 \times 10^{10}$〔個〕

(2)

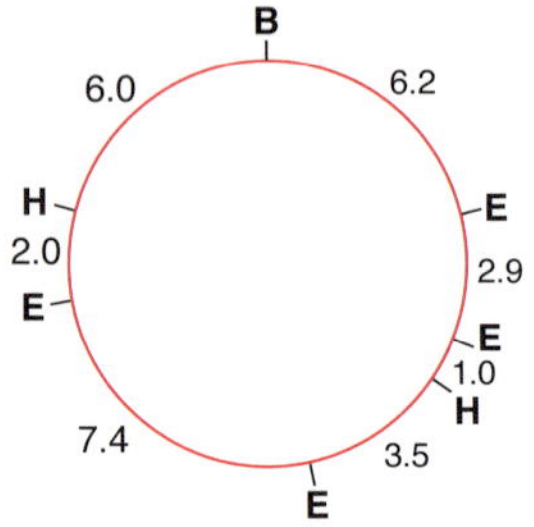
B
6.0
6.2
H
E
2.0
2.9
E
E
1.0
H
7.4
3.5
E

B：*Bam*HI，**E**：*Eco*RI，**H**：*Hin*dIII，数字の単位は kb

(3) アルカリホスファターゼで 5' 末端の P を除去し，ポリヌクレオチドキナーゼと［γ-^{32}P］ATP で 5' 末端を標識する．

(4) 1.0 kb，2.0 kb，3.5 kb の 3 種類

(5) pUC18 プラスミドを *Eco*RI と *Hin*dIII で消化したあと，MCS 由来の *Eco*RI-*Hin*dIII 断片を除去せずにインサートとライゲーション反応を行ったので，この断片がもとに戻り消化前の pUC18 となった可能性がある．

(6) A.2 で説明したとおり，*Bam*HI 消化後，4 種の dNTP と Klenow 断片で平滑末端にしたあと DNA リガーゼでつなぐと *Bam*HI 部位はなくなる．

A.6 遺伝暗号表でコドンの縮重（→ 8.1.3 項〔1〕）が少ないアミノ酸が並んでいるところを選ぶ．下図の下線部がそのような箇所である．いま，5 個のアミノ酸配列を選んだが，4 個や 3 個では良いかどうか考えよ．また，この 2 箇所の両方でスクリーンする方が確実に狙ったタンパク質の cDNA クローンを選ぶことができる．なぜか？

N - **IGRPTGMDWQYALPNRSFISYWDMKLPTSNFL** - C

A.7 いま，cDNA ライブラリーからひとつの cDNA クローンをえらび，DNA を精製する．この DNA をメンブランフィルターにつけ，変性する．このフィルターをその組織の mRNA 溶液に浸し，相補的 mRNA をハイブリダイゼーションにより吊り上げ，mRNA を熱処理によりはがす．この mRNA が果たして目的の生理活性物質をコードするかは，*in vitro* 翻訳系か，ゼノパス卵母細胞注入系でタンパク質を合成させ，合成タンパク質の生理活性を適当な方法で測定する．もし，活性があれば成功である．ラッキーなことに最初に選んだ cDNA クローンがアタリだったことになる．しかし，そううまくはいかない．そこで第 2 番目の cDNA について同じことを繰り返す．こうして次々に cDNA クローンについて進めていけばいつかアタリに出会うであろう．

しかし，それではあまりにも能がない．そこで，cDNA ライブラリーをいくつかのグループに分け，そのグループの cDNA 群で mRNA 群を吊り上げ，同じことをグループについて行う．アタリの出たグループをさらにサブグループに分ける．こうして最終的には一個のアタリのクローンに出会うことになる．実際に，この方法はインターフェロンの cDNA の分離に用いられた．

A.8 このタンパク質の cDNA を M13 ファージの RF に組み込み，大腸菌に入れる．これにより単鎖 M13 ファージ DNA を用意し，

5'-GATGACGCCGCCCCCGGGTCTCTAAG-3'

をアニールさせ，DNA ポリメラーゼで相補鎖を合成させリガーゼで閉環する．これを大腸菌にトランスフォームし，変異型クローンを選別する．このデザインではグリシンの GGG のコドンを用いたが，残りの三つのコドンでも実験が設計できる．

A.9 野生型では 5' から 7 番目の塩基が A であるが，突然変異体では G に変わっている．

A.10 遺伝学は突然変異体から出発してその突然変異の原因遺伝子を追究するかたちで進められた．これを正遺伝学あるいは順遺伝学（forward genetics）と呼ぶ．これに対して，機能未知の遺伝子が先に分離され，その機能を問うスタイルの遺伝学が進められている．これを逆転遺伝学または逆遺伝学（reversed genetics）と呼ぶ．遺伝子組換え技術の発展により，このことが可能となった．特に，マウスなどでは突然変異の表現型から遺伝子機能を推定する正遺伝学は行いづらく，先に遺伝子を同定してから変異体を作製する逆遺伝学という手法が使われる．

A.11 DNA クローニングを行うには，図 3.2 に示すように，制限酵素，ベクター，ホスト，培養装置，遠心機，など機器，試薬のほかに，組換え DNA 実験施設が完備していなければならない．さらに，実験計画を研究機関の組換え DNA 安全委員会に提出し許可を得なければならない．PCR では，PCR 用 DNA 増幅装置，プライマー，Taq ポリメラーゼ，dNTP があれば実験がスタートできる．組換え DNA 安全委員会などの許可，承認は不要である．DNA クローニングは全く未知の DNA をクローンすることができるが，PCR ではそれは不可能である．いったん，クローン化された配列に関して，点変異を探ったり，その配列からの RNA 発現を迅速に調べることができるのが PCR である．

A.12 牛，豚，鶏にそれぞれ特徴的な DNA 配列を検出するための PCR 反応を行えばよい．ミトコンドリア DNA がよくターゲットとされる．市販されている肉片を細かくスリ身のようにして DNA を抽出しそれぞれのプライマーセットで PCR を行えばわかる．

Chapter 5　DNA 複製

A.1 保存的複製の場合：1 世代後は，HH の位置と LL の位置に等量のバンドを生じる．2 世代後は，HH の位置と LL の位置にバンドを生じ，バンドの濃度は，HH：LL = 1：3 である．分散的複製の場合：1 世代後は，HL の位置に 1 本のバンドを生じる．2 世代後は，HL と LL の中間に 1 本のバンドを生じる．

A.2 あらかじめ遠心管中に形成されていたショ糖密度勾配中を，上に重層された試料に含まれる高分子が遠心力に従って沈降する．沈降速度は分子量の関数であり，大きい分子量の分子が速く沈降する．適当な時間に遠心を終了し，遠心管の底（または上）から分画する．試料がDNA溶液の場合は，DNAの鎖長に従って分画できる．鎖長の長いDNAがより速く沈降する．ショ糖密度勾配をアルカリ性にするのは，鋳型鎖と，合成された相補鎖の間の水素結合を切断し，一本鎖の変性状態に保つためである．

A.3 培養液中の大腸菌には，複製途上のいろいろなDNAが含まれている．ある細胞のDNAは複製開始直後であり，また別の細胞のDNAは，複製終了直前である．したがって，パルスラベルされるリーディング鎖の長さはいろいろである．

A.4 利点としては，二重らせんが解かれた一本鎖DNA量を限定することで切断の危険性を避け，効率的にDNA複製ができることが挙げられる．DNAポリメラーゼIIIホロ酵素に二つのコア酵素が含まれ，ヘリカーゼやプライマーゼと協調して図5.8に示すような複製装置（レプリソーム）を形成することにより，両鎖を同時に合成する．

A.5 3'→5'エキソヌクアーゼ活性は校正反応に，5'→3'エキソヌクアーゼ活性は岡崎フラグメントのプライマーRNA除去に関与する．

A.6 pre-RCの形成はCdk活性が低いG_1期に起こり，S期にCdk活性が上昇するとpre-RC形成が阻害されるため．

A.7 複製フォークは8時間で，$50 \times 60 \times 60 \times 8 = 1.44 \times 10^6$塩基対進行する．ひとつの起点で開始した複製フォークは両方向へ進むので，8時間で2.88×10^6塩基対の複製が可能である．これがひとつのレプリコンの長さの理論上の最大値ということになる．この値でゲノムの全長を割ると，1,042となる．ただし，実際にはレプリコンの長さは，おおよそ10^5塩基対程度と予想されており，各レプリコンはS期内の限られた時間に複製される．

A.8 CAF-1は複製クランプであるPCNAと相互作用するため，DNA複製と共役できると考えられる．

A.9 *dnaA*遺伝子の高温感受性変異株は，42℃で複製を開始できないが，進行中の複製フォークは終結点（*ter*）まで進行する．したがって細胞集団全体をみたときには，DNA複製は徐々に低下し，42℃に移す直前に開始した複製が終了した時点で完全に停止する．*dnaB*遺伝子の高温感受性変異株は，42℃で複製フォークの進行が停止するので，DNA複製は直ちに停止する．

A.10 a. DNAの放射能標識された部分が分解されることを意味している．b. DNAポリメラーゼIの3'→5'エキソヌクレアーゼ活性によって3'末端からの分解が生じている．c. C残基が除去された後，DNAポリメラーゼIのポリメラーゼ活性により，鋳型鎖の末端まで相補鎖の合成が行われる．したがって，^{14}Cは図5.18と同様に減少するが，^{3}Hの部分は除去されず，放射能の値は減少しない．

Chapter 6 転写の調節

A.1 類似点
・ヌクレオチドを5’→3’方向に重合する．
・DNA鎖を鋳型にして，塩基対形成によって，その相補的な塩基配列を読み取る．
相違点
・RNAポリメラーゼは反応開始にプライマーを要求しない．
・RNAポリメラーゼの校正機能は非常に低い．
・RNAポリメラーゼは何度でも再開始できる．

A.2 プロモーター配列の方向によってRNAポリメラーゼの結合向き，すなわち転写する方向が決まる．ポリメラーゼはヌクレオチドを5’→3’にのみ重合するので，3’→5’方向のDNA鎖を鋳型鎖（アンチセンス鎖）として読み取る．したがって，もう一方の鎖，すなわち5’→3’方向のDNA鎖がセンス鎖となる．

A.3 細菌は通常，糖栄養源としてグルコースを優先的に用いるので，ラクトースを利用するための遺伝子群から成る*lac*オペロンは必要な時にのみ誘導発現する方が合理的・経済的である．これに対して，細胞増殖に常時必要なトリプトファンを合成する*trp*オペロンは構成的な発現が必要で，細胞内にトリプトファンが蓄積された時にのみ抑制するのが合理的で経済的である．したがって，前者の制御はOFF→ONの誘導系で，後者の制御がON→OFFの抑制系である．

A.4 プロモーター領域とは，RNAポリメラーゼが転写を開始するために結合するDNA領域である．この領域は転写される遺伝子のコード領域の上流に位置する．プロモーター領域は，転写開始点から10塩基対上流付近と35塩基対上流付近に存在する，AとTに富む二つのコンセンサス配列から構成される．

A.5 原核生物のリプレッサーはプロモーター付近に局在しているオペレーターに結合し，RNAポリメラーゼのプロモーターへの結合や，あるいは転写開始を直接阻害する．これに対し，真核生物のリプレッサー結合配列はプロモーター近辺に存在しているのでなく，プロモーター上流や下流の離れた位置に局在している．リプレッサーは直接RNAポリメラーゼに作用するのでなく，アクチベーターの働きを阻害したり，あるいはヌクレオソーム構造を不活性な状態にすることで転写を抑制する．

A.6 1）リプレッサーが結合できなくなるので，細胞内のトリプトファン濃度に依存した転写抑制機構が働かない．2）RNAポリメラーゼが結合できなくなるので，オペロンの転写が起こらない．3）リプレッサーが産生されないため，1）と同様の結果になる．4）アテニュエーションによる制御が作用しなくなり，オペロン発現がリプレッサーによる制御だけになる．

A.7 RNAポリメラーゼIは5.8S rRNA，18S rRNAおよび28S rRNAを産生する．RNAポリメラーゼIIはすべてのmRNAとある種の核内低分子RNAを産生する．また，RNAポリメラーゼIIIは5S rRNA，tRNAおよびU6 snRNAなどの核内低分子RNAを産生する．

A.8 核のない原核細胞では，転写と翻訳が同じ空間で起こるため，転写伸長が翻訳状況により制御される場合がある．これをアテニュエーション（転写減衰）といい，転写伸長速度を弱めたり，あるいは転写停止して転写量を調節する機構である．

A.9 DNAの二重らせん一巻きは約10の塩基対で構成されている．TATAボックスと問題の制御配列は，両者の距離が10 n（nは整数）塩基対の場合にはDNAのほぼ同じ面に位置し，10 $n+5$ 塩基対の場合には互いに反対の面に位置する．制御配列に結合したアクチベーターが基本転写因子と相互作用するには，両者が同じ面に位置する方が有利である．

A.10 ヒストンはリジンやアルギニンを多く含む塩基性タンパク質で，酸性物質であるDNAと強く結合してその転写を阻害する．ヒストンのリジン残基のアセチル化はDNAとの結合力を弱め，その結果，転写が起こりやすくする．

A.11 メディエーターとも呼ばれ，アクチベーターあるいはリプレッサーと転写開始複合体との相互作用を橋渡しするDNA非結合性の転写制御因子である．

アクチベーターと相互作用するものをコアクチベーターといい，リプレッサーと相互作用するものをコリプレッサーという．

A.12 DNAが鋳型の場合，アクチベーター非存在下でもある一定レベルの転写が起こり，アクチベーターはこの転写レベルをおよそ10倍程度に増大する．これに対して，ヒストン八量体が結合したヌクレオソームが鋳型の場合，転写はほぼ完全に抑制され，そのレベルはRNAポリメラーゼ単独でのDNA鋳型からの転写レベルの1/10と考えられる．アクチベーターによりヌクレオソーム構造から裸のDNA状態と変化する結果，転写の活性化が相対的に大きくなる．

A.13 負の超らせんはDNAのリンキング数の不足（二重らせんの巻き不足）を内包した構造であり，この構造のもとではDNAの二本鎖は一本鎖に解離しやすい（→ Chapter 1）．転写が行われるためには，DNAは一本鎖に解離しなければならないので，この点においては負の超らせん構造は有利といえる．

Chapter 7　RNAプロセシング

A.1 真核生物のリボソームを構成するRNA（rRNA）は4種類あり，それぞれ沈降係数に由来する18S rRNA, 5.8S rRNA, 28S rRNA, 5S rRNAという名称をもっている．18S rRNA, 5.8S rRNA, 28S rRNA は一連の転写単位として核小体において RNA ポリメラーゼ I により転写され，5S rRNA は核質で RNA ポリメラーゼ III により転写される．

A.2 tRNA の 5' 末端プロセシングは，すべての生物種において単一の酵素 RNaseP で行われるが，3' 末端プロセシングは，生物種により異なる．tRNaseZ といわれるひとつの酵素でプロセスされるもの，tRNaseZ で切断された後，CCA 配列付加酵素により CCA 配列が形成されるもの．その他，複数の RNase などで 3' 末端が形成されるものがある．

A.3 キャップ構造．構造式は図 7.5 参照．mRNA をヌクレアーゼから守り安定化したり，キャップ構造を認識するタンパク質因子を介して翻訳やスプライシングの効率を高める役割がある．

A.4 ポリ（A）結合タンパク質因子を介して，mRNA の安定化，翻訳の効率化，核から細胞質への mRNA の輸送などに重要な役割を果たしている．

A.5 5' スプライス部位（GU），ブランチ部位（PyPyPuAPy），3' スプライス部位（AG）．これらの部位は，スプライソソームに認識され，スプライシング反応の基質となる部位である．詳しくは，7.4.1 項参照．

A.6 イントロンは短く，保存された配列はない．ただし二次構造は保存されている．核の mRNA 前駆体スプライシングやセルフスプライシングは RNA が触媒的に作用しているが，核の tRNA イントロンのスプライシング反応では単純タンパク質のエンドヌクレアーゼと RNA リガーゼがスプライシング反応の触媒として働いている．

A.7 真核生物の核の mRNA 前駆体のスプライシングでは，スプライソソームによりイントロン中のブランチ部位にあるアデノシンの 2'-OH が 5' スプライス部位のリンを攻撃（求核攻撃）し，この 2'-OH との間にリン酸エステルを形成することによって 5' スプライス部位の切断が起こる．グループ I イントロンのセルフスプライシングでは，グアノシンの 3'-OH が上述のアデノシンの 2'-OH と同じ役割をし，5' スプライス部位の切断を起こす．このグアノシンはイントロンと共有結合でつながってはいないが，セルフスプライシングイントロンのグアノシン結合部位に結合しており，イントロンに結合したグアノシンの 3'-OH がリン原子への求核攻撃をする点は，スプライソソームによる反応と化学的にまったく同じ反応である．その後，切り離された 5' 側エキソンの 3' 末端 OH が 3' スプライス部位を攻撃する点は二つのイントロンでほぼ同じ反応が起こっているということができる．いずれもリン酸エステルが次々と転移していく反応とみることができる．このような反応機構の類似性の生物学的意義は，これらのスプライシング反応が同一の祖先型から進化したものであるという示唆を与えることである．（→ 7.4.5 項）．

A.8 酵素は触媒の一種であり，触媒は，反応速度を大きくし，複数の反応物分子（基質）に作用するが，平衡定数を変えるものではなく，触媒自身は反応の前後で変化しない．セルフスプライシング反応は，イントロンは酵素的な性質はもつものの，複数の基質には作用せず，反応の前後で自らが変化しているので，真の酵素反応ということはできない．

A.9 グループⅡイントロンはセルフスプライシングのため，それぞれのイントロン内部の配列がスプライシング反応にとって重要である．イントロン内部に変異が生じた場合，スプライシング不能となり遺伝子発現がうまくできない確率が高い．一方，イントロン外のスプライソソームがスプライシング反応を触媒するという機構を獲得した核の mRNA スプライシングでは，5′と 3′のスプライス部位およびブランチ部位以外のイントロン内の配列を変化させることができるようになりイントロン内に変異が生じてもほとんどの場合問題とならない．さらに，イントロン中に新たな調節遺伝子をもつ例にみられるようにイントロンを有効に利用することを可能にしている．

A.10 テトラヒメナのタンパク質が入る可能性が無い系で rRNA 前駆体を合成しその活性をテストすればよい．たとえば，rRNA 前駆体を化学的に合成する．または，rRNA 遺伝子を大腸菌にクローニングしてその配列を試験管内で大腸菌の RNA ポリメラーゼで転写し，rRNA 前駆体と同じ配列をもつ RNA を調製する．この RNA についてセルフスプライシング反応が進行することを示せばよい．実際に T. Cech らは，1982 年，後者の方法を行いテトラヒメナのタンパク質が rRNA 前駆体に堅く結合している可能性を完全に排除した．

A.11 この問題に正しい答えはない．考えられる可能性を述べればよい．ひとつの例として，このエディティング機構のそれぞれの段階に，まだ我々の知らない遺伝子発現調節に関する何らかの機構があり，それらがトリパノソーマの生活環に必須のものなのではないか．また別の考えとしては，完成した mRNA が何かの拍子に逆転写されひとつの DNA 鎖となってミトコンドリアゲノムに取り込まれ転写単位となれば，普通の遺伝子となり，危うくない発現系となるわけだが，実は，現在のエディティングは進化途上のものであり，断片の配列から新しい遺伝子を作り出す中間段階の姿なのではないか，など．

Chapter 8　翻訳の調節

A.1 塩基が一方向から読み取られるとすれば，二つの塩基の連続では 16 種類の，三つの連続では 64 種類のアミノ酸を指定することが可能となる．アミノ酸は 20 種存在することから，16 種類の塩基の組み合わせでは不足であり，三つの塩基の連続（トリプレット）がアミノ酸を指定する遺伝暗号として機能すると予想された．

A.2 多くの生物種で共通な遺伝暗号は普遍遺伝暗号と呼ばれ，生命が同一の祖先生物から進化したひとつの証拠と考えられている．遺伝子工学の分野では，この遺伝暗号の共通性が，ある生物種の遺伝子を他の生物内に導入しても同一のタンパク質を発現させることができるという利点を生み出している．

A.3 (1) 1文字目からの読み枠では，**UUC UUC UUC---** となるので，$(\mathrm{Phe})_n$ ができる．2文字目からの **UCU UCU UCU---** となり，この読み枠では $(\mathrm{Ser})_n$ が合成される．3文字目からの読み枠では，**CUU CUU CUU---** となるので，$(\mathrm{Leu})_n$ ができる．したがって，この RNA から，3種類のホモポリペプチド（単一アミノ酸から成るポリペプチド）である $(\mathrm{Phe})_n$，$(\mathrm{Ser})_n$，$(\mathrm{Leu})_n$ の混合物が合成されると考えられる．

(2) (1) と同様に3つの読み枠を考えるが，この RNA を鋳型とする場合，読み枠に関係なく，Tyr-Leu-Ser-Ile という繰り返し配列を単位とする $(\mathrm{Tyr\text{-}Ler\text{-}Ser\text{-}Ile})_n$ というペプチドが合成される．

(3) (1) と同様に3つの読み枠を考えるが，どの読み枠で見ても終止コドンである UGA が現れる．

5'-**AUA GAU AGA UAG AUA GAU AGA UAG AUA GAU AGA UAG**-3'

5'-**A UAG AUA GAU AGA UAG AUA GAU AGA UAG AUA GAU AG**-3'

5'-**AU AGA UAG AUA GAU AGA UAG AUA GAU AGA UAG AUA G**-3'

トリペプチド（Ile-Asp-Arg）またはジペプチド（Asp-Arg）しか合成されないと考えられる．

A.4 (1) mRNA：5'-**AUG GUG CAC CUG ACU CCU GAG GAG**---3'

タンパク質：Met-Val-His-Leu-Thr-Pro-Glu-Glu---

(2) 7番目のコドン GAG が GUG に変異したので，7番目のアミノ酸が Glu から Val に変化する．

(3) コドンの3文字目が変異しても指定されるアミノ酸が変化しない（サイレント変異）ことが多い．また，Leu を指定するコドンは6つあるので，1文字目の変異でもサイレント変異になる．以下の赤で示す部位のいずれかのひとつが点変異となってもサイレント変異となる．

```
5'-AUG GUG CAC CUG ACU CCU GAG GAG---3'
         U   U  U   C   C   A   A
         C      C   A   A
         A      A   G   G
              U
```

(4) アミノ酸を指定するコドンが点変異により終止コドンに変わるのは，以下の赤で示す部位である．

```
5'-AUG GUG CAC CUG ACU CCU GAG GAG---3'
                           U   U
```

(5) 13番目の A・T 塩基対の欠失により，mRNA の配列は以下のようになり，赤で示した塩基配列以降の読み枠が変わり，翻訳されるアミノ酸も変化する．

mRNA：5'-**AUG GUG CAC CUG CUC CUG UGG AG**---3

タンパク質：Met-Val-His-Leu-Leu-Leu-Trp-

A.5 (1) SD配列がリボソーム小サブユニット中の16S rRNAの3'末端にある相補的配列と塩基対を形成することにより，mRNAをリボソームに結合させる．これにより，その付近のAUGコドンから翻訳が開始される．(2) 原核細胞では，AUGコドンがmRNAのどこにあっても，SD配列がその数塩基上流に存在すれば開始tRNAが結合できる．そのため，一本のmRNAに複数のORFが存在することができ，ポリシストロニックとなる．(3) SD配列に翻訳リプレッサーが結合すると，リボソームがmRNAと結合できなくなるため，翻訳の阻害が起こる．また，SD配列の付近でRNA間の塩基対形成による2次構造が形成された場合，同様に翻訳が阻害される．

A.6 (1) 開始tRNAを結合したリボソーム小サブユニットは，キャップ構造を認識して結合し，そこからmRNAをスキャンして最初のAUGコドンを認識する．したがって，キャップ構造がないと，翻訳の効率が大きく低下する．(2) キャップ構造にリプレッサーが結合すると，リボソームのmRNAへの結合が大きく低下し，翻訳が阻害される．

A.7 mRNAのコドンとtRNAのアンチコドンとの結合において，コドンの1文字目と2文字目の塩基については正確な塩基対形成が必要であるが，コドンの3文字目についてはアンチコドンとの塩基対形成は正確でなくてもよい場合がある．そのため，1つのtRNAが複数のコドンを認識することができるので，tRNAの数はコドンの数よりも少なくても対応できる．

A.8 A部位にはアミノ酸を結合したtRNAであるアミノアシルtRNAが結合し，P部位にはタンパク質合成の中間産物のポリペプチドを結合したペプチジルtRNAが結合する．E部位には，3'末端がOH基となり解放されたtRNAが結合する．

A.9 他のtRNAとは異なり，開始tRNAのみがmRNAの非存在下でもリボソームに結合することができる．次いで，リボソームがmRNAに結合し，開始tRNAが開始コドンに結合してタンパク質合成が開始される．

A.10 終止コドンがA部位に位置すると，対応するtRNAが細胞内に存在しないため，立体構造および表面電荷がtRNAに類似した終結因子がA部位に結合する．この結合により，タンパク質合成が終結に導かれる．

A.11 (1) アミノアシルtRNA合成酵素はtRNAのDループ，TΨCループの各ヌクレオチドだけでなく受容ステムもアンチコドンも認識するほどこの酵素の適合するtRNAに対する特異性は高い．

(2) アミノアシルtRNA合成酵素とアミノ酸との結合においては，それぞれのアミノアシルtRNA合成酵素に存在する「くぼみ」(立体構造) に正しいアミノ酸のみがフィットし，他のアミノ酸はフィットしない構造となっている．しかし，アミノ酸の中には互いに構造が似たものがあり，誤りが起こる．たとえば，イソロイシンとバリンなどでは約80回に1回という高い頻度で誤りが起こる．

(3) アミノアシル tRNA 合成酵素が誤ったアミノ酸を tRNA に連結した場合，そのアミノ酸はアミノアシル tRNA 合成酵素の加水分解部位に入り除去される（編集作業とも呼ばれる）．正しいアミノ酸は加水分解部位に入らないので，tRNA へのアミノ酸の連結の正確さが高まる．

A.12 表 8.2 から明らかなように，*Tetrahymena*（原生動物）が非普遍遺伝暗号を持っている可能性が高い．もしそうであれば，大腸菌内で mRNA が転写されたとしても UAG や UAA は終止コドンとして認識されるため，目的としたタンパク質が合成されない可能性がある．あるいは，そのメッセンジャー RNA に UAG や UAA がないとしても，あるアミノ酸のコドンの使用頻度（codon usage）が，*Tetrahymena* と大腸菌において大幅に異なっているため，きわめて効率の悪い翻訳が行われ，目的タンパク質が確認されない可能性も考えられる．

Chapter 9　翻訳後調節

A.1 今，三つの核移行シグナルを NLS1, NLS2, NLS3 とする．これらの NLS を 1 個欠失したクローン，2 個欠失したクローン（3 通り），3 個欠失したクローンを作製し，GFP（Green Fluorescent Protein）の cDNA につなぎ，細胞に導入する．欠失クローンの細胞内局在は顕微鏡下で GFP の蛍光で観察する．この実験により，欠失により核局在が乱れたのはどの NLS かを決める．つぎに，その候補の NLS を GFP につなぎ細胞に導入する．同様に蛍光を観察して判断する．

A.2 小胞体に移動する．シグナルペプチドはそれがリボソームから離れるとすぐに認識され，リボソームは小胞体膜に結合し，成長中のポリペプチドは小胞体チャンネルを通して移動する．核移行シグナルはサイトゾルにさらされることはなく，タンパク質は核には移動しない．

A.3 核からの搬出シグナルをもつタンパク質は核移行シグナルをもっていると考えることができるので，このタンパク質は核–細胞質間をシャトル（往き来）すると考えられる．

A.4 小胞体膜の表面やその内腔では新生ポリペプチドの折りたたみや切断，ジスルフィド結合，糖鎖の付加等が行われ，タンパク質の成熟や細胞内輸送に関係している．また，異常なコンフォメーションをとったタンパク質の分解等も行っている．ゴルジ複合体は主に小胞体で完成したタンパク質を細胞内外の目的地に輸送する役割を持っている．また，逆に本来，小胞体に留まるべきタンパク質を小胞体に返送する機能もある．糖の修飾も行われる．

A.5 異常な状態となったタンパク質は分子構造の変化により，分子間の会合，集合が起こり，凝集体を形成する．そして次第に二次構造である β シート構造が形成され，これが多重となったクロスβ構造を持つアミロイド線維となる．これが分解されずに各組織に蓄積し，細胞死を引き起こす．これにより，主に神経変性疾患（ハンチントン病やアルツハイマー病），プリオン病，全身性ALアミロイドーシス，透析アミロイドーシス，Ⅱ型糖尿病などが発症する．

A.6 ユビキチン化はフォールディングが異常なタンパク質（ミスフォールドタンパク質）や役割を終えたタンパク質を細胞から除去するための標識として行われる．ユビキチン化を受けた多くのタンパク質は，プロテアソームによって分解される．プロテアソームは巨大な2つのサブニット20S（基部），および19S（蓋）がセットとなり，2つ合わさった樽状構造を有している．20S部分は複数のα，β分子からなり，トリプシン様，キモトリプシン様，ペプチジルグルタミルペプチド加水分解（PGPH）活性を有しており，これらが不要なタンパク質を分解する．一方，ユビキチンは再利用される．

A.7 分泌タンパク質をコードしているmRNAを*in vitro*の遊離リボソームで翻訳した場合には，同じmRNAを粗面小胞体由来のミクロソームの存在下で翻訳した場合よりもサイズの大きなタンパク質が合成された．また，後者の場合には，粗面小胞体内のシグナルペプチダーゼによってシグナル配列に相当する部分が切断された．この結果から，分泌タンパク質にはシグナル配列が存在することが明らかとなった．

A.8
1. いろいろな疾患に関係するNf-κBはp50およびp65のふたつのタンパク質サブユニットで構成されている．通常は阻害タンパク質であるIκBが結合し，三量体で細胞質に存在している．ストレスやサイトカイン，紫外線などの刺激により，IκBがリン酸化されると不活性型となりNf-κBから離れる．その結果，Nf-κBは核に移行し目的遺伝子の上流に結合し転写を促進する．
2. Chapter 12で示されたように，M-Cdkが最大の活性を持つためには，別のタンパク質キナーゼによって，M-Cdkの複数の箇所がリン酸化され，かつ別の箇所が脱リン酸酵素（ホスファターゼ）によって脱リン酸化されなければならない．この最後の脱リン酸化が引き金になってM-Cdkの活性化が引き起こされる．また，活性化されたM-Cdkは自分自身を脱リン酸化するホスファターゼをリン酸化により活性化し，さらにこのホスファターゼが多くの不活性M-Cdkを活性化するという正のフィードバックが働く（→図12.7）．

A.9 通常は細胞質に存在するタンパク質はシグナル配列を持たないので小胞体には進入しない．したがって，リソソーム標的シグナルを付加しても何も影響を受けない．しかし，通常は分泌されるタンパク質の場合には，そのような付加によってゴルジ体からリソソームへの輸送の方向付けがなされる．

A.10 リソソームへ向かう酵素は酸性加水分解酵素と呼ばれ細胞質や小胞体，ゴルジ体の中性pH下では活性を持たない．酸性加水分解酵素はリソソーム内の酸性 pH によって活性化され機能する．

Chapter 10　DNA の損傷，修復と組換え

A.1　シトシンは本来，グアニンと G-C 塩基対を形成するが，シトシンのメチル化産物である 5- メチルシトシンは脱アミノ化によりチミンを生成しやすい．このチミンがミスマッチ修復経路により修復されなかったり，誤った修復を受けた場合，複製を経て，T-A 塩基対として固定される．

A.2　水はプリン塩基とデオキシリボースをつなぐ N- グリコシド結合を加水分解する．生じた AP 部位は，AP エンドヌクレアーゼにより除去され DNA ポリメラーゼにより修復される．

A.3　一般に細胞内に存在する DNA はメチル化されているが，複製直後の新生鎖はメチル化修飾を受けていない．正常な塩基どうしのミスマッチ塩基対は，複製時に生成されることが多く，新生鎖のメチル化は複製に遅れて起こる．そのため，修復酵素は非メチル化鎖を新生鎖とみなして，新生鎖を優先的に修復する．

A.4　DNA 損傷により失われた遺伝情報は，相補鎖配列を鋳型に二本鎖を再合成することにより正確に修復される．

A.5　複製用 DNA 合成酵素は，修復用 DNA 合成酵素と比較して，ミスマッチ塩基対を取り除く校正機能（プルーフリーディング機能）と新生鎖の伸長機能が高い．

A.6　非相同末端結合は修復後に変異を伴わない場合も多いが，損傷が重篤であった場合には，ヌクレアーゼの作用により数塩基を取り除き，DNA リガーゼが結合可能な末端形状に整えることがある．このような修復が行われた場合には，塩基の欠失が変異として固定される．

A.7　細胞が短時間で修復できないような DNA 損傷が生じた場合，細胞周期の進行を停止しなければ，損傷を抱えたまま S 期や M 期に進行する．その場合，S 期では複製の阻害や染色体の断裂が生じる可能性がある．また，M 期では染色体の不均等分離などを生じ，その結果，染色体変異が生じる可能性がある．細胞周期の停止は，このような変異の導入を減らすことに役立つ．一方，最終的に損傷が修復できなかった場合には，細胞周期の停止に引き続きアポトーシスが誘導され，障害をもつ細胞は取り除かれる．そのことにより，個体は正常に保たれる．

A.8　人工ヌクレアーゼにより切断された DNA 二重鎖切断部位は NHEJ により修復され，元の配列に戻る．しかし，元の配列は人工ヌクレアーゼによる切断の標的となるため，何度も切断される．一方，核内には多様なヌクレアーゼ活性があり，切断修復を繰り返すうちに，頻度は低いと考えられるが DNA 末端が削り込まれることがある．削り込まれた末端は，プロセシングを受け結合可能な形状に整えられ，再結合される．この際，塩基配列の欠失が生じ，遺伝子

破壊が起こる．

A.9 DNA 損傷修復においては，損傷部位の認識，細胞内への情報発信，修復複合体の構築などが必要である．これらいずれの過程においても複数のタンパク質が協調して機能している．そのため，これらのタンパク質の多くは，その機能不全が起こると同一の修復経路の破綻を引き起こし，同じような病態を引き起こす．

Chapter 11　ウイルスとファージ

A.1 （1）バクテリオファージ（あるいはファージ），（2）－鎖（マイナス鎖），（3）トランスフォーム，（4）病原性，またはビルレンス（virulence），（5）キャプシド，ヌクレオキャプシド，（6）アデノウイルス，（7）プロトがん遺伝子，または，*c-onc*，（8）ビリオン，脱殻，（9）細胞膜，（10）プロウイルス

A.2「宿主細胞はウイルスを取り込み，ウイルスゲノムの複製を進行させ，新たにに合成したゲノムやウイルスタンパク質を集合させて，細胞から放出する」．問題文も概要としては正しいが，より正確を期せば，解答欄のようになる．つまり主語が違う．ウイルスは，そのままディッシュの中に置いておいても決して複製しない．宿主細胞の因子や機能を借りて，また完全に依存して，複製する．感染細胞の死に至る過程も宿主細胞にプログラムされた過程なのである．

A.3 λファージが大腸菌に感染して溶原化経路に入ると，cII によって P_{RE} からの転写が起こり，*cI* からλリプレッサー（cI）がつくられる．λリプレッサーは，転写の抑制のみならず活性化も行う．溶原性増殖の場合には，λリプレッサーは P_R とその上流（P_R と P_{RM} との間）にあるオペレーター部位に結合して，*cro* 遺伝子の転写を抑制するとともに，P_{RM} からの *cI* 遺伝子自身の転写を活性化する．その結果，λリプレッサーが継続的に産生されて，溶原性増殖となる．一方，溶菌性増殖に切り替わるとき，λリプレッサーが切断・分解されて，P_R から右向きに *cro* 遺伝子の転写が起こり，cro リプレッサーがつくられる．cro リプレッサーは P_{RM} 上にあるオペレーターに結合して，*cI* 遺伝子の転写を抑制する．P_R は強力な構成性プロモーターで，活性化因子がなくても転写を開始して，溶菌性増殖となる．

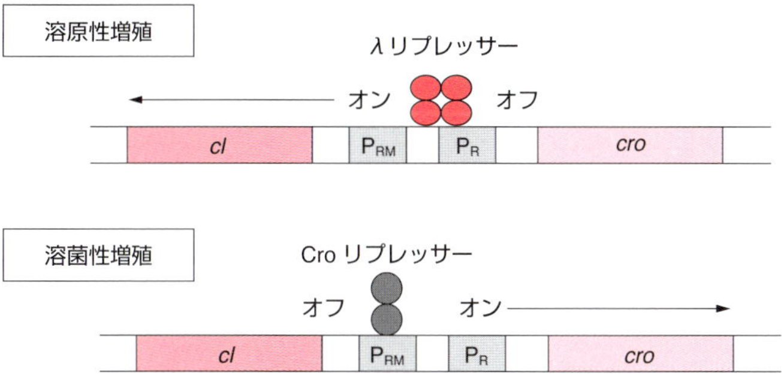
溶原性増殖
λリプレッサー
オン
オフ
cI
P_{RM}
P_R
cro
溶菌性増殖
Cro リプレッサー
オフ
オン
cI
P_{RM}
P_R
cro

A.4 出現する．ゲノムは，プラス鎖 RNA は mRNA と同等であることから，導入された細胞では翻訳に付され，増殖や粒子形成に必要なウイルス因子が合成される．

A.5 mRNA を生みだす転写反応である．マイナス鎖 RNA は mRNA を合成する時の鋳型であり，それ自身は翻訳されない．ちなみに，宿主細胞には RNA から RNA を合成する酵素は存在しないので，マイナス鎖 RNA ウイルスは粒子中にこの反応による酵素である RNA 依存性 RNA ポリメラーゼを付帯している．

A.6 マイナス鎖 RNA ウイルスでは，A.5 で学習したように，mRNA を合成するためには細胞には存在しないウイルス性の RNA 依存性 RNA 合成酵素が必要である．したがって，マイナス鎖 RNA ウイルスのゲノムとともに，何らかの方法で細胞内に RNA 依存性 RNA 合成酵素を供給する必要がある．そこで，方法の一つは，試験管内で cDNA から合成したウイルスゲノム（マイナス鎖）と組換え技術を用いて作製した，あるいはウイルス粒子から調製した RNA 依存性 RNA 合成酵素との複合体を構築して，細胞にトランスフェクションすることである．あるいは，細胞にあらかじめ RNA 依存性 RNA 合成酵素を発現させておき，その細胞に試験管内で cDNA から作成したウイルスゲノム（マイナス鎖）を導入する方法などが考えられる．後者では，細胞内で cDNA からウイルスゲノム（マイナス鎖）を発現させる工夫も可能である．

A.7 ポックスウイルスは，天然痘の原因ウイルスである．1980 年に WHO が，地球上における天然痘の撲滅宣言を出すに至ったが，撲滅に寄与したのはジェナーが開発した天然痘ワクチンのおかげである．日本では，1909 年の種痘法によって定着していた種痘は 1976 年に接種が中止された．したがって，種痘を受けていた人（1909 ～ 1975 年）にポックスウイルスを用いて作成した組換えワクチンを接種しても，免疫により排除されてしまう可能性が高い．

A.8 たとえば，染色体末端構造であるテロメアの合成酵素であるテロメラーゼは逆転写酵素である．（→ Chapter 2）

A.9 ヘルペスウイルス科の水痘帯状疱疹ウイルスに対して，チミジン類似体のアシクロビルは有名な特効薬である．また，インフルエンザウイルスのノイラミニダーゼ阻害剤（商品名タミフルとして有名）の効果も高い．しかし，抵抗性を示す変異株の出現も認められており，さらなる抗ウイルス剤の開発が求められている．アシクロビルやノイラミニダーゼ阻害剤はウイルスがコードする因子を標的にしており，その特異性は高く，宿主に対する影響も少ない．このように，一般的には，ウイルス由来の特異的な因子を標的に薬剤を設計する．今後の方向性の一つとして，ウイルス増殖に関わる宿主因子の同定を基盤に，ウイルス因子と宿主因子の相互作用点を標的とする薬剤の開発にも期待が集まる．

HIV ワクチンに関して．ウイルス抗原に対する抗体や細胞傷害性 T 細胞が獲得性免疫を担う本体である．ワクチンは，個体に一度抗原を認識させ，次に同じものが侵入してきた時に即時に免疫を発動させる準備を行なわせる．理論的に HIV のワクチンも可能である．しかし，実際，RNA ウイルスである HIV の複製過程ではゲノムの変異頻度が高く，抗原の変化が著しいために，あらかじめ接種したワクチンの高い効果が期待できない．

A.10 細胞死である．ウイルスの増殖と病原性発現には，宿主細胞が必須である．したがって，宿主細胞死がウイルス増殖が十分に進む前に起これば，ウイルスは増殖できない．ウイルスの中には，自身の増殖に利するために宿主細胞の死を抑制する機能をもったものもいる．

Chapter 12　細胞周期と細胞分裂

A.1 注入された，活性化された MPF には活性のある Cdk があり，これがすでに未成熟卵母細胞に存在する不活性な MPF を活性化するので，次の未成熟卵母細胞に入る度に，次から次に活性化 MPF を作り出すので薄まらない．

A.2

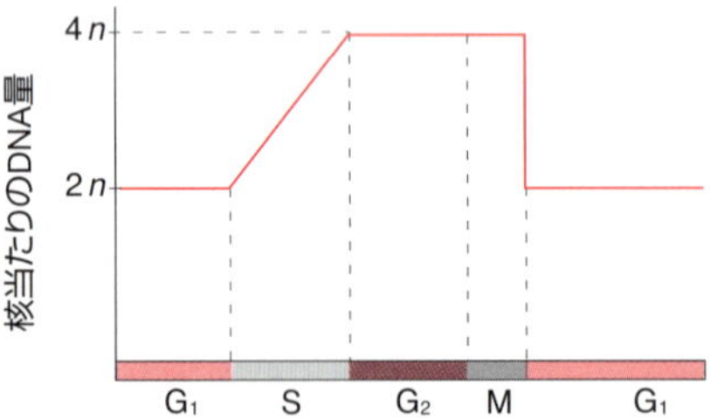

4 n
2 n
核当たりのDNA量
G1
S
G2
M
G1

A.3 2^5，つまり 32 種類

2 カ所のキアズマ形成が起きると，各染色体で三つのパートに分かれる（父–母–父のように）ので，上の数に 2^3 をかけて 256 種類．

A.4 レチノブラストーマ（網膜芽細胞腫）が遺伝する家系では，レチノブラストーマ（Rb）遺伝子のうちの 1 個が変異している．この遺伝子をヘテロにもつ個体では，残り 1 個の正常レチノブラストーマ（Rb）遺伝子が変異するだけで，細胞周期のブレーキが効かなくなって，高率に腫瘍を発症する．

A.5 サイクリンが結合してはじめてCdkは活性化される．しかし，すぐに活性化されるのではなく，自分自身をリン酸化したり，脱リン酸化酵素を活性化して自分自身を脱リン酸化することで活性化が急に起きる．サイクリンの蓄積とCdkの活性化には，タイムラグがある．

A.6 a）されていない．標識されるのはS期の細胞のみである．b）標識された細胞（S期にあった細胞）がS-G_2と細胞周期を回ってM期に入るまでは，標識された分裂細胞はない．c）標識された細胞が初めてM期に入るまでの時間，このグラフではチミジン標識後，標識されたM期細胞があらわれるまでの時間，すなわち約2.5時間がG_2期にあたる．

A.7 放射線や発がん物質などによってランダムにゲノムDNAが傷害を受ける．p53タンパク質のDNA結合ドメインにあたるDNAに変異が起きた場合，p53タンパク質は下流の標的遺伝子のプロモーターエンハンサーDNAに結合できなくなるので，G_1チェックポイントが働かない．また，アポトーシスも起こせない．その結果，他の遺伝子に新たな変異が起きても，そのままS期に進行し変異が固定されてしまい，がん化への道を進む．

Chapter 13　動くDNA

A.1 発生生物学的には，アフリカツメガエルや羊での核移植によるクローン個体作製の例がある．作製されたクローン個体のDNAは，核移植における供与体のDNAと一致していることから発生におけるゲノムの不変性が支持された．分子生物学的には，組換えDNA技術の開発以降，数々の証拠が得られている．未分化組織と分化組織でのグロビン遺伝子，クリスタリン遺伝子，フィブロイン遺伝子などの個数の一定性などの証拠がある．究極の証明としては，鈴木義昭らのカイコにおけるフィブロイン産生組織（後部絹糸腺）と非産生組織（後部絹糸腺以外）のDNAにおけるフィブロイン遺伝子配列の一致のデータである．

A.2 ①生殖細胞．有性生殖によって世代交代する生物においては，生殖細胞が分化する過程で細胞当たりの遺伝情報が半減する減数分裂が観察される．また，その過程において相同染色体を構成するDNA分子間で相同組換えが起きる．これによって，DNAの塩基配列のレベルで同じ遺伝情報をもつ生殖細胞は二つとないといって良いほどの多様性が生まれる．

②抗体産生細胞（形質細胞・B細胞）．形質細胞への分化過程において，免疫グロブリンの遺伝子が再編成され，非常に多くの種類の抗原に対抗する抗体の多様性が生じる．T細胞による抗原認識を担うT細胞受容体を構成するタンパク質の遺伝子も細胞分化の過程で再編成によって多様性を獲得する．

A.3 突然変異が増加し，異なる遺伝子型をもつ細胞を含むモザイク個体が生まれる．その遺伝様式はメンデルの法則に従わない．また，同種トランスポゾン間での組換えが染色体の非相同領域間で引き起こされるために，ゲノムの構造が変化することがある．

A.4 トランスポゾンがゲノムに組み込まれることによって生じる変化は，細胞により中立，有益，有害のいずれかである．有害な挿入が多くなると自然選択により制御される．なお，多くのトランスポゾンはめったに転移しないように進化したものである．

A.5 誤り．トランスポゼースが認識するのはトランスポゾンが組込まれている部位の方向反復配列であって，標的部位に特定の配列が存在する必要はなくランダムに組み込まれる．このため，遺伝子はしばしば破壊されたり変化したりする．

A.6 P因子の3番目のイントロンから転写された部分は生殖細胞でのみスプライシングされるので，体細胞では活性のあるトランスポゼースが生じない．DNA組換えにより3番目のイントロンを除いたP因子からは，体細胞でも活性のあるトランスポゼースが生じる．「ある操作」としては，3番目のイントロンを除いたP因子をゲノムDNAに追加して組み込んだ可能性が考えられる．この場合，正常な *white* 遺伝子を含むP因子がゲノムDNAから飛び出す現象がランダムに起き眼色はモザイク状になる．

A.7 トランスポゾンの挿入による影響で，花弁の色を紫色にするために必要な機能を担った遺伝子の機能に欠陥がある系統の種を友人に分与されたものと考えられる．ある頻度でトランスポゾンが飛び出すことによる復帰突然変異が起きて，本来の花色が回復した細胞のクローンが扇形に分布しているのだと考えられる．

A.8 抗体は免疫グロブリンの二つのH鎖と κ, λ 二つのL鎖によって構成されている．それぞれに可変部をコードする遺伝子領域での *V-D-J*（*V-J*）再編成，H鎖では定常部をコードする複数の遺伝子からひとつ選ばれるクラススイッチ再編成があり，相当の多様性が産み出される．加えて，可変部をコードする領域での体細胞高頻度突然変異やH鎖とL鎖の組み合わせによっても多様性が増幅される．

A.9 *MAT* 遺伝子座の置換に，*HML*（*HMR*）遺伝子座が直接的に用いられて α 型（**a** 型）になった酵母の細胞は，その後に残った *HMR*（*HML*）遺伝子座によって **a** 型（α 型）になると，二度と α 型（**a** 型）に戻ることがなくなるはずである．実際には接合型の変換は何度でも起こる．また，*HML*（*HMR*）遺伝子座に突然変異がある場合には，接合型が何度変わっても同じ突然変異の影響が現れることから，接合型の変化には遺伝子変換によるコピーを用いるというカセットモデルが支持される．

A.10 耐性細胞と対照細胞からRNAおよびDNAを抽出する．^{32}P でラベルしたcDNAをプローブとして，mRNAについてはノザンブロット・ハイブリダイゼーションで，*DHFR* 遺伝子については，サザンブロット・ハイブリダイゼーションまたは C_0t 解析を行えばよい．比較のためノザンでは β - アクチン mRNA，サザンでは耐性細胞と対照細胞でコピー数が変わらない遺伝子など内部標準を設定することが肝心である．実際，このような実験により耐性細胞では *DHFR* 遺伝子の増幅が認められた．

A.11 Chapter 3 で解説したように泳動後のゲルから DNA をメンブレンに移し(ブロットという. この方法をサザン法と呼ぶ), そのメンブレンにプローブをハイブリダイズする．具体的には，同一ゲルで胚 DNA を 2 レーン，ミエローマ DNA を 2 レーン泳動する. サザン法により DNA をメンブレンにブロットする. メンブレン上の 4 レーンを 1 レーンずつに切り分け，それぞれ胚 DNA に 2 種類, ミエローマ DNA に 2 種類のプローブでハイブリダイズし, 結果を X 線フィルムにより検出し, 定量化したのち 4 種のデータを 1 枚の図にプロットする.

Chapter 14　機能性 RNA

A.1 タンパク質に翻訳されることなく，RNA 分子のままで何等かの機能を持ち，働く RNA 分子，機能性 RNA．表 14.1，図 14.2 を参照のこと．

A.2 長鎖 ncRNA（lncRNA）や miRNA など．tRNA や rRNA も真核生物で発現しているノンコーディング RNA 分子である．表 14.1，図 14.2 を参照のこと．

A.3 miRNA は標的 RNA と部分的な相補配列をもち，標的 RNA の翻訳阻害や分解に関与する．siRNA は標的 RNA に完全に相補的な配列をもち，その分解にかかわる．

A.4 遺伝子のノックアウトは相同組換え技術等を利用して，ゲノム上の遺伝子を破壊すること．一方，遺伝子のノックダウンでは，ゲノム上の遺伝子は無傷であるが，その発現量や翻訳量を抑制する．遺伝子のノックダウンには RNA 干渉（RNAi）技術やアンチセンス RNA などの技術が用いられる．

A.5 大規模な完全長 cDNA 解析技術．タイリングアレイ技術．次世代シークエンサーなど．詳細は本文を参照のこと．

A.6 （人工）機能性 RNA の多彩な機能を用いた医学，薬学，農学等に役立つ技術の総称．たとえば，アンチセンス RNA，RNA アプタマーなどがある．

A.7 一般に，RNA の高次構造がその機能に必須であることが多いため．また数多くの RNA 制御タンパク質が，RNA の高次構造を認識してその制御を遂行するため．たとえば成熟した miRNA が作られるためには miRNA 前駆体がプロセシング酵素であるダイサーの基質になるような特別な RNA の二次構造を有する必要がある．tRNA や rRNA が独特の高次構造を有しており，それが機能と関係していることにも留意されたい．

Chapter 15　エピジェネティクス

A.1　DNAの塩基配列の変化を伴うことなく遺伝子発現のオンとオフの状態を，細胞分裂を経ても安定に伝える機構のこと．その制御にはDNAやヒストンの化学修飾，およびDNAとタンパク質によって構成されるクロマチンの高次構造がかかわる．

A.2　組織や細胞種ごとに異なる，ゲノム全体に渡るエピジェネティック修飾の状態．

A.3　染色体の転座や逆位によってヘテロクロマチン近傍に置かれた遺伝子は，ヘテロクロマチンの影響によって遺伝子サイレンシングを受け発現が抑制される場合がある（ポジションエフェクト）．このヘテロクロマチンの影響がその遺伝子座まで波及するかどうかは細胞ごとに異なるが，いったん確立された遺伝子のオン - オフ状態は細胞分裂を通じて安定に維持される．母集団に存在したこのような遺伝子発現オンの細胞とオフの細胞が極端に移動するものでなければ，それらに由来する細胞は斑入りの模様状（バリエゲーション）に分布するようになる．この現象をポジションエフェクトバリエゲーションという．

A.4　一方の親に由来するゲノムだけではそれがたとえ2倍体であっても胚は致死となり決して誕生には至らないことを示した前核移植による雌性発生胚や雄核発生胚，あるいは単為発生胚の実験．ゲノムインプリンティングとは，ゲノムが母由来か父由来かを区別することで，一部の遺伝子についてその発現をどちらか一方のアリルのみに限定するエピジェネティックな現象．

A.5　哺乳類において，XXの雌とXYの雄との間にあるX染色体連鎖遺伝子量の差を解消するため，雌の2本のX染色体のうち一方を胚発生過程で不活性にする現象．

A.6　三毛猫の雄は，どちらか一方の親の減数分裂過程で性染色体の不分離が起こり，X染色体を2本もつ卵もしくはX染色体とY染色体をともにもつ精子が，それぞれ正常な精子もしくは卵と受精し発生したものでXXYの性染色体構成をもつ．Y染色体をもつため雄であるが，毛色は雌の三毛猫と同様のしくみで三毛となる．そのような性染色体の不分離はきわめて稀にしか起こらないため雄の三毛猫は珍しい．

A.7　山中因子を発現させることで，分化した細胞では失われていた未分化細胞に特有な遺伝子発現ネットワークが部分的に再構築され，それがエピゲノムの変化を招き，またそれがさらに未分化細胞に近い遺伝子発現ネットワークの構築に寄与する，という連鎖的な変化が起こり，それらがうまくかみ合った場合に未分化細胞で発現されるさまざまな内在性遺伝子が働くようになり，iPS細胞へのリプログラミングが促されるものと思われる．

Chapter 16　ゲノミクス

A.1 Googleのような検索サイトからDDBJを検索すると，我が国のDNAデータベースであるDDBJのホームページを探し出すことができ，日本語の解説文もあるので便利に利用できる．「DDBJトップページの検索・解析をクリックし，データベース検索の項目にあるARSA」は強力な用語検索を行うプログラムなので，ARSAをクリックして，自分の選択した湖や山等の英語名を「キーワード」の項に入れて検索を行う．例題としてあげたLake Biwaで検索すると，琵琶湖で採取された色々な生物種に由来するDNA配列が見つかるはずである．湖や山の名称でなく，関心のある生物種や遺伝子や病気名でもよい．

A.2 Q1で見出した塩基配列には，上記の付加情報以外にも塩基配列の部分に行番号が入っている．これらは配列相同性検索のBLASTプログラムでは邪魔になる．閲覧したい配列にチェックを入れて，画面の上部にあるfastaを選択し，viewをクリックすると，Fasta形式と呼ばれる計算機処理に適した形式での表示に変わる．自分の計算機のcopy & pasteの機能を用いて，普段使っているワープロソフトの画面へpasteすると便利である（形式を選択する必要があればtext形式で；ただし，>で始まるコメント分が一行におさまらずに改行が入る際には，その改行は除く必要がある）．ただし，見出された配列が100 kbを超えるような長い場合であれば，ダウンロードに時間がかかり，計算機のメモリーにも負担をかけるので，研究目的でなければダウンロードすべきではない．今回は練習であるので，「一行目の>で始まるコメント」を含めて20行程度をcopy & pasteで保存する．この準備ができたら，「DDBJトップページの検索・解析をクリックし，データベース検索の項目にあるBLAST」をクリックして配列相同性検索プログラムを起動する．BLASTプログラムとしては，アミノ酸配列の相同性検索を行うblastpをはじめ数種類の便利なプログラムが用意されている．今回は塩基配列なので，最初の行にあるblastnを用いる（変更を加えなければblastnがあらかじめ選択されている）．「Query」の項目の大きな空白部分へ，塩基配列を「copy & paste」する．「Data Sets(検索対象データベースのこと)」や「Optional Parameters」で解析条件を変更できるが，今回はそのまま「Send to BLAST」をクリックする．画面が変わって受付番号と経過時間が表示される．計算時間は配列の長さに依存する．相同性の高い順番で表示されるので，データベースに存在しているcopy & pasteをした配列自身も検索にかかり，通常は一番目に表示される．それ以降，配列相同性の高い順に類似性の高い配列を見ることができる．実験者は自分が決定した新規な配列をBLASTで検索することで，その配列の新規性や類似配列の有無や，類似配列の機能をデータベースの付加情報から知ることができる．多数の配列を解析する際には，「copy & paste」より「FileUpload」の機能を使い，結果は「E-Mail」で送ってもらうのが便利である．

A.3 6個の読み枠についてORFを探すこと，リボソーム結合配列を探すこと，真核生物に関してはイントロンが存在する可能性に注意する必要がある．イントロンについては，7.4節で復習せよ．代表的な遺伝子領域予測ソフトウェアであるGeneMark（http://exon.gatech.edu/GeneMark/）はWeb上でプログラムの実行が可能である．画面に向かって右側にある「Gene Prediction Programs」のGeneMark.hmmをクリックすると対象生物ごとのプログラムが選択できる．今回は，原核生物を対象にしたGeneMark.hmm for prokaeryotesをクリックする．Sequenceの項の下の空白部分に配列をcopy & pasteして解析するが，このプログラムでは，Fasta形式のファイルの>から始まるコメント行は必ず除いて，塩基配列だけをcopy & pasteする．Output optionsで，結果の出力の形式が選択できる．

A.4 テキストにあるUCSC（http://genome.ucsc.edu/）へ直接にアクセスしても良いが，Googleで「UCSC mirror」を検索するとmirrorサイトへもアクセスできる．UCSCのGenome Browserは多くの機能を備えており操作が複雑である．Googleで「統合TV　UCSC　ENCODE」を検索すると，UCSCのGenome BrowserでENCODEのデータを表示する操作の動画が得られる．Genome Browserの画面と統合TVの動画の両方を参照しながら，動画を止めては動画の指示に従ってGenome Browserを操作すると複雑な操作も容易に理解できる．標準（default）画面で自分の望んでいる項目が表示されているとは限らない．動画の指示に従って画面の後半部分にある「Regulation」の「ENCODE Regulation」をshowにすると転写因子やアセチル化したヒストンの結合部位が表示できる，図15.4（a）のgoの横のボックスへchr21:33,020,001-33,040,000と入力してsubmitボタンをクリックすれば，目的の領域のデータが表示される．現時点でのヒトの標準配列GRCh37/hg19については，着目の領域にはSOD1遺伝子が存在する．この標準配列には，配列が未決定な部分があるので，将来的には配列位置の番号が変わる可能性がある．

A.5 患者を含む，どの個人のゲノム配列であっても，標準ゲノム配列と比較した場合には，ゲノム全体では300万個程度の差異があり，その大部分が生存や生育に有利でも不利でもない中立変異であり，病気とは関係しない．したがって，患者のゲノム配列であっても疾患に関係している変異は極めて少数である．多数の患者と健常人のゲノム配列を統計学的に解析して初めて対象とする疾患に関係する遺伝子やその変異が浮かび上がってくる．

A.6 PDBは重要なタンパク質について，構造と機能の関係を解説しているが，その日本語訳がPDBjの「今月の分子」として記載されている．統合TVにはPDBの使用に関する動画が収録されている．

クロスワードパズル解答

クロスワードパズル 1

横（Across）の答え

2. PSEUDOGENE（pseudo gene）
4. CHROMATIN（chromatin）
6. DOUBLEHELIX（double helix）
7. SUPERCOIL（super coil）
9. LINKINGNUMBER（linking number）
10. GENOME（genome）
12. CHROMOSOME（chromosome）
15. DEOXYRIBONUCLEICACID（deoxyribonucleic acid）
19. HISTONE（histone）
20. DNATOPOLOGY（DNA topology）

縦（Down）の答え

1. PHOSPHODIESTERBOND（phosphodiesterbond）
3. ORTHOLOGUE（orthologue）
5. PURINE（purine）
8. CONFORMATION（conformation）
11. BASEPAIR（basepair）
13. PYRIMIDINE（pyrimidine）
14. GENETICS（genetics）
16. NUCLEOSOME（nucleosome）
17. MAJORGROOVE（majorgroove）
18. KARYOTYPE（karyotype）

クロスワードパズル 2

横（Across）の答え

1. PRIMER（primer）
3. PLAQUE（plaque）
4. PLASMID（plasmid）
7. PROBE（probe）
9. COMPETENTCELL（competent cell）
11. COLONY（colony）
14. CENTROMERE（centromere）
15. TELOMERE（telomere）
16. RECOMBINANT（recombinant）
17. TRANSFORMATION（transformation）
18. ENDONUCLEASE（endonuclease）
19. HYBRIDIZATION（hybridization）

縦（Down）の答え

2. REVERSETRANSCRIPTASE（reverse transcriptase）
5. RESTRICTIONENZYME（restriction enzyme）
6. COMPLEMENTARYDNA（complementary DNA）
8. ELECTROPHORESIS（electrophoresis）
10. PHAGE（phage）
12. CLONING（cloning）
13. VECTOR（vector）

クロスワードパズル 3

横（Across）の答え

1. PROOFREADING（proofreading）
4. INSULATOR（insulator）
6. LEADINGSTRAND（leading strand）
7. TRANSFECTION（transfection）
8. TRANSACTINGFACTOR（transacting-factor）
14. DNATOPOISOMERASE（DNA topoisomerase）
17. OPERON（operon）
18. LAGGINGSTRAND（lagging strand）
19. ENHANCER（enhancer）

縦（Down）の答え

2. OKAZAKIFRAGMENT（Okazaki fragment）
3. REPLICATIONFORK（replication fork）
5. DNAPOLYMERASE（DNA polymerase）
9. CISELEMENT（cis-element）
10. REPRESSOR（repressor）
11. RNAPOLYMERASE（RNA polymerase）
12. TRANSCRIPTION（transcription）
13. REPLICON（replicon）
15. PROMOTER（promoter）
16. ATTENUATION（attenuation）

クロスワードパズル 4

横（Across）の答え

1. CAPPING（capping）
4. TRANSLATION（translation）
6. EXON（exon）
7. MUTATION（mutation）
10. SELFSPLICING（self-splicing）
11. CODON（codon）
12. SPLICEOSOME（spliceosome）
15. GENETICCODE（genetic code）
18. RNAEDITING（RNA editing）
19. TRANSFERRNA（transfer RNA）
20. OPENREADINGFRAME（openreading frame）
21. WOBBLEHYPOTHESIS（Wobble hypothesis）

縦（Down）の答え

2. ALTERNATIVESPLICING（alternative splicing）
3. POLYSOME（polysome）
5. TRANSESTERIFICATION（transesterification）
8. RIBOZYME（ribozyme）
9. RIBOSOME（ribosome）
13. ANTICODON（anticodon）
14. CODONUSAGE（codon usage）
16. DEGENERACY（degeneracy）
17. INTRON（intron）

索　引

カ行

▶サ行

▶タ行

▶ナ行

▶ハ行

▶マ行

索引

▶ヤ行

▶ラ行

▶アルファベット

索引

ベーシックマスター　分子生物学（改訂２版）

2006年12月20日　第1版第1刷発行
2013年10月25日　改訂2版第1刷発行
2024年11月10日　改訂2版第14刷発行

編著者　東中川　徹
　　　　大山　隆
　　　　清水光弘
発行者　村上和夫
発行所　株式会社 オーム社
　　　　郵便番号　101-8460
　　　　東京都千代田区神田錦町 3-1
　　　　電話　03(3233)0641(代表)
　　　　URL　https://www.ohmsha.co.jp/

組版　エトーデザイン　　印刷・製本　日経印刷
ISBN978-4-274-21468-4　Printed in Japan